国家林业和草原局职业教育"十四五"规划教材

无机及分析化学

（第 3 版）

李春民　主编

中国林业出版社
China Forestry Publishing House

内 容 简 介

本教材在理论上以"必须、够用"为宗旨，以提高学生动手能力、培养学生实践技能为目标，注重与工作岗位相结合，突出实践性、系统性和规范性，培养高素质技术技能型人才。本教材内容分为理论和实验实训两大部分，其中理论部分包括绪论、溶液和胶体、化学反应速率和化学平衡、定量分析概论、酸碱平衡和酸碱滴定法、沉淀溶解平衡和沉淀滴定法、配位平衡和配位滴定法、氧化还原反应和氧化还原滴定法、仪器分析概论、元素及其化合物，共 10 章；实验实训部分包括无机及分析化学实验基础知识、基础技能实验实训等，可根据专业、教学实际情况进行选做。

本教材可作为高职高专院校的食品、环保、质检、园艺、材料、生物技术、生物制药、动物医学、环境等专业的无机及分析化学的理论和实训教材。

图书在版编目（CIP）数据

无机及分析化学 / 李春民主编. —3 版. —北京：
中国林业出版社，2022.11
ISBN 978-7-5219-1934-9

Ⅰ. ①无⋯ Ⅱ. ①李⋯ Ⅲ. ①无机化学－高等职业学校－教材 ②分析化学－高等职业学校－教材 Ⅳ. ①O61 ②O65

中国版本图书馆 CIP 数据核字（2022）第 202368 号

课件

中国林业出版社·教育分社

策划编辑：高红岩　　　责任编辑：李树梅　　　　　责任校对：苏　梅
电话：(010) 83143554　　　　　　　　　　　　　传真：(010) 83143516

出版发行　中国林业出版社(100009　北京市西城区刘海胡同 7 号)
　　　　　E-mail：jiaocaipublic@163.com　电话：(010)83143500
　　　　　http://www.forestry.gov.cn/lycb.html
印　刷　北京中科印刷有限公司
版　次　2012 年 7 月第 1 版(共印 4 次)
　　　　2017 年 4 月第 2 版(共印 7 次)
　　　　2022 年 11 月第 3 版
印　次　2022 年 11 月第 1 次印刷
开　本　787mm×1092mm　1/16
印　张　18.75
字　数　415 千字
定　价　49.00 元

《无机及分析化学》(第3版)
编写人员

主　　编　李春民

副 主 编　杨　燕　王丽君　祝剑峰

编　　者　(按姓氏拼音排序)

董文龙(湖北生态工程职业技术学院)

何　溪(湖北维克昇检测有限公司)

李春民(湖北生态工程职业技术学院)

刘兴刚(军事科学院军事医学研究院)

王丽君(山西运城农业职业技术学院)

王祖才(湖北生态工程职业技术学院)

杨　燕(云南林业职业技术学院)

祝剑峰(湖北生态工程职业技术学院)

主　　审　章承林(湖北生态工程职业技术学院)

第 3 版前言

本教材 2012 年 7 月首次出版，理论上以"必须、够用"为宗旨，以提高学生动手能力、培养学生实践技能为目标，注重与工作岗位相结合，突出实践性、系统性和规范性。2017 年 4 月进行第 2 版修订，在修订过程中，贯穿少而精的原则，力求定位准确、突出特色、富有弹性，突出了职业性、科学性、先进性，强化实践性，做到语言简洁、明晰、规范，内容全面、实用；教材出版以来，受到广大师生的欢迎和好评。2020 年国家教材委员会印发《全国大中小学教材建设规划（2019—2022 年）》和教育部印发《职业院校教材管理办法》，强调职业教育教材重在体现"新"和"实"，提升服务国家产业发展能力，为此，我们组织相关院校教师和企事业专家对教材进行第 3 次修订。

本次修订坚持以习近平新时代中国特色社会主义思想为指导，落实立德树人根本任务，在教材内容中融入了思政元素，力求帮助学生塑造正确的世界观、人生观和价值观；同时引入企业的智力资源，体现校企融合、双元合作、协同育人的宗旨。本次修订在保留原教材的精华与特色的基础上，与时俱进，查漏补缺，注重教材的实用性、先进性和创新性，明确了每章的知识目标、技能目标和素质目标，通过每章的理论知识和技能学习，培养学生的劳动精神和职业素养，激发学生的爱国热情。同时在纸质教材基础上融入了丰富的数字化内容，读者可通过扫描书上的二维码进行辅助学习。

参加本次修订的有湖北生态工程职业技术学院李春民（绪论，第 2、4、7、8、9 章，实验实训第 1、2、4 单元及附录）、董文龙（第 3 章）、祝剑峰（实验实训第 3 单元）、王祖才（第 5 章，实验实训第 5 单元）、山西运城农业职业技术学院王丽君（第 1 章，实验实训第 7 单元）、云南林业职业技术学院杨燕（第 6 章，实验实训第 6 单元）、军事科学院军事医学研究院刘兴刚（实验实训第 8 单元实验 23）、湖北维克昇检测有限公司何溪（实验实训第 8 单元实验 24、25）。本教材由李春民担任主编，并进行统稿，最后由湖北生态工程职业技术学院章承林教授担任主审。

　　本教材修订过程中参考了大量的相关教材和资料，在此向这些文献的作者们表示衷心的感谢！湖北生态工程职业技术学院的各级领导和中国林业出版社对本教材的出版给予了大力支持，在此一并致谢！

　　由于作者水平有限，本书难免会出现错误或不恰当之处，敬请读者给予批评和建议。

编　者

2022 年 6 月

第 2 版前言

本教材第 1 版自 2012 年出版以来，被多所职业院校所选用，受到广大师生的欢迎和好评。本次修订是根据广大一线教师的意见和建议和学生的实际需要，在保留原教材的精华与特色的基础上，与时俱进，精简了教学内容，更加注重实用性和指导性，在理论和实践上进行了优化。

修订中，删减了一些过时的内容，如电光分析天平的使用；同时对某些实践步骤进行了精简，对课后习题进行了重新精选，真正体现"必须、够用、实用"的宗旨，力求简明扼要。强化实验实训，培养实用型的技术人才，同时为相关专业课程的学习打下坚实的基础。

参加本版修订的有湖北生态工程职业技术学院李春民（第 1、3、5、8 章、实验实训第 1、2、4 单元）、董文龙（第 4 章）、唐志强（第 6 章）、赵玉清（第 10 章）、祝剑峰（实验实训第 3 单元）、王祖才（实验实训第 7 单元）；山西运城农业职业技术学院王丽君（第 2 章）；云南林业职业技术学院杨丽云（第 7 章、实验实训第 6 单元）；德州科技职业学院李金霞（实验实训第 5 单元）；重庆工业职业技术学院段益琴（第 9 章、实验实训第 8 单元）。全书由李春民统稿，收集并整理了附录的数据，湖北生态工程职业技术学院章承林教授给予了悉心的指导并审稿。

本书修订过程中参考了大量的相关教材和资料，在此向这些文献的作者们表示衷心的感谢！湖北生态工程职业技术学院的各级领导和中国林业出版社对本书的出版给予了大力支持，在此一并致谢！

由于时间仓促、水平有限，本书难免会出现错误或不恰当之处，敬请读者给予批评指正。

编　者

2017 年 3 月

第 1 版前言

高职高专院校的许多学科和专业(食品、环保、质检、园艺、生物技术、生物制药、动物医学等)与化学紧密相连,为了适应这类专业人才的培养要求,结合高等职业技术教育的特点和当前学生的实际情况,我们在多年教学实践的基础上,参考大量相关资料,编写了这本《无机及分析化学》教材。

教材内容在理论方面以"必需、够用"为宗旨,力求简明扼要。在实践技能的训练方面,以培养实用型的技术人才为目的,强化实验实训,同时根据后续课程的需要在内容的选择与前后章节之间的衔接方面作了精心安排。

本教材由湖北生态工程职业技术学院李春民(第 1、3、5 章、实验实训第 1、2、4 单元)、董文龙(第 4 章)、章承林(第 8 章)、赵玉清(第 10 章)、祝剑峰、李立(实验实训第 3 单元)、程朕、王祖才(实验实训第 7 单元);山西运城农业职业技术学院王丽君(第 2 章);云南林业职业技术学院杨丽云(第 7 章、实验实训第 6 单元);黑龙江农业职业技术学院吴华(第 6 章、实验实训第 5 单元)、商孟香(第 9 章、实验实训第 8 单元)编写。全书由李春民统稿,收集并整理了附录的数据,襄樊学院化学工程与食品科学学院彭荣和德州科技职业学院李金霞参加了全书的编辑整理工作,湖北大学陈怀侠教授参与了本教材附录的整理工作,并对本教材的编写进行了悉心指导和审阅。衷心感谢各位老师的辛勤付出!

本教材编写过程中参考了大量的相关教材和资料,在此向这些文献的作者们表示衷心的感谢!湖北生态工程职业技术学院的各级领导和中国林业出版社对本书的出版给予了大力支持,在此一并致谢!

由于时间仓促、水平有限,本教材难免会出现错误或不恰当之处,敬请读者给予批评指正。

编　者
2012 年 2 月

目　录

实验实训部分

理论部分

绪　论

自从有了人类，化学便与人类结下了不解之缘。钻木取火，用火烧煮食物，烧制陶瓷，冶炼青铜器和铁器等，都是化学技术的初步应用。正是这些应用，极大地促进了当时社会生产力的发展，成为人类进步的标志。

0.1　无机及分析化学的任务和作用

世界是由物质组成的，物质是客观存在的。化学是一门研究物质组成、结构、性质及其变化规律的自然科学，其中包含着两种不同类型的工作：一是研究自然界并试图了解它；二是创造自然界不存在的新物质、探索化学变化的新途径。

无机化学是化学科学中发展最早的一个分支科学，它的研究对象是元素和非碳氢结构的化合物。无机化学的主要任务是研究无机物质的组成、结构、性质及其变化规律的科学。无机化学的研究范围较为广泛，它所涉及的一些理论和普遍规律是其他化学分支学科研究的基础。

分析化学是化学科学的另一个重要分支学科，它的研究对象不仅包括无机物，也包括具有碳氢结构的有机物。它们分别隶属于定性分析、定量分析和结构分析的范畴。

在研究和应用不同物质的性质及其变化规律时，化学科学逐渐发展成为若干个分支学科，但在探索和处理某一具体物质对象时，一些分支学科又相互联系、相互渗透。无机物和有机物的制备、性质及作用都是无机化学和有机化学研究的出发点和落足点，但在反应和应用过程中的条件控制还需用分析化学的测试结果来加以检验。因此，无机及分析化学是一切与化学相关的科学的理论基础，对其他相关学科的学习具有重要意义。同时，无机及分析化学所涉及的知识非常广泛，在国民经济建设中具有重要的实用意义。

0.1.1　化学是社会迫切需要的实用科学

化学与人类社会的衣、食、住、行、能源、信息、材料、国防、环境保护、医药卫生、资源利用等都有密切的关系。各种农药和植物生长调节剂、土壤改良剂、动物饲料添加剂、食品保鲜剂等化学制剂的使用，为解决"民以食为天"的问题作出了贡献；化验手段为治疗和确诊疾病提供了重要的依据。当今世界，随着科学技术的迅猛进步，化学不断冲破传统的局限，向着自然科学其他的分支渗透，形成新的具有交叉性的边缘科学，如生物化学、农业化学、土壤化学等。

0.1.2 化学在药学方面的作用

在当今以生物科学技术和生物工程为基础的"绿色革命"中，化学分析手段在细胞工程、基因工程、发酵工程、纳米技术的研究应用方面发挥着重要的作用。在医药卫生事业中，化学分析手段也同样起着非常重要的作用，如药品检验、新药研究、病因调查、临床检验等，都需要应用化学的理论知识和分析技术。随着药学科学事业的进一步发展，我国的药品质量和药品标准也在不断地提高，化学分析手段对提高药品质量、保证人们用药安全起着十分重要的作用。

0.1.3 化学在合成新材料方面的作用

材料是人类生产活动和生活必需的物质基础，与人类文明和技术进步密切相关。随着科学技术的发展，材料的种类日新月异，各种新型材料层出不穷，在高新技术领域中占有重要的地位。材料与化学的关系日益密切，利用化学手段，可以设计新的分子结构，通过控制化学反应过程合成出新材料，满足人类社会发展和生活水平提高的需求。在能源、交通、航空、航天、军事和体育等领域，有着高强度、高能量和耐高温性能的先进复合材料发挥着不可替代的作用。目前，通过化学手段已经合成出比头发丝还细的石英光导纤维。用它在通信中代替铜线，一根光导纤维就可供 2.5 万人同时通话而互不干扰；在航空方面，碳纤维树脂复合材料在减轻结构质量、提高结构效率、改善结构可靠性、延长结构使用寿命方面，具有其他材料无法比拟的优势，已经是应用于 A380、波音 787 等飞机的主结构材料；在航天方面，固体火箭发动机壳体、液体燃料贮箱、仪器舱段、卫星整流罩等重要部件也都是由复合材料制造的。而风能和核能发电设备、轻量化汽车、体育休闲用品等更是离不开复合材料的身影。此外，在集成电路、电磁屏蔽、隐身材料以及生物组织工程等方面，复合材料同样发挥着重要的作用。

当今世界，随着科学技术的迅猛进步，化学不断冲破传统的局限，向着自然科学其他的分支渗透，形成新的具有交叉性的边缘科学，如生物化学、农业化学、土壤化学等。更多的化学工作者已投身到研究生命科学、材料等的队伍中，并在化学与生物学、化学与材料学等的交叉领域中大有作为。化学必将为解决基因组工程、蛋白质组工程中遇到的难题作出巨大的贡献。

总之，化学是一门实用性中心科学，它与数学、物理学等学科共同成为当代自然科学迅猛发展的基础。化学的核心知识已经应用于自然科学的方方面面，与其他学科相辅相成，构成了认识自然和改造自然的强大力量。

为培养基础扎实、知识面宽、能力强、具有创新精神的高级人才，较为系统地学习化学基本原理，掌握化学基础知识和基本技能，了解化学在现代科学各个领域的应用是十分必要的。同时，化学是一门充满活力和创造性的学科，通过化学课程的学习，不但可使学生掌握一定的化学专业知识，而且有利于培养学生的创新思维能力和辩证唯物主义观点。化学还是一门以实验为基础的科学，化学实验是人们认识物质化学性质，揭示化学变化规律和检验化学理论的基本手段。学生在实验室模拟各种实验条件，细致地对实验现象进行观察比较，并从中得出有用的结论。这种学习方式可以培养学生的动手能力和认真细致的工作习惯，掌握分析、解决问题的思想方法和工作方法，从而提升学生的综合素质。

0.2　化学学科的发展趋势

在 19 世纪和 20 世纪上半叶，化学研究的前沿之一是发现新元素及其化合物，因此元素周期律是化学研究的一个极为重要的规律。20 世纪三大科学发现（相对论、量子力学、DNA 双螺旋结构）使化学工作者在理论物理与化学交叉学科有多项重大突破，对 20 世纪人类科技和物质文明进步产生了巨大影响。1998 年诺贝尔化学奖的颁布是计算量子化学在化学和整个自然科学中的重要地位被确立和获得普遍承认的重要标志。

21 世纪科学发展的特点是各学科纵横交叉以解决实际问题。其中也包括化学学科的自身继续发展和与相关学科融合发展相结合，化学学科内部的传统分支继续发展和整体发展相结合，研究科学基本问题与解决实际问题相结合。

面对生命科学、材料科学、信息科学等其他学科迅猛发展的挑战与人类对认识和改造自然提出的新要求，化学在开拓新的研究领域和思路的同时，也不断地创造出新的物质和品种。当前，资源的有效开发利用、环境的保护与治理、社会和经济的可持续发展、人类健康、人类安全、高新材料的开发和应用等向科学工作者提出一系列重大的挑战性难题，迫切需要化学工作者在更深、更高层次上进行化学理论基础和应用基础的研究，提出新的理论，创造出新的方法和手段，并从学科自身发展和为社会服务两个方面不断提出新的思路和战略设想，以适应科学技术发展的需求。

21 世纪化学的研究层次将会拓宽，多次分子间的相互作用将成为化学家关注的重点之一。虽然分子间的作用力（如氢键和范德华力等）是化学中的基本概念，但这些弱作用力的本质及其对分子聚集的影响等问题，还有待解决。在化学界已经有了一个基本的共识：注重分子间的弱作用力的研究，将会开辟一个全新的化学研究空间，给化学带来新的发展机遇，对材料科学和生命科学的发展有重要意义。

生命体系中的化学问题研究仍将是科学研究的前沿。值得注意的是，以利用化学理论、研究方法和手段来探索生物医学问题的化学生物学正在形成，化学生物学将成为未来 20 年或更长时间内的重要前沿学科研究方向之一。

0.3　无机及分析化学的内容和学习方法

学生通过无机及分析化学课程的学习，应掌握该科学的基本内容，扩大知识面，了解化学变化的基本规律，学会从化学反应产生的能量、反应的方向、反应的速率、反应进行的程度等方面来分析化学反应的条件，从而优化化学反应的条件；学会处理各类化学平衡（酸碱平衡、沉淀溶解平衡、氧化还原平衡、配位平衡）及平衡之间的转换；学会用定量分析的方法来测定物质的含量，从而解决生产、科研中的实际问题；了解常用分析仪器的原理并掌握其使用的方法，为进一步学习有关的专业课程打下基础。

无机及分析化学课程的学习方法：

(1)学习中要注重基本概念和基本理论的理解和应用

在学习某一内容时，首先要注意研究的对象和背景，弄清问题是怎样提出的，用什么办法解决问题，结果如何，有什么实际意义和应用，之后再研究细致的内容、推导过程、实验步骤等，这样才能抓住要领。

(2)培养自学能力

21世纪的教育是终身教育，知识财富的创造速度非常快，每隔3～5年翻一番。就化学而言，美国化学文摘服务部(CAS)给各种新化合物编有注册号，在1950年年初大约是200万种，而到1990年已突破1000万种，2000年已超过2000万种，平均每天约增7000种。面对如此浩瀚的信息量，即使日夜攻读，也难读完和记住现有的知识。将来从事工作所必需的很多知识仅靠在学校学习期间的学习肯定是不够的，需要不断地学习、更新知识来适应社会，因此培养自学能力就显得非常重要。掌握知识是提高自学能力的基础，而提高自学能力又是掌握知识的主要条件，两者是相互促进的。同学们应养成课前预习、课后复习，将知识进行归纳整理的好习惯。每学完一章，应对该章内容进行书面总结，包括基本概念、基本原理、基本公式和相关计算，弄清该章的主要内容。此外，有目的地看一些相关的课外书籍，有助于加深对某一知识的理解，并拓宽自己的知识面。

(3)理论与实践结合

化学是一门以实验为基础的科学，许多化学的理论和规律很大一部分是从实验实训中总结出来的。既要重视理论的学习，又要重视实验技能的训练，努力培养实事求是、严谨治学的科学态度，并能运用所学的化学知识，分析和解决无机及分析化学的实际问题，是本课程的最高学习目标。

【阅读材料】

生活中的化学常识

1. 食盐

食盐(主要成分为 $NaCl$)味咸，常用来调味，或腌制鱼肉、蛋和蔬菜等，是一种用量最多、最广的调味品，俗称"百味之王"。人们每天都要吃一定量的盐(一般成年人每日摄入的安全量为5～6 g，最多不得超过8 g)，究其原因，一是增加口味，二是人体机能的需要。食盐中的 Na^+ 主要存在于细胞外液，是维持细胞外液渗透压和容量的重要成分。动物血液中盐浓度是恒定的，盐分的过多流失或补充不够就会增大兴奋性，发生无力和颤抖，最后导致四肢麻痹，直至死亡。美国科学家泰勒亲身体会了吃无盐食物的过程，起初是出汗增加，食欲消失，5 d后感到十分疲惫，到第8～9天则感到肌肉疼痛和僵硬，继而发生失眠和肌肉抽搐，后因情况更为严重而被迫终止实验。当然，摄取过多的食盐，就会把水分从细胞中吸收回体液中，使机体缺水，容易诱发高血压、糖尿病、支气管哮喘以及骨质疏松症等各种疾病。

2. 茶里含有的化学成分

茶是我国的特产，种类很多，红茶和绿茶是生活中最常见的两种。红茶是将茶叶在日光下暴晒或微温后，使茶叶萎软，再搓揉，使其发酵，至茶叶转褐色，再烘焙制成的。绿茶是将新鲜的茶叶炒制，破坏其中酵素，再搓揉，干燥而成。红茶和绿茶中所含化学成分相同，不过含量略有不同而已。茶叶中的化学成分，主要是茶碱（$C_7H_8N_4O_2$），其次是鞣酸和芳香物质等。茶碱是白色针状结晶体，有苦味，能够溶于热水，不易溶于冷水。茶碱能够使大脑兴奋和思维灵敏，医药上用作兴奋、强心、利尿的药剂。鞣酸味涩，溶于热水而难溶于冷水。绿茶所含的鞣酸量比红茶多，所以绿茶比红茶味涩。鞣酸能够使胃液的分泌量减少，阻碍食物的吸收，使大便秘结。所以，肠胃功能弱的人应喝红茶。茶之所以有香味，是因为其中含有芳香物质。

3. 除去衣服上的污渍

①汗渍。将有汗渍的衣服在10％的食盐水中浸泡一会儿，然后再用肥皂洗涤。

②油渍。在油渍上滴上汽油或者乙醇，待汽油（或乙醇）挥发完后油渍也会随之消失。

③蓝墨水污渍。将有蓝墨水污渍部位放在2％的草酸溶液中浸泡几分钟，然后用洗涤剂洗涤。

④血渍。刚沾染上时，应立即用冷水或淡盐水洗，再用肥皂或10％的碘化钾溶液清洗；如果血渍已干，则可将萝卜（白萝卜或胡萝卜）切碎，撒上食盐搅拌均匀，10 min之后挤出萝卜汁，将有血渍的部位用萝卜汁浸泡一会儿，然后搓洗。无论是新迹还是陈迹，均可用硫黄皂揉搓清洗，如果用加酶洗衣粉除去血渍，效果也不错。注意切勿用热水，否则会使蛋白质凝固而不易溶解。

⑤铁锈。将鲜柠檬汁滴在锈渍上，用手揉搓，反复数次，直至锈渍除去，再用肥皂水洗净；还可取一小粒草酸放在污渍处，滴上些温水，轻轻揉搓，然后用清水漂洗干净。注意操作要快，避免腐蚀。

第1章 溶液和胶体

溶液和胶体在自然界中普遍存在，是人们生活中最常见的混合物体系，与工农业生产及人类的生命活动过程密切相关。江、河、湖、海、生物体，以及土壤中的液态成分大多为溶液或胶体，它们都是由一种或几种物质以大小不同的颗粒形式被分散到另一种含量较多的物质中所形成的混合体系。

1.1 溶液

1.1.1 分散系

在进行科学研究时，常把一部分物质与其余的物质分开来作为研究对象，这种被划分出来的研究对象称为体系。一种或几种物质分散在另一种物质中所形成的混合体系，称为分散体系，简称分散系。被分散的物质称为分散质（或分散相），分散质可以是固体、液体或气体。把分散质分散开来的物质称为分散剂（或分散介质）。生活中的分散系随处可见，如牛奶是一种分散系，其中奶油、蛋白质、乳糖等是分散质，水是分散剂；细小的水滴分散在空气中形成的云雾、人体体液、江河湖水、海水等也都是分散系。

对一个分散系来说，物理和化学性质相同的部分为一相。每一相内部都是均匀的，而相与相之间有界面分开，凡只含有一个相的分散系称为单相（或均相）分散系，而含有两个或两个以上相的分散系称为多相（或非均相）分散系。当分散系的分散质粒子由许多分子或原子聚集而成时，分散质和分散剂之间有明显的界面存在，这样的分散系属于多相分散系，如黏土分散在水中形成的泥浆。而当分散质粒子以单个的分子或离子分散在介质中时，则分散系的每一部分都是分散质和分散剂的均匀混合体，且整个体系只存在一个相，属于均相分散系，如乙醇水溶液。一种物质以分子或离子状态均匀地分布在另一种物质中得到的单相系统称为溶液。通常把量少的一种称为溶质，量多的称为溶剂，不指明溶剂的溶液就是指水溶液，在溶液中水无论有多少均为溶剂。

根据分散质粒子的大小可以将分散系分为 3 类：粗分散系、胶体分散系和低分子、离子分散系（表 1-1）。

表 1-1　分散系分类

分散系名称		分散质粒子直径/m	分散质粒子	主要性质	实例
低分子、离子分散系（溶液）		$<10^{-9}$	小分子、离子	均相、透明、稳定、均匀、能透过滤纸和半透膜	食盐溶液
胶体分散系	胶体	$10^{-9} \sim 10^{-7}$	胶粒	多相、不均匀、相对稳定、能透过滤纸，不能透过半透膜	$Fe(OH)_3$ 胶体
	高分子化合物		大分子		蛋白质溶液
粗分散系（浊液）	悬浊液	$>10^{-7}$	由固体小颗粒组成	多相、不透明、不均匀、不稳定、不能透过滤纸和半透膜	泥浆
	乳浊液		由液体小液滴组成		豆浆

3 种分散系之间虽然有明显的区别，但并没有绝对的界限。实际生活中的分散系往往是比较复杂的，有的会同时表现出分散系中 2 种或 3 种性质。

1.1.2　溶液的浓度

在科学实验和日常生活中经常使用溶液。有些化肥和农药必须配制成一定浓度的溶液，才能使用。学习有关溶液浓度的基本知识，熟练掌握一定浓度溶液的计算方法是非常必要的。

在一定量的溶液或溶剂中所含有溶质的量称为溶液的浓度，有多种表示方法，常用的有以下几种。

1.1.2.1　质量百分比浓度（w_B）

混合体系中，溶质 B 的质量（m_B）占溶液总质量（m）的百分数，用符号 w_B 表示，表达式为：

$$w_B = \frac{m_B}{m} \times 100\% \tag{1-1}$$

这种表示方法比较简单，在工农业生产、医学以及日常生活中经常使用。市售浓酸、浓碱大多用这种方法表示。

1.1.2.2　物质的量浓度（c_B）

单位体积溶液中所含溶质 B 的物质的量（n_B）称为溶质 B 的物质的量浓度。用符号 c_B 表示，其常用单位为 $mol \cdot L^{-1}$ 或 $mol \cdot dm^{-1}$，也可用 $mol \cdot m^{-3}$ 表示。表达式为：

$$c_B = \frac{n_B}{V} \tag{1-2}$$

使用物质的量浓度时，必须指明物质的基本单元，即系统中组成物质的基本组分。

【例 1-1】在 1 L 溶液中含有 2 mol H_2SO_4 时，分别求 H_2SO_4 和 H^+ 的物质的量浓度。

解：H_2SO_4 的物质的量浓度为：

$$c_{H_2SO_4} = \frac{n_{H_2SO_4}}{V} = \frac{2 \text{ mol}}{1 \text{ L}} = 2 \text{ mol} \cdot L^{-1}$$

H^+ 的物质的量浓度为：

$$c_{H^+} = \frac{n_{H^+}}{V} = \frac{2 \times 2 \text{ mol}}{1 \text{ L}} = 4 \text{ mol} \cdot L^{-1}$$

1.1.2.3　质量摩尔浓度（b_B）

单位质量（1 kg）溶剂中所含溶质 B 的物质的量（n_B），称为该溶质的质量摩尔浓度。单位为 $mol \cdot kg^{-1}$，符号为 b_B，表达式为：

$$b_B = \frac{n_B}{m_A} = \frac{m_B}{M_B m_A} \tag{1-3}$$

式中，M_B 为溶质 B 的摩尔质量（$g \cdot mol^{-1}$）；m_A 为该溶剂的质量（kg）。

质量摩尔浓度与物质的量浓度相比，前者的大小与体积无关，故不受温度变化的影响，常用于稀溶液依数性的研究。在要求表达精确浓度时，必须用质量摩尔浓度表示。

1.1.2.4　摩尔分数（x）

用溶质 B 的物质的量（n_B）与溶液中各组分物质的量的总和（$n_总$）之比来表示的浓度称为该组分的摩尔分数。如果溶液中有 A 和 B 两组分，则两组分摩尔分数分别为：

$$x_A = \frac{n_A}{n_A + n_B} \qquad x_B = \frac{n_B}{n_A + n_B} \tag{1-4}$$

式中，n_A、n_B 分别为组分 A 和 B 的物质的量。

溶液浓度的表示方法很多，它们之间存在一定的转化关系。在实际工作中应根据具体要求采用不同的浓度来表示溶液组成。

【例 1-2】配制 500 mL 的 0.2 mol·L^{-1} NaOH 溶液，问需 0.4 mol·L^{-1} NaOH 溶液体积多少毫升？

解：设需要 0.4 mol·L^{-1} NaOH 溶液体积 V_1 mL

已知 $c_1 = 0.4$ mol·L^{-1}，$c_2 = 0.2$ mol·L^{-1}，$V_2 = 500$ mL

根据稀释前后溶质的物质的量不变的原理得：

$$c_1 V_1 = c_2 V_2$$

$$V_1 = \frac{c_2 V_2}{c_1} = \frac{0.2 \text{ mol·L}^{-1} \times 500 \text{ mL}}{0.4 \text{ mol·L}^{-1}} = 250 \text{ mL}$$

【例 1-3】市售质量分数为 37% 的浓 HCl，密度为 1.19 g·mL^{-1}，试计算该溶液中 HCl 的物质的量浓度、质量摩尔浓度和摩尔分数。

解：

(1) 取 1 L 37% 的浓 HCl，则 1 L 溶液中所含 HCl 的质量为：

$$m_{HCl} = \rho w \times 1 \text{ L} \times 10^3 \text{ mL·L}^{-1}$$
$$= 1.19 \text{ g·mL}^{-1} \times 37\% \times 1 \text{ L} \times 10^3 \text{ mL·L}^{-1} = 440.3 \text{ g}$$

该溶液中 HCl 的物质的量浓度为：

$$c_{HCl} = \frac{n_{HCl}}{V} = \frac{m_{HCl}}{M_{HCl} V} = \frac{440.3 \text{ g}}{36.5 \text{ g·mol}^{-1} \times 1 \text{ L}} = 12.1 \text{ mol·L}^{-1}$$

(2) 取 1 kg 该溶液，则含 HCl 370 g，含水 630 g，该溶液中 HCl 的质量摩尔浓度为：

$$b_{HCl} = \frac{n_{HCl}}{m_{H_2O}} = \frac{m_{HCl}}{M_{HCl} m_{H_2O}} = \frac{370 \text{ g}}{36.5 \text{ g·mol}^{-1} \times 630 \text{ g} \times 10^{-3} \text{ kg·g}^{-1}} = 16.1 \text{ mol·kg}^{-1}$$

(3) 该溶液盐酸的摩尔分数为：

$$x_{HCl} = \frac{n_{HCl}}{n_{H_2O} + n_{HCl}} = \frac{\dfrac{370 \text{ g}}{36.5 \text{ g·mol}^{-1}}}{\dfrac{370 \text{ g}}{36.5 \text{ g·mol}^{-1}} + \dfrac{630 \text{ g}}{18 \text{ g·mol}^{-1}}} = 0.22$$

1-1　氯化钠水溶液和胶水分别是何种分散系？该分散系中有几个相？

1-2　将 40 g NaOH 固体溶解于 500 g 水中配制成溶液，其密度为 1.08 g·mL^{-1}，求该溶液的质量百分比浓度、物质的量浓度、质量摩尔浓度，以及物质的量分数。

1.2　稀溶液的依数性

溶液的性质已不同于原来的溶质和溶剂，其性质有两类：一类与溶质的本性有关，如颜色、密度、导电性等，溶质不同，性质不同；另一类是由溶质粒子数的多少决定的。难挥发非电解质的稀溶液比纯溶剂的蒸气压下降、沸点升高、凝固点下降，且溶液具有一定的渗透压等性质，这些性质只与溶液中溶质的粒子数有关，而与溶质的本性无关，称为稀溶液的依数性。

1.2.1　溶液的蒸气压下降

在一定的温度下，将纯液体置入真空容器中，当蒸发速率与凝结速率相等时，液体上方的蒸气所具有的压力称为该温度下液体的饱和蒸气压，简称蒸气压，如图 1-1 (a) 所示。

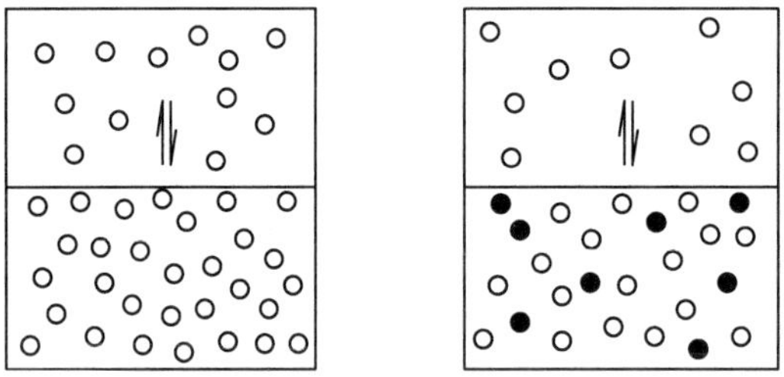

图 1-1　溶液的蒸气压下降示意图
(a)纯水的蒸气压　(b)溶液的蒸气压
○表示溶剂分子　●表示溶质分子

液体越容易挥发，它的蒸气压就越大。蒸气压也与温度有关，温度越高，蒸气压越大。一定温度下，每种纯液体的蒸气压是固定的，如 20℃ 时，纯水的蒸气压为 2.33 kPa，乙醇的蒸气压是 5.85 kPa。

当在纯溶液中加入一些难挥发性溶质时，溶剂的部分表面被难挥发的溶质分子占据，在单位时间内逸出液面的溶剂分子数目相应地减少，因此达到平衡时，溶液的蒸气压(p)总是低于纯溶剂的蒸气压(p^*)。如图 1-1(b)所示。这种现象称为溶液的蒸气压下降。下降值用下式表示：

$$\Delta p = p^* - p \tag{1-5}$$

溶液浓度越大，溶液的蒸气压下降就越多。1887 年，法国物理学家拉乌尔(Raoult F M)根据大量实验结果提出：在一定温度下，难挥发非电解质稀溶液的蒸气压下降(Δp)与溶质 B 的质量摩尔浓度(b_B)成正比。这一规律称为拉乌尔定律，表达式为：

$$\Delta p = K b_B \tag{1-6}$$

式中，K 为一常数，其值与温度、溶剂等有关。

此定律只适用于难挥发非电解质的稀溶液($b_B \leqslant 0.2$ mol·kg^{-1})。溶液越稀，越符合该定律。

1.2.2　溶液的沸点升高

当某一液体的饱和蒸气压等于外界压力时，液体开始沸腾，此时的温度称为该液体的沸点。沸点与外界压力有关，在一定压强下，液体的沸点是固定的。通常所指的沸点，是指外界压力为 101.325 kPa 下的沸腾温度，如图 1-2 中曲线 AB 所示。在

373.15 K 时，当水的蒸气压等于外界蒸气压，即达到 101.325 kPa 时，水开始沸腾，则水的沸点为 373.15 K。高原地区由于空气稀薄，气压较低，所以水的沸点低于 373.15 K。

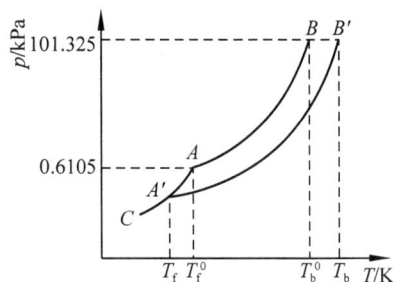

如果在纯水中加入难挥发非电解质时，由于溶液的蒸气压下降，在 373.15 K 时其蒸气压小于 101.325 kPa，如图 1-2 中曲线 $A'B'$ 所示，溶液不会沸腾。只有继续升高温度，使溶液的蒸气压正好等于外界大气压(101.325 kPa)时，溶液才会沸腾。因此，溶液的沸点总是高于纯溶剂的沸点。

图 1-2　溶液的沸点升高和凝固点降低
AB 为纯水蒸气压，$A'B'$ 为稀溶液的蒸气压，AA' 为冰的蒸气压

这种现象称为溶液的沸点升高。溶液的沸点升高值(ΔT_b)等于溶液的沸点(T_b)与纯溶剂的沸点(T_b^*)之差，即：

$$\Delta T_b = T_b - T_b^* \tag{1-7}$$

溶液的沸点升高的原因是溶液的蒸气压下降，而蒸气压下降值与溶液的质量摩尔浓度(b_B)成正比，因而溶液的沸点升高值(ΔT_b)也和溶液的质量摩尔浓度成正比，即：

$$\Delta T_b = K_b b_B \tag{1-8}$$

式中，K_b 为溶剂的沸点升高常数，其值仅取决于溶剂的本性，与溶质的性质无关(表 1-2)。

表 1-2　几种常见溶剂的 K_b 和 K_f 值

溶剂	沸点 T_b/K	$K_b/(\text{K} \cdot \text{kg} \cdot \text{mol}^{-1})$	凝固点 T_f/K	$K_f/(\text{K} \cdot \text{kg} \cdot \text{mol}^{-1})$
水	373.15	0.512	273.15	1.86
乙醇	351.4	1.22	155.7	1.99
苯	353.15	2.53	278.5	5.12
萘	491.0	5.80	353.0	6.9
醋酸	390.9	3.07	289.6	3.90
硝基苯	484.0	5.24	278.7	6.9
环己烷	354.0	2.79	279.5	20.20
四氯化碳	349.7	5.03	250.2	29.8

1.2.3　溶液的凝固点降低

物质的凝固点是指在一定的外压下(一般指常压)，该物质的液相与固相的蒸气压相等，两相共存时的温度。例如，在常压下，273.15 K 时，水和冰的蒸气压均为 0.61 kPa，此时水和冰共存。273.15 K 即为水的凝固点，又叫水的冰点。若二者蒸气压不相等，则会出现相互转化的状况。当冰的蒸气压小于水的蒸气压，则水向冰转化；反之，若冰的蒸气压大于水的蒸气压，则冰要向水转化。

如果在 273.15 K 的冰水共存系统中加入一些难挥发性非电解质，将会影响体系

的蒸气压。因为溶质溶于水后，只影响液相水的蒸气压，而对固相冰的蒸气压无影响，因此，此时溶液的蒸气压必定低于冰的蒸气压，溶液和冰就不能共存。只有继续降温，溶液的蒸气压才能和冰的蒸气压相等，此时的温度就是溶液的凝固点。所以，溶液的凝固点总是比纯溶剂的低。这种现象称为溶液的凝固点降低。凝固点降低值（ΔT_f）等于纯溶剂的凝固点（T_f^*）与溶液的凝固点（T_f）之差，即：

$$\Delta T_f = T_f^* - T_f \tag{1-9}$$

溶液凝固点降低的原因是溶液的蒸气压下降，溶液越浓，蒸气压越低，凝固点下降越大。难挥发非电解质稀溶液的凝固点降低值（ΔT_f）也近似地与溶质 B 的质量摩尔浓度（b_B）成正比。

$$\Delta T_f = K_f b_B \tag{1-10}$$

式中，K_f 为溶剂的凝固点下降常数，其大小只取决于溶剂本性，与溶质的性质无关。常见溶剂的 K_f 值见表 1-2。

由于溶液的凝固点降低值与溶质的质量摩尔浓度成正比，由此可以估算溶质的摩尔质量浓度和相对分子质量。

【例 1-4】将 5.0 g 某纯净试样溶于 200 g 醋酸中，测得该溶液的凝固点为 15.2℃。求该试样的相对分子质量。

解：经查表 1-2 得纯醋酸的凝固点 $T_f = 289.6$ K；凝固点降低常数 $K_f = 3.90$ K·kg·mol^{-1}。

设该试样的摩尔质量为 M g·mol^{-1}，则：

$$\Delta T_f = K_f b_{CH_3COOH} = K_f \cdot \frac{\dfrac{5.0}{M}}{0.200}$$

$$M = \frac{3.90 \times 5.0}{[289.6 - (273 + 15.20)] \times 0.200} = 69.64 \ (g \cdot mol^{-1})$$

在日常生活中，溶液的凝固点下降这一性质得到广泛应用。例如，在生产和实验中，常用冰和盐的混合物作冷冻剂。冰的表面附有少量水，当撒上盐后，盐溶于水形成溶液。由于冰的蒸气压高于溶液的蒸气压，冰就会融化。随着冰的融化，吸收了大量的热，于是冰盐混合物温度就会降低。食盐与冰混合温度可降至 251 K，氯化钙和冰混合温度可降至 218 K；在植物细胞内含有糖、氨基酸等多种可溶性物质，这些可溶物的存在，使细胞液的蒸气压下降，凝固点降低，从而表现出一定的抗旱性和耐寒性；在严寒的冬季，汽车水箱中常加入乙二醇或甘油等物质，使溶液的凝固点降低以防止水箱因结冰而胀裂。

1.2.4　溶液的渗透压

1.2.4.1　渗透作用

将一滴红墨水滴入一杯清水中，不久整杯水就会显红色。如果在蔗糖溶液的液面上小心地加一层清水，过一段时间就会得到一杯均匀的糖水。这都说明分子在不断地运动和迁移，从而产生扩散。这些扩散是在溶液与纯水直接接触时发生的。如果用一种只允许溶剂水分子通过，而溶质分子不能通过的半透膜将蔗糖溶液和纯水隔开，不让溶液和纯水直接接触，会有什么现象呢？

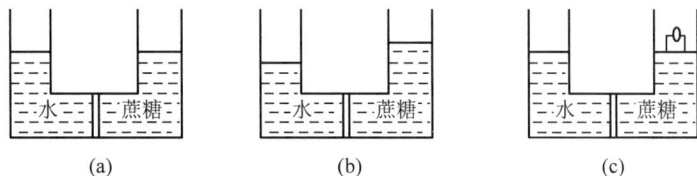

图 1-3 渗透压示意图

(a)开始状态 (b)渗透作用 (c)阻止渗透作用发生

如图 1-3(a)所示，用一种水分子可通过、糖分子不能通过的半透膜(如鸡蛋膜、动物肠衣、细胞膜等)将蔗糖溶液和纯水隔开，并使两边液面等高。一段时间后，内外两边的液面不再等高，如图 1-3(b)所示。水一侧液面降低，糖水一侧液面升高，说明一部分水分子通过半透膜扩散到了糖水溶液中。这种溶剂分子通过半透膜进入溶液的自发现象称为渗透作用(或渗透现象)。

1.2.4.2 渗透压

随着渗透作用的进行，大量的水将穿过半透膜进入蔗糖溶液，使溶液的液面不断上升。当容器中的液面上升到一定程度时，水分子向两个方向的扩散速度相等，即单位时间内水分子从纯水中进入溶液的数目与从溶液进入纯水的数目相等时，溶液液面不再升高，体系达到一个动态平衡，称为渗透平衡。要使两液面不发生高度差，可在溶液液面上施加额外的压力，如图 1-3(c)所示。这种能够阻止渗透进行而施于溶液液面上的额外压力，称为溶液的渗透压。可见，渗透压是为了半透膜两边维持渗透平衡而施加的压力。

溶液的渗透压的大小与溶液的浓度和温度有关。1886 年荷兰物理学家范特霍夫(Van't Hoff)根据大量实验得出：难挥发非电解质稀溶液的渗透压与溶液的物质的量浓度(c_B)和绝对温度(T)成正比，而与溶质的本性无关。数学表达式为：

$$\Pi = c_B RT \tag{1-11}$$

式中，Π 为渗透压，单位为 Pa 或 kPa；R 为气体常数，其值为 8.314 kPa·dm³·mol⁻¹·K⁻¹。

当水溶液很稀时，$c_B \approx b_B$，即：

$$\Pi = b_B RT \tag{1-12}$$

由此可见，溶液浓度越高，其渗透压就越大；相反，溶液浓度越小，渗透压就越小。

【例 1-5】人的血浆在 272.44 K 结冰，求人体体温在 310 K 时的渗透压。

解：查表 1-2 得水的凝固点为 273 K；水的凝固点降低常数 K_f 为 1.86 K·kg·mol⁻¹。

故血浆的凝固点降低值为：

$$\Delta T_f = 273 - 272.44 = 0.56(K)$$

血浆的质量摩尔浓度为：

$$b_B = \frac{\Delta T_f}{K_f} = \frac{0.56}{1.86} = 0.030\ 11(mol \cdot kg^{-1})$$

则人体体温在 310 K 时的渗透压为：

$$\Pi = b_B RT = 0.030\ 11 \times 8.314 \times 310 = 776\ (kPa)$$

在同一温度下，渗透压相等的两种溶液称为等渗溶液。渗透压相对较高的称为高渗溶液，较低的称为低渗溶液。

1.2.4.3　渗透压的应用

渗透现象广泛存在于自然界中，与动植物的生命活动有着重要的关系。动植物体的细胞膜具有半透膜的性能，水分、养料在动植物体内循环都是通过渗透作用来实现。而且只有土壤溶液的渗透压低于细胞液的渗透压时，植物才能不断从土壤中吸收水分和养料进行正常的生长发育；反之，土壤溶液的渗透压高于植物细胞液的渗透压时，植物细胞内的水分就会向外渗透导致植物枯萎。给作物喷药或施肥时，溶液的浓度过大会引起水分从植物体会向外渗透，导致烧苗现象。临床医学上输液时常用的 0.9% 的生理盐水和 5% 葡萄糖溶液均为与人体体液具有相等渗透压的等渗溶液。如输入高渗溶液，则血液细胞中的水分向外渗透，引起血球发生萎缩；如输入低渗溶液，则水分将向血球中渗透，引起血球细胞的胀破，产生溶血现象。

1-3　一封闭箱处于恒温环境中，箱内有两杯液体，A 杯为纯水，B 杯为蔗糖水溶液。静置足够长时间后，会发生什么变化？

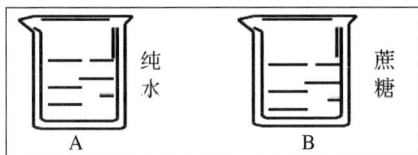

1-4　在冬天抢修土建工程时，为什么在水泥砂浆中掺盐？

1-5　为什么人在淡水中游泳时眼睛会疼痛，而在海水中眼睛会干涩萎缩？

1.3　胶体

胶体是一种分散质直径在 1～100 nm 的、比较稳定的多相体系。胶体分散系可分为溶胶和高分子化合物溶液。固态粒子聚合体分散在液态分散介质中形成的分散系称为胶体溶液，简称溶胶；高分子化合物在水中形成的分散系称为高分子溶液。本节重点讨论溶胶的结构和性质。

1.3.1 溶胶的结构

一般说来，在胶体溶液中，胶体粒子的中心是由许多分子聚集而成的直径为 $1\sim 100$ nm 的集团，称为胶核。胶核具有很大的表面能，选择性地吸附与自身组成相同的离子。根据大量的实验事实，人们提出了胶体的扩散双电层结构。现以稀 $AgNO_3$ 与过量的稀 KI 溶液反应制备 AgI 溶胶为例，说明其结构。

如图 1-4 所示，大量的 AgI 基本单元聚集在一起，形成直径在 $1\sim 100$ nm 的固体粒子，组成胶体的核心胶核。由于 KI 是过量的，溶液还存在 K^+、NO_3^-、I^- 等离子，AgI 胶核选择性地吸附与其组成相同的 I^-，使胶核带上负电荷，I^- 即为电位离子。电位离子 I^- 由于静电引力的作用，又会吸引溶液中带相反电荷的离子 K^+，K^+ 则为反离子。电位离子 I^- 和一部分反离子 K^+ 构成了吸附层。胶核和吸附层构成胶粒，在溶液中成为独立运动体。其余的反离子 K^+ 松散地分布在胶粒的外面，形成了扩散层，扩散层和胶粒合称胶团。以上的胶团结构也可以用以下简式来表示：

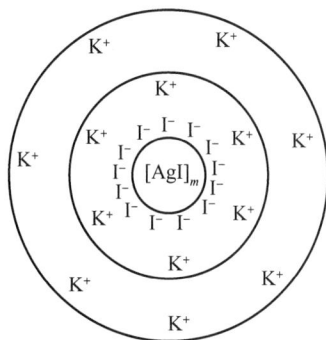

图 1-4 AgI 胶团结构示意图

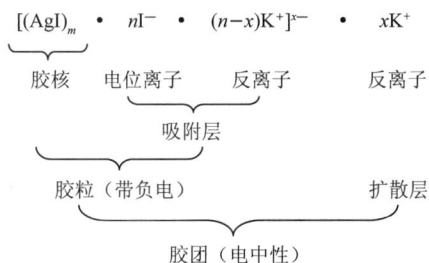

$$[(AgI)_m \cdot nI^- \cdot (n-x)K^+]^{x-} \cdot xK^+$$

胶核　电位离子　反离子　　反离子

吸附层

胶粒（带负电）　　　　扩散层

胶团（电中性）

式中，m 为 AgI 分子数（约 10^3 个）；n 为电位离子数目（$m \gg n$）；x 为扩散层中反离子的数目；$(n-x)$ 为吸附层中反离子的数目。

相反，在制备 AgI 溶胶过程中，如果 $AgNO_3$ 溶液过量，胶团的结构式则为：

$$\left[(AgI)_m \cdot nAg^+ \cdot (n-x)NO_3^-\right]^{x+} \cdot xNO_3^-$$

1.3.2 胶体溶液的性质

从外观上看，胶体溶液和溶液都是澄清透明的液体，但从胶体的结构可知，胶体粒子比溶液中的溶质颗粒大得多，因此胶体溶液具有一些特殊的性质。

1.3.2.1 吸附作用

一切物质的分子间都具有吸引力。物质表面分子同内部分子所处的情况不同。内部分子与周围的分子互相吸引，在各方面的引力都是相等的。而表面分子却与内部分子相互吸引，剩有多余的引力，可与外界其他物质的分子互相作用，这就是表面分子所具有的吸附能力（图 1-5）。由于吸附作用产生在表面上，因此物质的表面积越大，吸附能力也就越强。

由于胶体颗粒高度分散,系统的比表面积相当大,因而胶体的表面性质非常显著,具有强烈的吸附作用。固体胶体表面选择性吸附了溶液中与其组成相同的某种离子,从而使胶粒表面带电。

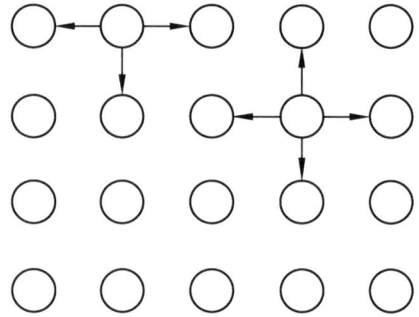

图 1-5 表面分子吸附能力示意图

1.3.2.2 动力学性质——布朗运动

在溶液中,胶体粒子除了自身的热运动外,还受到周围分散剂分子的不均匀撞击,不断地改变着运动方向和运动速度,胶粒始终处于一种连续的、无规则的运动状态。这种运动状态称为布朗(Brown)运动,如图 1-6 所示。这也是胶粒不致因重力作用造成下沉的原因之一,有利于保持溶胶的稳定。

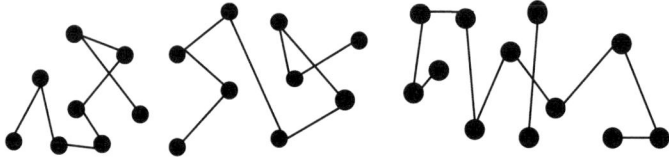

图 1-6 布朗运动

1.3.2.3 光学性质——丁达尔效应

将一束强光通过胶体溶液时,在光束垂直的方向上可看到一条光亮的"通路",这种现象称为丁达尔效应。丁达尔现象是胶体溶液特有的现象。根据光学原理,光线照射到分散质粒子时,如果粒子直径远远大于入射光的波长,则主要产生光的反射;如果粒子直径小于入射光的波长,则主要发生光的散射,产生丁达尔效应。由于胶体粒子直径在 $1\sim100$ nm,可见区的入射光的波长范围为 $400\sim760$ nm,显然可见光光波绕过分散质粒子向各个方向发生散射,一束直射的光在胶体溶液中显示出一条光路,即丁达尔效应。溶液的粒子直径太小(<1 nm),光直接透射过溶液,不会出现光的散射,也就没有丁达尔效应。因此,可以用这种方法来区别胶体和溶液。

1.3.2.4 电学性质——电泳现象

胶体微粒具有较强的吸附能力,并选择性吸附了溶液中与其相关的离子,从而使胶粒表面带电。在外电场的作用下,这些带电粒子体定向移动的现象称为电泳。

如图 1-7 所示,将红褐色 $Fe(OH)_3$ 胶体装入 U 形管中,当插入电极通电后,观察到阳极附近胶体颜色逐渐变浅,阴极附近的胶体颜色逐渐变深。这一事实充分证明了胶粒是带电的。在外电场的作用下向阴极移动,说明 $Fe(OH)_3$ 胶粒带正电。

电泳实验中通过胶体粒子运动的方向可以判断其带电的种类。一般情况下,金属氢氧化物、金属氧化物的胶体微粒易于

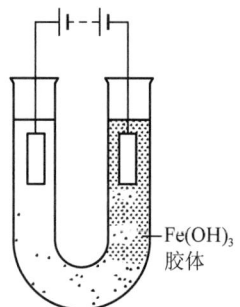

图 1-7 电泳现象

吸附正电荷而带正电，非金属氧化物、金属硫化物易于吸附负电荷而带负电。带正电荷的胶体称为正溶胶，带负电荷的胶体称为负溶胶。

胶体粒子可以透过滤纸但不能透过半透膜，因此可以用半透膜渗析的方法来精制胶体。

1.3.3　溶胶的稳定性和聚沉

1.3.3.1　溶胶的稳定性

在生产和科研中常常需要形成稳定的胶体，如难溶的药物常要制成胶体溶液才便于病人服用和吸收。人们不希望日常用的墨水很快沉淀堵塞笔孔。胶体粒子的布朗运动使它能保持一定时间的相对稳定，因此溶胶具有动力学稳定性。但溶胶是高度分散的多相体系，具有很大的表面能，因此溶胶又具有热力学不稳定性。胶体的稳定性的原因主要有以下几个方面：

（1）布朗运动

由于布朗运动产生的动能足以克服胶粒的重力作用，保持胶粒均匀分散而不聚沉，使胶体具有一定的稳定性。但激烈的布朗运动，使粒子间不断地相互碰撞后，也可能合并成大的颗粒，而引起聚沉。因此，布朗运动不是胶体稳定的主要因素。

（2）胶粒带电

胶粒带电是多数胶体能稳定存在的主要原因。带电的胶粒由于胶粒间的范德华力而相互吸引，但因带相同电荷又相互排斥，因此胶粒在相互接近时，不易聚集成较大的颗粒而沉降。

（3）溶剂化作用

胶粒强烈的吸附作用使胶粒的表面形成一层相对稳定的水化膜，包围着吸附层上的电位离子和反粒子，从而阻止了胶粒之间的聚集，使胶粒具有一定的稳定性。

由于布朗运动、胶粒带电和水化膜的存在，溶胶能在一段时间（几天、几个月、几年或几十年）保持稳定，但最终还是要聚集成大的颗粒而沉降。

1.3.3.2　溶胶的聚沉

胶体的稳定性是相对的、有条件的。因为胶体是多相、高分散体系，具有很大的表面能，有自发聚集成较大颗粒以降低表面能的趋势，是热力学上的不稳定体系。只要减弱或消除促使胶体稳定的因素，就能使胶粒聚集成较大的颗粒而沉降。这种胶体粒子聚集成较大颗粒而沉降的过程称为聚沉。常用的方法有以下几种：

（1）加热

加热使胶粒的运动速度加快，碰撞聚合的概率增多；同时，升温降低了胶核对离子的吸附作用，减少了胶粒所带的电荷，水化程度降低，破坏了溶胶的稳定性而发生聚沉。

（2）加入带相反电荷的胶体溶液

将带相反电荷的两种胶体混合，胶粒之间相互吸引，彼此互相中和电荷，从而发生聚沉。明矾净水就是个典型的例子。明矾溶于水后，发生水解，生成带正电荷的 $Al(OH)_3$ 胶体，而呈现胶体状态的悬浮在天然水中的泥土胶粒（硅酸等）是带负电荷的，它们互相中和电荷后发生聚沉，达到净水的目的。

江河湖海口三角洲的形成就是由于河流中带有负电荷的胶态黏土被海水中带有正电荷的 Na^+、Mg^{2+} 中和后沉淀，经过数千年大量的沉淀物的沉积而形成的。

（3）加入少量的电解质，中和胶粒电荷

加入电解质后，增加了胶体中离子的总浓度，给带电荷的胶粒创造了吸引带相反电荷离子的有利条件，使反离子更多地进入吸附层，吸附层中反离子增多，扩散层变薄，胶粒所带电荷大大减少，排斥力减弱，降低了胶体的稳定性从而使胶粒相互碰撞时聚集沉降。

另外，还有辐射、光照射等其他方法也可以造成胶体的聚沉。

1.3.4　高分子化合物溶液

高分子化合物的相对分子质量在 10 000 以上，甚至高达几百万，在适当的溶剂中才能自发溶解形成溶液。高分子化合物溶液与溶胶有本质的区别，其主要特征是分散相粒子与分散介质之间没有界面，是均相稳定体系，与小分子溶液有些相似。同时，高分子化合物分子的大小和胶体分散系的胶体粒子大小相当，因此高分子化合物溶液又表现出如扩散速度慢、不能透过半透膜等某些胶体性质。

1-6　胶体溶液是不稳定体系，为什么能长期存在？

1-7　引起胶体溶液聚沉的方法有哪些？

本章小结

1. 分散体系按分散质粒子直径大小可以分为粗分散系，胶体分散系和低分子、离子分散系。粗分散体系中，分散质粒子直径大于 100 nm。胶体分散体系中的胶体粒子直径为 1～100 nm。溶液是低分子、离子分散体系，其分散质是分子、离子和原子，它们的直径小于 1 nm。

2. 溶液浓度的表示方法

（1）质量百分比浓度　$w_B = \dfrac{m_B}{m} \times 100\%$

（2）物质的量浓度　$c_B = \dfrac{n_B}{V}$

（3）质量摩尔浓度　$b_B = \dfrac{n_B}{m_A} = \dfrac{m_B}{M_B m_A}$

（4）摩尔分数　$x_B = \dfrac{n_B}{n_A + n_B}$，$x_A = \dfrac{n_A}{n_A + n_B}$

3. 稀溶液的依数性包括溶液的蒸气压降低、沸点升高、凝固点降低和溶液具有一定的渗透压。它们的大小与溶液中溶质本身的性质无关，而与溶质的质量摩尔浓度成正比。

4. 胶体溶液

（1）胶团的结构：

$$[(AgI)_m] \cdot nI^- \cdot (n-x)K^+]^{x-} \cdot xK^+$$

胶核　　电位离子　反离子　　　　反离子

吸附层

胶粒（带负电）　　　　　　　扩散层

胶团（电中性）

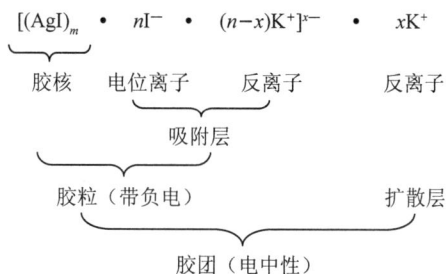

（2）胶体溶液的性质：胶体溶液中胶粒的表面积较大，具有很强的吸附作用，选择性吸附与其组成相关的离子；胶粒由于自身无规则的热运动和受到溶剂分子的不停撞击而具有动力学性质——布朗运动；胶粒由于对入射光的散射作用，在溶液中形成光路而具有光学性质——丁达尔效应；胶粒在外加电场的作用下发生定向移动而具有电学性质——电泳。

（3）溶胶的稳定性和聚沉：溶胶具有一定的稳定性主要原因有：布朗运动、胶粒带电、溶剂化作用；溶胶可通过加热、加入带相反电荷的胶体溶液、加入少量的电解质中和胶粒电荷的方法进行聚沉。

【阅读材料】

胶体及其应用

日常生活中胶体的应用范围十分广泛，如我们吃的馒头，喝的稀粥、豆浆，用的墨水、牙膏；早晨的雾，烟囱里冒的黑烟，名贵的珍珠、玛瑙、水晶等。现将胶体在工农业方面的应用简要介绍如下：

1. 用于水污染治理

水中若有细小的淤泥及其他污染物微粒存在，它们往往形成不易沉降的胶态物质悬浮于水中，此时可加入混凝剂使其沉降。

铁盐和铝盐是常用的混凝剂。铝盐与水的反应可表示为：

$$Al^{3+}(aq) + 2H_2O = Al(OH)^{2+}(aq) + H_3O^+(aq)$$
$$Al(OH)^{2+}(aq) + 2H_2O = Al(OH)_2^+(aq) + H_3O^+(aq)$$
$$Al(OH)_2^+(aq) + 2H_2O = Al(OH)_3(s) + H_3O^+(aq)$$

pH 值不同，$Al(OH)^{2+}$、$Al(OH)_2^+$ 和 $Al(OH)_3$ 所占的比例不同。这种高氧化态离子在水中水解也可形成胶体。它们的作用如下：①中和胶体杂质电荷；②在胶体杂质之间起黏附作用；③本身为絮状物对胶体杂质具有吸附作用。对铝盐控制 pH 值在 6.0～8.5。对铁盐控制 pH 值在 8.1～9.6 沉降效果好。

新型无机高分子混凝剂，如聚氯化铝 $[Al(OH)_nCl_{6-n} \cdot xH_2O]_m$，净水效果好、价廉，在工农业生产中普遍采用。

2. 胶体的保护及其应用

胶体的保护作用在生理过程中具有重要意义。例如，在健康人的血液中所含的难溶盐，如 $MgCO_3$、$Ca_3(PO_4)_2$ 等，都是以胶体状态存在，并且被血清蛋白等保护着。当发生疾病时，保护物质在血液中的含量降低，这样就使胶体发生聚沉而堆积在身体的各部分，新陈代谢异常，就形成某些器官的结石。

日常生活中常常遇到保护胶体的例子。例如，墨水、颜料、石墨等，常加入高分子化合物，使其长期保持稳定。胶体化学的应用已渗透到很多领域，生活离不开胶体，生产技术中也广泛应用。加拿大医学专家用一种特制的胶体黏合伤口，涂在伤口表面，1 s 即形成一层薄膜，有效地止血使伤口愈合，不产生疤痕，且能防菌抗感染。胶体化学在尖端科学上也应用广泛。航天飞机的大部分零件就是用胶体固定的，如果改用铆钉或螺丝钉固定的话，那么每增加 1 g 的质量，就得多花 3 万多美元来抵消那"1 g"所带来的麻烦。

胶体化学与高分子化学、生物学等相互渗透，揭示了胶体化学发展的新篇章，有关胶体的许多奥妙还有待人们去发现、去探索。

习　题

1. 用 18 mol·L^{-1} 的浓硫酸 3.5 mL 配成 350 mL 的溶液，该溶液摩尔浓度为(　　)。

    A. 0.25 mol·L^{-1}　　　　　　　　B. 0.28 mol·L^{-1}

    C. 0.18 mol·L^{-1}　　　　　　　　D. 0.35 mol·L^{-1}

2. 将一块冰放在 273 K 的食盐水中则(　　)。

    A. 冰的质量增加　　　　　　　　B. 无变化

    C. 冰逐渐溶化　　　　　　　　　D. 溶液温度升高

3. 盐碱地的农作物长势不良，甚至枯萎，其主要原因是(　　)。

    A. 天气太热　　　　　　　　　　B. 很少下雨

    C. 肥料不足　　　　　　　　　　D. 水分从植物向土壤倒流

4. 胶体溶液是动力学稳定体系，因为它有(　　)。

    A. 丁达尔效应　　B. 电泳　　　　C. 吸附作用　　　D. 布朗运动

5. 用 10 mL 0.01 mol·L^{-1} KI 溶液与 20 mL 0.01 mol·L^{-1} AgNO$_3$ 溶液制备的 AgI 胶体，其胶粒所带电荷为(　　)。

    A. 正电荷　　　B. 负电荷　　　C. 电中性　　　D. 无法确定

6. 为什么人吃了较咸的食物会觉得口渴？

7. 0.1 mol·L^{-1} 硫酸是实验室常用试剂，配制这种试剂 500 mL，需取质量分数为 98% 的硫酸溶液（密度为 1.84 g·mL^{-1}）多少毫升？

8. 在标准状况下，15.63 mol 的氨气溶解于 1 L 水中，得到密度为 0.92 g·mL^{-1} 的氨水，求此氨水的质量百分比浓度和物质的量浓度。

9. 将 40 g NaOH 固体溶解于 500 g 水中配制成溶液，其密度为 1.08 g·mL^{-1}，求该溶液的质量百分比浓度、物质的量浓度、质量摩尔浓度以及物质的量分数。

10. 将 10.4 g 难挥发非电解质化合物溶于 250 g 水中，该溶液的沸点为 100.78℃，已知水的 K_b＝0.512 K·kg·mol^{-1}，则该溶质的相对分子质量为多少？

11. 将 5.50 g 试样溶解于 250 g 苯中测得该溶液的凝固点为 4.51℃，已知苯的凝固点为 5.53℃，凝固点降低常数为 5.12 K·kg·mol^{-1}，试求该试样的相对分子质量。

12. 将 FeCl$_3$ 溶液滴入沸水中可制得红褐色的 Fe(OH)$_3$ 胶体，试写出胶体粒子结构式。（提示：FeCl$_3$ 水解产生的 Fe(OH)$_3$ 颗粒一部分会和 HCl 进一步反应，生成 FeO$^+$）

第 2 章　化学反应速率和化学平衡

知识目标

1. 掌握化学反应速率的概念和表达方式。
2. 熟悉影响化学反应速率的主要因素。
3. 掌握化学平衡的概念、特征和意义。
4. 掌握化学平衡常数的书写及相关的计算。

技能目标

1. 能运用不同形式表达化学反应速率。
2. 能正确书写平衡常数。
3. 会运用平衡常数判断平衡移动的方向。
4. 能运用平衡移动的原理解释浓度、压力、温度等条件对化学平衡的影响。

素质目标

培养学生树立节约资源、综合利用的观念。

对于任何一个化学反应，我们不仅要知道反应在给定条件下的产物，而且要关心以下两个方面的问题：化学反应进行的快慢和化学反应进行的程度，即化学反应速率和化学平衡。这两个问题对于理论研究和生产实践都具有十分重要的意义。例如，生产过程中为了增产常加快某些化学反应速率；铁生锈、塑料老化、药物氧化或分解、机体衰老等反应，则希望其速率越慢越好；口腔补牙、镶牙材料的固化等又要求速率适中才好。只有通过学习和研究化学反应，掌握化学反应的相关规律，才能在生产和生活中有效地控制反应速率，使之为人类服务。

2.1　化学反应速率及其影响因素

化学反应速率就是化学反应过程进行的快慢。化学反应不同，速率也千差万别。溶液中的酸碱中和反应，可以瞬间完成；而有机合成反应、分解反应等需要较长的时间来完成；造成环境"白色污染"的塑料制品则需几十年、几百年或更长的时间才能在自然界降解完毕。即使在同一个反应，由于条件改变，反应速率也会有很大的改变。

2.1.1　化学反应速率

化学反应速率通常用一段时间内反应物或生成物浓度的变化来表示。浓度常用 $mol \cdot L^{-1}$ 表示；时间单位常用秒（s）、分（min）、小时（h）等表示；反应速率的单位常用 $mol \cdot L^{-1} \cdot s^{-1}$、$mol \cdot L^{-1} \cdot min^{-1}$ 或 $mol \cdot L^{-1} \cdot h^{-1}$ 等表示，视反应的快慢而定。由于绝大多数化学反应在进行中速率是不等的，因此在描述反应速率时，有平均速率（$\bar{v}$）和瞬时速率（v_i）两种表达方式。

2.1.1.1　平均速率（$\bar{v}$）

在定容条件下，化学反应的平均速率（$\bar{v}$）是指在单位时间内反应物浓度的减小量或生成物浓度的增加量。

$$\bar{v} = \frac{c_2 - c_1}{t_2 - t_1} = \pm \frac{\Delta c_i}{\Delta t} \tag{2-1}$$

如反应：
$$2N_2O_5 =\!=\!= 4NO_2 + O_2$$

起始时，N_2O_5 的浓度为 $2.0\ mol \cdot L^{-1}$，$200\ s$ 后，测得其浓度为 $1.58\ mol \cdot L^{-1}$，则在 $200\ s$ 内，N_2O_5 的平均速率为：

$$\bar{v} = -\frac{\Delta c_{N_2O_5}}{\Delta t} = -\frac{1.28\ mol \cdot L^{-1} - 2.00\ mol \cdot L^{-1}}{200\ s}$$
$$= 3.6 \times 10^{-3}\ mol \cdot L^{-1} \cdot s^{-1}$$

平均速率对于慢反应具有实际意义，对于快反应则毫无意义，快反应只能用瞬时速率来表示。

2.1.1.2　瞬时速率（v_i）

瞬时速率（v_i）是指某一反应在某一时刻的真实速率，它等于时间间隔趋于无限小时的平均速率的极限值。其表达式为：

$$v_i = \lim_{\Delta t \to 0} \frac{\Delta c_i}{\Delta t} = \pm \frac{dc_i}{dt} \tag{2-2}$$

式（2-2）是用反应物浓度随时间的改变量表示的瞬时速率，也可以说瞬时速率即为浓度对时间的一阶导数。

对于合成氨的反应：
$$N_2 + 3H_2 =\!=\!= 2NH_3$$

若 dt 时间内 N_2 减小的浓度用 dx 表示，根据方程式中各物质的计量关系可知，H_2 浓度必减小 $3dx$，NH_3 的浓度必增大 $2dx$，用 3 种不同物质浓度的变化表示的瞬时速率为：

$$v_{N_2} = -\frac{dc_{N_2}}{dt} = -\frac{dx}{dt}$$

$$v_{H_2} = -\frac{dc_{H_2}}{dt} = -\frac{3dx}{dt}$$

$$v_{NH_3} = \frac{dc_{NH_3}}{dt} = \frac{2dx}{dt}$$

从上面的式子可以看出，对同一化学反应，用不同的反应物或生成物在单位时间内浓度的变化量表示反应速率时，其数值不一定相等，但它们之间的比值恰好等于反应方程式中各物质的化学计量系数之比，即 $v_{N_2} : v_{H_2} : v_{NH_3} = 1 : 3 : 2$。一个化学反应只能有一个反应速率，若都除以各物质前相应的系数，则得到一个反应速率值。

对于反应：　　　　$aA + dD \Longrightarrow gG + hH$

其反应速率为：

$$v = -\frac{1}{a} \cdot \frac{dc_A}{dt} = -\frac{1}{d} \cdot \frac{dc_D}{dt} = \frac{1}{g} \cdot \frac{dc_G}{dt} = \frac{1}{h} \cdot \frac{dc_H}{dt} = \frac{1}{\nu} \cdot \frac{dc_B}{dt} \qquad (2\text{-}3)$$

式(2-3)中 ν 为化学反应方程式中相应物质 B 的化学计量数，如果是反应物，取负值；若是生成物，则取正值。

反应速率是通过实验测定的。在实验中，用化学或物理方法测定不同时间的反应物(或生成物)的浓度，作出 $c_B - t$ 关系曲线，在曲线上任一点做切线，其斜率即为该时刻的 $\frac{dc_B}{dt}$，从而由式(2-3)得到该反应在该时刻的瞬时速率。

2.1.2　影响化学反应速率的因素

化学反应速率主要是由化学反应的本性即反应物的结构和本身所具有的性质决定的。此外，化学反应速率还与反应条件如反应物浓度、反应温度、催化剂等有关。

2.1.2.1　浓度对反应速率的影响

(1)基元反应

绝大多数化学反应并不是简单地一步就完成了，而是要分几步进行的。例如反应：

$$2N_2O_5 \Longrightarrow 4NO_2 + O_2$$

是由下列 3 个步骤组成的：

① $N_2O_5 \xrightarrow{\text{慢}} N_2O_3 + O_2$

② $N_2O_3 \xrightarrow{\text{快}} NO_2 + NO$

③ $N_2O_5 + NO \xrightarrow{\text{快}} 3NO_2$

其中，每一个具体反应都是一步完成的。这种从反应物转化为生成物，一步完成的反应称为基元反应。这些基元反应的组合，表示了整个化学反应所经历的途径。化学反应所经历的途径称为反应机理或反应历程。

由一个基元反应构成的化学反应称为简单反应；而由两个或两个以上的基元反应

构成的化学反应称为复杂反应(非基元反应)。

在一个复杂反应中,有的基元反应的速率快,有的基元反应的速率慢,而整个复杂反应的反应速率则取决于其中最慢的那个基元反应的速率。这个反应最慢的基元反应称为该复杂反应的定速步骤(或限速步骤)。如上式 N_2O_5 分解的 3 个基元反应中,反应 ① 最慢,则该反应即为定速步骤。

(2)质量作用定律

反应速率与反应物浓度之间的定量关系式,称为速率方程。1867 年,挪威科学家古德贝(Guldberg)和瓦格(Waage)在大量实验的基础上,总结出了基元反应的反应速率与反应物浓度之间的定量关系:在一定温度下,化学反应速率与各反应物浓度系数次方的乘积成正比。基元反应的这一规律称为质量作用定律。

对于基元反应: $a\text{A}+d\text{D}\Longrightarrow g\text{G}+h\text{H}$

反应速率为:

$$v=\frac{1}{\nu}\cdot\frac{dc_{\text{B(反应物)}}}{dt}=k\cdot c_{\text{A}}^{a}\cdot c_{\text{D}}^{d} \qquad (2\text{-}4)$$

式(2-4)中比例系数 k 称为反应速率常数,简称速率常数,一般由实验测定。它在数值上等于反应物浓度均为单位浓度($1\ \text{mol}\cdot\text{L}^{-1}$)时的反应速率,$k$ 的大小决定于基元反应的本质、反应温度和催化剂等因素,与反应物的浓度无关。改变反应物的浓度,可以改变反应速率,但不会改变 k 的大小;改变温度和催化剂,会使 k 值发生改变。由式(2-4)可以看出,在一定温度下,k 值越大,反应速率也越大。

质量作用定律只适用于基元反应,对于复杂反应,必须知道该反应历程中属于定速步骤的基元反应,或以实验为依据,才能写出其速率方程。

书写速率方程时,还应注意以下几点:

①质量作用定律对溶液中的反应和气体反应均适用,如果有固体和纯液体参加反应,因固体和纯液体本身为标准态,即单位浓度,因此不必列入反应速率方程,如:

$$\text{C(s)}+\text{O}_2\text{(g)}\Longrightarrow\text{CO}_2\text{(g)}$$
$$v=k\cdot c_{\text{O}_2}$$

②如果参加反应的物质是气体,在质量作用定律表达式中浓度可用气体的分压来代替。如上式表示 C 和 O_2 反应的速率方程可以写成:

$$v=k_p\cdot p_{\text{O}_2}$$

显然,对同一反应来说,用浓度和分压表示的速率方程中的常数 k 是不相等的。

③在稀溶液中进行的反应,若溶剂(如 H_2O 等)参与反应,其浓度不写入质量作用定律中。因为溶剂大量存在,其改变量很小,可近似看作常数,合并到速率常数项中。

(3)反应级数

反应速率方程中反应物浓度的方次称为该反应物的反应级数。对于反应:

$$a\text{A}+d\text{D}\Longrightarrow g\text{G}+h\text{H}$$

反应速率方程为:

$$v = k \cdot c_A^a \cdot c_D^d$$

式中，反应物 A 的反应级数为 a；反应物 D 的反应级数为 d；所有反应物级数的加和 $a + d + \cdots$ 就是该化学反应的反应级数 (n)。

反应级数 (n) 是实验测定的。一般来说，在基元反应中，反应物的级数与计量系数一致，非基元反应则可能不同，可以为零、整数、分数。零级反应就是反应速率与反应物浓度无关的反应，即反应物浓度发生变化时，反应速率不变。反应级数为 1 的反应称为一级反应，其反应速率与反应物浓度的一次方成正比，即反应物浓度加倍，反应速率也加倍。反应级数为 2 的反应称为二级反应，其反应速率与反应物浓度的平方成正比。可见，反应级数的大小表示反应物浓度对反应速率的影响程度的大小。

在不同级数的速率方程中，速率常数 k 的单位是不一样。化学反应速率的单位是 $mol \cdot L^{-1} \cdot s^{-1}$，速率常数 k 的单位取决于反应的级数，见表 2-1 所列。

表 2-1　某些反应的速率方程、反应级数和速率常数 k 的单位

化学反应	速率方程	反应级数	k 的单位
$2NH_3 \xrightarrow{Fe} N_2 + 3H_2$	$v = k \cdot c_{NH_3}^0 = k$	零级	$mol \cdot L^{-1} \cdot s^{-1}$
$SO_2Cl_2 \rightarrow SO_2 + Cl_2$	$v = k \cdot c_{SO_2Cl_2}$	一级	s^{-1}
$2H_2O_2 \rightarrow 2H_2O + O_2$	$v = k \cdot c_{H_2O_2}$		
$NO_2 + CO \rightarrow NO + CO_2$	$v = k \cdot c_{NO_2} \cdot c_{CO}$	二级	$mol^{-1} \cdot L \cdot s^{-1}$
$4HBr + O_2 \rightarrow 2Br_2 + 2H_2O$	$v = k \cdot c_{HBr} \cdot c_{O_2}$		
$2NO + O_2 \rightarrow 2NO_2$	$v = k \cdot c_{NO}^2 \cdot c_{O_2}$	三级	$mol^{-2} \cdot L^2 \cdot s^{-1}$
$H_2 + Cl_2 \rightarrow 2HCl$	$v = k \cdot c_{H_2} \cdot c_{Cl_2}^{\frac{1}{2}}$	一点五级	

【例 2-1】1073 K 时，测得反应 $2NO(g) + 2H_2(g) \rightarrow N_2(g) + 2H_2O(g)$ 的反应物的初始浓度和生成 $N_2(g)$ 的初始速率见下表：

实验序号	初始浓度/$(mol \cdot L^{-1})$		初始速率 /$(mol \cdot L^{-1} \cdot s^{-1})$
	c_{NO}	c_{H_2}	
1	2.00×10^{-3}	6.00×10^{-2}	1.92×10^{-3}
2	1.00×10^{-3}	6.00×10^{-2}	0.48×10^{-3}
3	2.00×10^{-3}	3.00×10^{-2}	0.96×10^{-3}

(1)写出该反应的速率方程式，求出反应级数。

(2)求 1073 K 时该反应的速率常数。

(3)计算 1073 K，$c_{NO} = c_{H_2} = 4.00 \times 10^{-3} \, mol \cdot L^{-1}$ 时的反应速率。

解：

(1)设 NO 和 H_2 的反应级数分别为 x 和 y，则反应速率方程为：

$$v = k \cdot c_{NO}^x \cdot c_{H_2}^y$$

把 3 组数据代入速率方程，得：

$$1.92\times10^{-3}\ \text{mol}\cdot\text{L}^{-1}\cdot\text{s}^{-1}=k\,(2.00\times10^{-3})^x\times(6.00\times10^{-2})^y \qquad ①$$

$$0.48\times10^{-3}\ \text{mol}\cdot\text{L}^{-1}\cdot\text{s}^{-1}=k\,(1.00\times10^{-3})^x\times(6.00\times10^{-2})^y \qquad ②$$

$$0.96\times10^{-3}\ \text{mol}\cdot\text{L}^{-1}\cdot\text{s}^{-1}=k\,(2.00\times10^{-3})^x\times(3.00\times10^{-2})^y \qquad ③$$

①÷②得：

$$\frac{1.92\times10^{-3}}{0.48\times10^{-3}}=\left(\frac{2.00\times10^{-3}}{1.00\times10^{-3}}\right)^x$$

$$x=2$$

①÷③得：

$$\frac{1.92\times10^{-3}}{0.96\times10^{-3}}=\left(\frac{6.00\times10^{-2}}{3.00\times10^{-2}}\right)^y$$

$$y=1$$

所以该反应的速率方程为：

$$v=k\cdot c_{\text{NO}}^2\cdot c_{\text{H}_2}$$

该反应的反应级数：

$$n=x+y=2+1=3$$

(2)将表中第一组(或任意一组)数据代入速率方程，即可求得速率常数。

$$k=\frac{v}{c_{\text{NO}}^2\cdot c_{\text{H}_2}}$$

$$=\frac{1.92\times10^{-3}}{(2.00\times10^{-3})^2\times6.00\times10^{-2}}$$

$$=8.00\times10^4\,(\text{mol}^2\cdot\text{L}^2\cdot\text{s}^{-1})$$

(3) $v=k\cdot c_{\text{NO}}^2\cdot c_{\text{H}_2}$

$$=8.00\times10^4\times(4.00\times10^{-3})^2\times4.00\times10^{-3}$$

$$=5.12\times10^{-3}\,(\text{mol}\cdot\text{L}^{-1}\cdot\text{s}^{-1})$$

2.1.2.2 温度对反应速率的影响

温度变化对化学反应的速率的影响很大。对大多数反应来说，升高温度可增大速率常数 k，从而加快了反应速率。

温度升高时，分子的运动速度加快，单位时间内分子间的碰撞频率增加，有效碰撞次数也相应增加，使反应速率加快；更主要的原因是温度升高，有更多的普通分子获得能量成为活化分子，单位时间内有效碰撞次数显著增加，因而反应速率大大加快。

(1)范特霍夫(Van't Hoff)规则

范特霍夫(Van't Hoff)依据大量实验事实，总结出一个经验规则：温度每上升 10℃，反应速率增加到原速率的 2～4 倍。如果以 k_t 表示温度为 t(K)时的反应速率常数，k_{t+10} 表示温度升高 10℃时的反应速率常数，则有：

$$\gamma=\frac{k_{t+10}}{k_t} \quad \text{或} \quad \gamma^n=\frac{k_{t+10n}}{k_t} \tag{2-5}$$

式中，γ 为温度系数，其值在 2～4。利用式(2-5)可粗略地估计温度对反应速率的影响。

（2）阿仑尼乌斯（Arrhenius）公式

1889 年，瑞典化学家阿仑尼乌斯（Arrhenius）总结温度与反应速率的关系，提出了一个经验公式：

$$\ln k = -\frac{E_a}{RT} + \ln A \qquad (2\text{-}6)$$

或

$$\lg k = -\frac{E_a}{2.303RT} + \lg A \qquad (2\text{-}7)$$

式中，A 为经验常数，称指前因子，A 与温度、浓度无关，不同反应 A 值不同；E_a 为活化能（$J \cdot mol^{-1}$）。

对某一给定反应，E_a 为定值。在反应温度变化不大时，E_a 和 A 均不随温度的改变而改变。由式（2-7）可以看出，温度升高，k 值增大，反应速率增大；活化能 E_a 越小，k 值越大，反应速率也越大。

若某一反应的活化能为 E_1，温度 T_1 时的速率常数为 k_1，温度 T_2 时的速率常数为 k_2，则：

$$\ln k_1 = -\frac{E_a}{RT_1} + \ln A$$

$$\ln k_2 = -\frac{E_a}{RT_2} + \ln A$$

两式相减得阿仑尼乌斯（Arrhenius）公式的另一表达式：

$$\ln \frac{k_2}{k_1} = \frac{-E_a}{R}\left(\frac{1}{T_2} - \frac{1}{T_1}\right) \qquad (2\text{-}8)$$

或

$$\lg \frac{k_2}{k_1} = \frac{-E_a}{2.303R}\left(\frac{1}{T_2} - \frac{1}{T_1}\right) \qquad (2\text{-}9)$$

【例 2-2】已知反应 $N_2O_5(g) \rightarrow N_2O_4(g) + O_2(g)$ 在 298 K 和 338 K 时的反应速率常数分别为 $k_1 = 3.46 \times 10^5 \ s^{-1}$ 和 $k_2 = 4.87 \times 10^7 \ s^{-1}$。求该反应的活化能 E_a 和 318 K 时的速率常数 K_3。

解：由公式 $\ln \dfrac{k_2}{k_1} = \dfrac{-E_a}{R}\left(\dfrac{1}{T_2} - \dfrac{1}{T_1}\right)$ 得：

$$\ln \frac{4.87 \times 10^7}{3.46 \times 10^5} = \frac{-E_a}{8.314}\left(\frac{1}{338} - \frac{1}{298}\right)$$

$$E_a = 1.04 \times 10^5 (J \cdot mol^{-1}) = 104 (kJ \cdot mol^{-1})$$

由 $\ln \dfrac{k_3}{k_1} = \dfrac{-E_a}{R}\left(\dfrac{1}{T_3} - \dfrac{1}{T_1}\right)$ 得：

$$\ln \frac{k_3}{3.46 \times 10^5} = \frac{-1.04 \times 10^5}{8.314}\left(\frac{1}{318} - \frac{1}{298}\right)$$

$$k_3 = 4.8 \times 10^6 (s^{-1})$$

2.1.2.3　催化剂对反应速率的影响

凡能改变化学反应速率而本身的组成和质量在反应前后保持不变的一类物质称为

催化剂(catalyst)。催化剂是影响反应速率的重要因素之一。化工生产中，80％以上的反应过程都使用催化剂，如石油裂解、合成氨、硫酸的生产、油脂的氢化等都要使用催化剂；生物体内正是由于生物催化剂——酶的存在，才使有机体内各种复杂的生化反应在体温条件下得以进行。

(1)催化作用

催化剂改变化学反应速率的作用称为催化作用。能使反应速率加快的物质称为正催化剂，即通常所说的催化剂；而能使反应速率减慢的物质称为负催化剂或阻化剂。本书中所提到的催化剂均为正催化剂，特殊说明的除外。

有催化剂参加的反应称为催化反应。催化剂在反应过程中并不消耗，但它参与了化学反应，在其中某一步基元反应中被消耗，在后面的基元反应中又再生。可见，催化反应都是复杂反应。催化反应按其存在形态可分为两大类：均相催化和多相催化。催化剂与反应物处于同一相中进行的催化反应，称为均相催化，如 H_2O_2 在 I^- 催化下的分解。催化剂与反应物处于不同相中的催化反应，称为多相催化。此时的催化剂多为固态，而反应物存在于气态或液态中。在化工生产中，为增大反应物与催化剂之间的接触表面，往往将催化剂的活性组分附着在一些多孔性的物质(如硅藻土、活性炭等)载体上。这类催化剂比普通催化剂往往有更高的催化活性和选择性。

(2)催化剂的特点

①催化剂参与反应，改变反应历程，降低反应的活化能，少量的催化剂就能显著地加快化学反应速率。这是由于在反应过程中催化剂与反应物之间形成一种能量较低的活化配合物(图 2-1)，改变了反应的途径，大大降低了反应的活化能，从而使活化分子百分数和有效碰撞次数增多，反应速率加快。

②催化剂不改变反应体系的热力学状态，不影响化学平衡。催化剂能同时加快正、逆反应速率，缩短反应达到平衡所需的时间，但不能改变平衡状态。热力学上不能进行的反应，催化剂对它不起作用。

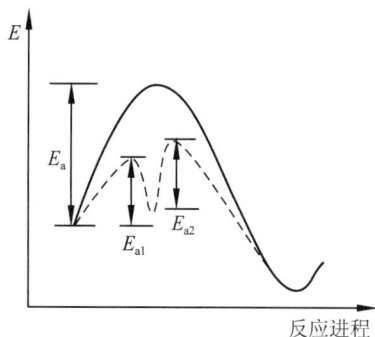

图 2-1　催化剂改变反应途径的示意图

③催化剂具有一定的选择性。每种催化剂都有其使用范围，只能催化某个或某些化学反应，不存在万能催化剂。

④某些杂质对催化剂的性能有很大的影响。有些物质可增强催化功能，在工业上用作"助催化剂"；有些物质则减弱催化功能，称为"抑制剂"；还有些杂质严重阻碍催化功能，甚至使催化剂"中毒"，完全失去催化功能，这种杂质称为"毒物"。

⑤反应过程中催化剂本身某些性状会发生改变。尽管在反应前后催化剂的质量和化学性质不变，但它的某些物理性质特别是表面性状会发生改变。

(3)生物催化剂——酶(enzyme)

酶是一类结构和功能特殊的蛋白质，它在生物体内所起的催化作用称为酶催化。生物体内进行的各种复杂反应，如蛋白质、脂肪、碳水化合物及其他复杂分子的合成、分解等各种各样的生物化学变化几乎都要在各种不同的酶催化下才能进行。例如，食物中蛋白质的水解（即消化），在体外需在强酸（或强碱）条件下煮沸相当长的时间；而在人体内正常体温下，在胃蛋白酶的作用下短时间内即可完成。如果体内某些酶缺乏或过剩，都会引起代谢功能的失调或紊乱，影响身体健康。

酶作为生物催化剂，除了具有一般催化剂的特点外，还具有以下特点：

①专一性。一种酶只能催化一种或一类物质的化学反应，如淀粉酶只能催化淀粉的水解，蛋白质和脂肪则必须由相应的蛋白酶和脂肪酶催化水解。

②高效性。少量酶的存在就能大大加快反应速率，酶的催化效率比普通无机或有机催化剂高 $10^6 \sim 10^{10}$ 倍。如用蔗糖转化酶催化蔗糖水解，在 37℃时其速率常数 k 约为同温度下 HCl 催化反应的 10^{10} 倍。酶在生物体内的含量非常少，一般以微克（μg）或纳克（ng）计，其催化效率之高，是无机物或有机物催化剂无法比拟的。

③反应条件温和。酶催化反应在常温、常压下即可进行，如合成氨反应，工业上要用 Fe 作催化剂，并且要在高温、高压下才能进行；但有生物固氮酶存在时，常温、常压下即可完成。

④酶的催化活性受温度和溶液 pH 值的影响。如人体内的酶催化反应一般在体温 37℃和血液 pH $7.35 \sim 7.45$ 的条件下进行。酶遇到高温、强酸、强碱、重金属离子或紫外线照射等因素，均会失去其活性。

酶催化反应用于工业生产，可以简化工艺流程、降低能耗、节能环保，前景广阔，有待进一步研究和开发。随着生命科学、仿生科学的发展，有可能用模拟酶代替普通催化剂，这必将引发意义深远的技术革新。

2-1　某基元反应 A＋B══C，在 1.20 L 溶液中，$c_A = 4.0$ mol·L^{-1}，$c_B = 3.0$ mol·L^{-1} 时，$v = 4.20$ mol·L^{-1}·s^{-1}，写出该反应的速率方程式，并计算其速率常数。

2.2　化学平衡与平衡常数

在工业生产上，人们除了通过各种方法提高化学反应的速率外，还十分关心反应进行的程度——化学平衡问题。了解反应速率及其影响因素，提高反应完成的程度，对于化工生产来说，就可达到效率高、产率也高的目的。

2.2.1　可逆反应

在一定条件下，有些反应一旦发生，就能不断进行，直到反应物几乎完全变成生成物。这种只能向一个方向上进行的单向反应称为不可逆反应。大多数反应在同一条件下既能从反应物变为生成物，也能由生成物变为反应物。通常把从左到右进行的反应称为正反应；从右向左进行的反应称为逆反应。在同一条件下能同时向正、逆两个方向进行的化学反应称为可逆反应，又称对峙反应。化学方程式中常用相反箭号"⇌"连接反应物和生成物，以表示反应的可逆性。如高温下一氧化碳和水蒸气的反应就是一个可逆反应，化学方程式表示如下：

$$CO(g) + H_2O(g) \rightleftharpoons CO_2(g) + H_2(g)$$

2.2.2 化学平衡

一般情况下，化学反应都具有可逆性，只是可逆程度有所不同。在可逆反应中，随着化学反应的不断进行，正反应速率逐渐减小，逆反应速率逐渐增大，最终正、逆反应的速率相等。此时系统内各物质的组成不再随时间而变化，达到热力学平衡状态，简称化学平衡(chemical equilibrium)。化学平衡是一种动态平衡，从表面上看来反应似乎停止了，实际上正、逆反应仍在进行，只是单位时间内反应物因正反应消耗的分子数等于由逆反应生成的分子数。化学平衡状态具有以下几个重要的特征：

①正、逆反应速率相等是化学平衡建立的条件。

②化学平衡是可逆反应进行的最大限度。当体系达到平衡时，只要不改变反应条件，反应物和生成物的浓度不再随时间变化，这是建立平衡的标志。

③化学平衡是相对的、有条件的动态平衡。当外界条件改变时，正、逆反应速率相应发生变化，原有的平衡被破坏，直到在新的条件下建立新的化学平衡。当体系达平衡时，正逆反应始终在进行，即单位时间内每一种物质生成多少，就消耗多少，使得各种物质的浓度保持不变。化学平衡实质上是一种动态平衡。

④化学平衡从正、逆两方向均可达到，即无论从反应物开始或从生成物开始都能达到平衡。

2.2.3 平衡常数

在一定条件下，可逆反应达到最大限度即化学平衡状态时，各物质的浓度均保持恒定。大量实验证明，在一定温度下的平衡体系中，各物质浓度间存在着一定的数量关系。

2.2.3.1 实验平衡常数(K)

（1）表达式

在一定条件下，任何一个可逆反应达到化学平衡时，测定此时系统内各物质的浓度(或分压)，发现系统内各物质的浓度(或分压)以反应方程式中化学计量数(ν_B)为指数的幂的乘积为一常数。此常数称为平衡常数。由于这个常数由实验测得，故称为实验(或经验)平衡常数。

在水溶液中进行的可逆反应：

$$a\,A + d\,D \rightleftharpoons g\,G + h\,H$$

在一定温度下达平衡时，其平衡常数为：

$$K_c = \frac{c_G^g \cdot c_H^h}{c_A^a \cdot c_D^d} \tag{2-10}$$

式中，c_A、c_D、c_G、c_H分别为各物质平衡时的浓度；K_c为浓度平衡常数。

如果是气相(反应物和生成物都是气体)的可逆反应：

$$a\,A(g) + d\,D(g) \Longrightarrow g\,G(g) + h\,H(g)$$

在一定温度达到化学平衡时，其平衡常数可用各物质的分压表示：

$$K_p = \frac{p_G^g \cdot p_H^h}{p_A^a \cdot p_D^d} \tag{2-11}$$

式中，p_A、p_D、p_G、p_H 分别为各物质平衡时的分压；K_p 为压力平衡常数。

（2）特点

平衡常数 K_c、K_p 的大小是可逆反应进行完全程度的标志，是化学反应限度的特征值。同一反应中，平衡常数随温度变化而变化，与浓度变化无关。在一定温度下，不同的反应各自有着特定的平衡常数。K 值越大，表示反应达到平衡时的产物浓度或分压越大，即反应进行的程度越大。因此，平衡常数具有如下几个特点：

①平衡常数与初始浓度、反应进行的方向无关。它仅表示在一定温度下可逆反应达平衡时，生成物浓度方次的乘积与反应物浓度方次的乘积之比是一常数。

②平衡常数受温度的影响。温度变化对反应物和生成物均有影响，对同一反应，温度不同，平衡常数值也不同。

③平衡常数标志着反应可能完成的程度。值越大，平衡混合物中产物的相对浓度就越大，说明正反应进行的趋势越大。反之，逆反应进行的趋势越大。

（3）书写平衡常数表示式的注意事项

①平衡常数表示式中各组分浓度或分压为平衡时的浓度或分压。

②对于有固体或纯液体参加的反应，固体物质的浓度和纯液体物质的浓度均不写入平衡常数表示式中。例如：

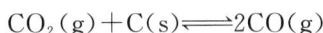

$$CO_2(g) + C(s) \Longrightarrow 2CO(g)$$

$$K_p = \frac{p_{CO}^2}{p_{CO_2}}$$

③对于在水溶液中进行的反应，无论是有水参与还是有水生成，水的浓度不写入平衡常数表达式中；对于非水溶液中的反应，若有水参加，水的浓度就不能视为常数，必须书写入平衡常数表达式中。例如：

$$C_2H_5OH(l) + CH_3COOH(l) \Longrightarrow CH_3COOC_2H_5(l) + H_2O(l)$$

$$K_c = \frac{c_{CH_3COOC_2H_5} \cdot c_{H_2O}}{c_{C_2H_5OH} \cdot c_{CH_3COOH}}$$

④平衡常数的值与反应式的书写形式有关。同一反应，如果反应式的书写形式不同，则平衡常数的值也不同。例如：

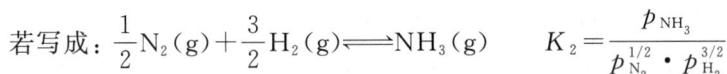

$$N_2(g) + 3H_2(g) \Longrightarrow 2NH_3(g) \qquad K_1 = \frac{p_{NH_3}^2}{p_{H_2}^3 \cdot p_{N_2}}$$

若写成：$\dfrac{1}{2}N_2(g) + \dfrac{3}{2}H_2(g) \Longrightarrow NH_3(g) \qquad K_2 = \dfrac{p_{NH_3}}{p_{N_2}^{1/2} \cdot p_{H_2}^{3/2}}$

显然：

$$K_1 = K_2^2$$

⑤多重平衡规则：当几个反应相加得到总反应时，则总反应的平衡常数等于各相加反应的平衡常数之积。

如：某温度下，已知下列两反应：

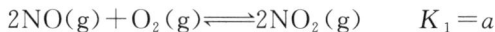

$$2NO(g) + O_2(g) \Longrightarrow 2NO_2(g) \qquad K_1 = a$$
$$2NO_2(g) \Longrightarrow N_2O_4(g) \qquad K_2 = b$$

若两式相加得：

$$2NO(g) + O_2(g) \Longrightarrow N_2O_4(g) \qquad K = K_1K_2 = ab$$

浓度平衡常数和压力平衡常数是有单位的，其单位取决于生成物与反应物系数的差值 Δv_B。当 $\Delta v_B = 1$ 时，K_c 单位为 $mol \cdot L^{-1}$、K_p 为 kPa；当 $\Delta v_B = 0$ 时，K_c、K_p 无单位。一般情况下，无论平衡常数 K 有无单位，习惯上均不写。但这样势必会造成一些误解，为此引入标准平衡常数。

【例 2-3】在 800℃时，$CO + H_2O \Longrightarrow CO_2 + H_2$ 的 $K = 1.0$，如 CO 和 H_2O 的起始浓度均为 $2 \ mol \cdot L^{-1}$，求反应达平衡时 H_2 和 CO_2 的浓度。

解：设 CO_2 的平衡浓度为 x

	CO	+	H_2O	$\Longrightarrow$	CO_2	+	H_2
起始浓度($mol \cdot L^{-1}$)	2		2		0		0
反应浓度($mol \cdot L^{-1}$)	x		x		x		x
平衡浓度($mol \cdot L^{-1}$)	$2-x$		$2-x$		x		x

$$K = \frac{c_{CO_2} \cdot c_{H_2}}{c_{CO} \cdot c_{H_2O}} = \frac{x \times x}{(2-x) \times (2-x)} = 1$$
$$x = 1$$

即：反应达平衡时 H_2 和 CO_2 的浓度均为 $1 \ mol \cdot L^{-1}$。

2.2.3.2 标准平衡常数($K^{\ominus}$)

物质的平衡浓度(或平衡分压)除以标准浓度 $c^{\ominus}$(或标准压力 $p^{\ominus}$)，称为相对平衡浓度(或相对平衡分压)。经验平衡常数表达式中的平衡浓度(或平衡分压)如果换成相对平衡浓度(或相对平衡分压)，相应的平衡常数则为标准平衡常数，用 $K^{\ominus}$ 表示，量纲为 1。如经验平衡常数为：

$$K_c = \frac{c_G^g \cdot c_H^h}{c_A^a \cdot c_D^d}$$

则标准平衡常数为：

$$K_c^{\ominus} = \frac{(c_G/c^{\ominus})^g \cdot (c_H/c^{\ominus})^h}{(c_A/c^{\ominus})^a \cdot (c_D/c^{\ominus})^d} = K_c \left(\frac{1}{c^{\ominus}}\right)^{(g+h)-(a+d)} \tag{2-12}$$

$$K_c^{\ominus} = K_c \left(\frac{1}{c^{\ominus}}\right)^{\Delta v_B} \qquad c^{\ominus} = 1.0 \ mol \cdot L^{-1}$$

同理：

$$K_p^{\ominus} = K_p \left(\frac{1}{p^{\ominus}}\right)^{\Delta v_B} \qquad p^{\ominus} = 100 \ kPa$$

式中，$c/c^{\ominus}$ 称为相对浓度；$p/p^{\ominus}$ 称为相对分压；Δv_B 为生成物系数之差。

2.2.3.3 平衡常数的意义

平衡常数是温度的函数，不随浓度的改变而改变。它可以用来衡量反应进行的程度和判断反应进行的方向。

（1）衡量反应进行的程度

平衡常数大，表明反应正向进行的程度大。在一定温度下，每个反应都有其固有的平衡常数值。可用平衡常数 K 比较同类反应在相同条件下的反应限度；也可比较同一反应在不同条件下的反应限度。

（2）判断反应进行的方向

一个反应是否达到平衡可用平衡常数与反应商比较得出结论。反应商也称为浓度商，是指可逆反应在任意状态下各生成物浓度幂的乘积与各反应物浓度幂的乘积之比，用 Q 表示。

对于可逆反应：$a\,A(aq)+d\,D(aq)\Longrightarrow g\,G(aq)+h\,H(aq)$

$$Q=\frac{(c_G/c^{\ominus})^g \cdot (c_H/c^{\ominus})^h}{(c_A/c^{\ominus})^a \cdot (c_D/c^{\ominus})^d}=\frac{c_G^g \cdot c_H^h}{c_A^a \cdot c_D^d}\left(\frac{1}{c^{\ominus}}\right)^{\Delta v_B}$$

同理，如果是气体反应，也可用分压表示。即：

$$Q=\frac{(p_G/p^{\ominus})^g \cdot (p_H/p^{\ominus})^h}{(p_A/p^{\ominus})^a \cdot (p_D/p^{\ominus})^d}=\frac{p_G^g \cdot p_H^h}{p_A^a \cdot p_D^d}\left(\frac{1}{p^{\ominus}}\right)^{\Delta v_B}$$

上式中的浓度和分压分别表示任意状态下的浓度和分压。

判断反应进行的方向和限度的依据为：

①当 $Q<K^{\ominus}$，反应正向移动，直至平衡状态。

②当 $Q=K^{\ominus}$，反应处于平衡状态，即反应在该条件下进行到最大限度。

③当 $Q>K^{\ominus}$，反应逆向移动，直至平衡状态。

【例 2-4】在 2000℃ 时，反应 $N_2(g)+O_2(g)\Longrightarrow 2NO(g)$ 的 $K^{\ominus}=0.1$，判断 $p_{N_2}=25.0$ kPa，$p_{O_2}=50.0$ kPa，$p_{NO}=10.0$ kPa 时反应进行的方向。

解：

$$Q=\frac{(p_{NO}/p^{\ominus})^2}{(p_{N_2}/p^{\ominus})(p_{O_2}/p^{\ominus})}=\frac{(10/100)^2}{(25/100)(50/100)}=0.2>K^{\ominus}$$

所以，反应逆方向进行。

2-2　写出反应 $CH_4(g)+2O_2(g)\Longrightarrow CO_2(g)+2H_2O(l)$ 的实验平衡常数和标准平衡常数表达式。

2.3　化学平衡的移动

化学平衡是有条件的、暂时的动态平衡。当外界条件（如浓度、压力、温度等）改变时，由于它对正反应和逆反应的速率有不同的影响，可逆反应就从一种平衡状态向另一种平衡状态转化，这个转化过程称为化学平衡的移动。

2.3.1　浓度对化学平衡的影响

对于任意一个可逆反应：

$$a\,A(aq)+d\,D(aq)\Longleftrightarrow g\,G(aq)+h\,H(aq)$$

在一定温度下反应达平衡时：$Q=K^{\ominus}$。

若在这个平衡体系中增加反应物（A 或 D）的浓度，或者减少产物（G 或 H）的浓度，将使 $Q<K^{\ominus}$，为重新建立平衡，平衡将向正反应方向移动，直至 $Q=K^{\ominus}$ 时，体系又建立起新的平衡。反之，如果减小反应物或增加生成物的浓度，将使 $Q>K^{\ominus}$，则化学平衡向逆反应方向移动。

2.3.2　压力对化学平衡的影响

压力变化对固相或液相反应的平衡几乎没有影响。

对于有气态物质参加或生成的可逆反应，在定温条件下，改变体系的总压力，即可能引起化学平衡的移动。

①有气体参加且反应前后气体分子数相等的反应，增加压力，平衡不移动。

例如：
$$H_2(g)+I_2(g)\Longleftrightarrow 2HI(g)$$

设平衡时：

$$K^{\ominus}=\frac{(p_{HI}/p^{\ominus})^2}{(p_{H_2}/p^{\ominus})(p_{I_2}/p^{\ominus})}=\frac{p_{HI}^2}{p_{H_2}p_{I_2}}\left(\frac{1}{p^{\ominus}}\right)^{\Delta v_B}$$

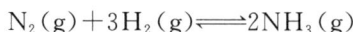

当温度不变，体系总压力增加 1 倍，各气态物质的分压也增加 1 倍，即：

$$Q=\frac{(2p_{HI}/p^{\ominus})^2}{(2p_{H_2}/p^{\ominus})(2p_{I_2}/p^{\ominus})}=\frac{p_{HI}^2}{p_{H_2}p_{I_2}}\left(\frac{1}{p^{\ominus}}\right)^{\Delta v_B}=K^{\ominus}$$

显然，平衡不移动。

②有气体参加，但反应前后气体分子数不等的反应，增加压力，平衡向气体分子数减少的方向移动；减小压力，平衡向气体分子数增多的方向移动。

例如：
$$N_2(g)+3H_2(g)\Longleftrightarrow 2NH_3(g)$$

当温度不变，体系总压力增加 1 倍，各气态物质的分压也增加 1 倍，即：

$$Q=\frac{(2p_{NH_3}/p^{\ominus})^2}{(2p_{N_2}/p^{\ominus})(2p_{H_2}/p^{\ominus})^3}=\frac{1}{4}\frac{p_{NH_3}^2}{p_{N_2}p_{H_2}^3}\left(\frac{1}{p^{\ominus}}\right)^{\Delta v_B}=\frac{1}{4}K^{\ominus}$$

$Q<K^{\ominus}$，平衡向右移动。

反之，如果体系的总压力减小 1/2，将使 $Q>K^{\ominus}$，平衡会向左移动。

③与分压体系无关的气体（指不参加反应的气体）的引入，在定容的条件下，各组分气体分压不变，对化学平衡无影响；在定压条件下，无关气体的引入，反应体系的体积增大，各组分气体的分压减小，化学平衡向气体分子数增多的方向移动。

综上所述，压力对平衡移动的影响，不仅要考虑反应前后气体分子数是否改变，还要看各反应物和生成物的分压是否改变。

2.3.3　温度对平衡常数的影响

浓度和压力对化学平衡的影响是在温度不变的条件下改变了反应商 Q 值，进而引起平衡的移动，但化学平衡常数 K 值不变。温度对化学平衡的影响是改变平衡常数 K，使化学平衡发生移动。

温度对平衡的影响，是以温度对吸热反应和放热反应速率的影响程度不同为基础的。升高温度时，正反应的速率和逆反应的速率都会增大，但是增大的倍数不同，吸热反应速率增大的倍数要大于放热反应速率增大的倍数；降低温度，正、逆反应速率都减少，但吸热反应速率减少的倍数更大。这是因为吸热反应的活化能总是大于放热反应的活化能，而温度的变化对活化能较大的吸热反应的反应速率影响较大。温度的变化破坏了平衡体系中 $v_{正}=v_{逆}$ 的关系，导致平衡发生移动。结论是：升高温度，化学平衡向着吸热反应的方向移动；降低温度，化学平衡向着放热反应的方向移动。

2.3.4　催化剂与化学平衡

对于可逆反应来说，催化剂对正、逆反应的影响（如降低活化能、提高活化分子的百分数等）是等同的。因此，在其他条件不变时，使用催化剂显然不能提高转化率，但可以缩短达到平衡的时间，从而提高生产效率。因此，催化剂只是加速化学平衡的到达而不会影响平衡的移动。

综上所述，由浓度、压力、温度对化学平衡的影响可以得一个普遍的规律，即"假如改变平衡体系的条件之一（如浓度、压力或温度），平衡就向着能够减弱这个改变的方向移动。"这一平衡移动原理称为吕·查德里（Le Chatelier）原理，它适用于各种动态平衡体系。

总之，浓度、压力、温度和催化剂等外界因素对化学反应速率和化学平衡有着重要的影响。熟悉外界因素对化学反应速率的影响情况，是分析、判断外界因素对化学平衡影响的基础；外界因素对化学平衡的影响是这些因素对正、逆反应速率影响的综合效应。掌握这些规律对指导生产、生活及科学实践都有着重要的意义。

2-3　某容器中充有 N_2O_4 和 NO_2 的混合物。在 308 K，100 kPa 时发生反应：$N_2O_4(g) \rightleftharpoons NO_2(g)$，并达平衡。平衡时 $K^{\ominus}=0.32$，各物质的分压分别为 $p_{N_2O_4}=50$ kPa，$p_{NO_2}=43$ kPa，若将上述平衡体系的总压力增大到 200 kPa 时，平衡将如何移动？

本章小结

1. 化学反应速率：通常用一段时间内反应物或生成物浓度的变化来表示。

（1）平均速率（$\bar{v}$）：在定容条件下，化学反应的平均速率（$\bar{v}$）是指在单位时间内反应物浓度的减小量或生成物浓度的增加量。

$$\bar{v} = \frac{c_2 - c_1}{t_2 - t_1} = \pm \frac{\Delta c_i}{\Delta t}$$

（2）瞬时速率（v_i）：是指某一反应在某一时刻的真实速率，它等于时间间隔趋于无限小时的平均速率的极限值。

$$v_i = \lim_{\Delta t \to 0} \frac{\Delta C_i}{\Delta t} = \pm \frac{\mathrm{d}C_i}{\mathrm{d}t}$$

（3）化学反应速率：

对于反应

$$a\mathrm{A} + d\mathrm{D} = g\mathrm{G} + h\mathrm{H}$$

其反应速率为：

$$v = -\frac{1}{a} \cdot \frac{\mathrm{d}c_\mathrm{A}}{\mathrm{d}t} = -\frac{1}{d} \cdot \frac{\mathrm{d}c_\mathrm{D}}{\mathrm{d}t} = \frac{1}{g} \cdot \frac{\mathrm{d}c_\mathrm{G}}{\mathrm{d}t} = \frac{1}{h} \cdot \frac{\mathrm{d}c_\mathrm{H}}{\mathrm{d}t} = \frac{1}{\nu} \cdot \frac{\mathrm{d}c_\mathrm{B}}{\mathrm{d}t}$$

2. 反应速率常数（k）：物理意义上为单位浓度的反应速率。

3. 基元反应和非基元反应（复杂反应）

（1）基元反应：由反应物一步生成产物的反应。

（2）非基元反应：由两个或两个以上的基元反应组成的反应，也称复杂反应。

4. 化学反应速率的影响因素

（1）浓度对反应速率的影响：对于基元反应 $a\mathrm{A} + d\mathrm{D} \Longrightarrow g\mathrm{G} + h\mathrm{H}$，根据质量作用定律其速率方程为：

$$v = k \cdot c_\mathrm{A}^a \cdot c_\mathrm{D}^d$$

对于复杂反应，其速率方程必须通过实验测定。

（2）温度对反应速率的影响：对大多数反应来说，升高温度可增大速率常数 k，从而加快了反应速率。温度与反应速率常数的关系可用阿仑尼乌斯公式表达：

$$\ln k = -\frac{E_\mathrm{a}}{RT} + \ln A \quad \text{或} \quad \lg k = -\frac{E_\mathrm{a}}{2.303RT} + \lg A$$

$$\ln \frac{k_2}{k_1} = \frac{-E_\mathrm{a}}{R}\left(\frac{1}{T_2} - \frac{1}{T_1}\right) \quad \text{或} \quad \lg \frac{k_2}{k_1} = \frac{-E_\mathrm{a}}{2.303R}\left(\frac{1}{T_2} - \frac{1}{T_1}\right)$$

（3）催化剂对反应速率的影响：催化剂参与化学反应，改变反应历程，降低活化能，加快化学反应速率，缩短到达平衡状态所需的时间，但不改变平衡状态。

5. 化学平衡常数和反应商

（1）化学平衡常数：表示化学反应进行的程度，其表达式一定要与方程式相对应。

对于可逆反应：

$$a\mathrm{A} + d\mathrm{D} \Longrightarrow g\mathrm{G} + h\mathrm{H}$$

实验平衡常数为：

$$K_c = \frac{c_\mathrm{G}^g \cdot c_\mathrm{H}^h}{c_\mathrm{A}^a \cdot c_\mathrm{D}^d} \quad \text{或} \quad K_p = \frac{p_\mathrm{G}^g \cdot p_\mathrm{H}^h}{p_\mathrm{A}^a \cdot p_\mathrm{D}^d}$$

标准平衡常数为：

$$K_c^\ominus = \frac{(c_\mathrm{G}/c^\ominus)^g \cdot (c_\mathrm{H}/c^\ominus)^h}{(c_\mathrm{A}/c^\ominus)^a \cdot (c_\mathrm{D}/c^\ominus)^d} \quad \text{或} \quad K_p^\ominus = \frac{(p_\mathrm{G}/p^\ominus)^g \cdot (p_\mathrm{H}/p^\ominus)^h}{(p_\mathrm{A}/p^\ominus)^a \cdot (p_\mathrm{D}/p^\ominus)^d}$$

（2）反应商：也称为浓度商，是指可逆反应在任意状态下各生成物浓度幂的乘积与各反应物浓度幂的乘积之比，用 Q 表示。

对于可逆反应：$a\mathrm{A} + d\mathrm{D} \Longrightarrow g\mathrm{G} + h\mathrm{H}$

$$Q = \frac{(c_\mathrm{G}/c^\ominus)^g \cdot (c_\mathrm{H}/c^\ominus)^h}{(c_\mathrm{A}/c^\ominus)^a \cdot (c_\mathrm{D}/c^\ominus)^d} = \frac{c_\mathrm{G}^g \cdot c_\mathrm{H}^h}{c_\mathrm{A}^a \cdot c_\mathrm{D}^d}\left(\frac{1}{c^\ominus}\right)^{\Delta v_\mathrm{B}}$$

同理，如果是气体反应，也可用分压表示。即：

$$Q = \frac{(p_\mathrm{G}/p^\ominus)^g \cdot (p_\mathrm{H}/p^\ominus)^h}{(p_\mathrm{A}/p^\ominus)^a \cdot (p_\mathrm{D}/p^\ominus)^d} = \frac{p_\mathrm{G}^g \cdot p_\mathrm{H}^h}{p_\mathrm{A}^a \cdot p_\mathrm{D}^d}\left(\frac{1}{p^\ominus}\right)^{\Delta v_\mathrm{B}}$$

式中的浓度和分压分别表示任意状态下的浓度和分压。

(3)判断反应进行的方向和限度的判据为：

①当 $Q < K^{\ominus}$，反应正向移动，直至平衡状态。

②当 $Q = K^{\ominus}$，反应处于平衡状态，即反应在该条件下进行到最大限度。

③当 $Q > K^{\ominus}$，反应逆向移动，直至平衡状态。

6. 化学平衡的移动

(1)浓度对化学平衡的影响：当 $Q_c = K^{\ominus}$，反应处于平衡状态；当 $Q_c < K^{\ominus}$，反应正向移动，直到达到平衡状态；当 $Q_c > K^{\ominus}$，反应逆向移动，直到达到平衡状态。

(2)压强对化学平衡的影响：当 $Q_p = K^{\ominus}$，反应处于平衡状态；当 $Q_p < K^{\ominus}$，反应正向移动，直到达到平衡状态；当 $Q_p > K^{\ominus}$，反应逆向移动，直到达到平衡状态。

(3)温度对化学平衡的影响：升高温度，化学平衡向吸热方向移动；降低温度，化学平衡向放热方向移动。

【阅读材料】

化学反应速率理论简介

不同的化学反应，有的反应速度极快，如炸药爆炸、酸碱中和等，几乎瞬间完成；而有的却很慢，如氢和氧化合成水的反应，在常温下几乎觉察不出来。下面两种反应速率理论从微观上阐述了反应速率的内在规律，在理论上对反应速率快慢的原因作出了一定的解释。

1. 碰撞理论

(1)有效碰撞

化学反应是反应物的分子向新物质分子转变的过程。在化学反应过程中，原子本身没发生根本变化，只是结合方式发生了改变。其实质是反应物分子内旧键断裂，生成物分子中新键的形成，且这种转化过程必须有足够的能量才能实现。

为了说明以上事实，1918 年路易斯(Lewis W C M)提出了理想气体双分子反应的碰撞理论。该理论认为：反应物分子之间不断发生碰撞，在无数次碰撞中，只有极少数能量较高的分子间碰撞才能发生反应，这些能发生反应的碰撞称为有效碰撞。所谓有效碰撞有两层含义：①反应物分子必须具有较高的能量。因为只有较高能量的分子相互碰撞时，才能克服电子间的相互排斥而充分接近，从而导致原有的旧键断裂和新键形成。②要有合适的相对取向。碰撞的空间方位不对，即使能量足够，也不会发生反应。

(2)活化分子与活化能

大多数不能发生反应的碰撞称为弹性碰撞，而把能发生有效碰撞的分子称为活化分子。活化分子比其他一般的分子具有更高的能量。活化分子在分子总数中占有的百分数(A)越大，则有效碰撞次数越多，反应速率就越快。

为了解释有效碰撞中分子能量的问题，1899 年，瑞典化学家阿仑尼乌斯提出了活化能的概念。随后，托尔曼较严格地证明了活化能(E_a)是活化分子的平均能量(E_1)与反应物分子的平均能量($E_平$)之差(图 2-2)，即：

$$E_a = E_1 - E_平$$

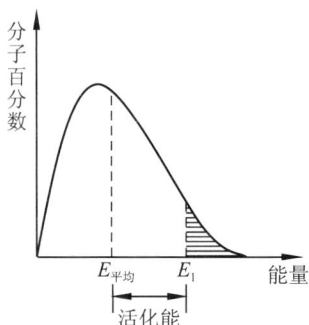

图 2-2　分子能量分布图

当温度一定时，活化能越小的反应，其反应速率越快，反之，则反应速率越慢。化学反应的活化能一般在 $42 \sim 420$ kJ·mol^{-1}，E_a 值越小，反应数率越大。通常情况下：

$E_a < 63$ kJ·mol^{-1}，室温下瞬间反应；

$E_a \approx 100$ kJ·mol^{-1}，室温下或稍高温度下反应；

$E_a \approx 170$ kJ·mol^{-1}，200℃左右反应；

$E_a \approx 300$ kJ·mol^{-1}，800℃左右反应。

不同的化学反应，之所以反应速率不等，就是因为它具有不同的活化能，且活化分子百分数也不相同，这就是导致化学反应有快慢之别的本质原因。

2. 过渡态理论

碰撞理论比较直观，但只限于处理理想气体双分子的反应，且忽略了反应物的内部结构，过于简单。随着人们对物质内部结构认识的深入，20 世纪 30 年代，Eyring 等人在量子力学和统计力学发展的基础上提出了过渡态理论。该理论认为，反应物分子不是简单的碰撞就生成了产物分子，而是先经过一个中间过渡状态，即反应物分子经碰撞先活化，形成一个高能量的活化配合物，然后再转化为产物。

对于反应：　　　　　　　　A+BC→AB+C

其实际过程是：

$$A+BC \xrightarrow{\text{快}} [A\cdots B\cdots C] \xrightarrow{\text{慢}} AB+C$$

A 与 BC 反应时，A 与 B 接近并产生一定的作用力，同时 B 与 C 之间的键减弱，生成不稳定的 [A···B···C]，称为过渡态，或活性配合物（图 2-3）。

图 2-3 表明反应物 A+BC 和生成物 AB+C 均是能量低的稳定状态，过渡态是能量高的不稳定状态。在反应物和生成物之间有一道能量很高的能垒，过渡态是反应历程中能量最高的点。

图 2-3　反应物、生成物和过渡态的能量关系

反应物吸收能量成为过渡态，反应的活化能就是翻越能垒所需的能量，正反应的活化能与逆反应的活化能之差可认为是反应的热效应 ΔH。过渡态极不稳定，很容易分解成原来的反应物（快反应），也可能分解得到生成物（慢反应），但分解为生成物的趋势更大些。

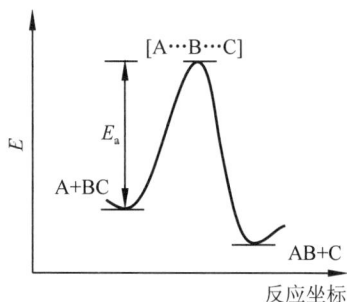

过渡态理论考虑了分子结构的特点和化学键的特征，较好地揭示了活化能的本质。这是该理论的成功之处。然而，对于复杂的反应体系，过渡态的结构难以确定，且活化配合物极不稳定，不易分离，无法通过实验验证，致使这一理论的应用受到限制，造成了过渡态理论在实际反应体系中运用的困难。反应速率理论至今仍很不完善，有待化学工作者们进一步的研究和发展。

习　题

1. 选择题

(1)对于反应 $2SO_2(g) + O_2(g) \Longrightarrow 2SO_3(g)$，下列反应速率关系正确的是(　　)。

A. $\dfrac{dc_{SO_2}}{dt} = \dfrac{dc_{O_2}}{dt}$ 　　　　　　　B. $\dfrac{dc_{O_2}}{dt} = \dfrac{dc_{SO_3}}{2dt}$

C. $\dfrac{dc_{SO_2}}{dt} = \dfrac{dc_{SO_3}}{2dt}$ 　　　　　　D. $-\dfrac{dc_{O_2}}{dt} = \dfrac{dc_{SO_3}}{2dt}$

(2)由实验测得反应 $H_2(g) + Cl_2(g) \Longrightarrow 2HCl(g)$ 的速率方程为 $v = k \cdot c_{H_2} \cdot c_{Cl_2}^{\frac{1}{2}}$，在其他条件不变的情况下，将每一反应物的浓度增加 1 倍，此时反应速率为(　　)。

A. $2v$　　　　　B. $4v$　　　　　C. $2.8v$　　　　　D. $2.5v$

(3)某反应的速率常数为 $2.15\ mol^{-2} \cdot L^2 \cdot min^{-1}$，该反应为(　　)。

A. 零级反应　　　B. 一级反应　　　C. 二级反应　　　D. 三级反应

(4)下列关于催化剂的叙述中，不正确的是(　　)。

A. 催化剂在化学反应中能改变化学反应速率，而本身的质量和化学性质在反应前后都不改变

B. 催化剂加快正反应的速率，降低逆反应的速率

C. 催化剂对化学平衡的移动没有影响

D. 使用催化剂能够改变反应达到平衡所需的时间

(5)对于 $2HI(g) \Longrightarrow H_2(g) + I_2(g)$ 的反应来说，化学平衡状态是指(　　)。

A. HI 气体不再分解为 H_2 和 I_2 蒸气

B. HI 气体分解的速率等于 H_2 和 I_2 蒸气反应生成 HI 气体的速率

C. HI、H_2 和 I_2 蒸气的物质的量的比是 $2:1:1$

D. HI、H_2 和 I_2 蒸气的浓度随反应时间增加而变化

(6)有一放热反应，$2A(g) + B(g) \Longrightarrow C(g) + D(g)$，下列条件下，哪一种可以使反应向正反应方向移动(　　)。

A. 升高温度，降低压力　　　　　　B. 降低温度，降低压力

C. 升高温度，升高压力　　　　　　D. 降低温度，升高压力

2. 在 660 K 时，测得反应 $2NO + O_2 \Longrightarrow 2NO_2$ 的反应速率及有关实验数据如下(　　)。

实验序号	初始浓度/$(mol \cdot L^{-1})$		初始速率 /$(mol \cdot L^{-1} \cdot s^{-1})$
	c_{NO}	c_{O_2}	
1	0.10	0.10	0.030
2	0.10	0.20	0.060
3	0.20	0.20	0.240

求：(1)该反应的速率方程和反应级数。

(2)660 K 时反应的速率常数。

(3)当 $c_{NO} = c_{O_2} = 0.15\ mol \cdot L^{-1}$ 时的反应速率。

3. 某反应 25℃时的速率常数 k_1 为 $1.3 \times 10^{-3}\ s^{-1}$，35℃时速率常数 k_2 为 $3.6 \times 10^{-3}\ s^{-1}$，试求该反应的活化能 E_a 和在 55℃时的速率常数 k_3。

4. 写出下列反应的平衡常数表达式

(1)$N_2(g) + 3H_2(g) \Longrightarrow 2NH_3(g)$

(2)$CH_4(g) + 2O_2(g) \Longrightarrow CO_2(g) + 2H_2O(l)$

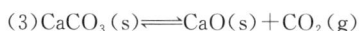

(3)$CaCO_3(s) \rightleftharpoons CaO(s) + CO_2(g)$

5. 在 1273 K 时，反应：$FeO(s) + CO(g) \rightleftharpoons Fe(s) + CO_2(g)$ 的 $k = 0.5$，若 CO 和 CO_2 的初始浓度分别为 $0.05\ mol \cdot L^{-1}$ 和 $0.01\ mol \cdot L^{-1}$，问：

(1)反应物 CO 产物 CO_2 的平衡浓度为多少？

(2)平衡时 CO 的转化率为多少？

(3)若增加 FeO 的量，对平衡有没有影响？

6. 在 25℃ 时，反应 $2NO_2 \rightleftharpoons N_2O_4$ 处于平衡状态，此时 NO_2 的浓度为 $0.0125\ mol \cdot L^{-1}$，N_2O_4 的浓度为 $0.003\ 21\ mol \cdot L^{-1}$，求在此温度下该反应的平衡常数。

7. 反应 $2HI(g) \rightleftharpoons H_2(g) + I_2(g)$，在 721 K 达到平衡时，有 22% 的 HI 分解。

(1)求此温度下的平衡常数。

(2)在此温度下，向一密闭容器中装入 $2.00\ mol\ H_2$ 和 $1.00\ mol\ I_2$，使之达到平衡，问能有多少 HI 生成？

(3)将 $2.00\ mol\ HI$，$0.40\ mol\ H_2$ 和 $0.3\ mol\ I_2$ 混合，问反应向哪个方向进行？

8. 在 200℃ 时，反应：$N_2(g) + 3H_2(g) \rightleftharpoons 2NH_3(g)$（正反应为放热反应）气体混合物达到平衡。如果发生下列情况，则平衡将向什么方向移动？

(1)取出 $1\ mol\ H_2$。

(2)加入 H_2 以增加总压力。

(3)加入 He 以增加总压力。

(4)减小容器体积。

(5)温度上升到 300℃。

第 3 章 定量分析概论

知识目标

1. 了解定量分析的一般程序。
2. 熟悉定量分析误差的来源及减小误差的方法。
3. 掌握准确度和精密度的含义和表达方式。
4. 掌握有效数字的含义、修约和运算规则。
5. 掌握滴定分析中的数据处理及计算。

技能目标

1. 学会定量分析的一般程序。
2. 能准确判断误差的来源及减小误差的方法。
3. 会计算误差和偏差，以此来衡量准确度和精密度。
4. 能判断有效数字的位数，并正确地进行修约和运算。
5. 能顺利地完成滴定分析中的数据处理及计算。

素质目标

培养学生严谨求实的工作作风。

3.1 定量分析的一般程序

定量分析的一般程序可分为试样的采集和制备、预处理、测定、数据处理与结果评价等步骤。

3.1.1 试样的采集和制备

从大量的分析对象中抽取一小部分作为分析材料的过程，称为取样。所取的分析材料称为试样或样品。取样是定量分析的第一步，分析测定所需试样的量较少，而可供测定对象的量往往很大，这就要求所取的试样具有代表性和客观性。合理的取样是分析结果是否准确可靠的基础。

取样的具体方法依分析材料的性质、均匀程度、数量多少以及分析项目的不同而异，通常按多点采样原则采集原始样品，原始样品取好后，再经破碎、过筛、混合和缩分，最后制成分析试样。

采集后的试样，应防止被污染、吸附损失、分解、变质等，同时因采集后很难现场测定，往往需要对试样合理保存，拿回实验室进行测定。

3.1.2　试样的预处理

定量分析中，除少数采用干法分析外，一般以湿法分析为主。湿法分析是将试样分解后转入溶液中，然后进行测定，常用的方法有溶解和熔融两种。溶解是将试样溶解在水、酸或其他溶剂中；熔融是将试样和某种酸或碱性溶剂混合，在高温下使待测组分转变为易溶于水或酸的化合物。试样的预处理就是把试样转变成适合测定的形式，以便于准确地进行测定。处理过程中应注意以下几个问题：

①试样必须分解完全，待测组分不应损失且其状态应有利于测定。常用的试样分解方法有酸溶法、碱溶法和熔融法。对复杂样品还要进行分离或掩蔽干扰成分，以消除干扰成分对测定结果的影响。

②不应引入干扰物质和待测组分。

3.1.3　试样的测定

在对预处理后的试样进行测定前，需要选择合适的测定方法。选择测定方法一般要遵循以下几个原则：

①测定的具体要求。根据要求选择简便、快速的测定方法。

②待测组分的性质。根据待测组分的性质选择不同的测定方法。如酸、碱性物质，可选择酸碱滴定法测定；具有氧化性或还原性物质选择氧化还原滴定法测定等。

③待测组分的含量范围。对于常量组分，可选择传统的滴定分析法或称量分析法测定；对于微量或痕量组分则一般采用灵敏度较高的仪器分析法进行测定。

④共存离子的干扰。一般应选用选择性较高的分析方法，减小或消除共存离子的影响。

⑤实验室条件和测定成本。根据以上几个原则选择合适的测定方法对试样进行测定，记录测定数据。

3.1.4　数据处理与结果评价

根据记录的数据和有关的化学反应的计量关系，计算试样中被测组分的含量。同时，对分析结果的可靠性进行分析评价，得出测定结果。最后按规定格式书写分析报告。

3-1　化学定量分析的一般程序是什么？

3.2 定量分析中的误差及数据处理

受分析方法、测量仪器、试剂和分析工作者主观条件方面的限制，以及随机因素的影响，测定结果客观上存在着难以避免的误差。因此，在定量分析中应该对分析结果的准确性和可靠性进行分析判断，检查误差产生的原因，采取减小误差的有效措施，提高分析结果的准确度。

3.2.1 定量分析中的误差

3.2.1.1 误差的分类

误差是指分析结果与真实值之间的差值，它是客观存在的。根据误差的性质和来源，可将其分为系统误差和偶然误差。

（1）系统误差

系统误差又称为可测误差。它是由于分析过程中某些固定的原因造成分析结果系统地偏高或偏低。在同一条件下重复测定时，它会重复出现。因此，系统误差具有重现性和单向性的特点。若能找出产生误差的原因，就可以采取措施减小或校正，提高分析结果的准确度。

根据系统误差的性质和产生的原因，可将其分为 4 种：

①方法误差。由于分析方法本身存在问题所造成的误差。例如，在滴定分析中，反应进行得不完全、滴定终点与化学计量点不相符、杂质的干扰等都会产生误差，使分析结果系统地偏高或偏低。

②仪器误差。由于仪器本身不够精确所引起的误差。例如，分析天平的绝对误差为 ± 0.0001，而托盘天平的绝对误差则为 ± 0.1。灵敏度不同，产生的误差大小不同。另外，滴定管、移液管等的刻度不均匀或不准确等也会导致测量的结果不准确。

③试剂误差。由于试剂不纯，含有被测物质或干扰杂质，尤其是基准物质纯度不高时影响更大。这种误差可通过空白试验来检验和消除。

④操作误差。在正常条件下，由于操作人员的主观原因（分辨能力、固有习惯等）所引起的误差。例如，称取试样时没有注意试样的吸湿；不正确的读数方法造成对滴定管的读数偏高或偏低；对滴定终点的颜色判断偏深或偏浅等。

（2）偶然误差

偶然误差又称为随机误差或不可测误差。它是由一些难以控制、随机的偶然因素造成的误差。例如，环境的温度、湿度、气压的微小波动、仪器性能的微小变化等。

偶然误差的大小、正负具有随机性，但在同样的条件下进行多次重复测定时，它符合正态分布规律，即小误差出现的概率大，大误差出现的概率小，正、负误差出现的概率相等。用曲线表示符合正态分布曲线，如图 3-1 所示。

在实际工作中，如果消除了系统误差，平行测定次数越多，则测定值的算术平均值越接近真实值。因此，适当增加平行测定次数，可以减少偶然误差对分析结果的影响。

（3）过失误差

过失误差是由于工作中粗心大意，或不遵守操作规程而造成的差错。例如，溶液溅失、加错试剂、读错刻度、记录和计算错误等。发生这类差错的测定结果，必须给予删除。因此，分析工作者必须熟悉方法原理、熟练掌握操作技术、严格遵守操作规程，以便提高分析结果的准确性。

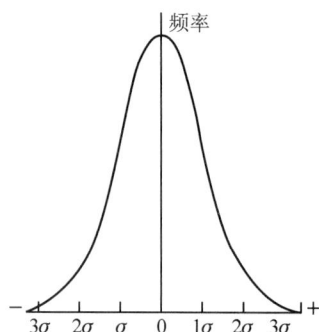

3.2.1.2　减小误差的方法

误差产生的原因很多，为了提高分析结果的准确度，应尽可能减小分析过程中的误差。

（1）减小和消除系统误差

由于产生系统误差的原因很多，要针对不同情况采用相应方法来减小或消除系统误差。

①选择合适的分析方法。选择合适的分析方法就是为了减小方法误差对测定结果的影响。不同的分析方法，其准确度和灵敏度是不同的，这就要求熟悉不同方法的准确度和灵敏度。例如，一般情况下，滴定分析法的灵敏度不高，但相对误差较小，适用于高含量组分的测定；而仪器分析法的灵敏度高，适用于低含量组分的测定。因此，在对样品进行分析时，必须事先了解样品的性质和待测组分的含量范围，以便选择合适的分析方法。

②对照试验。该方法是在相同的条件下，用选取的方法对已知准确含量的标准样品进行多次测定，将测定值和准确值进行比较，求出校正系数，进而用来校正试样的分析结果。对照试验是检验方法误差、仪器误差和主观误差的有效方法。

③空白试验。空白试验主要用于消除由蒸馏水等实验试剂和仪器带入的杂质所引入的系统误差。指不加待测试样，在相同的条件下，按分析试样所采用的方法进行的测定，其测定结果为空白值。当空白值在允许范围以内时，从试样分析结果扣除空白值，就可以得到比较可靠的分析结果；若空白值超出允许范围，则所采用的试剂需要更换，改用纯度更高的试剂。

④校正仪器。仪器不准确引起的系统误差，可以通过校准仪器减少其影响。例如，移液管和滴定管等，在精确分析中必须进行校准。在日常分析中，因仪器出厂时已校准，一般不需要进行校正。

（2）减小偶然误差

偶然误差的大小、正负具有随机性，但在同样的条件下进行多次重复测定时，它符合正态分布规律。根据误差理论，在系统误差被校正的前提下，测定次数越多，分析结果的算术平均值越接近真实值，随机误差越小。考虑到增加测定次数越多，人力、物力上耗费越多，通常在定量分析中，要求平行测定 3～4 次。

图 3-1　偶然误差的正态分布曲线

3.2.2　准确度与精密度

3.2.2.1　准确度与误差

准确度是指测定值与真实值接近的程度。在实际分析测定中，一般不知道真实值的大小，只能通过确定一些相对准确的物质和分析结果作为真实值。例如，分析天平的砝码、各种基准物质(如纯 Zn、$KHC_8H_4O_4$ 等)，以及国家颁布的一些标准试样的标准值常当作真实值处理。

准确度的高低可用误差来衡量。误差越小，表示分析结果的准确度越高；反之，误差越大，分析结果的准确度越低。所以，误差的大小是衡量准确度高低的尺度。

误差的表示方式分为绝对误差和相对误差两种。

绝对误差(E_a)表示测量值(x)与真实值(x_T)之差。

$$E_a = x - x_T \tag{3-1}$$

测定值大于真实值时，绝对误差为正值，表示测定结果偏高；测定值小于真实值时，绝对误差为负值，表示测定结果偏低。

相对误差(E_r)是指绝对误差在真实值中所占的比例。分析化学中，相对误差用百分率表示。

$$E_r = \frac{E_a}{x_T} \times 100\% \tag{3-2}$$

若两次分析结果的绝对误差相等，它们的相对误差却不一定相等，真实值越大者，其相对误差越小；反之，真实值越小者，其相对误差越大。

由于在实际分析测定过程中，真实值(x_T)的大小是不可能知道的，所以，通常对样品进行多次平行测定，求得算术平均值($\bar{x}$)，作为接近真实值的最合理值。

【例 3-1】用分析天平直接称量铁粉，其质量分别为 5.0000 g 和 0.5000 g。试问哪一个称量值会较准确？

解：由于使用同一台分析天平，铁粉质量的绝对误差均为 ±0.0001 g，但其相对误差分别为：

$$E_r = \frac{0.0001}{5.0000} \times 100\% = 0.002\% \qquad E_r' = \frac{0.0001}{0.5000} \times 100\% = 0.02\%$$

由于
$$E_r < E_r'$$

所以，称量 5.0000 g 的铁粉会较准确。

由此可见，用相对误差表示分析结果的准确性更为确切。

3.2.2.2　精密度与偏差

精密度是指在相同的条件下多次平行测定结果相互接近的程度。精密度高，表示分析结果的重现性好，结果可靠。精密度常用偏差来衡量。

(1)绝对偏差与相对偏差

绝对偏差是指在一组平行测定值中，单次测定值(x)与算术值平均值之差，用 d 表示。

$$d_i = x_i - \bar{x} \tag{3-3}$$

相对偏差是指绝对偏差在算术平均值中所占的百分率，用 d_r 表示。

$$d_r = \frac{x_i - \bar{x}}{\bar{x}} \times 100\% \tag{3-4}$$

（2）平均偏差与相对平均偏差

平均偏差（$\bar{d}$）是指多次测定值偏差的绝对值的平均值。

$$\bar{d} = \frac{|x_1 - \bar{x}| + |x_2 - \bar{x}| + \cdots + |x_n - \bar{x}|}{n} = \frac{\sum\limits_{i=1}^{n} |x_i - \bar{x}|}{n} \tag{3-5}$$

相对平均偏差（$\overline{d_r}$）是指平均偏差在算术平均值中所占的百分率。

$$\overline{d_r} = \frac{\bar{d}}{\bar{x}} \times 100\% \tag{3-6}$$

（3）标准偏差与相对标准偏差

当测定所得的数据分散度较大时，仅用平均偏差不能说明精密度的高低，需要采用标准偏差来衡量精密度。标准偏差又叫均方根偏差，用符号 S 表示。当测定次数不多时（$n < 20$），则：

$$S = \sqrt{\frac{(x_1 - \bar{x})^2 + (x_2 - \bar{x})^2 + \cdots + (x_n - \bar{x})^2}{n-1}} = \sqrt{\frac{\sum\limits_{i=1}^{n} (x_i - \bar{x})^2}{n-1}} \tag{3-7}$$

式中，$n-1$ 称为自由度 f。

相对标准偏差（S_r）又称为变动系数，是标准偏差在算术平均值中所占的百分率。

$$S_r = \frac{S}{\bar{x}} \times 100\% \tag{3-8}$$

（4）极差和相对极差

极差（R）等于一组平行测量值中最大值与最小值之差。

$$R = x_{max} - x_{min}$$

相对极差（R_r）是指极差在算数平均值中所占的百分率。

$$R_r = \frac{R}{\bar{x}} \times 100\%$$

3.2.2.3　准确度与精密度的关系

如图 3-2 所示，甲、乙、丙、丁 4 人对同一试样进行分析的结果中，甲的分析结果准确度与精密度均好，结果可靠；乙的精密度高但准确度低，说明在测定中存在不可忽略的系统误差；丙的分析结果中，精密度和准确度均比较低，结果当然不可靠；丁的精密度非常低，尽管由于较大的正负误差恰好抵消而使平均值

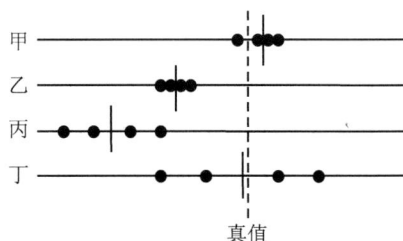

图 3-2　不同工作者分析同一试样的结果
●表示单次测量结果　｜表示平均值

接近真值，但并不能说明其测定的准确度高，显然丁的结果只是偶然的巧合，并不可靠。

由此可见，准确度高必然精密度高，但精密度高，其准确度并不一定也高。精密度是保证准确度的前提，精密度低，所测结果不可靠，就失去了衡量准确度的先决条件，其准确度自然也不高。

3.2.3　分析数据的处理

在定量分析中，为了获得准确的分析结果，还必须注意对实验数据进行正确合理的分析处理，这就需要了解有效数字及其运算规则。

3.2.3.1　有效数字及位数

有效数字是指在分析过程中实际可以测量的有意义的数字。它包括准确数字和最后一位估计值。有效数字中只允许保留一位估计值。例如，托盘天平称量固体试样的读数为 23.43 g，前三位数字是准确值，第四位是估计值，有 ±0.01 的误差。

在记录实验数据过程中，对于如何确定有效数字的位数，应注意以下几点：

① “0”在实验数据中具有双重意义。非零数字前的零只定位，非零数字后的零都是有效数字。因此，改变单位并不改变有效数字的位数。当需要在数的末尾加“0”作有效数字时，最好采用指数形式表示，否则有效数字的位数含混不清。如 1600，其有效数字可能是 4 位、3 位或 2 位，因此在记录数据时应根据实际要求将结果写成指数形式，即 1.600×10^3（4 位）、1.60×10^3（3 位）、1.6×10^3（2 位）。

② 对数值的有效数位数的确定。对于分析化学中常用的 pH、lg$K$ 等对数值，其有效数字只取决于它们小数点后面数字的位数，整数部分是相应的真实值 10 的方次，只起定位作用。例如，pH＝4.00，有效数字为 2 位，说明 $c_{H^+}=1.0 \times 10^{-4}$ mol·L^{-1}。

③ 有效数字不因单位的改变而改变。

④ 在计算中表示倍数、分数的数字并非测量值，认为其有无限多位，即它是准确值，无估计值，其有效数字的位数一般与题意相符。相对原子质量、相对分子质量等的取值也应与题意相符。

3.2.3.2　有效数字的修约与运算

对实验数据进行分析处理时，必须合理保留有效数字而舍弃多余的尾数，这个过程称为有效数字的修约。在对实验数据进行分析计算前，都需要对实验数据进行修约。有效数字的修约遵循“四舍六入，五后有数就进一，五后没数看单双”的规则。即当尾数≤4 时将其舍去；当尾数≥6 时就进一位；当尾数＝5 而后面有不为零的数时，进一位；当尾数＝5 而后面为零，若 5 前面为偶数（包括零）则舍去，为奇数则进一位。实验数据应按规则一次性修约后，才能进行运算，具体运算规则如下：

(1) 加减法

几个数据相加或相减，其有效数字的保留应以小数点后位数最少（即绝对误差最大)的数为准确定位数,将多余的数字修约后,再进行运算。

【例 3-2】计算 0.030 + 25.6045 + 2.034 21

解:这 3 个数据中,0.030 的小数点后位数最少,绝对误差最大(±0.001)。因此应以 0.030 为准,保留有效数字位数到小数点后第三位。所以结果为:

0.030 + 25.6045 + 2.034 21 = 0.030 + 25.604 + 2.034 = 27.668

(2)乘除法

几个数相乘或相除,其有效数字的保留应以有效数字位数最少(相对误差最大)的数为准,将多余的数字修约后,再进行乘除运算。

【例 3-3】0.0341×16.64×3.045 72=?

解:0.0341 的有效数字位数最少,因此应以 0.0341 为准,保留 3 位有效数字,然后相乘得:

$$0.0341 \times 16.64 \times 3.045\ 72 = 0.0341 \times 16.6 \times 3.05 = 1.73$$

3.2.4 分析数据的评价

3.2.4.1 四倍法($4\overline{d}$ 法)

当测定次数少于 4 次时,对于偏差大于 $4\overline{d}$ 的个别测定值可以舍去。方法如下:

①对一组平行测定结果按从小到大排列:x_1,x_2,x_3,…,x_n,将最大值或最小值列为可疑值。

②可疑值 x_i 除外,求其余数据的平均值 $\overline{x}$ 和平均偏差 $\overline{d}$。

③求出可疑值 x_i 与平均值 $\overline{x}$ 的差值的绝对值 $|x_i - \overline{x}|$。

④将 $|x_i - \overline{x}|$ 与 $4\overline{d}$ 比较,如果 $|x_i - \overline{x}| > 4\overline{d}$,则舍去,否则保留。

这种方法的优点是简单、方便。由于这样处理问题的误差较大,所以此方法只能用于处理一些要求不高的数据。

3.2.4.2 Q 值检验法

当测定次数为 3~10 时,根据所要求的置信度,用 Q 值检验法检验可疑数据是否可以舍去。具体步骤如下:

①将测定结果按从小到大的顺序排列,则最大值 x_n 或最小值 x_1 为可疑值。

②计算 Q 值:

检验 x_n:$Q = \dfrac{x_n - x_{n-1}}{x_n - x_1}$

或者,检验 x_1:$Q = \dfrac{x_2 - x_1}{x_n - x_1}$

③根据置信度的要求,查 Q 值表(表 3-1)。当计算的 Q 值大于或等于表中的 Q 值,则舍去,否则应保留。

Q 检验法只适合于一组数据中只有一个可疑值的检验。

表 3-1　Q 值表（置信度 0.90 和 0.95）

测定次数 n	3	4	5	6	7	8	9	10
$Q_{0.90}$	0.94	0.76	0.64	0.56	0.51	0.47	0.44	0.41
$Q_{0.95}$	1.53	1.05	0.86	0.76	0.69	0.64	0.60	0.58

【例 3-4】在一组平行实验中，测定某试样中 CaO 的含量，测定的结果为：40.02、40.06、40.08、40.12、40.16、40.20，问 40.20 是否应舍去？（置信度为 0.95）

解：$Q = \dfrac{x_n - x_{n-1}}{x_n - x_1} = \dfrac{40.20 - 40.16}{40.20 - 40.02} = \dfrac{0.04}{0.18} = 0.22$

查表 3-1 得：当 $n = 6$ 时，$Q_{0.95} = 0.76 > Q$

所以，40.20 应保留。

3-2　请将下列数据修约到小数点后两位。

　　1.351　　　2.3450　　　4.7350　　　3.4651

3-3　计算 $0.35 + 1.315 + 2.3451 + 3.4650 + 3.7350$ 的值。

3.3　滴定分析法

滴定分析法是一种定量分析方法，指将一种已知其准确浓度的试剂溶液（标准溶液）由滴定管滴加到被测物质的溶液中，直到所加试剂的物质的量与被测物质的物质的量刚好符合化学反应式所表示的化学计量关系完全反应为止，然后根据所用试剂溶液的浓度和体积求得被测组分的含量。这种方法也称为容量分析法，主要用来测定常量组分（质量分数大于 1%）。滴定分析法具有操作简单，测定迅速，准确度较高（相对误差为 ±0.2%），设备简单，应用广泛等优点，是传统化学分析法中重要的分析方法之一，适用于多种化学反应类型的测定。

3.3.1　滴定分析法的基本概念

用滴定分析法进行定量分析时，首先，将被测定物质的溶液置于一定的容器（通常为锥形瓶）中，并加入少量适当的指示剂，然后用一种已知准确浓度的溶液通过滴定管逐滴加到容器中，当滴入的已知准确浓度的溶液与被测定物质的溶液符合化学反应式所表示的化学计量关系，定量反应完全时，由指示剂的颜色变化指示终点的到达，停止滴定。在滴定分析过程中，有几个重要概念，现介绍如下：

①滴定。用一种已知准确浓度的溶液通过滴定管逐滴加到被测物质溶液的容器中的过程。

②基准物质。能够用于直接配制或标定标准溶液浓度的物质，称为基准物质或基准试剂。如 $KHC_8H_4O_4$、$CaCO_3$、$H_2C_2O_4 \cdot 2H_2O$、$Na_2B_4O_7 \cdot 10H_2O$ 等，此类物

质必须符合纯度高、稳定性高、摩尔质量较大、物质组成与化学式相符、参加反应严格按化学方程式定量地进行完全，且没有副反应等条件。

③标准溶液。已知准确浓度的溶液。一般通过滴定管逐滴加到被测物质的溶液中，也称作滴定剂。

④待滴定液。浓度待测定的试样溶液。

⑤化学计量点。标准溶液与待滴定液按化学计量关系完全反应时的点称为化学计量点，简称计量点(或理论终点、等量点等)。

⑥滴定终点。为了确定计量点，通常会在待滴定液加入一种合适的指示剂，指示剂的颜色发生突变的点，称为滴定终点，简称终点。它是滴定过程终止的信号，此时，应立刻停止滴定。

⑦滴定误差。在实际滴定分析过程中，指示剂并不一定正好在计量点时变色，导致滴定终点与计量点不一定完全符合，由此而造成的误差称为滴定误差。滴定误差是滴定分析的主要误差来源之一，它的大小主要取决于滴定反应的完全程度和指示剂的选择是否适当。

3.3.2　滴定分析法应具备的条件

采用滴定分析法进行定量分析时，适合滴定分析的化学反应应该具备以下几个条件：

①反应必须定量地完成。反应能按化学方程式所确定的计量关系定量地完成，通常要求在99.9%以上，这是定量计算的基础。

②反应必须迅速地完成。如果反应速率很慢，有时可通过加热或采用催化剂的方式加速反应的进行。

③反应必须无干扰杂质存在。如果待测定物质的溶液中有共存物质，要求不干扰主要反应，或用适当的方法消除其干扰。

④有比较简便的方法确定滴定终点。常采用加入合适的指示剂或用其他方法(如电位滴定、电导滴定等)确定终点。

3.3.3　滴定分析法分类

滴定分析法以化学反应为基础，根据滴定时化学反应的类型，可将滴定分析法分为以下几种：

(1)酸碱滴定法(又称中和滴定法)

酸碱滴定法是利用酸和碱在水中以质子转移反应为基础的滴定分析方法。利用酸碱反应进行容量分析时，用酸作滴定剂可以测定碱，用碱作滴定剂可以测定酸，是一种用途极为广泛的分析方法。最常用的酸标准溶液是盐酸(有时也用硝酸和硫酸)，碱标准溶液是氢氧化钠(有时也用氢氧化钾或氢氧化钡)。其基本反应为：

$$H^+ + OH^- = H_2O$$

(2)沉淀滴定法

沉淀滴定法是以沉淀反应为基础的一种滴定分析方法。如用 $AgNO_3$ 标准溶液测

定样品溶液中 Cl^- 的浓度，其反应方程式为：

$$Ag^+ + Cl^- \Longrightarrow AgCl \downarrow$$

（3）配位滴定法（又称络合滴定法）

它是以配位反应为基础，利用配位剂作标准溶液滴定待测物质，从而形成配合物的一种滴定分析法。常用的配位剂有乙二胺四乙酸（EDTA）等，多用于对金属离子进行测定。反应方程式为：

$$Ca^{2+} + H_2Y^{2-} \Longrightarrow [CaY]^{2-} + 2H^+$$

（4）氧化还原滴定法

氧化还原滴定法是以氧化还原反应为基础，利用物质的氧化还原性质进行分析的一种滴定方法。如用 $KMnO_4$ 标准溶液滴定水的化学耗氧量，反应方程式为：

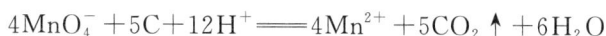

$$4MnO_4^- + 5C + 12H^+ \Longrightarrow 4Mn^{2+} + 5CO_2 \uparrow + 6H_2O$$

3.3.4　滴定分析法的滴定方式

滴定分析法中经常采用的滴定方式有以下几种。

（1）直接滴定法

直接滴定法是指用标准溶液直接滴定被测物质的一种方法。凡是能同时满足上述滴定条件的化学反应，都可以采用直接滴定法。例如，用 NaOH 标准溶液滴定醋酸，用 $K_2Cr_2O_7$ 滴定 Fe^{2+} 等。直接滴定法具有操作简单、准确度高等优点，是滴定分析法中最基本、最常用的滴定方法。

（2）间接滴定法

有些物质虽然不能与滴定剂直接进行化学反应，但可以通过另外的化学反应间接测定。这种滴定方法称为间接滴定法。

例如，用 $KMnO_4$ 标准溶液测定钙，由于 Ca^{2+} 在溶液中没有可变价态，所以不能直接滴定。但是，若先将 Ca^{2+} 定量沉淀为 CaC_2O_4，过滤，洗涤后用 H_2SO_4 溶解，再用 $KMnO_4$ 标准溶液滴定与 Ca^{2+} 定量结合的 $C_2O_4^{2-}$，便可间接测定钙的含量。

（3）置换滴定法

对于某些物质的反应不能按照化学计量关系定量进行，或伴随有副反应时，可以使它先与另一种物质起反应，置换出一定量能被滴定的物质，然后再用适当的滴定剂进行滴定。这种滴定方法称为置换滴定法。例如，$Na_2S_2O_3$ 不能用来直接滴定 $K_2Cr_2O_7$ 和其他强氧化剂，这是因为在酸性溶液中氧化剂可将 $S_2O_3^{2-}$ 氧化为 $S_4O_6^{2-}$ 或 SO_4^{2-} 等混合物质，没有一定的计量关系。但是可利用 $K_2Cr_2O_7$ 在酸性溶液中与 KI 的反应生成定量的 I_2，而 I_2 与 $Na_2S_2O_3$ 在一定条件下的反应有确定的计量关系。因此，通过 $Na_2S_2O_3$ 标准溶液滴定被 $K_2Cr_2O_7$ 定量置换出来的 I_2，可测得 $K_2Cr_2O_7$ 的含量。

（4）返滴定法

当滴定反应速率较慢，或没有合适的指示剂等情况时，通常采用返滴定法。返滴定法就是先向待测物质中准确地加入一定量过量的标准溶液，使其与待测溶液或固体试样充分反应。待反应完成后，再用另一种标准溶液滴定剩余的前一种标准溶液，最后根据反应所消耗的前后两种标准溶液的物质的量，求出待测物质的含量。例如，固体 $CaCO_3$ 因不溶于水而不能用 HCl 直接滴定，可先加入一定量的过量的 HCl 标准溶液，待反应完成后，再用 NaOH 标准溶液返滴定剩余的 HCl。由消耗的 HCl 和 NaOH 的物质的量之差即可求出固体 $CaCO_3$ 的含量。

3.3.5　标准溶液

3.3.5.1　标准溶液浓度的表示方法

滴定所得的分析结果是由标准溶液的浓度及其体积决定的。标准溶液的浓度常用以下两种方式表示。

（1）物质的量浓度（c）

$$c = n/V \qquad\qquad (3-9)$$

物质的量浓度常用的单位为 $mol \cdot L^{-1}$ 或 $mol \cdot mL^{-1}$。

（2）滴定度（T）

在实际应用中，常用滴定度表示标准溶液的浓度。滴定度（$T_{A/B}$）指每毫升标准溶液 A 相当于被测物质 B 的质量。例如，1 mL H_2SO_4 标准溶液恰能与 0.0400 g NaOH 反应，则此 H_2SO_4 溶液对 NaOH 的滴定度是 $T_{H_2SO_4/NaOH} = 0.0400\ g \cdot mL^{-1}$。

3.3.5.2　标准溶液的配制与标定

在滴定分析中，标准溶液的配制通常有两种方法：

（1）直接配制法

准确称取一定质量的基准物，待完全溶解于适量水后，在室温下定量移入容量瓶，用蒸馏水稀释至刻度，配成一定体积的溶液，然后根据所称物质的质量和容量瓶的体积，即可直接算出该标准溶液的准确浓度。这种方法称为直接配制法。直接用来配制标准溶液的纯物质叫作基准物质或称为基准试剂。

（2）间接配制法

许多化学试剂由于纯度不够，或在空气中不稳定等原因，如 NaOH 很容易吸收空气中的 CO_2 和水分；$KMnO_4$、$Na_2S_2O_3$ 等杂质较多，且见光易分解，均不宜用直接法配制，宜用间接法配制。即先用这类试剂配成接近所需浓度的溶液，然后用基准物质或用另一种已知浓度的标准溶液来测定它的准确浓度。这种测定标准溶液浓度的过程称为标定。

一般情况下，标定标准溶液的方法有以下两种：

①用基准物质标定。准确称取一定量的基准物质，溶解后用待标定的溶液滴定，根据基准物质的质量，待标定溶液所消耗的体积以及两者反应的计量关系，即可算出该溶液的准确浓度。

②与标准溶液进行比较。准确吸取一定量的待标定溶液，用已知准确浓度的标准溶液滴定或返滴定，根据两种溶液所消耗的体积及标准溶液的浓度，就可计算出待标定溶液的准确浓度。

3.3.6 滴定分析中的计算

计算是定量分析中一个非常重要的环节。滴定分析法的计算比较复杂，如标准溶液的配制与标定，标准溶液和被测物质之间反应的计量关系，以及测定结果的计算等。如果概念不清，或运算及处理方法不对，就容易发生差错，得到错误的结果。

3.3.6.1 被测物质的量与滴定剂的量之间的关系

设被测物质 A 与滴定剂 B 之间的反应为：

$$a\text{A} + b\text{B} = c\text{C} + d\text{D}$$

达到化学计量点时，被测物质的量 $c_A V_A$ 与滴定剂的量 $c_B V_B$ 之间满足：

$$c_A V_A : c_B V_B = a : b \tag{3-10}$$

$a:b$ 是被测物质 A 与滴定剂 B 反应时的计量系数比。同时，被测物质 A 物质的量 n_A 可用 $n_A = m_A / M_A$ 表示，则：

$$m_A = \frac{a}{b} \cdot c_B \cdot V_B \cdot M_A \tag{3-11}$$

3.3.6.2 滴定分析中的有关计算

【例 3-5】称取不纯 Na_2CO_3 样品 0.5000 g，采用浓度 0.2564 $mol \cdot L^{-1}$ 的 HCl 标准溶液进行滴定，消耗体积 18.55 mL，计算样品中 Na_2CO_3 的含量。

解：滴定反应为：

$$Na_2CO_3 + 2HCl === 2NaCl + CO_2 \uparrow + H_2O$$

$$M_{Na_2CO_3} \quad 2 \text{ mol}$$

$$m_{Na_2CO_3} \quad c_{HCl} V_{HCl}$$

$$m_{Na_2CO_3} = \frac{c_{HCl} \cdot V_{HCl} \cdot M_{Na_2CO_3}}{2} = \frac{0.2564 \times 0.018\,55 \times 106}{2} = 0.2521(\text{g})$$

$$w_{Na_2CO_3} = \frac{m_{Na_2CO_3}}{m_{样}} \times 100\% = \frac{0.2521}{0.5000} \times 100\% = 50.42\%$$

【例 3-6】称取一定量的 $CaCO_3$ 固体，加入 0.2050 $mol \cdot L^{-1}$ HCl 溶液 80.00 mL 与 $CaCO_3$ 作用，剩余的 HCl 用 0.2000 $mol \cdot L^{-1}$ NaOH 回滴，用去 5.45 mL，计算 $CaCO_3$ 的质量。

解：滴定反应为：

$$NaOH + HCl === NaCl + H_2O$$

即：

$$n_{NaOH} = n_{HCl(剩)}$$

则与 $CaCO_3$ 反应的 HCl 的物质的量为：

$$n_{HCl} = n_{HCl(总)} - n_{HCl(剩)} = n_{HCl(总)} - n_{NaOH}$$

$$CaCO_3 + 2HCl === CaCl_2 + H_2O + CO_2 \uparrow$$

$$M_{CaCO_3} \quad 2 \text{ mol}$$

$$m_{CaCO_3} \quad n_{HCl(总)} - n_{NaOH}$$

$$2m_{CaCO_3} = (n_{HCl} - n_{NaOH}) \times M_{CaCO_3}$$

$$m_{CaCO_3} = \frac{(c_{HCl}V_{HCl} - c_{NaOH}V_{NaOH}) \times M_{CaCO_3}}{2}$$

$$= \frac{(0.2050 \times 0.080\ 00 - 0.2000 \times 0.005\ 45) \times 100}{2}$$

$$= 0.7655(g)$$

3-4　配制以下标准溶液必须用间接法配制的是(　　)。

A. NaCl　　　　　B. $Na_2C_2O_4$　　　　　C. NaOH　　　　　D. Na_2CO_3

本章小结

1. 定量分析的一般程序可分为试样的采集和制备、预处理、测定和数据处理与结果评价等步骤。

2. 误差是指分析结果与真实值之间的差值，它是客观存在的。根据误差的性质和来源，可将其分为系统误差和偶然误差。根据各自的特点选择不同的方法来减小误差。

3. 准确度是指测定值与真实值的接近程度，表示测量结果的准确性。其大小可用误差来衡量。

4. 精密度是指在相同的条件下多次平行测定结果之间的相互接近的程度，表示测定结果的再现性。常用偏差来衡量。

5. 有效数字是指在分析工作中实际可以测量的有意义的数字。它包括确定的数字和最后一位估计的不确定的数字。对实验数据进行分析处理时，修约遵循"四舍六入，五后有数就进一，五后没数看单双"的规则。

6. 滴定分析法是一种传统的定量分析方法，指将一种已知其准确浓度的试剂溶液(称为标准溶液)由滴定管滴加到被测物质的溶液中，直到所加试剂的物质的量与被测物质的物质的量刚好符合化学反应式所表示的化学计量关系完全反应为止，并有适当的指示剂指示滴定终点的分析方法。主要用于测定常量组分(质量分数大于1%)。该方法具有操作简单、测定快速、准确度较高(相对误差为±0.2%)、设备简单、应用广泛等优点，是化学分析法中重要的分析方法之一，适用于多种化学反应类型的测定。

【阅读材料】

定性分析

定性分析的任务是鉴定物质的组成，按测定原理不同可分为化学分析和仪器分析。化学分析以化学反应为基础，因其方法灵活、不需要特殊仪器，所以具有一定的实用价值。

在化学分析中试样的处理及鉴定大多是在水溶液中进行的离子反应，因此鉴定反应对溶液中离子的浓度、酸度、溶剂、温度、干扰离子的排除等条件均应有一定的分析要求。定性分析的一般步骤大致包括以下几个方面：

①试样的外表观察和准备。试样的外表观察主要是对试样的组成和颜色进行认真

观察并予以分析，为后续工作提供一些重要的参考性资料。供分析的试样要求组成均匀，易于溶解或熔融，因此分析前有必要对试样进行处理（如充分研磨均匀等）。

②初步试验。初步实验常见的有焰色试验、灼烧试验和溶解性试验等。初步试验可以帮助我们初步判断试样的组成以及选用什么溶剂来溶解分析试样等。

③阳离子分析。首先做一下各组离子是否存在的初步检验，即按加组试剂的条件，依次以 HCl、H_2S、$(NH_4)_2S$ 等检验。这样有利于节省时间和精力。

④阴离子分析。阴离子分析一般应放在阳离子分析之后进行，并充分利用阳离子分析中已得出的结论，对各种阴离子存在的可能性作出判断。例如，在选择制备阳离子分析试液的溶剂时，认真观察试样加酸时有无气体放出，其气体性质如何等，这对阴离子分析有重要的参考价值。

⑤分析结果的判断。通过分析判断，对观察、试验、分析得来的资料进行综合，对试样的组成加以确定。

习　题

1. 取样的基本要求是什么？

2. 选择测定方法一般要遵循哪几个原则？

3. 选择题

(1)定量分析中，做对照实验的目的是（　　）。

 A. 检验随机误差   B. 检验系统误差

 C. 检验蒸馏水的纯度   D. 检验操作的精密度

(2)有效数字加减运算结果的误差取决于其中（　　）。

 A. 位数最多的   B. 位数最少的

 C. 绝对误差最大的   D. 绝对误差最小的

(3)准确度、精密度、系统误差、偶然误差的关系，下列说法中正确的是（　　）。

 A. 精密度高，不一定能保证准确度高   B. 偶然误差小，准确度一定高

 C. 系统误差小，准确度一般偏高   D. 准确度高，偶然误差一定小

(4)采用邻苯二甲酸氢钾作为基准物质标定 NaOH 溶液的浓度，假如该基准物质含有少量邻苯二甲酸，会导致 NaOH 溶液浓度的标定结果（　　）。

 A. 偏高   B. 偏低

 C. 无影响   D. 不能确定误差正负

4. 下列情况各引起什么误差？如果是系统误差，应如何消除？

(1)砝码被试剂腐蚀

(2)读取滴定管读数时，最后一位数字值读不准

(3)含量为 99% 的金属锌作为基准物质标定 EDTA 溶液

(4)滴定试剂中含有微量待测组分

5. 下列数字有几位有效数字？

(1)0.087   (2) 45.030   (3)3.6×10^{-3} (4) 2.024×10^8

(5)1000.00   (6) 1.0×10^3 (7)pH=6.1 时的 c_{H^+}

6. 计算下列各式的值。

(1)$1.6450+3.235+4.36+5.4851$

(2)$2.651\times0.016\times6.350$

(3)$\dfrac{0.1015\times(25.00-22.8051)}{1.0345}$

7. 某试样两人分析结果为：

甲：40.15% 、40.14% 、40.16% 、40.15%

乙：40.25% 、40.01% 、40.10% 、40.24%

试问哪一个值比较可靠，请说明理由。

8. 某试样含氯的质量分数经 4 次测定，结果为：34.30% 、34.15% 、34.33% 、34.30%。试检验有无可疑值？是否舍弃？

9. 将 $H_2C_2O_4\cdot2H_2O$ 基准物质置于放有干燥剂的干燥器中，放置一段时间，用其标定 NaOH 溶液的浓度时，结果是偏高、偏低还是无影响？

10. 选用邻苯二甲酸氢钾（$KHC_8H_4O_4$）为基准物，标定浓度约为 $0.1\ mol\cdot L^{-1}$ 的 NaOH 溶液，称取 $KHC_8H_4O_4$ 固体 $0.5504\ g$，消耗 NaOH 溶液 $24.62\ mL$。计算 NaOH 溶液的浓度是多少？

11. 分析不纯的 $CaCO_3$（其中不含干扰物质），称取试样 $0.3000\ g$，加入浓度为 $0.2500\ mol\cdot L^{-1}$ 的 HCl 标准溶液 $25.00\ mL$。用浓度为 $0.2012\ mol\cdot L^{-1}$ 的 NaOH 标准溶液返滴定过量的 HCl 溶液，消耗体积为 $5.84\ mL$。求 $CaCO_3$ 的质量百分数。

第4章　酸碱平衡和酸碱滴定法

1. 掌握弱电解质的电离平衡。
2. 掌握解离度的概念、影响因素及计算。
3. 掌握酸碱溶液中 pH 值的计算。
4. 了解缓冲溶液作用原理、计算及应用。
5. 掌握在酸碱滴定中酸碱指示剂的正确选择。
6. 掌握酸碱滴定的规范操作和实验数据的正确处理。

1. 能根据弱电解质的电离平衡和电离度的关系，进行相关的计算。
2. 能计算酸碱溶液中 pH 值。
3. 能利用缓冲溶液作用原理进行相关计算及应用。
4. 会根据各种酸碱滴定曲线，选取合适的指示剂。
5. 会酸碱滴定中的实验操作和实验数据的处理。

1. 培养学生严谨求实的职业素养。
2. 培养学生的团队意识和劳动精神。

　　酸和碱是两类极为重要的化学物质，在日常生活、生产实际和科学实验等许多方面都有它们的参与。酸碱反应又是一类极为重要的化学反应，很多化学反应和生化反应都属于酸碱反应，还有许多其他的化学反应也只有在一定的酸度或碱度条件下才能顺利进行。研究溶液中酸碱平衡的规律，无论是对化学学科本身还是与之相关的其他学科都具有重要的意义。以酸碱反应为基础而建立起来的酸碱滴定法则是一种最基本、最重要的滴定分析法，应用极为广泛。

4.1 电解质溶液

根据化合物在水溶液里或熔融状态下能否导电，把化合物分为电解质和非电解质。根据电解质在水溶液里的导电能力，又把电解质分为强电解质和弱电解质。强电解质在水溶液中全部电离，以阴、阳离子的形式存在于溶液中，故具有很强的导电性；弱电解质在水溶液中电离出的离子较少，大部分仍以分子状态存在于溶液中，故导电性较差。

4.1.1 强电解质溶液

在水溶液中或熔融状态下全部电离成离子的化合物称为强电解质。强酸、强碱，以及大部分盐在水溶液中完全电离，以正、负离子的形式存在于溶液中，均为强电解质。电离方程式举例如下：

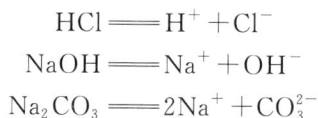

$$HCl \Longrightarrow H^+ + Cl^-$$
$$NaOH \Longrightarrow Na^+ + OH^-$$
$$Na_2CO_3 \Longrightarrow 2Na^+ + CO_3^{2-}$$

4.1.2 弱电解质溶液

在水溶液中，弱酸和弱碱大部分以分子形式存在，只有少部分发生电离，其电离过程和其他可逆化学过程一样，在一定条件下达到平衡状态，称为电离平衡。

4.1.2.1 电离平衡常数

在一定温度下，弱电解质在水溶液中达到电离平衡时，电离所产生的各种离子浓度的乘积与溶液中未电离的分子浓度之比，称为电离平衡常数（K），简称电离常数。弱酸的电离常数用 K_a 表示；弱碱的电离常数用 K_b 表示。

以 HA 表示一元弱酸，在一定温度下达到平衡时，存在着下列电离平衡：

$$HA \Longrightarrow H^+ + A^-$$

$$K_a = \frac{c_{A^-} \cdot c_{H^+}}{c_{HA}}$$

以 BOH 代表弱碱，达到平衡时，存在着下列电离平衡：

$$BOH \Longrightarrow B^+ + OH^-$$

$$K_b = \frac{c_{B^+} \cdot c_{OH^-}}{c_{BOH}}$$

电离平衡常数的大小表示弱电解质电离的难易程度，其值越大，表示电离程度越大，弱电解质越强；其值越小，表示电离程度越小，弱电解质越弱。在相同条件下，可通过比较弱酸、弱碱的 K_a、K_b 值的大小，来判断该酸或该碱的酸碱性强弱。

与其他平衡常数一样，电离平衡常数与温度有关、与浓度无关。电离过程是吸热过程，温度升高，平衡向电离的方向移动，故电离平衡常数增大。但温度对其影响不大，在室温下可以忽略温度对电离平衡常数的影响。

4.1.2.2　电离度

电离度是用来定量地衡量弱电解质在水溶液中的电离程度的数据，它表示弱电解质达到电离平衡时的电离百分率，用 a 表示：

$$a=\frac{已电离的电解质分子数}{溶液中原有电解质分子数}\times100\%=\frac{n_{已电离}}{n_{总}}\times100\%=\frac{c_{已电离}}{c_{总}}\times100\% \qquad (4\text{-}1)$$

电离度的大小，主要取决于电解质的本性，同时也与溶液的浓度、温度等因素有关。在一定温度下，同一弱电解质，浓度越小，其电离度越大。这是因为溶液浓度越小，离子间的平均距离越远，彼此结合成分子的机会就越小，有更多的弱电解质分子电离；温度越高，其电离度越大。因为升高温度有利于电离平衡向电离方向移动，电离出更多的离子，使电离度变大。

4.1.2.3　电离平衡常数（K）和电离度（a）的关系

电离平衡常数 K 和电离度 a 都能用来表示弱电解质的电离程度和相对强弱，它们之间必定存在着一定的关系。以一元弱酸 HA 为例来讨论它们的关系。

设 HA 的浓度为 c，电离度为 a，则有：

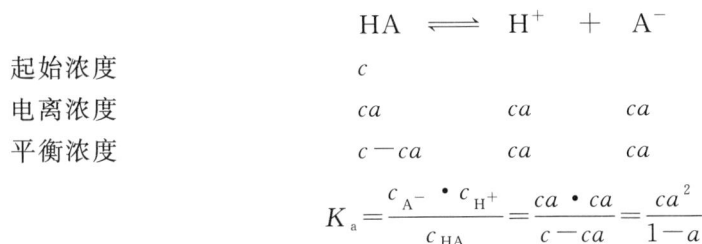

$$\text{HA} \rightleftharpoons \text{H}^+ + \text{A}^-$$

起始浓度	c		
电离浓度	ca	ca	ca
平衡浓度	$c-ca$	ca	ca

$$K_a=\frac{c_{\text{A}^-}\cdot c_{\text{H}^+}}{c_{\text{HA}}}=\frac{ca\cdot ca}{c-ca}=\frac{ca^2}{1-a}$$

当 $\dfrac{c}{K_a}\geqslant500$，即 $a\leqslant5\%$ 时，$1-a\approx1$，则

$$K_a=ca^2 \quad 或 \quad a=\sqrt{\frac{K_a}{c}} \qquad (4\text{-}2)$$

所以，一元弱酸溶液中，c_{H^+} 的近似计算公式为：

$$c_{\text{H}^+}=ca=\sqrt{c\cdot K_a} \qquad (a\leqslant5\%) \qquad (4\text{-}3)$$

同理，一元弱碱溶液中，K_b、c_{OH^-} 的近似计算公式为：

$$K_b=ca^2 \quad 或 \quad a=\sqrt{\frac{K_b}{c}} \quad (a\leqslant5\%) \qquad (4\text{-}4)$$

$$c_{\text{OH}^-}=ca=\sqrt{c\cdot K_b} \qquad (a\leqslant5\%) \qquad (4\text{-}5)$$

【例 4-1】已知在 298 K 时，$K_a(\text{HAc})=1.76\times10^{-5}$，计算在此温度下，浓度为 0.1000 mol·L^{-1} 的 HAc 溶液的 c_{H^+} 和 a。

解：由题意得：

$$\frac{c}{K_a}=\frac{0.1000}{1.76\times10^{-5}}=5.68\times10^3>500$$

则：
$$c_{H^+} = \sqrt{c \cdot K_a} = \sqrt{0.1000 \times 1.76 \times 10^{-5}} = 1.33 \times 10^{-3}(\text{mol} \cdot \text{L}^{-1})$$

$$a = \frac{c_{\text{已电离}}}{c_{\text{总}}} \times 100\% = \frac{1.33 \times 10^{-3}}{0.1000} \times 100\% = 1.33\%$$

【例 4-2】已知在 298 K 时，0.20 mol·L^{-1} 氨水的电离度为 0.943%，计算溶液中 c_{OH^-} 和氨水的电离平衡常数。

解：由题意得：
$$c_{OH^-} = ca = 0.20 \times 0.943\% = 1.9 \times 10^{-3}(\text{mol} \cdot \text{L}^{-1})$$
由于氨水的电离度较小，所以：
$$K_b = ca^2 = 0.20 \times (0.943\%)^2 = 1.8 \times 10^{-5}$$

4.1.2.4　酸碱平衡的移动

弱酸弱碱的电离平衡是有条件的动态平衡，因此当条件发生改变时，平衡被破坏并发生移动，电离度随之改变，直到建立新的平衡。

(1)浓度对酸碱平衡的影响

由式(4-2)和式(4-4)的关系式可以看出，在一定温度下，同一弱电解质的电离度 (a) 与溶液浓度的平方根成反比，即稀释溶液，平衡向电离的方向移动，电离度增大。但必须注意，弱酸、弱碱经稀释后，虽然电离度增大，但溶液中的 c_{H^+} 或 c_{OH^-} 并没有升高，而是降低了，这是因为溶液在稀释时，电离度 (a) 增大的倍数总是小于溶液体积增加的倍数。

(2)同离子效应

在弱电解质溶液中，加入含有与其相同离子的强电解质时，会使电离平衡向着生成分子的方向移动，使得弱电解质的电离度降低，这种现象称为同离子效应。如向 HAc 溶液中加入固体 NaAc，由于加入了相同的离子 Ac$^-$，HAc 的电离平衡被破坏，向逆方向移动，生成了更多的 HAc 分子，导致电离度降低。

【例 4-3】在 0.1000 mol·L^{-1} HAc 溶液中加入固体 NaAc(忽略溶液体积的变化)，并使 NaAc 的浓度为 0.1000 mol·L^{-1}，计算 HAc 溶液的电离度。已知 $K_a(\text{HAc}) = 1.76 \times 10^{-5}$。

解：溶液中加入 NaAc 后，同离子效应使 HAc 的电离度变得更小，则：
$$c_{HAc} \approx 0.1000 \text{ mol} \cdot \text{L}^{-1} \qquad c_{Ac^-} \approx 0.1000 \text{ mol} \cdot \text{L}^{-1}$$

$$K_a = \frac{c_{Ac^-} \times c_{H^+}}{c_{HAc}} = \frac{0.1000 \times c_{H^+}}{0.1000} = c_{H^+} = 1.76 \times 10^{-5}$$

$$a = \frac{c_{H^+}}{c} \times 100\% = \frac{1.76 \times 10^{-5}}{0.1000} \times 100\% = 0.0176\%$$

由【例 4-1】和【例 4-3】可看出，加入 NaAc 后，HAc 溶液中的 c_{H^+} 和电离度明显地减少了很多。因此，可以利用同离子效应来控制溶液的酸度或溶液中某种离子的浓度。

同离子效应还可以降低各种电解质的溶解度。如在饱和的 NaCl 溶液中滴加浓盐酸，可以使 NaCl 晶体析出，达到分离提纯的目的。

（3）盐效应

向 HAc 溶液中加入不含相同离子的强电解质如 NaCl、KNO_3 等时，由于溶液中离子间相互牵制作用增强，Ac^- 和 H^+ 结合成分子的机会减少，而使电离平衡向电离方向移动。当建立新的平衡时，HAc 的电离度略有增高。这种在弱电解质溶液中加入不含与其相同离子的强电解质时，使弱电解质的电离度增大的效应称为盐效应。

产生同离子效应的同时，常伴有盐效应的发生。但同离子效应的影响较盐效应大许多，对于稀溶液，一般不予考虑盐效应的作用。

4-1　对某弱酸溶液加热或稀释，其电离度和溶液中的 H^+ 浓度分别将如何变化？

4-2　求 $0.1000 \ mol \cdot L^{-1}$ 氨水溶液中的 c_{OH^-}。

4.2　酸碱质子理论

4.2.1　酸碱的定义

酸碱理论在化学学科中占有极为重要的地位。人们对酸、碱的认识，经历了一个由浅入深、由表及里的漫长过程。起初是从它们的感观开始，认为酸是具有酸味的物质，碱是抵消酸性的物质。在 18 世纪后期，化学研究才使人们从物质的内在性质来认识酸、碱，提出氧是酸的必要元素，在 19 世纪初叶，HCl、HI、HCN 等酸均已发现，于是又认为氢是酸的基本元素。直到 19 世纪 80 年代，阿仑尼乌斯首先提出了经典的酸碱电离理论。随着科学的发展，人们对酸、碱的认识逐渐加深，于是便产生了布朗斯特-劳莱的酸碱质子理论，从本质上来认识酸、碱，以及酸碱反应。

4.2.1.1　酸碱电离理论

电离理论认为：凡是在水中能离解出 H^+ 的物质是酸，而能离解出 OH^- 的物质是碱。酸碱反应的实质是 H^+ 与 OH^- 结合生成 H_2O 的反应。电离理论对化学科学的发展起了积极的作用，影响深远，直到现在这个理论在处理水溶液中的酸碱反应上仍普遍应用。然而，越来越多的反应是在非水溶液中进行的，而且许多不含 H^+ 和 OH^- 的物质也表现出酸碱的性质，这是电离理论无法解释的。此外，电离理论把碱限制为氢氧化物，氨水显碱性这一事实就无法解释。这说明酸碱电离理论尚不完善。正是这些不足，促使人们更进一步地研究和思考酸、碱，以及酸碱反应的本质。

4.2.1.2　酸碱质子理论

1923 年，由丹麦物理化学家布朗斯特德（Bronsted J N）和英国的化学家劳莱（Lowry T M）分别提出了在酸碱理论中占据重要地位的酸碱质子理论，克服了经典电离理论的局限性。

酸碱质子理论认为：凡是能给出质子(H^+)的物质为酸，凡是能接受质子(H^+)的物质为碱；能给出多个质子(H^+)的为多元酸，能接受多个质子(H^+)的物质是多元碱；酸碱反应的实质是质子(H^+)从一种物质向另一种物质的转移。

在酸碱质子理论中，酸和碱可以是分子，也可以是阴离子或阳离子。并且当酸给出质子后就生成了碱，碱接受质子后就成了酸。用简式表示为：

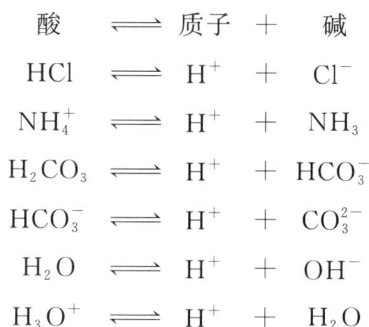

$$酸 \rightleftharpoons 质子 + 碱$$

$$HCl \rightleftharpoons H^+ + Cl^-$$

$$NH_4^+ \rightleftharpoons H^+ + NH_3$$

$$H_2CO_3 \rightleftharpoons H^+ + HCO_3^-$$

$$HCO_3^- \rightleftharpoons H^+ + CO_3^{2-}$$

$$H_2O \rightleftharpoons H^+ + OH^-$$

$$H_3O^+ \rightleftharpoons H^+ + H_2O$$

可以看出，酸和碱不是孤立的，而是共存的。酸(HA)给出质子后变成碱(A^-)，碱(A^-)接受质子后变成酸(HA)，这种相互转化、相互依存的关系称为共轭关系。HA 和 A^- 为共轭酸碱对。共轭酸的酸性越强，它的共轭碱的碱性越弱；共轭酸的酸性越弱，它的共轭碱的碱性就越强。

在酸碱质子理论的概念中，没有盐的概念。如 NH_4Cl 中的 NH_4^+ 是酸，Cl^- 是碱；Na_2CO_3 中的 CO_3^{2-} 为碱，而 Na^+ 既不给出质子也不接受质子，为非酸非碱物质。有些物质（如 HCO_3^-、H_2O 等），在某个共轭酸碱对中是碱，但在另一个共轭酸碱对中却是酸，此类物质称为两性物质。常见的共轭酸碱对见表 4-1 所列。

表 4-1　常用共轭酸碱对

共轭酸		共轭碱	
名称	化学式	名称	化学式
硝酸	HNO_3	硝酸根离子	NO_3^-
盐酸	HCl	氯离子	Cl^-
硫酸	H_2SO_4	硫酸氢根离子	HSO_4^-
水合氢离子	H_3O^+	水	H_2O
醋酸	CH_3COOH	醋酸根离子	CH_3COO^-
氢硫酸	H_2S	硫氢根离子	HS^-
磷酸二氢根离子	$H_2PO_4^-$	磷酸氢根离子	HPO_4^{2-}
磷酸氢根离子	HPO_4^{2-}	磷酸根离子	PO_4^{3-}
碳酸氢根离子	HCO_3^-	碳酸根离子	CO_3^{2-}
铵根离子	NH_4^+	氨	NH_3
水	H_2O	氢氧根离子	OH^-

酸碱质子理论扩大了酸和碱的范围，同时酸碱反应并没有局限在水溶液中进行，也可在非水溶液中或气相中进行。

4.2.2　酸碱质子理论的应用

4.2.2.1　酸碱反应的实质

按照酸碱质子理论，酸碱反应的实质是两个共轭酸碱对之间的质子传递。可用一个普通的公式表示酸碱反应：

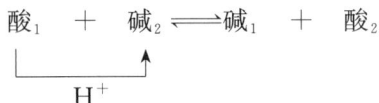

$$酸_1 ＋ 碱_2 \rightleftharpoons 碱_1 ＋ 酸_2$$

$$\underset{H^+}{\underline{\qquad\qquad\quad\uparrow}}$$

酸$_1$ 把质子传递给了碱$_2$，自身变为碱$_1$，碱$_2$ 从酸$_1$ 接受质子后变为酸$_2$。酸$_1$ 是碱$_1$ 的共轭酸，碱$_2$ 是酸$_2$ 的共轭碱。这种质子传递反应，既不要求反应必须在某溶剂中进行，也不要求先生成独立的质子再加到碱上，而只是质子从一种物质传递到另一种物质中去。

4.2.2.2　水的质子自递平衡

按照酸碱质子理论，水既能作为酸给出质子，又可作为碱接受质子，故水是两性物质，在水中存在水分子之间的质子传递反应，反应方程式如下：

$$H_2O + H_2O \rightleftharpoons H_3O^+ + OH^-$$

此反应称为水的质子自递。为了简便，常用 H^+ 代替 H_3O^+，水的质子自递反应又常简化为：

$$H_2O \rightleftharpoons H^+ + OH^-$$

这个反应的平衡常数称为水的质子自递常数，又称为水的离子积常数，用 K_w 表示

$$K_w = c_{H^+} \cdot c_{OH^-} \tag{4-6}$$

水的质子自递反应是吸热过程，因此 K_w 的大小与浓度、压力无关，而与温度有关。温度一定时，K_w 是一个常数。温度升高，K_w 增大（表 4-2）。在 295～298 K 时，由于 K_w 随温度变化不是很明显，为计算方便，一般在室温工作时，K_w 均取值 1.0×10^{-14}。

表 4-2　水的离子积常数与温度的关系

T/K	273	291	295	298	313	373
K_w	1.3×10^{-15}	7.4×10^{-15}	1.00×10^{-14}	1.008×10^{-14}	2.917×10^{-14}	7.4×10^{-13}

水的离子积不仅适用于纯水，也适用于所有稀的水溶液。

4.2.2.3　共轭酸碱对 K_a、K_b 的关系

共轭酸碱具有相互依存的关系，则其 K_a 和 K_b 之间也有一定的联系。在水溶液中，一元弱酸的解离就是酸与水之间的质子传递反应，即酸（HA）给出质子转变为其共轭碱（A^-），而水接受质子变为其共轭酸（H_3O^+），解离方程式可表示为：

$$HA + H_2O \rightleftharpoons A^- + H_3O^+$$

通常为了书写方便,该反应常简化为:

$$HA \rightleftharpoons A^- + H^+$$

解离平衡常数:

$$K_a = \frac{c_{A^-} \cdot c_{H^+}}{c_{HA}}$$

一元弱碱的解离就是碱与水之间的质子传递反应,即碱(A^-)接受质子转变为其共轭酸(HA),而水给出质子转变为其共轭碱(OH^-)

$$A^- + H_2O \rightleftharpoons HA + OH^-$$

$$K_b = \frac{c_{HA} \cdot c_{OH^-}}{c_{A^-}}$$

则有:

$$K_a \cdot K_b = \frac{c_{A^-} \cdot c_{H^+}}{c_{HA}} \times \frac{c_{HA} \cdot c_{OH^-}}{c_{A^-}} = c_{H^+} \cdot c_{OH^-} = K_w$$

两边同时取负对数得:

$$pK_a + pK_b = pK_w$$

二元弱酸(或弱碱)在水中的解离也是其与水的质子传递反应。它们是分步进行的,如二元弱酸 H_2CO_3 在水中的解离分两步:

$$H_2CO_3 \rightleftharpoons H^+ + HCO_3^- \qquad K_{a_1} = \frac{c_{H^+} \cdot c_{HCO_3^-}}{c_{H_2CO_3}}$$

$$HCO_3^- \rightleftharpoons H^+ + CO_3^{2-} \qquad K_{a_2} = \frac{c_{H^+} \cdot c_{CO_3^{2-}}}{c_{HCO_3^-}}$$

CO_3^{2-} 是二元弱碱,其在水中的质子传递分以下两步:

$$CO_3^{2-} + H_2O \rightleftharpoons HCO_3^- + OH^- \qquad K_{b_1} = \frac{c_{HCO_3^-} \cdot c_{OH^-}}{c_{CO_3^{2-}}}$$

$$HCO_3^- + H_2O \rightleftharpoons H_2CO_3 + OH^- \qquad K_{b_2} = \frac{c_{H_2CO_3} \cdot c_{OH^-}}{c_{HCO_3^-}}$$

H_2CO_3 和 HCO_3^-、HCO_3^- 和 CO_3^{2-} 为共轭酸碱对,从上面的解离式可以得到它们的解离常数的关系:

$$K_{a_1} \cdot K_{b_2} = K_w$$

$$K_{a_2} \cdot K_{b_1} = K_w$$

同理,可以推导出其他多元弱酸弱碱的 K_a、K_b 的关系。如对于三元弱酸、弱碱的 K_a、K_b 的关系有:

$$K_{a_1} \cdot K_{b_3} = K_w$$

$$K_{a_2} \cdot K_{b_2} = K_w$$

$$K_{a_3} \cdot K_{b_1} = K_w$$

4-3　已知 H_2S 水溶液的 $K_{a_1} = 9.1 \times 10^{-8}$、$K_{a_2} = 1.1 \times 10^{-12}$，计算 S^{2-} 的 K_{b_1}、K_{b_2}。

4.3　酸碱溶液中 pH 值的计算

4.3.1　溶液的酸度表示法

由于许多化学反应都是在 c_{H^+} 较小的溶液中进行，如果用 c_{H^+} 来表示溶液的酸度大小，计算和使用就都不方便，故常用 pH 值表示此类溶液的酸碱性。

$$pH = -\lg c_{H^+}$$

c_{OH^-} 和 K_w 也可以用相对应的负对数表示

$$pOH = -\lg c_{OH^-} \qquad pK_w = -\lg K_w$$

在 25℃时，$c_{H^+} \cdot c_{OH^-} = K_w = 1.0 \times 10^{-14}$，故：

$$pH + pOH = pK_w = 14 \qquad (4-7)$$

pH、pOH、c_{H^+}、c_{OH^-} 与溶液酸碱性之间的关系见表 4-3 所列。

表 4-3　pH、pOH、c_{H^+}、c_{OH^-} 与溶液酸碱性之间的关系

	酸性增强 ←			中性			碱性增强 →		
pH	0	2	4	6	7	8	10	12	14
c_{H^+}	10^0	10^{-2}	10^{-4}	10^{-6}	10^{-7}	10^{-8}	10^{-10}	10^{-12}	10^{-14}
c_{OH^-}	10^{-14}	10^{-12}	10^{-10}	10^{-8}	10^{-7}	10^{-6}	10^{-4}	10^{-2}	10^0
pOH	14	12	10	8	7	6	4	2	0

pH 使用范围一般在 $0 \sim 14$。对于 $c_{H^+} > 1 \, mol \cdot L^{-1}$（或 $c_{OH^-} > 1 \, mol \cdot L^{-1}$）的溶液，直接用物质的量浓度表示溶液的酸碱性反而更方便。

4.3.2　酸碱溶液中 pH 值的计算

4.3.2.1　强酸、强碱溶液

强酸、强碱在水中几乎全部离解，在一般情况下溶液 pH 值的计算比较简单。如 $0.1 \, mol \cdot L^{-1}$ 的 HCl 溶液，其 c_{H^+} 也等于 $0.1 \, mol \cdot L^{-1}$，溶液的 pH $= 1.0$。但如强酸或强碱溶液的浓度小于 $10^{-6} \, mol \cdot L^{-1}$ 时，计算该溶液的酸度除了考虑酸或碱本身解离出来的 H^+ 或 OH^- 浓度之外，还必须考虑水的质子传递作用所提供的 H^+ 或 OH^-。

4.3.2.2　一元弱酸、弱碱溶液

一元弱酸 HA，其浓度为 $c \, mol \cdot L^{-1}$，在水溶液中存在的解离平衡有：

$$HA \rightleftharpoons A^- + H^+ \qquad K_a = \frac{c_{A^-} \cdot c_{H^+}}{c_{HA}}$$

$$H_2O \rightleftharpoons H^+ + OH^- \qquad K_w = c_{H^+} \cdot c_{OH^-}$$

可见，溶液中的 H^+ 一方面来自 HA 的解离，另一方面来自 H_2O 的解离。

$$c_{H^+} = c_{A^-} + c_{OH^-} = \frac{K_a \cdot c_{HA}}{c_{H^+}} + \frac{K_w}{c_{H^+}}$$

$$c_{H^+}^2 = K_a \cdot c_{HA} + K_w \tag{4-8}$$

当 $\dfrac{c}{K_a} \geqslant 500$，即 $a \leqslant 5\%$ 时，已解离的弱酸极少，因此 $c_{HA} \approx c$；当 $c \cdot K_a > 20K_w$，忽略水的解离，式(4-8)整理得：

$$c_{H^+} = \sqrt{c \cdot K_a} \tag{4-9}$$

此式为计算一元弱酸溶液中 H^+ 浓度的最简式。

当 $c \cdot K_a > 20K_w$，$c/K_a < 500$ 时，水的解离可以忽略，但一元弱酸溶液自身的解离却不能忽略，则 $c_{HAc} = c - c_{H^+}$，带入式(4-8)得：

$$c_{H^+}^2 = K_a \cdot (c - c_{H^+}) + K_w$$

$$c_{H^+} = \frac{-K_a + \sqrt{K_a^2 + 4K_a \cdot c}}{2} \quad (c \cdot K_a > 20K_w,\ c/K_a < 500) \tag{4-10}$$

同理可求得一元弱碱溶液中 OH^- 浓度的计算公式：

$$c_{OH^-} = \sqrt{c \cdot K_b} \qquad (c \cdot K_b > 20K_w,\ c/K_b \geqslant 500) \tag{4-11}$$

$$c_{OH^-} = \frac{-K_b + \sqrt{K_b^2 + 4K_b c}}{2} \qquad (c \cdot K_b > 20K_w,\ c/K_b < 500) \tag{4-12}$$

【例 4-4】计算 $0.1000\ mol \cdot L^{-1}$ NH_4NO_3 溶液的 pH 值。（NH_3 的 $K_b = 1.77 \times 10^{-5}$）

解：因为 $c \cdot K_a = 0.1000 \times \dfrac{1.0 \times 10^{-14}}{1.77 \times 10^{-5}} = 5.65 \times 10^{-11} > 20K_w$

$$\frac{c}{K_a} = \frac{0.1000 \times 1.77 \times 10^{-5}}{1.0 \times 10^{-14}} = 1.77 \times 10^8 > 500$$

因此，用最简式进行计算：

$$c_{H^+} = \sqrt{c \cdot K_a} = \sqrt{0.1000 \times \frac{1.0 \times 10^{-14}}{1.77 \times 10^{-5}}} = \sqrt{5.65 \times 10^{-11}} = 7.5 \times 10^{-6}$$

$$pH = -\lg c_{H^+} = -\lg 7.5 \times 10^{-6} = 5.13$$

【例 4-5】计算 $0.1000\ mol \cdot L^{-1}$ NaAc 溶液的 pH 值。（HAc 的 $K_a = 1.76 \times 10^{-5}$）

解：NaAc 在水溶液中全部电离为 Na^+、Ac^-，Na^+ 不能提供或接受质子，为非酸非碱性物质；Ac^- 能接受质子，为一元碱，其共轭酸是 HAc。

则 Ac^- 的 $K_b = \dfrac{K_w}{K_a} = \dfrac{1.0 \times 10^{-14}}{1.76 \times 10^{-5}} = 5.68 \times 10^{-10}$

$$c \cdot K_b = 0.1000 \times 5.68 \times 10^{-10} = 5.68 \times 10^{-11} > 20K_w$$

$$\frac{c}{K_a} = \frac{0.1000}{5.68 \times 10^{-10}} = 1.76 \times 10^8 > 500$$

所以，用最简式计算溶液中的 OH^- 浓度：

$$c_{OH^-} = \sqrt{c \cdot K_b} = \sqrt{0.1000 \times 5.68 \times 10^{-10}} = \sqrt{5.68 \times 10^{-11}} = 7.54 \times 10^{-6}$$

$$pOH = -\lg c_{OH^-} = -\lg 7.54 \times 10^{-6} = 5.12$$

$$pH = 14 - 5.12 = 8.88$$

4.3.2.3　多元弱酸、弱碱溶液

多元弱酸、弱碱在溶液中的质子传递是分步进行的，如 H_2S 在水溶液中有二级解离：

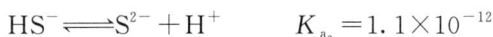

$$H_2S \rightleftharpoons HS^- + H^+ \qquad K_{a_1} = 9.1 \times 10^{-8}$$

$$HS^- \rightleftharpoons S^{2-} + H^+ \qquad K_{a_2} = 1.1 \times 10^{-12}$$

由于 K_{a_1} 远远大于 K_{a_2}，即：$K_{a_1} \gg K_{a_2}$，说明二级解离比一级解离困难得多。因此，在实际计算中，当 $c \cdot K_{a_1} > 20K_w$ 且 $c/K_{a_1} \geqslant 500$ 时，一般可忽略第二步等后级的解离，近似作为一元弱酸、弱碱处理。公式如下：

多元弱酸：　　$c_{H^+} = \sqrt{c \cdot K_{a_1}}$　$(c/K_{a_1} \geqslant 500$、$c \cdot K_{a_1} > 20K_w)$ 　　(4-13)

多元弱碱：　　$c_{OH^-} = \sqrt{c \cdot K_{b_1}}$　$(c/K_{b_1} \geqslant 500$、$c \cdot K_{b_1} > 20K_w)$ 　　(4-14)

【例 4-6】计算 25℃时 0.1000 mol·L^{-1} H_2S 的 pH 值。

解：查表得：$K_{a_1}(H_2S) = 9.1 \times 10^{-8}$、$K_{a_2}(H_2S) = 1.1 \times 10^{-12}$

由于 $K_{a_1} \gg K_{a_2}$，计算 H^+ 浓度时只考虑一级解离。

$$H_2S \rightleftharpoons HS^- + S^{2-}$$

又 $\dfrac{c}{K_{a_1}} = \dfrac{0.1000}{9.1 \times 10^{-8}} > 500$、$c \cdot K_{a_1} = 0.1000 \times 9.1 \times 10^{-8} = 9.1 \times 10^{-8} > 20K_w$，

则溶液的 H^+ 浓度：　　$c_{H^+} = \sqrt{c \cdot K_{a_1}} = \sqrt{0.1000 \times 9.1 \times 10^{-8}} = 9.5 \times 10^{-5}$

$$pH = -\lg c_{H^+} = -\lg 9.5 \times 10^{-5} = 4.02$$

4.3.2.4　两性物质

两性物质如 $NaHA$ 在溶液中既可从溶剂中获得质子变为共轭酸 H_2A，又可以失去质子变为共轭碱 A^{2-}。

$$HA^- + H_2O \rightleftharpoons H_2A + OH^-$$

$$HA^- + H_2O \rightleftharpoons A^{2-} + H_3O^+$$

当 $K_{a_1} \gg K_{a_2}$，且 $c \cdot K_{a_1} > 20K_w$，$c/K_{a_1} > 20$，溶液的 H^+ 浓度可按下式做近似计算：

$$c_{H^+} = \sqrt{K_{a_1} \cdot K_{a_2}} \tag{4-15}$$

一般来说，两性物质中的 H^+ 浓度等于其相应的两个共轭酸碱的质子转移平衡常

数乘积的平方根。

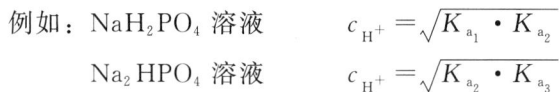

例如：NaH_2PO_4 溶液 $\qquad c_{H^+} = \sqrt{K_{a_1} \cdot K_{a_2}}$

$\qquad\qquad Na_2HPO_4$ 溶液 $\qquad c_{H^+} = \sqrt{K_{a_2} \cdot K_{a_3}}$

4-4　计算下列溶液的 pH 值：

(1)0.1000 mol·L^{-1} 的 HAc 溶液　(2)0.1000 mol·L^{-1} 的 NaCN 溶液

4.4　缓冲溶液

许多化学反应对酸度有严格的要求，只有将酸度控制在适宜、稳定的 pH 值范围内，反应才能顺利进行。例如，人体血液的 pH 值在 7.35～7.45 才能维持机体的酸碱平衡，否则将会引起机体的功能失调而导致各种疾病。另外，农作物的正常生长、酶的催化活性、注射药剂的配制等，都需要保持在一定的 pH 值范围内。因此，如何控制溶液的 pH 值，使溶液 pH 值保持相对稳定，在化学和药学上都具有重要意义。

4.4.1　缓冲溶液的缓冲原理

能够抵抗外加少量酸、碱或适度加水稀释，而本身 pH 值基本保持不变的溶液，称为缓冲溶液。弱酸及其共轭碱可组成缓冲溶液。如在 HAc-NaAc 组成的缓冲溶液中，存在如下解离：

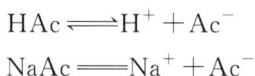

$$HAc \Longleftrightarrow H^+ + Ac^-$$
$$NaAc \Longleftrightarrow Na^+ + Ac^-$$

由于溶液中存在着大量的 Ac^-，同离子效应抑制了 HAc 的解离，溶液中的 HAc 浓度也较大。故在 HAc-NaAc 体系中有大量的 HAc 和 Ac^- 存在，而 H^+ 浓度很小。

当向该溶液中加入少量强酸(如 HCl)时，由于溶液中存在着大量的 Ac^-，它能和外来酸中的 H^+ 结合成解离度很小的 HAc，即：

$$Ac^- + H^+ \Longleftrightarrow HAc$$

从而消耗了外加的少量 H^+，保持溶液的 pH 值基本不变。在这里，Ac^- 为该缓冲溶液的抗酸成分。

当加入少量强碱(如 NaOH)时，溶液中的 H^+ 就和外来的 OH^- 结合成难电离的水，使 HAc 的电离平衡向右移动，来补充溶液中损失掉的 H^+，即：

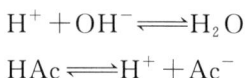

$$H^+ + OH^- \Longleftrightarrow H_2O$$
$$HAc \Longleftrightarrow H^+ + Ac^-$$

从而也抵消了外加的少量 OH^-，保持了溶液 pH 值基本不变。在这里，HAc 为该缓冲溶液的抗碱成分。

当加少量水稀释时，溶液中 H^+ 浓度和其他离子浓度相应地降低，这使 HAc 的同离子效应减弱，电离度增大，电离平衡向增大 H^+ 浓度的方向移动，达到新的平衡时，H^+ 浓度变化不大，故 pH 值几乎保持不变。

其他类型的缓冲溶液的作用原理，与上述缓冲溶液的作用原理相同。

常见的缓冲溶液见表 4-4 所列。

表 4-4 常用的缓冲溶液

缓冲溶液	共轭酸	共轭碱	$pK_a(25℃)$
$HAc - NaAc$	HAc	Ac^-	4.75
$H_2CO_3 - NaHCO_3$	H_2CO_3	HCO_3^-	6.35
$NaHCO_3 - Na_2CO_3$	HCO_3^-	CO_3^{2-}	10.25
$H_3PO_4 - NaH_2PO_4$	H_3PO_4	$H_2PO_4^-$	2.16
$NaH_2PO_4 - Na_2HPO_4$	$H_2PO_4^-$	HPO_4^{2-}	7.21
$NH_3 - NH_4Cl$	NH_4^+	NH_3	9.25
$NaH_2PO_4 - NaOH$	HPO_4^{2-}	PO_4^{3-}	12.66

4.4.2 缓冲溶液 pH 值的计算

缓冲溶液的 pH 值可以根据电离平衡常数关系式来推导，以 $HAc - NaAc$ 组成的缓冲溶液为例，它们的电离平衡方程式为：

$$HAc \Longrightarrow H^+ + Ac^-$$
$$NaAc \Longrightarrow Na^+ + Ac^-$$

电离常数表达式为：

$$K_a = \frac{c_{Ac^-} \cdot c_{H^+}}{c_{HAc}}$$

移项得：

$$c_{H^+} = \frac{K_a \cdot c_{HAc}}{c_{Ac^-}}$$

体系中的 Ac^- 浓度是由 HAc 和 NaAc 电离的 Ac^- 浓度的总和。HAc 的电离度本来就小，同离子效应的影响使 HAc 电离度更小，因此达到平衡时，体系中的 HAc 可近似看作未发生电离，其浓度近似地看作为原来弱酸的浓度，用 $c_{酸}$ 表示；同理，体系中的 Ac^- 的浓度可近似地看作全部由 NaAc 电离提供，用 $c_{碱}$ 表示。则上式可表示为：

$$c_{H^+} = \frac{K_a \cdot c_{酸}}{c_{碱}}$$

左右取对数得：

$$pH = pK_a + \lg \frac{c_{碱}}{c_{酸}} \tag{4-16}$$

同理，对于弱碱及其共轭酸组成的缓冲溶液的 OH^- 浓度和 pOH 值的计算式为：

$$c_{OH^-} = \frac{K_b \cdot c_{碱}}{c_{酸}}$$

$$pOH = pK_b + \lg \frac{c_{酸}}{c_{碱}} \tag{4-17}$$

$$pH = pK_w - pOH = pK_w - pK_b + \lg \frac{c_{碱}}{c_{酸}} \tag{4-18}$$

由以上公式可看出，在共轭酸碱对组成的缓冲溶液中：

①缓冲溶液的 pH 值主要取决于 K_a（或 K_b）值。选择缓冲对的时候应根据所需缓冲溶液 pH 值的要求，使 pK_a（或 pK_b）尽量接近所需的 pH 值。

②当温度一定时，对同一缓冲系，pK_a（或 pK_b）值是一定的。缓冲溶液 pH 值主要由 $\frac{c_{碱}}{c_{酸}}$（或 $\frac{c_{酸}}{c_{碱}}$）决定。该比值称为缓冲比。通过改变酸碱浓度来调整缓冲溶液的 pH值。缓冲溶液的缓冲比通常控制在 0.1～10 比较合适，比值接近 1 时，缓冲能力最大。即缓冲溶液的缓冲范围约在 $pH = pK_a \pm 1$ 或 $pOH = pK_b \pm 1$。超出此范围则认为失去了缓冲作用。

③稀释缓冲溶液时，两组分的浓度以相同倍数缩小，而比值不变，溶液的 pH 值也不变。

【例 4-7】计算 100 mL 含有 0.040 mol·L^{-1} HAc 和 0.060 mol·L^{-1} NaAc 溶液的pH 值。当向该溶液中分别加入：(1)10.00 mL 0.050 mol·L^{-1} HCl；(2)10.00 mL 0.050 mol·L^{-1} NaOH；(3)10.00 mL H$_2$O。试比较加入前后溶液的 pH 值变化。

解：已知 HAc 的 $K_a = 1.76 \times 10^{-5}$，可知 $pK_a = 4.93$。该缓冲溶液的 pH 值为：

$$pH = pK_a + \lg \frac{c_{碱}}{c_{酸}} = 4.75 + \lg \frac{0.060}{0.040} = 4.93$$

(1)当加入了 10 mL 0.050 mol·L^{-1} HCl 后，

$$pH = pK_a + \lg \frac{c_{碱}}{c_{酸}} = 4.75 + \lg \frac{\dfrac{0.060 \times 0.10 - 0.010 \times 0.050}{0.10 + 0.01}}{\dfrac{0.040 \times 0.10 + 0.010 \times 0.050}{0.10 + 0.01}} = 4.84$$

(2)当加入了 10 mL 0.050 mol·L^{-1} NaOH 后，

$$pH = pK_a + \lg \frac{c_{碱}}{c_{酸}} = 4.75 + \lg \frac{\dfrac{0.060 \times 0.10 + 0.010 \times 0.050}{0.10 + 0.01}}{\dfrac{0.040 \times 0.10 - 0.010 \times 0.050}{0.10 + 0.01}} = 5.02$$

(3)当加入 10.00 mL H$_2$O 后，

$$pH = pK_a + \lg \frac{c_{碱}}{c_{酸}} = 4.75 + \lg \frac{\dfrac{0.060 \times 0.10}{0.10 + 0.01}}{\dfrac{0.040 \times 0.10}{0.10 + 0.01}} = 4.93$$

此例说明：外加少量强酸、强碱或加水稀释时，缓冲溶液的 pH 值基本不变。同时，当 $\dfrac{c_\text{酸}}{c_\text{碱}}$ 比值固定时，$(c_\text{酸}+c_\text{碱})$ 总浓度越大，外加相同的强酸、强碱或稀释后比值

变化越小，缓冲能力越强；当总浓度固定，$\dfrac{c_\text{酸}}{c_\text{碱}}$ 的比值为 1 时，缓冲能力最大。

4.4.3　缓冲溶液的选择和配制

4.4.3.1　缓冲溶液的选择

不同的缓冲溶液只有在有效的 pH 值范围内才起缓冲作用。应根据实际要求来选择不同的缓冲溶液。同时，应注意以下两方面：

①所使用的缓冲溶液不能与在反应体系中的反应物或生成物发生作用。

②所需的缓冲溶液的 pH 值应在所选的缓冲体系的缓冲范围($pK_a \pm 1$)之内。为了获得较大的缓冲效果，所选择的弱酸的 pK_a 应尽可能接近缓冲溶液的 pH 值。弱碱的 pK_b 应尽可能接近缓冲溶液的 pOH 值。

4.4.3.2　缓冲溶液的配制

为了获得较好的缓冲效果，在配制缓冲溶液时，应使缓冲组分的浓度较大，但又不宜太大。通常在 $0.10 \sim 1.0\ \text{mol} \cdot \text{L}^{-1}$ 的范围内。配制可按下列步骤和要求进行：

①依据要求配制的缓冲溶液的 pH 值，选择合适的缓冲对。

②根据选择的缓冲对的 pK_a 和所要配制的缓冲溶液的 pH 值，计算出缓冲对的浓度比。

③根据计算结果，配制缓冲溶液，并使共轭酸碱对的浓度尽量在 $0.10 \sim 1.0\ \text{mol} \cdot \text{L}^{-1}$ 范围内。

【例 4-8】25℃时，欲配制 1.0 L、pH 9.8、NH_3 的浓度为 $0.10\ \text{mol} \cdot \text{L}^{-1}$ 的缓冲溶液，问需用 $6.0\ \text{mol} \cdot \text{L}^{-1}$ 的 $NH_3 \cdot H_2O$ 多少毫升和固体 NH_4Cl 多少克？

解：根据 $pH = pK_a + \lg \dfrac{c_\text{碱}}{c_\text{酸}}$ 得：

$$9.8 = 9.25 + \lg \frac{0.10}{c_{NH_4^+}}$$

$$c_{NH_4^+} = 0.028\,(\text{mol} \cdot \text{L}^{-1})$$

则加入固体 NH_4Cl 的质量：

$$m(NH_4Cl) = 0.028 \times 53.5 \times 1.0 = 1.5\ (\text{g})$$

氨水的用量：

$$V(NH_3 \cdot H_2O) = \frac{1.0 \times 0.10}{6.0} = 0.017\ (\text{L}) = 17(\text{mL})$$

4.4.4　缓冲溶液在工农业生产等方面的重要意义

缓冲溶液在工农业生产以及化学、生物学、医学等各个领域都有着重要的用途。在工农业生产中，为了使某些反应能够在一定的 pH 值范围内进行，常要借助于缓冲

溶液。土壤中一般含有碳酸及其盐类、土壤腐殖质及其盐类组成的缓冲对，所以土壤溶液是很好的缓冲溶液，具有比较稳定的 pH 值，有利于微生物的正常活动和农作物的生长发育。

人体在代谢过程中会不断产生各种酸性（如碳酸、磷酸、乳酸等）和碱性（如柠檬酸钠、磷酸二氢钠、碳酸氢钠等）物质。这些物质进入人体血液内并没有显著地改变血液的 c_{H^+}，血液的 pH 值仍维持在 7.35～7.45。这是因为人体的血液也是缓冲溶液，且同时存在多组缓冲对，主要有 $H_2CO_3 - NaHCO_3$、$NaH_2PO_4 - Na_2HPO_4$、血浆蛋白-血浆蛋白盐、血红蛋白-血红蛋白盐等，以保证人体正常的生理活动能在相对稳定的酸度下进行。

4-5　如何用浓度相同的 HAc 和 NaAc 溶液配制 100 mL、pH 4.8 的 HAc - NaAc 缓冲溶液？

4.5　酸碱滴定法

酸碱滴定法是以酸碱中和反应为基础的滴定分析方法，所以又称中和滴定法，反应实质是质子传递的过程。酸碱滴定的标准溶液总是强酸或强碱，所以质子传递的速度都很快，且操作方便、反应过程简单、副反应少，满足滴定分析的要求，应用广泛。由于在滴定过程中，滴定溶液常无明显的外观变化，常用酸碱指示剂的颜色变化来指示滴定终点。

酸碱滴定法既可以直接测定一般的酸性和碱性物质，也可以间接测定那些发生反应后能够生成酸或碱的物质。

4.5.1　酸碱指示剂

4.5.1.1　酸碱指示剂的变色原理

酸碱指示剂一般是结构比较复杂的有机弱酸或有机弱碱，它们的酸式和碱式结构具有不同的颜色，当酸碱滴定达到化学计量点后，酸碱指示剂也参与了质子的传递反应，指示剂获得质子转化为酸式或失去质子转化为碱式，从而引起溶液颜色的变化。

下面以甲基橙和酚酞为例分别加以说明。

（1）甲基橙

甲基橙是一种双色指示剂，属于有机弱碱，在水溶液中的解离平衡为：

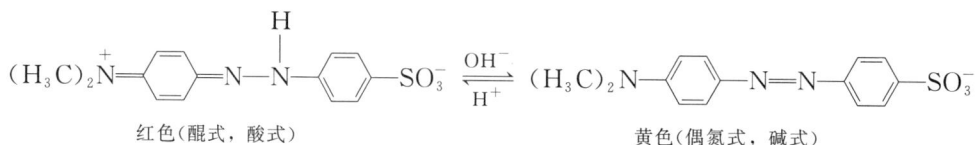

$$(H_3C)_2\overset{+}{N} = \!\!=\!\!=\!\!= N - \underset{H}{N} - \!\!\bigcirc\!\!- SO_3^- \overset{OH^-}{\underset{H^+}{\rightleftharpoons}} (H_3C)_2N - \!\!\bigcirc\!\!- N = N - \!\!\bigcirc\!\!- SO_3^-$$

红色（醌式，酸式）　　　　　　　　　　　　黄色（偶氮式，碱式）

由平衡关系可以看出，增大溶液的酸度，平衡向左移动，甲基橙主要以红色的酸式（醌式）结构存在；减小溶液的酸度，甲基橙主要以黄色的碱式（偶氮式）结构存在。

（2）酚酞

酚酞是一种单色指示剂，属于有机弱酸，在水溶液中的解离平衡为：

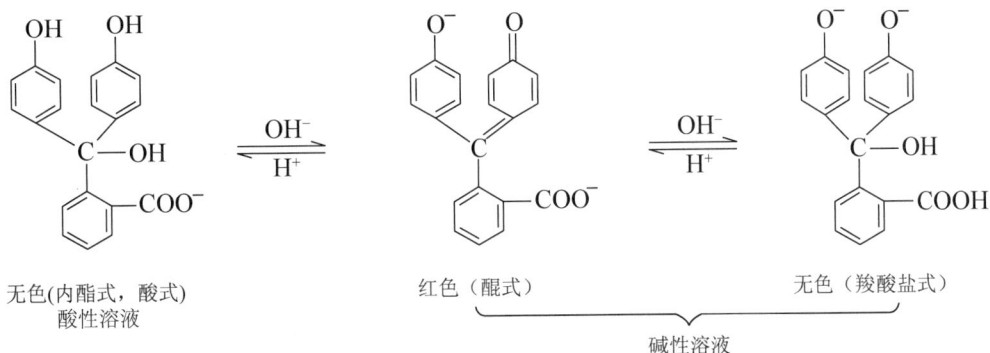

无色(内酯式，酸式)　　　　　　　　　红色（醌式）　　　　　　　　无色（羧酸盐式）
酸性溶液

碱性溶液

由平衡关系可看出，酚酞在酸性溶液中以无色形式存在；在碱性溶液中转化为醌式后显红色。在足够浓的碱溶液中，酚酞又转化为无色的羧酸盐式。

由上可知，酸碱指示剂的颜色改变并非在某一特定的 pH 值发生，而是在一定的 pH 值范围内发生，即溶液 pH 值改变，指示剂的结构发生变化，颜色随之改变，这就是酸碱指示剂的变色原理。

4.5.1.2　酸碱指示剂的变色范围

酸碱指示剂的颜色变化与溶液的 pH 值有关。现以弱酸型指示剂为例讨论指示剂的颜色变化与溶液 pH 值变化的关系。指示剂的酸式 HIn 和碱式 In^- 在溶液中达到平衡：

$$HIn \rightleftharpoons H^+ + In^-$$

$$K_{HIn} = \frac{c_{H^+} \cdot c_{In^-}}{c_{HIn}}$$

$$\frac{K_{HIn}}{c_{H^+}} = \frac{c_{In^-}}{c_{HIn}}$$

由于酸碱指示剂溶液颜色由比值 $\frac{c_{In^-}}{c_{HIn}}$ 决定，该比值决定 K_{HIn} 和 c_{H^+} 的比值。对于给定的指示剂，在一定温度下，其解离常数 K_{HIn} 的值为一定值，因此溶液的颜色变化是由溶液中的 c_{H^+} 所决定的。一般来说，当一种颜色物质的浓度相当于另一种颜色物质浓度的 10 倍以上时，人眼就能辨别出这种浓度大的物质的颜色，而不能辨别出另一种浓度小的物质的颜色，而当两物质的浓度差别不是很大（10 倍以内）时，则人眼看到的是这两种颜色的混合色。即：

① $\frac{c_{In^-}}{c_{HIn}} \leqslant \frac{1}{10}$，$c_{H^+} \geqslant 10K_{HIn}$，$pH \leqslant pK_{HIn} - 1$，指示剂呈酸式色。

② $\frac{c_{In^-}}{c_{HIn}} \geqslant 10$，$c_{H^+} \leqslant \frac{K_{HIn}}{10}$，$pH \geqslant pK_{HIn} + 1$，指示剂呈碱式色。

③$\dfrac{1}{10}<\dfrac{c_{\mathrm{In}^-}}{c_{\mathrm{HIn}}}<10$，$\dfrac{K_{\mathrm{HIn}}}{10}<c_{\mathrm{H}^+}<10K_{\mathrm{HIn}}$，$pK_{\mathrm{HIn}}-1<pH<pK_{\mathrm{HIn}}+1$，指示剂呈混合色。

因此，当溶液的 pH 值由 $pK_{\mathrm{HIn}}-1$ 变化到 $pK_{\mathrm{HIn}}+1$，就能明显地看到指示剂由酸式色变为碱式色。在 $pH=pK_{\mathrm{HIn}}\pm1$ 范围内，人眼所看到的是指示剂的混合色，称为指示剂的理论变色范围。当 $c_{\mathrm{In}^-}=c_{\mathrm{HIn}}$ 时，$pH=pK_{\mathrm{HIn}}$，此点称为指示剂的理论变色点。实际上依靠人眼观察出来的指示剂的变色范围与理论变色范围是有差别的。这是由于人眼对各种颜色的敏感度不同，加上两种颜色互相掩盖而影响观察。如甲基橙的 $pK_{\mathrm{HIn}}=3.4$，理论变色范围为 $pH=2.4\sim4.4$，而实测结果是 $pH=3.1\sim4.4$。表 4-5 列出了一些常用的酸碱指示剂及其变色范围。

表 4-5　常用酸碱指示剂

指示剂	变色范围	颜色		pK_{HIn}	浓度
		酸式	碱式		
百里酚蓝 （第一次变色）	1.2～2.8	红	黄	1.6	0.1%的20%乙醇溶液
甲基橙	3.1～4.4	红	黄	3.4	0.1%的水溶液
溴酚蓝	3.1～4.6	黄	紫	4.10	0.1%的20%乙醇溶液
甲基红	4.4～6.2	红	黄	5.10	0.1%的60%乙醇溶液
溴百里酚蓝	6.2～7.6	黄	蓝	7.30	0.1%的20%乙醇溶液
中性红	6.8～8.0	红	黄	7.4	0.1%的60%乙醇溶液
酚酞	8.0～10	无	红	9.1	0.1%的90%乙醇溶液
百里酚蓝 （第二次变色）	8.0～9.6	黄	蓝	1.6	0.1%的20%乙醇溶液
百里酚酞	9.4～10.6	无	蓝色	10.0	0.1%的90%乙醇溶液

4.5.1.3　使用酸碱指示剂的注意事项

（1）温度的影响

温度会影响酸碱指示剂的 K_{HIn}，从而影响指示剂的变色范围。因此，在滴定时应注意选择合适的滴定温度。

（2）滴定顺序的影响

在具体选择指示剂时，由于肉眼对不同颜色的敏感程度不同，因而还应注意滴定过程中滴定顺序对指示剂变色的影响。如酚酞由酸式色变为碱式色，即由无色变为红色，颜色变化明显，容易观察；反之，由红色变为无色，颜色变化不明显，往往容易滴定过量。因此，NaOH 溶液滴定 HCl 溶液时，选用酚酞作指示剂较选用甲基橙更好；HCl 溶液滴定 NaOH 溶液时，选用甲基橙或甲基红更合适。

（3）指示剂用量的影响

指示剂用量不宜过多，也不能过少。用量过多，会使双色指示剂（如甲基橙等）的颜色变化不明显，且由于指示剂本身就是弱酸或弱碱，其本身会消耗标准溶液，因此会带来一定的滴定误差；用量过少，颜色太浅，不易观察溶液的变色情况。使用时参照表 4-5。

4.5.1.4　混合指示剂

在酸碱滴定中，有时需要将滴定终点限制在很窄的 pH 值范围内，或使终点颜色变化敏锐，这时可采用混合指示剂。混合指示剂有两种：

①由两种或两种以上的酸碱指示剂混合而成，利用颜色之间的互补作用，使变色更加敏锐。如甲酚红(pH 7.2～8.8，黄～紫)和百里酚蓝(pH 8.0～9.6，黄～蓝)按 1∶3 混合，所得混合指示剂变色范围变窄，为 pH 8.2～8.4，颜色变化由黄～蓝。

②由某种指示剂和一种惰性染料(如甲基蓝，靛蓝二磺酸钠等)组成，后者的颜色不随 pH 值变化，只起着背景的作用。当溶液的 pH 值达到某个数值，指示剂的颜色与染料的颜色互补，颜色发生突变，使混合指示剂变色敏锐。常用的混合指示剂见表 4-6 所列。

表 4-6　常用混合指示剂

指示剂的组成	变色点 pH	酸式色	碱式色	备注
1 份 0.1% 甲基黄乙醇溶液 1 份 0.1% 亚甲基蓝乙醇溶液	3.25	蓝紫	绿	pH＝3.2 蓝紫色 pH＝3.4 绿色
1 份 0.1% 甲基橙水溶液 1 份 0.25% 靛蓝二磺酸钠水溶液	4.1	紫	黄绿	pH＝4.1 灰色
3 份 0.1% 溴甲酚绿乙醇溶液 1 份 0.2% 甲基红乙醇溶液	5.1	酒红	绿	pH＝5.1 灰色
1 份 0.1% 溴甲酚绿钠盐水溶液 1 份 0.1% 氯酚红钠盐水溶液	6.1	黄绿	蓝紫	pH＝5.8 蓝色 pH＝6.2 蓝紫色
1 份 0.1% 中性红乙醇溶液 1 份 0.1% 亚甲基蓝乙醇溶液	7	蓝紫	绿	pH＝7.0 蓝紫色
1 份 0.1% 甲酚红钠盐水溶液 3 份 0.1% 百里酚蓝钠盐水溶液	8.3	黄	紫	pH＝8.2 粉色 pH＝8.4 紫色
1 份 0.1% 酚酞乙醇溶液 2 份 0.1% 甲基氯乙醇溶液	8.9	绿	紫	pH＝8.8 浅蓝色 pH＝9.0 紫色
1 份 0.1% 酚酞乙醇溶液 1 份 0.1% 百里酚乙醇溶液	9.9	无	紫	pH＝9.6 玫瑰红 pH＝10.0 紫色

4.5.2　酸碱滴定曲线和指示剂的选择

酸碱滴定过程中，随着滴定剂不断地加入被滴定溶液中，溶液的 pH 值不断地变化。根据滴定过程中随着滴定剂的加入量，溶液 pH 值的变化情况而绘制的曲线称为滴定曲线。根据滴定曲线，特别是化学计量点前后的 pH 值的变化情况，选择合适的指示剂，准确地指示滴定终点。否则，将会引起较大的滴定误差。

4.5.2.1 强酸、强碱之间的滴定

这一类滴定包括用强碱滴定强酸和用强酸滴定强碱，其滴定的基本反应为：

$$H^+ + OH^- \rightleftharpoons H_2O$$

现以 $0.1000\ mol \cdot L^{-1}$ NaOH 溶液滴定 20 mL $0.1000\ mol \cdot L^{-1}$ HCl 为例，讨论强碱滴定强酸的情况。整个滴定过程可分为 4 个阶段，各个不同滴定阶段的 pH 值计算如下：

（1）滴定开始前

此时，溶液的 c_{H^+} 等于强酸 HCl 溶液的原始浓度：

$$c_{H^+} = 0.1000\ mol \cdot L^{-1} \qquad pH = 1.00$$

（2）滴定开始至化学计量点前

在此阶段，溶液的 pH 值由剩余的 HCl 的量决定。

$$c_{H^+} = \frac{c_{HCl} \times V_{HCl} - c_{NaOH} \times V_{NaOH}}{V_{HCl} + V_{NaOH}}$$

如加入 NaOH 溶液 18.00 mL，则：

$$c_{H^+} = \frac{0.1000\ mol \cdot L^{-1} \times 0.020\ 00\ L - 0.1000\ mol \cdot L^{-1} \times 0.018\ 00\ L}{0.020\ 00\ L + 0.018\ 00\ L}$$

$$= 5.0 \times 10^{-3}\ mol \cdot L^{-1}$$

$$pH = 2.28$$

（3）化学计量点时

当滴定反应进行到化学计量点时，已加入的 NaOH 溶液的量为 20.00 mL，此时的 HCl 恰好和 NaOH 完全中和，溶液呈中性，因此：

$$c_{H^+} = c_{OH^-} = 1.00 \times 10^{-7}\ (mol \cdot L^{-1})$$

$$pH = 7.00$$

（4）化学计量点后

在此阶段，由于 NaOH 溶液过量，溶液呈碱性，溶液的 pH 值根据过量的 NaOH 来计算，即：

$$c_{OH^-} = \frac{c_{NaOH} \cdot V_{NaOH} - c_{HCl} \cdot V_{HCl}}{V_{HCl} + V_{NaOH}}$$

如加入的 NaOH 溶液的体积为 20.02 mL，则

$$c_{OH^-} = \frac{0.1000\ mol \cdot L^{-1} \times 0.020\ 02\ L - 0.1000\ mol \cdot L^{-1} \times 0.020\ 00\ L}{0.020\ 02\ L + 0.020\ 00\ L}$$

$$= 5.0 \times 10^{-5}\ mol \cdot L^{-1}$$

用类似的方法可逐一计算滴定过程中滴定溶液的 pH 值，计算结果列于表 4-7。以滴定剂 NaOH 溶液的加入量或滴定分数为横坐标，以其相对应的 pH 值为纵坐标作图，则得到如图 4-1 所示的强碱滴定强酸的滴定曲线。

表 4-7 $0.1000 \text{ mol} \cdot \text{L}^{-1}$ NaOH 滴定 20.00 mL $0.1000 \text{ mol} \cdot \text{L}^{-1}$ HCl

加入 NaOH /mL	HCl 被滴定的 体积百分数 /%	剩余 HCl /mL	过量 NaOH /mL	溶液中的 c_{H^+} /(mol·L^{-1})	溶液的 pH 值
0.00	0.00	20.00		1.00×10^{-1}	1.00
10.00	50.00	10.00		3.33×10^{-2}	1.48
18.00	90.00	2.00		5.26×10^{-4}	2.28
19.80	99.00	0.20		5.02×10^{-4}	3.30
19.98	99.90	0.02		5.00×10^{-5}	4.30
20.00	100.0	0.00		1.00×10^{-7}	7.00
20.02	100.1		0.02	2.00×10^{-11}	9.70
20.20	100.2		0.20	2.00×10^{-12}	10.70
22.00	110.0		2.00	2.10×10^{-12}	11.70
40.00	200.0		20.00	5.00×10^{-13}	12.50

（突跃范围：pH 4.30～7.00）

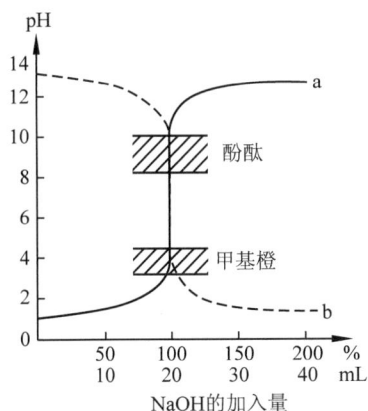

图 4-1 $0.1000 \text{ mol} \cdot \text{L}^{-1}$ NaOH 溶液滴定 20.00 mL 0.1000 mol·L^{-1} HCl 溶液的滴定曲线

从表 4-7 和图 4-1 中曲线 a 可看出，滴定开始时溶液中存在着较多的 HCl，加入的 NaOH 对溶液的 pH 值改变不大，当 NaOH 溶液滴定至 19.98 mL 时，距化学计量点只差 0.1%（0.02 mL，约半滴），pH 值只改变了 2.3 个单位，曲线比较平坦，再继续滴入 1 滴 NaOH 溶液（大约 0.04 mL），即中和剩余的半滴 HCl 后，仅过量 0.02 mL NaOH（误差为 0.1%），而溶液的 pH 值从 4.3 急剧升高到 9.7。在滴定曲线上出现了一段近似垂直于横坐标的直线段。此线段在分析化学上称为滴定突跃。并将滴定误差在 ±0.1% 的范围内，溶液 pH 的变化区间称为滴定突跃范围。突跃过后，再继续滴入 NaOH 溶液，曲线又趋于平坦。

根据滴定曲线，选择在突跃范围内颜色变化明显的指示剂指示滴定终点。最理想的指示剂应该恰好在化学计量点变色。在上述滴定中，突跃范围为 pH 4.3～9.7。在此范围变色的指示剂如酚酞（滴至浅红色）、甲基红（滴至橙色）、甲基橙（滴定至恰好变黄色）等均可选择，且误差控制在 ±0.1% 的范围内。

以上讨论的是 $0.1000 \text{ mol} \cdot \text{L}^{-1}$ NaOH 溶液滴定 $0.1000 \text{ mol} \cdot \text{L}^{-1}$ HCl 溶液的情况。同理，$0.1000 \text{ mol} \cdot \text{L}^{-1}$ HCl 溶液滴定 $0.1000 \text{ mol} \cdot \text{L}^{-1}$ NaOH 溶液，滴定曲线如图 4-1 中曲线 b 所示，pH 值变化方向相反，突跃范围 pH 9.7～4.3。此时，选用甲基红最为合适，溶液颜色由黄色变为橙色即为终点。理论上也可选酚酞，溶液颜色由红色变为无色，但人眼观察往往有"滞后"现象，易产生较大的误差，故习惯上不选；如果选择甲基橙，当溶液由黄色变为橙色的时候，溶液的 pH 值很难保持在 4.3 以上，误差会很大，应根据实际要求选择使用。

当然，强酸、强碱的浓度不同，虽然化学计量点的 pH 值仍为 7，但是突跃范围会随之改变。浓度越浓，滴定的突跃范围也越大，指示剂的选择余地也就越大；反之，指示剂的选择就会有所限制，如图 4-2 所示。

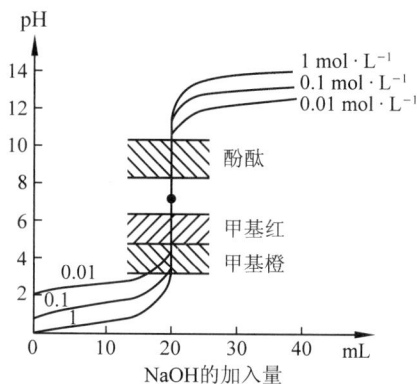

图 4-2　不同浓度的强碱滴定强酸的滴定曲线

4.5.2.2　强碱(酸)滴定弱酸(碱)

（1）强碱滴定一元弱酸

此类滴定的基本反应为：

$$HA+OH^- \rightleftharpoons H_2O+A^-$$

现以 $0.1000\ mol \cdot L^{-1}$ NaOH 溶液滴定 20 mL $0.1000\ mol \cdot L^{-1}$ HAc 为例，讨论强碱滴定一元弱酸的过程中溶液 pH 值的变化及滴定曲线的形状。整个滴定过程分为 4 个阶段，各个不同滴定阶段的 pH 值计算如下：

①滴定开始前。此时溶液是 $0.1000\ mol \cdot L^{-1}$ HAc 溶液，c_{H^+} 按照一元弱酸溶液的最简式进行计算。

$$c_{H^+}=\sqrt{c \cdot K_a}=\sqrt{0.1000 \times 1.76 \times 10^{-5}}=1.34 \times 10^{-3}(mol \cdot L^{-1})$$

$$pH=2.87$$

②滴定开始至化学计量点前。这个阶段是未反应的弱酸 HAc 及反应产物 Ac^- 组成的缓冲溶液。若加入的 NaOH 为 19.98 mL，则溶液的 pH 值为：

$$pH=pK_a+lg\frac{c_{Ac^-}}{c_{HAc}}=4.75+lg\frac{0.1000 \times 0.001\ 998}{0.1000 \times 0.020\ 00-0.1000 \times 0.019\ 98}=7.75$$

③化学计量点时。此时 HAc 被完全中和成 NaAc，溶液为一元弱碱体系，按一元弱碱溶液的最简公式进行计算。

$$c_{OH^-}=\sqrt{c \cdot K_b}=\sqrt{c \cdot \frac{K_w}{K_a}}=\sqrt{\frac{0.1000}{2} \times \frac{10^{-14}}{1.76 \times 10^{-5}}}=7.54 \times 10^{-6}(mol \cdot L^{-1})$$

$$pOH=5.28 \qquad pH=8.72$$

④化学计量点后。此阶段，NaOH 溶液已过量，溶液的 pH 值根据过量的 NaOH 来计算。如滴入 20.02 mL NaOH 溶液，则：

$$c_{OH^-}=\frac{0.1000 \times 0.020\ 02-0.1000 \times 0.020\ 00}{0.020\ 00+0.020\ 02}=5.0 \times 10^{-5}(mol \cdot L^{-1})$$

$$pOH=4.30 \qquad pH=9.70$$

用类似方法可逐一计算滴定过程中被滴定溶液的 pH 值。部分计算结果列于表 4-8 中。根据数据绘制的滴定曲线如图 4-3 所示。

表 4-8　0.1000 mol · L^{-1} NaOH 滴定 20.00 mL 0.1000 mol · L^{-1} HAc

加入 NaOH /mL	HAc 被滴定的体积 百分数/%	剩余 HAc /mL	过量 NaOH /mL	溶液的 pH 值
0.00	0.00	20.00		2.87
10.00	50.00	10.00		4.75
18.00	90.00	2.00		5.70
19.80	99.00	0.20		6.74
19.98	99.90	0.02		7.75 ⎫
20.00	100.0	0.00		8.72 ⎬ 突跃范围
20.02	100.1		0.02	9.70 ⎭
20.20	100.2		0.20	10.70
22.00	110.0		2.00	11.70
40.00	200.0		20.00	12.50

由以上计算结果和滴定曲线可得，NaOH 的加入量相差仅 0.04 mL（约 1 滴）时，溶液的 pH 值从 7.75 突然升高到 9.70，即其滴定突跃范围 pH 7.75～9.70，只能选用在碱性区域变色的指示剂（如酚酞、百里酚蓝等），不能使用甲基橙、甲基红等在酸性区域变色的指示剂。

强碱滴定不同强度的一元弱酸时，滴定突跃范围的大小不仅与溶液的浓度有关，而且与弱酸的解离常数 K_a 有关。一般情况下，当 K_a 一定时，酸的浓度越大，pH 的突跃范围也越大；当酸的浓度一定时，酸越强，即 K_a 越大，pH 的突跃范围也越大。图 4-4 表示的是 0.1000 mol · L^{-1} NaOH 溶液滴定 0.1000 mol · L^{-1} 各种强度一元弱酸的滴定曲线，该图清楚地表明了 K_a 对滴定突跃范围的影响。

从图 4-4 可以看出，如果弱酸的 K_a 太小，或酸的浓度太低时，滴定的突跃范围会很小，当小到一定程度后就无法进行准确滴定了。只有当 $c \cdot K_a \geqslant 10^{-8}$ 时，此滴定才有较明显的突跃（0.3 个 pH 单位以上），如果能选择到在此突跃范围内变色的指示剂，就可以使终点误差在 ±0.2% 以内。因此，通常把 $c \cdot K_a \geqslant 10^{-8}$ 作为一元弱酸能否被直接

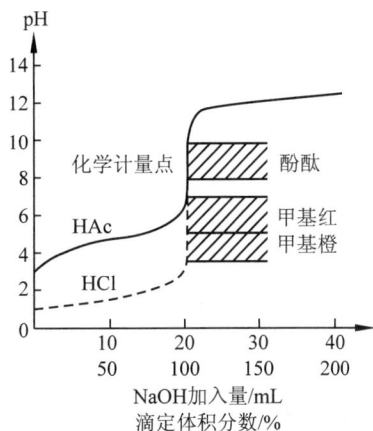

图 4-3　0.1000 mol · L^{-1} NaOH 溶液滴定 20 mL 0.1000 mol · L^{-1} HAc 溶液

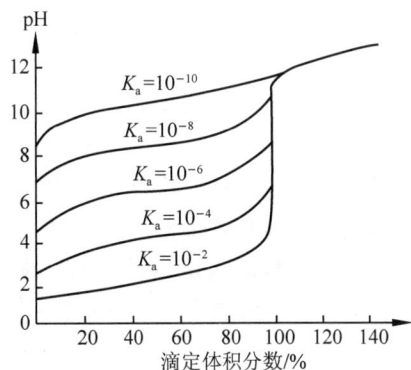

图 4-4　0.1000 mol · L^{-1} NaOH 溶液滴定 0.1000 mol · L^{-1} 各种强度一元弱酸的滴定曲线

准确滴定的条件。

（2）强酸滴定一元弱碱

与一元弱酸的滴定相似，对一元弱碱的滴定，只有 $c \cdot K_b \geqslant 10^{-8}$ 时，才会有较大的滴定突跃，才能保证终点误差在 $\pm 0.2\%$ 以内。故 $c \cdot K_b \geqslant 10^{-8}$ 就是一元弱碱能否被准确直接滴定的条件。必须指出，弱酸和弱碱之间不能滴定，因无明显的 pH 值突跃，无法用一般的指示剂确定滴定终点。故在酸碱滴定中，一般以强碱和强酸作为滴定剂。对于 $c \cdot K_a < 10^{-8}$ 的弱酸或 $c \cdot K_b < 10^{-8}$ 的弱碱，可采用其他方法进行测定，如使用仪器检测终点、利用适当的化学反应使弱酸或弱碱强化、在非水介质中滴定等。

图 4-5 是用 0.1000 mol·L^{-1} HCl 溶液滴定 0.1000 mol·L^{-1}NH$_3$ 溶液的滴定曲线。由图 4-5 可见，该滴定体系中化学计量点的 pH 值及突跃范围均比强酸滴定强碱的小，且都在酸性区域。因此，对于这类滴定应选择在酸性范围内变色的指示剂，如甲基红、甲基橙等。

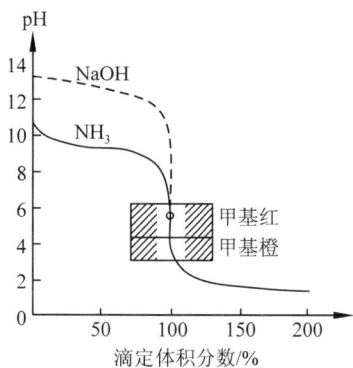

图 4-5　0.1000 mol·L^{-1} HCl 溶液滴定 0.1000 mol·L^{-1}NH$_3$ 溶液的滴定曲线

4.5.2.3　多元弱酸、弱碱的滴定

多元弱酸在水溶液中是分步解离的，对多元弱酸的滴定，有下面几个问题需要解决：多元弱酸的各级质子能否都被准确滴定？各级质子能否分别被准确地进行分步滴定？应选择什么指示剂？

多元酸（碱）的滴定过程一般较为复杂，滴定的突跃相对较小，相对允许误差也较大，滴定曲线也多由仪器测定。已经证明多元弱酸能否被准确滴定取决于其浓度 c 和各级 K_a 的大小，而能否分步滴定取决于各相邻两级 K_a 的比值大小。例如，对二元弱酸 H_2A：

①若 $c \cdot K_{a_1} \geqslant 10^{-8}$，$c \cdot K_{a_2} \geqslant 10^{-8}$，$K_{a_1}/K_{a_2} \geqslant 10^4$，则两级解离的 H^+ 不仅可被直接滴定，而且可以分步滴定。

②若 $c \cdot K_{a_1} \geqslant 10^{-8}$，$c \cdot K_{a_2} \geqslant 10^{-8}$，$K_{a_1}/K_{a_2} < 10^4$，则两级解离的 H^+ 均可被直接滴定，但不能分步滴定，一次性滴定到第二化学计量点。

③若 $c \cdot K_{a_1} \geqslant 10^{-8}$，$c \cdot K_{a_2} < 10^{-8}$，$K_{a_1}/K_{a_2} \geqslant 10^4$，则只有第一级解离的 H^+ 能被准确滴定，形成一个突跃，而第二级解离的 H^+ 不能被准确滴定，但它不影响第一级解离 H^+ 的准确滴定。

其他多元酸的滴定以此类推。多元弱碱的滴定，情况与多元弱酸的滴定完全相似，只需将 K_a 换成 K_b，然后进行判断。

4-6　用 0.10 mol·L^{-1} HCl 溶液能否准确滴定 0.10 mol·L^{-1}NaCN 溶液？若能，请计算化学计量点的 pH 值，并选择合适的指示剂（终点误差要求在 $\pm 0.1\%$）

4.6 酸碱滴定法的应用

4.6.1 酸碱标准溶液的配制与标定

在酸碱滴定法中，常用的酸标准溶液是盐酸，有时也用硫酸。常用的碱标准溶液是氢氧化钠，有时也用氢氧化钾或氢氧化钡。酸碱标准溶液的浓度常为 0.1 mol/L，有时根据需要也配制成 1 mol/L 或 0.01 mol/L。若浓度太高，则消耗试剂太多，会造成浪费；若浓度太低，则不易得到准确的结果。

4.6.1.1 酸标准溶液

硫酸虽然稳定性较好，但它的第二级解离常数较小，因此只在需要较浓的溶液或分析过程中需要加热时才会使用。盐酸因其价格低廉、易于得到，酸性强且性质稳定等诸多优点用得较为广泛。但市售盐酸中的 HCl 易挥发，通常浓度不确定，因此需用间接法配制，即先将浓盐酸配制成近似所需的浓度，然后用基准物质进行标定。标定时，常用的基准物质有无水碳酸钠和硼砂两种。

（1）无水碳酸钠（Na_2CO_3）

Na_2CO_3 容易获得纯品，价格便宜。用无水 Na_2CO_3 基准物质标定 HCl 溶液容易得到准确的结果。但是 Na_2CO_3 具有较强的吸湿性，使用前必须在 $270 \sim 300℃$ 高温炉中灼烧至恒重，然后密封于瓶中，保存于干燥器中备用。另外，称量速度要快，以免因吸潮而引入误差。

Na_2CO_3 标定 HCl 的反应式为：

$$2HCl + Na_2CO_3 \Longrightarrow 2NaCl + H_2O + CO_2 \uparrow$$

从强酸滴定多元弱碱中可知，当滴定 Na_2CO_3 到第一化学计量点时，溶液的 pH$\approx$8.3，可选用酚酞作指示剂，但终点颜色判断较为困难，当滴定到第二化学计量点时，溶液的 pH$\approx$3.9，可选用甲基橙作指示剂，但由于此时易形成 CO_2 的过饱和溶液，致使溶液酸度略有增高，终点提前到达，加之指示剂变色不够明显，致使终点误差较大。因此，滴定时应注意在终点附近剧烈摇动溶液。

用 Na_2CO_3 作为基准物质的缺点是 Na_2CO_3 易吸潮，摩尔质量较小，称量误差较大，终点指示剂变色不敏锐。

（2）硼砂（$Na_2B_4O_7 \cdot 10H_2O$）

硼砂具有摩尔质量大，不易吸潮，称量误差小，容易制得纯品等诸多优点，但当空气中相对湿度小于 39% 时易风化而失去部分结晶水。因此，应将其保存在相对湿度为 60%（糖和食盐的饱和溶液）的恒湿器中。

硼砂水溶液实际上是同等浓度的 H_3BO_3 和 $H_2BO_3^-$ 混合而成的，其标定 HCl 的反应式为：

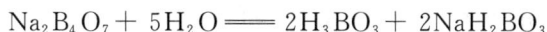
$$Na_2B_4O_7 + 5H_2O \Longrightarrow 2H_3BO_3 + 2NaH_2BO_3$$

$$2NaH_2BO_3 + 2HCl \Longrightarrow 2H_3BO_3 + 2NaCl$$

总反应式为：

$$Na_2B_4O_7 + 2HCl + 5H_2O \Longrightarrow 4H_3BO_3 + 2NaCl$$

由于反应产物为弱酸 H_3BO_3（$K_a = 7.3 \times 10^{-10}$），化学计量点时溶液呈弱酸性，指示剂常选用甲基红，溶液由黄色变为橙色即为终点。

4.6.1.2　碱标准溶液

NaOH 固体易吸潮、易吸收空气中的 CO_2 和水分，生成杂质 Na_2CO_3，且含有少量的硫酸盐、氯化物等，因此需采用间接法配制，即先将 NaOH 配成近似所需浓度的溶液，然后用基准物质进行标定。用来标定 NaOH 溶液的基准物质有多种，常见的有邻苯二甲酸氢钾和草酸。

（1）邻苯二甲酸氢钾（$KHC_8H_4O_4$，简写为 KHP）

邻苯二甲酸氢钾容易制得纯品，不含结晶水，不易吸收空气中的水分，易保存，易溶于水，且摩尔质量大，因此它是标定 NaOH 最理想的基准物质。滴定反应为：

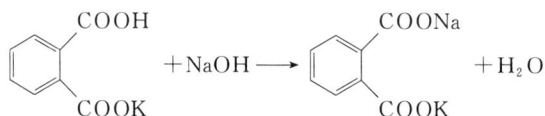

由于反应产物邻苯二甲酸钾钠呈弱碱性，因此标定溶液时用酚酞作为指示剂。到达滴定终点时，溶液颜色由无色变为微红色。

（2）草酸（$H_2C_2O_4 \cdot 2H_2O$）

草酸为二元弱酸，稳定性高，相对湿度在 $50\% \sim 95\%$ 时不风化也不吸水，常保存于密闭容器中。

由于草酸的 K_1、K_2 相差不够大，草酸只能被一次滴定到 $C_2O_4^{2-}$。滴定反应为：

$$2NaOH + H_2C_2O_4 \Longrightarrow Na_2C_2O_4 + 2H_2O$$

化学计量点时，生成物 $Na_2C_2O_4$ 溶液呈弱碱性，因此常用酚酞作为指示剂。到达滴定终点时，溶液颜色由无色变为微红色。

由于草酸的摩尔质量不太大，且与 NaOH 反应按 $1:2$ 的物质的量进行，因此，为了减小误差，在称取草酸时，可多称一些草酸配成标准溶液，然后移取部分溶液来进行 NaOH 的标定。

4.6.2　混合碱的测定

混合碱通常是指 NaOH 和 Na_2CO_3 或 Na_2CO_3 和 $NaHCO_3$ 的混合物。

4.6.2.1　烧碱中 NaOH 和 Na_2CO_3 的测定

烧碱（NaOH）中常常含有杂质 Na_2CO_3，其分析方法有两种：双指示剂法和氯化钡法。其中双指示剂法简便、快捷，被广泛用于生产实际中。

（1）双指示剂法

准确称取一定量的试样溶解，先以酚酞作指示剂，用 HCl 标准溶液进行滴定，溶液颜色由红色变为微红色为止，消耗的 HCl 的体积为 V_1 mL，此时溶液中的 NaOH 全部被中和，而 Na_2CO_3 只被滴定到 $NaHCO_3$。再以甲基橙为指示剂，继续用 HCl 标准溶液进行滴定，溶液由黄色变为橙色即可，记下所消耗的 HCl 的体积 V_2 mL，这是滴定 $NaHCO_3$ 所消耗的体积。由化学方程式可知，Na_2CO_3 滴定到 $NaHCO_3$ 以及 $NaHCO_3$ 滴定到 H_2CO_3 所消耗的 HCl 标准溶液的体积是相等的，则：

$$w_{NaOH} = \frac{c_{HCl} \cdot (V_1 - V_2) \cdot M_{NaOH} \times 10^{-3}}{m_0} \times 100\%$$

$$w_{Na_2CO_3} = \frac{c_{HCl} \cdot V_2 \cdot M_{Na_2CO_3} \times 10^{-3}}{m_0} \times 100\%$$

式中，m_0 为试样的质量。

（2）氯化钡法

准确称量试样，溶解后稀释至一定体积，准确吸取等体积试液两份，分别做如下测定：

第一份试液以甲基橙作指示剂，用 HCl 标准溶液滴定至甲基橙由黄色变为橙色，消耗的 HCl 溶液的体积为 V_1 mL，这时 NaOH 和 Na_2CO_3 全部被中和，且 Na_2CO_3 被中和至 H_2CO_3。第二份试液中先加入 $BaCl_2$，使 Na_2CO_3 生成 $BaCO_3$ 沉淀，在沉淀存在的情况下，加入酚酞指示剂，用 HCl 标准溶液滴定，溶液颜色由无色变为淡红色为止。消耗 HCl 的体积为 V_2 mL，显然 V_2 仅为 NaOH 所消耗的。即：

$$w_{NaOH} = \frac{c_{HCl} \cdot V_2 \cdot M_{NaOH} \times 10^{-3}}{m_0} \times 100\%$$

$$w_{Na_2CO_3} = \frac{c_{HCl} \cdot (V_1 - V_2) \cdot M_{Na_2CO_3} \times 10^{-3}}{2m_0} \times 100\%$$

4.6.2.2　纯碱中 Na_2CO_3 和 $NaHCO_3$ 的测定

纯碱（Na_2CO_3）由 $NaHCO_3$ 转化而成，其分析测定方法也有双指示剂法和氯化钡法两种。分析过程也与烧碱中 NaOH 和 Na_2CO_3 的测定相似。

在双指示剂法中，先以酚酞作指示剂，滴定至淡红色时，消耗的 HCl 的体积 V_1 mL，此时溶液中的 Na_2CO_3 被滴定到 $NaHCO_3$，再以甲基橙为指示剂，溶液由黄色变为橙色时，消耗 HCl 的体积为 V_2 mL，此时 $NaHCO_3$ 被滴定至 H_2CO_3。各物质的含量计算公式为：

$$w_{Na_2CO_3} = \frac{c_{HCl} \cdot V_1 \cdot M_{Na_2CO_3} \times 10^{-3}}{m_0} \times 100\%$$

$$w_{NaHCO_3} = \frac{c_{HCl} \cdot (V_2 - V_1) \cdot M_{NaHCO_3} \times 10^{-3}}{m_0} \times 100\%$$

双指示剂法不仅用于混合碱的定量分析，还可用于未知碱样的定性和定量分析。

4.6.3　铵盐中氮含量的测定

肥料、土壤、食品、动物及植物等样品常常需要测定其中氮的含量，一般是将试样加以适当的处理，使各种含氮化合物都转化为氨态氮，然后进行测定。常用的凯氏定氮法，就是将试样在 $CuSO_4$ 催化下，用浓 H_2SO_4 消煮（消化）分解，使各种含氮化合物都转化为 K_a 极小的 NH_4^+，虽不能直接滴定，但可用以下两种方法进行间接测定：

（1）蒸馏法

将处理好的含有 NH_4^+ 的铵盐试样溶液置于蒸馏瓶中，加过量的浓 NaOH 溶液使 NH_4^+ 转化为 NH_3，加热蒸馏出的 NH_3 用已知浓度的过量的 HCl 标准溶液吸收，生成 NH_4Cl。蒸馏完毕后，再用 NaOH 标准溶液回滴过量的 HCl。在化学计量点时，溶液的 pH 值由 NH_4Cl 决定，约为 5.1，故采用甲基红作指示剂，终点颜色由红色变为橙色。计算式为：

$$w_N = \frac{(c_{HCl} \cdot V_{HCl} - c_{NaOH} \cdot V_{NaOH}) \cdot M_N}{m_0} \times 100\%$$

（2）甲醛法

甲醛与铵盐作用，定量生成强酸和一元弱酸质子化的六次甲基四铵。其反应为：

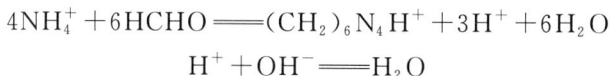

$$4NH_4^+ + 6HCHO = (CH_2)_6N_4H^+ + 3H^+ + 6H_2O$$
$$H^+ + OH^- = H_2O$$

由于 $(CH_2)_6N_4H^+$ 的酸性较强，因此，可以酚酞作指示剂，用 NaOH 标准溶液直接滴定。计算式为：

$$w_N = \frac{c_{NaOH} \cdot V_{NaOH} \cdot M_N}{m_0} \times 100\%$$

甲醛试剂中常含有甲酸，使用前应用 NaOH 标准溶液中和除去。另外，甲醛法只适用于测定 NH_4Cl、$(NH_4)_2SO_4$、NH_4NO_3 等强酸形式的铵盐中的铵氮。对于弱酸形式的铵盐如 NH_4HCO_3、$(NH_4)_2CO_3$ 等，则不能直接测定。

本章小结

1. 电解质溶液

强电解质如强酸、强碱及一些可溶性盐，在水中完全解离；弱电解质如弱酸、弱碱在水中部分解离，存在电离平衡和一定的电离度（a）。

（1）电离平衡和电离平衡常数

一元弱酸：$HA \rightleftharpoons H^+ + A^-$　　　　$K_a = \dfrac{c_{A^-} \cdot c_{H^+}}{c_{HA}}$

一元弱碱：$BOH \rightleftharpoons B^+ + OH^-$　　　　$K_b = \dfrac{c_{B^+} \cdot c_{OH^-}}{c_{BOH}}$

（2）电离度（a）

$$a = \frac{已电离的电解质分子数}{溶液中原有电解质分子数} \times 100\% = \frac{n_{已电离}}{n_{总}} \times 100\% = \frac{c_{已电离}}{c_{总}} \times 100\%$$

(3)平衡常数(K_a、K_b)和电离度(a)的关系

$$a = \sqrt{\frac{K_a}{c}}$$

2. 酸碱质子理论

凡是能给出质子(H^+)的物质为酸，凡是能接受质子(H^+)的物质为碱；能给出多个质子(H^+)的为多元酸，能接受多个质子(H^+)的物质是多元碱；酸碱反应的实质是质子(H^+)从一种物质向另一种物质的转移。

3. 共轭酸碱对 K_a、K_b 的关系

一元弱酸、弱碱的 K_a、K_b 的关系：$K_a \cdot K_b = c_{H^+} \cdot c_{OH^-} = K_w$

二元弱酸、弱碱的 K_a、K_b 的关系：$K_{a_1} \cdot K_{b_2} = K_w$；$K_{a_2} \cdot K_{b_1} = K_w$

4. 酸碱溶液中 pH 值的计算

①强酸、强碱溶液的 pH 值直接根据酸或碱的浓度进行计算。

②一元弱酸、弱碱溶液：

一元弱酸：$c_{H^+} = \sqrt{c \cdot K_a}$ （$c \cdot K_a > 20K_w$，$\frac{c}{K_a} \geqslant 500$）

$$c_{H^+} = \frac{-K_a + \sqrt{K_a^2 + 4K_a c}}{2}$$ （$c \cdot K_a > 20K_w$，$c/K_a < 500$）

一元弱碱：$c_{OH^-} = \sqrt{c \cdot K_b}$ （$c \cdot K_b > 20K_w$，$c/K_b \geqslant 500$）

$$c_{OH^-} = \frac{-K_b + \sqrt{K_b^2 + 4K_b c}}{2}$$ （$c \cdot K_b > 20K_w$，$c/K_b < 500$）

③多元弱酸弱碱：

多元弱酸：$c_{H^+} = \sqrt{c \cdot K_{a_1}}$ （$c/K_{a_1} \geqslant 500$、$c \cdot K_{a_1} > 20K_w$）

多元弱碱：$c_{OH^-} = \sqrt{c \cdot K_{b_1}}$ （$c/K_{b_1} \geqslant 500$、$c \cdot K_{b_1} > 20K_w$）

5. 缓冲溶液

弱酸及其共轭碱 pH 值的计算公式：$pH = pK_a + \lg\frac{c_碱}{c_酸}$

缓冲范围：$pH = pK_a \pm 1$

6. 酸碱指示剂

本身为有机弱酸或弱碱，其理论变色范围为：$pH = pK_{HIn} \pm 1$。实验室常用的指示剂有酚酞（8～10）、甲基橙（3.1～4.4）、甲基红（4.4～6.2）等。

7. 滴定曲线和指示剂的选择

根据滴定过程中溶液 pH 值的变化情况，绘制滴定曲线。根据滴定曲线，特别是化学计量点前后的 pH 值的变化情况，即突跃范围，选择合适的指示剂，准确地指示滴定终点。滴定分析的误差一般要求在 ±0.1% 以内。

(1)强酸、强碱的滴定

此类滴定的化学计量点的 pH=7，理论上在突跃范围内选择在酸性或碱性范围内变色的指示剂均可，但实际上由于人眼的分辨率和指示剂的敏锐程度而有所限制。

强碱滴定强酸：酚酞、甲基橙、甲基红。

强酸滴定强碱：甲基红。

(2)一元强酸(碱)滴定弱碱(酸)

强碱滴定弱酸：此类反应的化学计量点的 pH>7，当弱酸的 $c \cdot K_a \geqslant 10^{-8}$，可被准确滴定。选

用在碱性范围内变色的指示剂(如酚酞等)指示终点。

强酸滴定弱碱：此类反应的化学计量点的 pH<7，当弱碱的 $c \cdot K_b \geqslant 10^{-8}$ 时，可被准确滴定，选用在酸性范围内变色的指示剂(如甲基橙、甲基红等)指示终点。

(3)多元弱酸、弱碱的滴定

多元弱酸：若 $c \cdot K_a \geqslant 10^{-8}$，各级解离的 H^+ 可被直接滴定；若 $K_{a_1}/K_{a_2} \geqslant 10^4$，各级解离的 H^+ 能被分步滴定。

对于多元碱也类似。

【阅读材料】

酸碱指示剂的发现与制备

1. 酸碱指示剂的发现

酸碱指示剂是检验溶液酸碱性的常用化学试剂，像科学上的许多其他发现一样，酸碱指示剂的发现是化学家善于观察、勤于思考、勇于探索的结果。

300 多年前，英国年轻的科学家罗伯特·波义耳在化学实验中偶然捕捉到一种奇特的实验现象。有一天清晨，波义耳正准备到实验室去做试验，一位花木工为他送来一篮非常鲜美的紫罗兰，喜爱鲜花的波义耳随手取下一朵带进了实验室，他把鲜花放在实验桌上便开始了实验，当他从大瓶里倾倒出盐酸时，一股刺鼻的气体从瓶口涌出，倒出的淡黄色液体顿冒白雾，还有少许酸沫飞溅到了鲜花上，他想："真可惜，盐酸弄到鲜花上了。"为洗掉花上的酸沫，他把花放到了水里，一会儿发现紫罗兰颜色变红了。当时波义耳既新奇又兴奋，他认为，可能是盐酸使紫罗兰颜色变成了红色，为进一步验证这一现象，他立即返回住所，把那篮鲜花全部拿到实验室，取了当时已知的几种酸的稀溶液，把紫罗兰花瓣分别放入这些稀酸中，结果现象完全相同，紫罗兰都变成了红色。由此他推断：不仅盐酸，而且其他酸都能使紫罗兰变为红色。他想："以后只要把紫罗兰花瓣放进溶液，看它是否变红色，就可判别这种溶液是不是酸。"偶然的发现，激发了科学家的探求欲望，后来，他又弄来其他花瓣做试验，并制成花瓣的水或乙醇的浸液，用它来检验溶液是不是酸，同时用它来检验一些碱溶液，也产生了一些变色现象。

这位追求真知、永不困倦的科学家，为了获得丰富、准确的第一手资料，他还采集了药草、牵牛花、苔藓、月季花、树皮和各种植物的根……泡出了多种颜色的不同浸液，有些浸液遇酸变色，有些浸液遇碱变色。不过有趣的是，他从石蕊苔藓中提取的紫色浸液，酸能使它变红色，碱能使它变蓝色，这就是最早的石蕊试液，波义耳把它称作指示剂。为使用方便，波义耳用一些浸液把纸浸透、烘干制成纸片，使用时只要将小纸片放入被检测的溶液，纸片就会发生颜色变化，从而显示出溶液是酸性还是碱性。今天，我们使用的石蕊试纸、酚酞试纸、pH 试纸，就是根据波义耳的发现原理研制而成的。

后来，随着科学技术的进步和发展，许多其他的指示剂也相继被另一些科学家所发现。

花瓣中含有一些植物色素，这些色素在酸性或碱性溶液中呈不同的颜色。用花瓣的汁液可以制成酸碱指示剂。

2. 自制指示剂

一些植物的花、果、茎、叶中都含有色素，这些色素在酸性溶液或碱性溶液里会显示不同的颜色，由此可作为酸碱指示剂。制作程序如下：

①收集不同颜色的新鲜花瓣、植物叶子或紫萝卜皮等，各取适量，研碎，加入 5 mL 乙醇，搅拌、浸泡、过滤，得到植物色素提取液。将提取液分别装入小试剂瓶中备用。

②在白色点滴板上的孔穴中分别滴入一些白醋、澄清石灰水、食盐水、蒸馏水等溶液。然后各滴入上述花瓣色素提取液 3 滴，观察颜色的变化，并做记录。

③另取植物叶子、紫萝卜皮的色素提取液重复上述试验。

④选择颜色变化明显的植物色素提取液作为酸碱指示剂，并检验稀盐酸、稀氢氧化钠等酸碱溶液。

习　题

1. NaOH 滴定 HAc 时，应选用的指示剂为（　　）。

　　A. 甲基橙　　　　　B. 酚酞　　　　　　C. 甲基红　　　　　D. 百里酚蓝

2. 对于酸碱指示剂下列说法不恰当的是（　　）。

　　A. 指示剂本身是一种弱酸

　　B. 指示剂本身是一种弱碱

　　C. 指示剂的颜色变化与溶液的 pH 值有关

　　D. 指示剂的变化与其 K_{HIn} 有关

3. 根据酸碱质子理论，指出下列分子或离子中，哪些是酸？哪些是碱？哪些是两性物质？

(1)$H_2PO_4^-$　(2)Ac^-　(3)OH^-　(4)NH_4^+　(5)H_2CO_3

4. 指出下列各种酸、碱所对应的共轭酸、碱。

(1)NH_3　(2)HAc　(3)Cl^-　(4)H_2O

5. 已知下列各种弱酸的 K_a，求它们的共轭碱的 K_b，并比较共轭碱的碱性强弱。

(1)HAc　$K_a=1.76\times10^{-5}$

(2)HCN　$K_a=6.2\times10^{-10}$

(3)$H_2C_2O_4$　$K_{a_1}=5.9\times10^{-2}$　$K_{a_2}=6.4\times10^{-5}$

6. 计算下列各水溶液的 pH 值。

(1)0.1000 mol·L^{-1} HAc 溶液

(2)0.1000 mol·L^{-1} NH_3·H_2O 溶液

(3)0.1000 mol·L^{-1} NH_4Cl 溶液

(4)0.1000 mol·L^{-1} KCN 溶液

7. 计算 10.00 mL 浓度为 0.30 mol·L^{-1} NH_3 与 10 mL 0.10 mol·L^{-1} HCl 溶液混合后溶液的 pH 值。

8. 下列滴定可选用哪些指示剂？（要求误差＜0.1%，滴定液各 20 mL）

(1) 0.2500 mol/L NaOH 滴定 0.2500 mol/L 的 HCl

（2）0.2000 mol/L NaOH 滴定 0.2000 mol/L 的 HAc

（3）0.1000 mol/L HCl 滴定 0.1000 mol/L 的 $NH_3 \cdot H_2O$

（4）0.0100 mol/L HCl 滴定 0.0100 mol/L 的 NaOH

9. 标定盐酸溶液时，以甲基橙为指示剂，用 Na_2CO_3 为基准物，称取 Na_2CO_3 0.6317 g，用去 HCl 溶液 26.50 mL，求该盐酸溶液的物质的量浓度。

10. 标定 NaOH 溶液，称取邻苯二甲酸氢钾基准物 1.271 g，以酚酞为指示剂滴定至终点，用去 NaOH 溶液 30.10 mL，求 NaOH 溶液的物质的量浓度。

11. 粗氨盐 1.0000 g，加入过量 NaOH 溶液并加热，逸出的氨吸收于 0.2500 mol/L H_2SO_4 溶液中，过量的酸用 0.500 mol/L NaOH 回滴，用去 NaOH 溶液 1.56 mL。试计算试样中氨的质量分数。

12. 某一含 Na_2CO_3、$NaHCO_3$ 及惰性杂质的样品 1.20 g，加水溶解，用浓度为 0.50 mol·L^{-1} HCl 溶液滴定至酚酞褪色，消耗 HCl 溶液 15.00 mL，加入甲基橙指示剂，继续用 HCl 溶液滴定至出现橙色，又消耗 HCl 溶液 22.00 mL，求样品中 Na_2CO_3 和 $NaHCO_3$ 的含量。

第 5 章　沉淀溶解平衡和沉淀滴定法

　　电解质在水中的溶解度有大有小，绝对不溶的物质是不存在的。通常把在 298 K 时，溶解度大于 0.01 g/100 g 水的物质叫作易溶物；溶解度小于 0.01 g/100 g 水的物质叫作难溶物（即沉淀物）；介于二者之间的物质称为微溶物。

　　在科学实验和生产实践中，常利用沉淀的生成和溶解来制备一些难溶化合物，进行离子的分离鉴定，除去溶液中的杂质，以及进行定量分析等。沉淀滴定法是以沉淀溶解平衡为基础建立的一种滴定分析方法。

5.1　难溶电解质的溶解平衡

5.1.1　难溶电解质的溶度积

　　在一定温度下，将难溶电解质放入水中时，会发生溶解和沉淀两个相反的过程。例如，难溶电解质 $AgCl$ 是由 Ag^+ 和 Cl^- 组成的晶体，将其放入水中时，晶体中的 Ag^+ 和 Cl^- 在水分子的作用下，离开晶体表面而进入溶液形成水合离子，这个过程称为溶解；同时，已溶解在溶液中的 $Ag^+(aq)$ 和 $Cl^-(aq)$ 在运动过程中相互碰撞而重新结合，又沉积附着于晶体表面，这个过程称为沉淀。在一定的条件下，当溶解和沉淀的速率相等时，溶液中各离子的浓度不会增加，也不会减少，但溶解和沉淀这两个过程并没有停止，即达到一种动态平衡状态。此时的溶液也称为 AgCl 的饱和溶液。这种在难溶性电解质的饱和溶液中建立的溶解与沉淀的平衡称为沉淀溶解平衡。AgCl 的沉淀溶解平衡关系可表示为：

$$AgCl(s) \Longrightarrow Ag^+(aq) + Cl^-(aq)$$

根据平衡常数表达式的基本规则，沉淀溶解平衡时，其平衡常数（K_{sp}）表达式为：

$$K_{sp} = c_{Ag^+} \cdot c_{Cl^-}$$

一定温度下，在难溶性电解质的饱和溶液中，各离子浓度的化学计量数的指数次方的乘积为一常数，称为难溶电解质的溶度积常数，简称溶度积，用 K_{sp} 表示。

对于难溶电解质（A_mB_n），在一定温度下，其饱和溶液中的沉淀溶解平衡为：

$$A_mB_n(s) \Longrightarrow mA^{n+}(aq) + nB^{m-}(aq)$$

$$K_{sp}(A_mB_n) = c_{A^{n+}}^m \cdot c_{B^{m-}}^n$$

K_{SP} 反映了难溶解质的溶解能力和生成沉淀的难易程度。K_{sp} 值越大，表明该物质在水中溶解度越大，生成沉淀的趋势越小。与其他平衡常数一样，其大小只与难溶电解质的本性和温度有关，而与溶液中离子种类及浓度的变化无关。

5.1.2 溶解度和溶度积的关系

难溶电解质的溶解度和溶度积的大小，都可以表示难溶电解质的溶解能力，因此它们之间必然存在一定的计量关系，可以相互换算。换算时注意浓度的单位采用 $mol \cdot L^{-1}$。

【例 5-1】25℃ 时，AgCl 的 $K_{sp} = 1.77 \times 10^{-10}$，$Ag_2CrO_4$ 的 $K_{sp} = 1.12 \times 10^{-12}$，求它们在纯水中的溶解度。

解：设 AgCl 的溶解度为 S $mol \cdot L^{-1}$，则：

$$AgCl(s) \Longrightarrow Ag^+(aq) + Cl^-(aq)$$

平衡浓度（$mol \cdot L^{-1}$）　　　　　S　　　　　S

故　　　　　　　　$K_{sp}(AgCl) = c_{Ag^+} \cdot c_{Cl^-} = S^2$

$$S = \sqrt{K_{sp}(AgCl)} = \sqrt{1.77 \times 10^{-10}} = 1.33 \times 10^{-5} (mol \cdot L^{-1})$$

设 Ag_2CrO_4 的溶解度为 S' $mol \cdot L^{-1}$，则：

$$Ag_2CrO_4 \Longrightarrow 2Ag^+ + CrO_4^{2-}$$

平衡浓度（$mol \cdot L^{-1}$）　　　　　$2S'$　　　　S'

$$K_{sp}(Ag_2CrO_4) = c_{Ag^+}^2 \cdot c_{CrO_4^{2-}} = (2S')^2 \cdot S' = 4S'^3$$

$$S' = \sqrt[3]{\frac{K_{sp}(Ag_2CrO_4)}{4}} = \sqrt[3]{\frac{1.12 \times 10^{-12}}{4}} = 6.54 \times 10^{-5} (mol \cdot L^{-1})$$

计算表明，虽然 AgCl 的溶度积比 Ag_2CrO_4 的大，但 AgCl 的溶解度却比

Ag_2CrO_4 的小。由此可见，溶度积大的难溶电解质，其溶解度不一定大，这与其类型有关。同种类型的难溶电解质，如 AgCl、AgBr、AgI 都属于 AB 型，K_{sp} 越大，其溶解度越大；对于不同类型的难溶电解质，如 AgCl（AB 型）和 Ag_2CrO_4（A_2B 型），其溶解度的大小则须经过计算才能进行比较。

综上所述，对于不同类型的难溶电解质，溶度积（K_{sp}）与溶解度（S）的关系归纳如下：

对于 1∶1 型（如 AgCl、$CaCO_3$ 等）：$K_{sp} = S^2$

对于 1∶2 或 2∶1 型［如 $Mg(OH)_2$、Ag_2CrO_4 等］：$K_{sp} = 2^2 S^3$

对于 1∶3 或 3∶1 型［如 $Fe(OH)_3$、Ag_3PO_4 等］：$K_{sp} = 3^3 S^4$

以此类推，可通过 K_{sp} 和 S 的关系进行难溶电解质的相关计算。

5.1.3 溶度积规则

某难溶电解质溶液中，其离子浓度计量数的指数方次的乘积称为离子积，用 Q_i 表示。在难溶物 $A_m B_n$ 的溶液中，离子积表示为：

$$A_m B_n(s) \Longrightarrow m A^{n+}(aq) + n B^{m-}(aq)$$

$$Q_i = c_{A^{n+}}^m \cdot c_{B^{m-}}^n$$

Q_i 和 K_{sp} 的表达式完全一样，但 Q_i 表示的是任意情况下的有关离子浓度方次的乘积情况，其值不定；而 K_{sp} 仅表示沉淀溶解平衡时有关离子浓度方次的乘积。因此，一定温度下，在任何给定的难溶电解质的溶液中，Q_i 和 K_{sp} 相比较有如下 3 种情况：

①当 $Q_i < K_{sp}$ 时，溶液为不饱和溶液，无沉淀析出，此时若体系中有固体存在，则固体将溶解，直至饱和为止。

②当 $Q_i = K_{sp}$ 时，溶液为饱和溶液，体系处于沉淀溶解平衡状态。

③当 $Q_i > K_{sp}$ 时，溶液为过饱和溶液，有沉淀析出直至饱和。

以上 3 条称为溶度积规则。它是难溶电解质多相离子平衡移动规律的总结。利用溶度积规则可以判断体系是否有沉淀生成或溶解，也可以通过控制有关离子的浓度，使沉淀生成或溶解。

【例 5-2】在 20 mL 0.0020 mol·L^{-1} 的 Na_2SO_4 溶液中加入等体积的 0.020 mol·L^{-1} 的 $BaCl_2$ 溶液，问是否有 $BaSO_4$ 沉淀生成？［已知 $K_{sp}(BaSO_4) = 1.1 \times 10^{-10}$］

解：溶液等体积混合后，浓度减小 1/2。

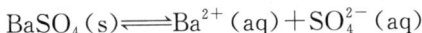

$$BaSO_4(s) \Longrightarrow Ba^{2+}(aq) + SO_4^{2-}(aq)$$

$$c_{Ba^{2+}} = \frac{1}{2} \times 0.020 \ mol \cdot L^{-1} = 1.0 \times 10^{-2} (mol \cdot L^{-1})$$

$$c_{SO_4^{2-}} = \frac{1}{2} \times 0.0020 \ mol \cdot L^{-1} = 1.0 \times 10^{-3} (mol \cdot L^{-1})$$

$$Q_i = c_{Ba^{2+}} \cdot c_{SO_4^{2-}} = 1.0 \times 10^{-3} \times 1.0 \times 10^{-2} = 1.0 \times 10^{-5} > K_{sp}(BaSO_4)$$

故有 $BaSO_4$ 沉淀生成。

5-1　试写出 $Ca_3(PO_4)_2$ 的溶度积表达式。

5-2　根据下列物质的 K_{sp} 数据，通过计算比较其溶解度的大小。

(1)$BaSO_4$　$K_{sp}=1.1 \times 10^{-10}$　(2) $Mg(OH)_2$　$K_{sp}=5.61 \times 10^{-12}$

5.2　溶度积规则的应用

5.2.1　沉淀的生成

根据溶度积规则，如果有关离子浓度方次的乘积大于难溶物的溶度积，即当 $Q_i > K_{sp}$，就有沉淀生成，为达到此要求，可采取以下几种方法：

(1)加入沉淀剂

如在 $AgNO_3$ 溶液中加入适量的 NaCl 溶液，当溶液中的 $c_{Ag^+} \cdot c_{Cl^-} > K_{sp}(AgCl)$ 时，就会产生 AgCl 沉淀，这里的 NaCl 即为沉淀剂。

(2)同离子效应

在难溶电解质的饱和溶液中，加入含有相同离子的强电解质，可使难溶电解质的溶解度降低，这种作用称为同离子效应。

【例5-3】计算在 298 K 时，$BaSO_4(s)$ 在纯水中和在 $0.10\ mol \cdot L^{-1}\ Na_2SO_4$ 溶液中的溶解度。

解：

(1)设 $BaSO_4(s)$ 在纯水中的溶解度为 $S_1\ mol \cdot L^{-1}$，则有：

$$S_1 = c_{Ba^{2+}} = c_{SO_4^{2-}} = \sqrt{K_{sp}(BaSO_4)} = \sqrt{1.1 \times 10^{-10}} = 1.0 \times 10^{-5}\ (mol \cdot L^{-1})$$

(2)设 $BaSO_4(s)$ 在 $0.10\ mol \cdot L^{-1}\ Na_2SO_4$ 溶液中的溶解度为 $S_2\ mol \cdot L^{-1}$，则有：

$$c_{Ba^{2+}} = S_2,\ c_{SO_4^{2-}} = S_2 + 0.10 \approx 0.10$$

$$K_{sp}(BaSO_4) = c_{Ba^{2+}} \cdot c_{SO_4^{2-}} = S_2 \times 0.10 = 1.1 \times 10^{-10}$$

$$S_2 = 1.1 \times 10^{-9}$$

可见，相同离子 SO_4^{2-} 的加入，使 $BaSO_4$ 的溶解度显著下降，利用同离子效应还可以使离子沉淀完全。一般认为，溶液中某离子被沉淀剂消耗至 $1.0 \times 10^{-5}\ mol \cdot L^{-1}$ 时，即为沉淀完全。

【例5-4】向 10.0 mL 的 $0.020\ mol \cdot L^{-1}\ BaCl_2$ 溶液加入 10.0 mL 的 $0.040\ mol \cdot L^{-1}\ Na_2SO_4$ 溶液，可否使 Ba^{2+} 沉淀完全？

解：设平衡时溶液中的 Ba^{2+} 浓度为 $x\ mol \cdot L^{-1}$

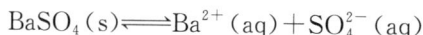

$$BaSO_4(s) \Longrightarrow Ba^{2+}(aq) + SO_4^{2-}(aq)$$

起始浓度($mol \cdot L^{-1}$)	0.010	0.020
平衡浓度($mol \cdot L^{-1}$)	x	$0.02 - (0.01 - x) \approx 0.01$

$$K_{sp}(BaSO_4) = c_{Ba^{2+}} \cdot c_{SO_4^{2-}} = x \times 0.010 = 1.1 \times 10^{-10}$$

$$x = 1.1 \times 10^{-8} < 1.0 \times 10^{-5}$$

故 Ba^{2+} 已沉淀完全。

（3）酸效应

有些沉淀物如 $Mg(OH)_2$、$Zn(OH)_2$ 等的溶解度会因溶液的酸度不同而有所改变，这种因酸度给溶解度带来的影响称为酸效应。

（4）盐效应

沉淀的溶解度还和溶液中电解质多少有关，因加入过多强电解质反而会使难溶电解质的溶解度增大的效应，称为盐效应。因此，沉淀剂并不是越多越能沉淀完全，通常以过量 20％～30％为宜。

5.2.2　分步沉淀

如果在溶液中有两种或两种以上的离子都能与加入的试剂发生沉淀反应，它们将根据溶解度的大小而先后生成沉淀。例如，在含有相同浓度的 Cl^- 和 I^- 的混合溶液中，逐滴加入 $AgNO_3$ 溶液，首先生成的是黄色的 AgI 沉淀，后来才有白色的 $AgCl$ 沉淀。这种在一定条件下，加入一种沉淀剂，不同离子先后沉淀的现象，称为分步沉淀。应用分步沉淀可以使混合的离子得到分离。

假如上述 Cl^- 和 I^- 的浓度均为 $0.010\ mol \cdot L^{-1}$，在此溶液中加入 $AgNO_3$ 溶液，则生成 $AgCl$ 和 AgI 沉淀时所需的 Ag^+ 最低浓度分别为：

$AgCl$ 沉淀所需的 c_{Ag^+} 为：

$$c_{Ag^+} = \frac{K_{sp}}{c_{Cl^-}} = \frac{1.77 \times 10^{-10}}{0.010} = 1.77 \times 10^{-8}\ (mol \cdot L^{-1})$$

AgI 沉淀时所需的 c'_{Ag^+}

$$c'_{Ag^+} = \frac{K_{sp}}{c_{I^-}} = \frac{8.3 \times 10^{-17}}{0.010} = 8.3 \times 10^{-15}\ (mol \cdot L^{-1})$$

从计算看出，沉淀 I^- 所需的 Ag^+ 小得多，加入 $AgNO_3$ 溶液首先达到 AgI 的 K_{sp} 而析出沉淀，然后才会析出 K_{sp} 较大的 $AgCl$ 沉淀。$AgCl$ 开始沉淀时，溶液中剩余的 I^- 的浓度为：

$$c_{I^-} = \frac{K_{sp}}{c_{Ag^+}} = \frac{8.3 \times 10^{-17}}{1.77 \times 10^{-8}} = 4.7 \times 10^{-9}\ (mol \cdot L^{-1}) < 1.0 \times 10^{-5}\ (mol \cdot L^{-1})$$

这说明 $AgCl$ 开始沉淀时，I^- 已沉淀完全，两者能够进行有效分离。

对于同一类型的难溶电解质，溶度积差别越大，利用分步沉淀就可以分离的越完全。需要说明的是，分步沉淀的次序不仅与溶度积有关，而且与被沉淀离子的起始浓度有关。如上例，当溶液中的 $c_{I^-} \ll c_{Cl^-}$（相隔 4 个数量级以上）时，会导致 $AgCl$ 的离子积先到达其溶度积而析出。即在海水中滴加 $AgNO_3$ 溶液时，首先析出的是 $AgCl$ 沉淀。因此，适当地改变被沉淀离子的浓度，可使分步沉淀的次序发生变化，具体情况必须通过计算说明。

5.2.3   沉淀的溶解

根据溶度积规则，沉淀溶解的必要条件是 $Q_i < K_{sp}$，即只要降低难溶电解质饱和溶液中有关离子的浓度，沉淀就可以溶解。对于不同类型的沉淀，可采用不同的方法来降低离子的浓度。常用的方法有以下几种：

（1）生成弱电解质

难溶弱酸常用强碱来溶解，难溶弱酸盐常用强酸来溶解。例如：

$$H_2SiO_3(s) + 2NaOH = Na_2SiO_3 + 2H_2O$$

$$CaCO_3(s) \rightleftharpoons Ca^{2+}(aq) + CO_3^{2-}(aq)$$
$$+$$
$$2H^+$$
$$\downarrow$$
$$H_2CO_3$$

（2）发生氧化还原反应

ZnS、CuS 等 K_{sp} 较大的金属硫化物都能溶于盐酸；而 HgS、CuS 等 K_{sp} 较小的金属硫化物就不能溶于盐酸。在这种情况下，只能通过加入氧化剂，使某一离子发生氧化还原反应而降低其浓度，达到溶解的目的。如：

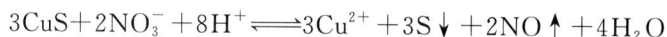

$$3CuS + 2NO_3^- + 8H^+ \rightleftharpoons 3Cu^{2+} + 3S\downarrow + 2NO\uparrow + 4H_2O$$

（3）发生配位反应

在沉淀中加入一种配位剂，使之与沉淀物的离子生成另一种更稳定的配离子，而使沉淀溶解。如：

$$AgCl + 2S_2O_3^{2-} \rightleftharpoons Ag(S_2O_3)_2^{3-} + Cl^-$$

此反应广泛应用于照相技术中。

5.2.4   沉淀的转化

在含有沉淀的溶液中加入适当的试剂而使一种沉淀转化为另一种沉淀的过程称为沉淀的转化。例如，在盛有白色 $PbSO_4$ 的试管中，加入 Na_2S 搅拌后，可观察到白色沉淀变为黑色，反应式为：

$$PbSO_4(白) + S^{2-} \rightleftharpoons PbS(黑) + SO_4^{2-}$$

又如，在含有 $BaCO_3$ 的溶液中加入 K_2CrO_4 溶液后，沉淀有白色转化为黄色，反应式为：

$$BaCO_3(白) + CrO_4^{2-} \rightleftharpoons BaCrO_4(黄) + CO_3^{2-}$$

沉淀的转化在工业和科学研究上均有重要的意义，如工业锅炉的锅垢（主要成分为 $CaCO_3$ 和 $CaSO_4$），它的存在不仅浪费能源，还会引起锅炉受热不均而爆炸。针对这种情况可以通过把 $CaSO_4$ 转化为疏松且易除去的 $CaCO_3$，避免事故发生。反应方程式为：

$$CaSO_4(s) + CO_3^{2-} \rightleftharpoons CaCO_3(s) + SO_4^{2-}$$

此转化过程之所以能实现，是因为 $CaSO_4$ 的 $K_{sp}(1.07×10^{-5})$ 大于 $CaCO_3$ 的 $K_{sp}(4.96×$

10^{-9}），所以沉淀可发生转化。

5-3　若将 0.002 mol $\cdot$ L^{-1} 的 $AgNO_3$ 溶液和 0.005 mol $\cdot$ L^{-1} 的 $NaCl$ 溶液等体积混合，问是否有 $AgCl$ 沉淀生成？

5-4　在含有 Cl^-、Br^-、I^- 3 种离子的混合溶液中，浓度均为 0.01 mol $\cdot$ L^{-1}，若向混合液中滴加 $AgNO_3$ 溶液，它们沉淀的先后顺序是怎样的？

5.3　沉淀滴定法

沉淀滴定法是以沉淀反应为基础的滴定分析方法。沉淀反应很多，但不是所有的沉淀反应都能用于滴定，能用于滴定分析的沉淀反应必须符合以下条件：

①反应要定量进行完全，且反应速率要快。

②生成的沉淀组成恒定且溶解度要小，对于 1∶1 型沉淀，要求 $K_{sp} \leqslant 10^{-10}$。

③有适当的指示剂或其他方法指示滴定终点。

④沉淀的吸附和共沉淀现象不影响滴定终点的确定。

由于上述条件的限制，能同时满足的反应不多，目前常用的是生成难溶性银盐的反应，如：

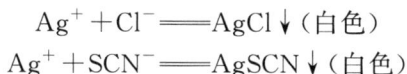

$$Ag^+ + Cl^- = AgCl \downarrow （白色）$$
$$Ag^+ + SCN^- = AgSCN \downarrow （白色）$$

这种利用生成难溶性银盐反应进行沉淀滴定的方法称为银量法，用此法可以测定 Cl^-、Br^-、I^-、SCN^-、Ag^+ 等离子以及一些含卤素的有机化合物。

5.3.1　沉淀滴定法及其指示剂的选择

根据滴定条件和所选用指示剂的不同，银量法可分为莫尔法、佛尔哈德法和法扬司法。

5.3.1.1　莫尔法

(1)方法原理

在含有 Cl^- 或 Br^- 的中性或弱碱性溶液中，以 K_2CrO_4 为指示剂，用 $AgNO_3$ 标准溶液进行直接滴定的方法称为莫尔法。现以 $AgNO_3$ 标准溶液滴定溶液中的 Cl^- 为例，说明莫尔法的基本原理。

莫尔法的理论依据是分步沉淀的原理。由于 $AgCl$ 的溶解度小于 Ag_2CrO_4 的溶解度，当滴加 $AgNO_3$ 溶液时，首先析出 $AgCl$ 沉淀。滴定到化学计量点附近时，溶液中的 Cl^- 已被 Ag^+ 滴定完全，即 $c_{Cl^-} < 1.0 \times 10^{-5}$ mol $\cdot$ L^{-1} 时，过量的 Ag^+ 与 CrO_4^{2-} 形成 Ag_2CrO_4 砖红色沉淀，指示滴定终点。其滴定过程可表示如下：

滴定前　　将 K_2CrO_4 加到含 Cl^- 的待测液中，无变化

滴定中　　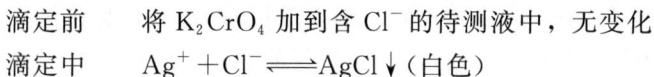 $Ag^+ + Cl^- \rightleftharpoons AgCl \downarrow （白色）$

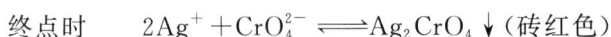

终点时　　　$2Ag^+ + CrO_4^{2-} \Longrightarrow Ag_2CrO_4 \downarrow$（砖红色）

（2）滴定条件

在莫尔法滴定中，最重要的是控制溶液中指示剂的浓度和溶液的酸度。具体注意事项如下：

①K_2CrO_4 的浓度。作为指示剂，K_2CrO_4 的用量对滴定终点的影响很大，过多或过少就会导致 Ag_2CrO_4 沉淀或早或迟地出现，影响终点的正确判断，从而影响滴定结果的准确度。一般情况下（滴定溶液浓度为 $0.1\ mol \cdot L^{-1}$），K_2CrO_4 溶液浓度应控制在 $0.005\ mol \cdot L^{-1}$ 左右为宜（相当于每 $50 \sim 100\ mL$ 溶液中加入 5% 的 K_2CrO_4 溶液 $0.5 \sim 1\ mL$）。

②溶液的酸度。用 $AgNO_3$ 溶液滴定 Cl^- 时，反应需在中性或弱碱性介质（pH$=$ $6.5 \sim 10.5$）中进行。因为在酸性溶液中，不生成 Ag_2CrO_4 沉淀。强碱性或氨性溶液中，滴定剂会被碱分解或与氨生成配合物。

③滴定时要充分摇荡。在化学计量点前，Cl^- 还没滴完，生成的 AgCl 沉淀易吸附 Cl^-，使 Ag_2CrO_4 沉淀过早出现，使操作者误以为是滴定终点。

④消除干扰离子。在滴定条件下，凡能与 Ag^+ 生成沉淀的阴离子（如 PO_4^{3-}、SO_3^{2-}、CO_3^{2-} 等）与 CrO_4^{2-} 生成沉淀的阳离子（如 Ba^{2+}、Pb^{2+} 等）以及易水解的离子、有色金属离子等均不应存在，否则会给滴定结果带来很多的误差，应采用分离或掩蔽等方法将其除去。

（3）适用范围

莫尔法适用于测定 Cl^- 和 Br^-，不适用于滴定 I^- 或 SCN^-，因为 AgI 或 AgSCN 吸附 I^- 或 SCN^- 更为强烈，使终点不明显，误差较大。

由于 Ag^+ 与 CrO_4^{2-} 生成 Ag_2CrO_4 沉淀转化为 AgCl 沉淀的速率很慢，故莫尔法适用于 Ag^+ 溶液滴定 Cl^-，而不能用 Cl^- 滴定 Ag^+。

5.3.1.2　佛尔哈德法

（1）方法原理

佛尔哈德法是在酸性条件下，以铁铵矾 $[NH_4Fe(SO_4)_2 \cdot 12H_2O]$ 为指示剂，用 KSCN 或 NH_4SCN 标准溶液测定 Ag^+ 含量的一种沉淀滴定法。佛尔哈德法按滴定方式又分为直接滴定法和返滴定法。

①直接滴定法。在含有 Ag^+ 的酸性溶液中，以铁铵矾 $[NH_4Fe(SO_4)_2 \cdot 12H_2O]$ 作指示剂，用 NH_4SCN（或 NaSCN）标准溶液进行滴定，产生 AgSCN 白色沉淀。在化学计量点后，稍微过量的 SCN^- 就与 Fe^{3+} 生成红色的 $Fe(SCN)^{2+}$，指示终点。其滴定过程表示如下：

滴定中　　　　　$Ag^+ + SCN^- \Longrightarrow AgSCN \downarrow$（白色）

终点时　　　　　$Fe^{3+} + SCN^- \Longrightarrow FeSCN^{2+}$（红色）

②返滴定法测定卤素离子。在待测溶液中，先加入过量的 $AgNO_3$ 标准溶液，以铁铵矾作指示剂，用 NH_4SCN 标准溶液返滴定。稍过量的 SCN^- 与 Fe^{3+} 生成红色的

配合物，指示滴定终点。滴定过程表示如下：

滴定前　　　　　　　　Ag^+（过量）$+X^- \rightleftharpoons AgX\downarrow$

返滴剩余 $AgNO_3$　　Ag^+（剩余量）$+SCN^- \rightleftharpoons AgSCN\downarrow$（白色）

终点时　　　　　　　　$Fe^{3+}+SCN^- \rightleftharpoons FeSCN^{2+}$（红色）

（2）滴定条件

①溶液的酸度。在中性或碱性介质中，指示剂 Fe^{3+} 会发生水解而沉淀；Ag^+ 会生成 Ag_2O 沉淀或 $Ag(NH_3)_2^+$，所以滴定反应要在 HNO_3 溶液中进行，HNO_3 的浓度以 0.2～0.5 mol·L^{-1} 较为适宜。

②铁铵矾溶液的浓度。铁铵矾浓度一般控制在 0.015 mol·L^{-1}，即在 50 mL HNO_3 溶液（0.2～0.5 mol·L^{-1}）中，加入 1～2 mL 40% 铁铵矾溶液，只需半滴（约 0.02 mL）0.1 mol·L^{-1} NH_4SCN 就可以看到红色。

③滴定过程要充分摇荡。AgSCN 沉淀对 Ag^+ 具有强烈的吸附性，以致在化学计量点前溶液中 Ag^+ 还没滴完时，SCN^- 就与 Fe^{3+} 显色，误认为到了终点。为了减免这种误差，滴定时必须将含 AgSCN 沉淀的悬浊液充分摇荡，使被沉淀吸附的 Ag^+ 释放出来，防止终点过早出现。

④用返滴定法测定 Cl^- 时需加有机溶剂或滤去 AgCl 沉淀。用直接滴定法测定 Ag^+ 时，溶液中只有一种 AgSCN 沉淀，利用摇荡的办法，可以使被沉淀吸附的 Ag^+ 释放出来。但用返滴定法测定 Cl^- 时，则有 AgCl 和 AgSCN 两种沉淀，在化学计量点前，为防止 Ag^+ 被 AgCl 沉淀吸附，需要充分摇荡，但在化学计量点以后，如果再用力摇荡，AgCl 沉淀会转化为溶解度更小的 AgSCN 沉淀，从而使溶液的红色消失，使终点不好判断。加入有机溶剂，可使 AgCl 沉淀进入有机层中而不与 SCN^- 接触。

（3）适用范围

佛尔哈德法除了可测定可溶性无机物外，还可测定一些有机化合物中的卤素含量。

5.3.1.3　法扬司法

（1）方法原理

法扬司法是利用吸附指示剂指示滴定终点的一种银量法。吸附指示剂是一类有机物，它的阴离子在溶液中易吸附于带正电荷的胶状沉淀上，使其结构改变，进而引起指示剂颜色变化。

如 $AgNO_3$ 标准溶液滴定 Cl^- 时，以荧光黄（以 HFIn 表示）作指示剂，化学计量点后，溶液由黄色转变为粉红色，指示滴定终点。在化学计量点以前，AgCl 粒子吸附溶液中剩余的 Cl^- 而带负电荷，荧光黄的阴离子 FIn^-（黄绿色）不被吸附，溶液呈 FIn^- 的黄绿色；化学计量点以后，AgCl 粒子吸附溶液中过量的 Ag^+ 而带正电荷，于是吸附荧光黄的阴离子 FIn^-，指示剂的结构发生改变，溶液颜色也由黄绿色变为粉红色，指示滴定终点。

滴定过程可表示如下：

①终点前。因溶液中尚有未被滴定的 Cl^-，所以沉淀物 AgCl 将优先选择吸附与其自身组成相类似的 Cl^- 而使沉淀微粒带负电荷，因而不吸附 FIn^-。即：

$$(AgCl)_n + Cl^- \rightleftharpoons (AgCl)_n \cdot Cl^-$$

②终点后。溶液中 Cl^- 几乎全部结合生成 $AgCl$ 沉淀，$AgNO_3$ 稍有过量（半滴）。此时，$AgCl$ 将优先选择吸附与其自身组成相似的 Ag^+ 而使沉淀微粒带正电荷。带正电荷的沉淀微粒能够吸附带负电荷的指示剂阴离子 FIn^- 使其颜色发生改变。即：

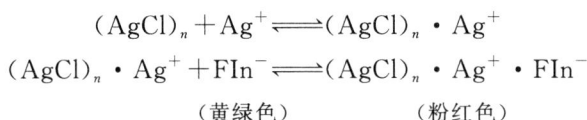

$$(AgCl)_n + Ag^+ \rightleftharpoons (AgCl)_n \cdot Ag^+$$
$$(AgCl)_n \cdot Ag^+ + FIn^- \rightleftharpoons (AgCl)_n \cdot Ag^+ \cdot FIn^-$$

（黄绿色）　　　　　　　（粉红色）

（2）滴定条件

①应加入保护胶。由于吸附指示剂是吸附在沉淀表面而变色，为使终点颜色变化更明显，就应使沉淀具有较大比表面积，因此，滴定时常加入淀粉、糊精等作保护胶，阻止卤化银凝聚，使其保持胶体状态。

②溶液的酸度要适当。应根据吸附指示剂的具体情况，选择在中性、弱碱性或弱酸性溶液中进行滴定。

③滴定时应避免强光照射。因卤化银易感光变灰黑色而影响终点的判断。

④选择吸附力适当的指示剂。沉淀胶体微粒对指示剂的吸附能力应小于对被测离子的吸附能力。沉淀对离子的吸附能力的大小顺序为：

$$I^- > 二甲基二碘荧光黄 > Br^- > 曙红 > Cl^- > 荧光黄$$

故滴定 Cl^- 不能选曙红，滴定 Br^- 不能选二甲基二碘荧光黄。表5-1为常用的几种吸附剂。

表 5-1　常用的几种吸附剂

名称	终点颜色变化	溶液 pH 值范围	被测离子	配制方法
荧光黄	黄绿→粉红	7～10	Cl^-	0.2%乙醇溶液
溴酚蓝	黄绿→蓝	5～6	Cl^-、I^-	0.1%水溶液
二氯荧光黄	黄绿→红	4～10	Cl^-、Br^-、I^-、SCN^-	70%乙醇溶液
曙红	橙黄→红紫	2～10	Br^-、I^-、SCN^-	70%乙醇溶液

5.3.2　沉淀滴定法的应用

在农业生产、食品、饲料、兽药、环保等领域，沉淀滴定法都有一定的应用。

（1）天然水中 Cl^- 含量的测定

天然水中几乎都含有 Cl^-，其含量变化范围很大，河水、湖泊中 Cl^- 含量较低，海水、盐湖及某些地下水中含量则较高。水中 Cl^- 含量一般用莫尔法测定。若水中还含有 SO_4^{2-}、PO_4^{3-} 及 S^{2-}，则采用佛尔哈德法测定。

（2）有机卤化物中卤素的测定

有机物中所含卤素多系共价键结合，须经适当处理使其转化为卤离子后，才能用银量法测定。如农药"六六六"（六氯环己烷），通常是将试样与 KOH 乙醇溶液一起加热回流煮沸，使有机氯以 Cl^- 形式转入溶液。溶液冷却后，加 HNO_3 调至酸性，用佛尔哈德法测定释放出的 Cl^-。

（3）银合金中银的测定

将银合金溶于硝酸制成溶液，制得的溶液，除去干扰离子，加入铁铵矾为指示剂，用 NH_4SCN 为标准溶液按沉淀滴定法进行测定。

本章小结

1. 难溶电解质的溶度积

对于难溶电解质（A_mB_n），在一定温度下，其饱和溶液中的沉淀溶解平衡为：

$$A_mB_n(s) \Longleftrightarrow mA^{n+}(aq) + nB^{m-}(aq)$$

$$K_{sp}(A_mB_n) = c_{A^{n+}}^m \cdot c_{B^{m-}}^n$$

2. 溶度积和溶解度的关系

同一类型的难溶电解质，K_{sp} 越大，其溶解度也越大。具体关系如下：

对于 1∶1 型（如 AgCl、$CaCO_3$ 等）：$K_{sp} = S^2$

对于 1∶2 或 2∶1 型［如 $Mg(OH)_2$、Ag_2CrO_4 等］：$K_{sp} = 2^2S^3$

对于 1∶3 或 3∶1 型［如 $Fe(OH)_3$、Ag_3PO_4 等］：$K_{sp} = 3^3S^4$

3. 溶度积规则

（1）当 $Q_i < K_{sp}$ 时，溶液为不饱和溶液，无沉淀析出，此时若体系中有固体存在，则固体将溶解，直至饱和为止。

（2）当 $Q_i = K_{sp}$ 时，溶液为饱和溶液，体系处于沉淀溶解平衡状态。

（3）当 $Q_i > K_{sp}$ 时，溶液为过饱和溶液，有沉淀析出直至饱和。

根据溶度积规则可以判断沉淀的生成和溶解。

4. 分步沉淀

在溶液中有两种或两种以上的离子都能与加入的试剂发生沉淀反应，它们将根据溶解度的大小而先后生成沉淀。当第二种离子开始沉淀时，前一种离子的浓度 $c < 1.0 \times 10^{-5}$ mol·L^{-1} 时，则认为此种离子已沉淀完全，前后离子可实现分步沉淀。

5.3 种银量法的比较（表 5-2）

表 5-2　3 种银量法的比较

比较内容	莫尔法	佛尔哈德法	法扬司法
指示剂	K_2CrO_4	$NH_4Fe(SO_4)_2$	吸附指示剂
滴定剂	$AgNO_3$	SCN^-	$AgNO_3$ 或 Cl^-
滴定反应	$Ag^+ + Cl^- \Longleftrightarrow AgCl$	$Ag^+ + SCN^- \Longleftrightarrow AgSCN$	$Ag^+ + Cl^- \Longleftrightarrow AgCl$
指示反应	$2Ag^+ + CrO_4^{2-} \Longleftrightarrow$ $Ag_2CrO_4\downarrow$（砖红色）	$Fe^{3+} + SCN^- \Longleftrightarrow FeSCN^{2+}$（红色）	$(AgCl)_n \cdot Ag^+ + FIn^- \Longleftrightarrow$ $(AgCl)_n \cdot Ag^+ \cdot FIn^-$（粉红色）
酸度	pH=6.5～10.5	0.2～0.5 mol·L^{-1} HNO_3 介质	与指示剂的 K_a 大小有关，使其以 FIn^- 型体存在
滴定对象	Cl^- 和 Br^-	直接滴定 Ag^+；返滴定 Cl^-、Br^-、I^-、SCN^- 等	Cl^-、 Br^-、 I^-、 SCN^-、 SO_4^{2-} 等

【阅读资料】

结石的形成与防治

沉淀的生成和溶解在生物体内也是有重要意义的。运用沉淀生成的相关知识可解释并治疗临床常见的病理结石症。

肾结石和膀胱结石的主要成分有草酸盐、磷酸盐和尿酸盐等。防治结石病的原理主要是根据结石的成分来调节饮食结构，从而决定预防结石的饮食。

最常见的是草酸钙结石（$K_{sp}=2.32\times10^{-9}$），它是由草酸和钙离子结合后在尿液中沉淀下来而形成的。对于草酸钙结石的防治方法主要有：

①通过柠檬酸根和维生素 C(抗坏血酸)等阴离子置换草酸根离子，即以柠檬酸根和草酸根竞争，活性大的柠檬酸根先和钙离子结合后就不会形成沉淀。

②通过配方矿质水提供足够的镁、锰、锌、稀土等离子置换结石中的钙离子，镁或钾和草酸结合也不会沉淀或结晶。肾结石患者应坚持大量饮水。保持尿量为每天 2000～3000 mL，使尿液中的 Ca^{2+} 和 $C_2O_4^{2-}$ 的离子积 Q_i 小于 K_{sp}，从而使草酸钙沉淀不能生成，不但起到预防肾结石的作用，还能保证钙的摄入量。

维生素 B_6 作为一种辅助药物，可以促使柠檬酸在尿液中与钙结合，减少草酸钙结晶的机会，预防草酸钙结石。

在酸性尿液(pH<5.5)中，尿酸盐的溶解度极低，容易造成尿酸结石；相反，在碱性尿液(pH>7)中，则磷酸钙或磷酸镁结石极易形成。目前，柠檬酸钾是最常用的预防结石的药物，不仅能防治草酸钙结石，同时能预防尿酸结石和磷酸钙、镁结石。研究表明，由于柠檬酸钾可提供大量的柠檬酸和提高尿液中的 pH 值，因此可避免结石成分的沉淀的生成。

习 题

1. 简答题

(1)什么是溶度积？什么是离子积？两者有什么区别？

(2)什么叫溶度积规则？有何用处？

2. 判断题(下列叙述中对的打"√"，错的打"×")

(1)根据滴定方式、滴定条件和选用指示剂的不同，银量法可划分为莫尔法、佛尔哈德法和法杨司法。（   ）

(2)控制一定的条件，沉淀反应可以达到绝对完全。（   ）

(3)用 K_2CrO_4 指示剂法时，滴定应在 pH=3.4～6.5 溶液中进行。（   ）

(4)佛尔哈德法是在中性或弱碱性介质中，以铁铵矾作指示剂来确定滴定终点的一种银量法。（   ）

(5)法扬司法是利用吸附指示剂指示终点的一种银量法。（   ）

3. 填空题

(1)难溶电解质 AB_2 饱和溶液中，$c_{A^{2+}}=x$ mol·L^{-1}、$c_{B^-}=y$ mol·L^{-1}，则 K_{sp} 的

值为_____。

(2) 某溶液中含有 Ag^+、Pb^{2+}，浓度均为 $0.01\ mol \cdot L^{-1}$，当加入 K_2CrO_4 溶液时，它们沉淀的顺序是_____。

4. 在 100 mL 0.01 mol/L KCl 溶液中，加入 1 mL 0.01 mol/L $AgNO_3$ 溶液，问是否有 AgCl 沉淀析出？

5. 将 $AgNO_3$ 溶液逐滴加入含有 Cl^- 和 CrO_4^{2-} 的溶液中，$c_{CrO_4^{2-}} = c_{Cl^-} = 0.1\ mol \cdot L^{-1}$ $[K_{sp}(AgCl) = 1.77 \times 10^{-10}$、$K_{sp}(Ag_2CrO_4) = 1.12 \times 10^{-12}]$，问：

(1) 哪一种离子先沉淀？

(2) 当 Ag_2CrO_4 开始沉淀时，溶液中的 Cl^- 浓度为多少？

6. 有盐水 10.00 mL，加入 K_2CrO_4 指示剂，以 $0.1043\ mol \cdot L^{-1}$ $AgNO_3$ 标准溶液滴定至出现砖红色，用去 $AgNO_3$ 标准溶液 14.58 mL，计算该盐水中 NaCl 的物质的量浓度。

7. 称取氯化钾、溴化钾的混合物 0.3028 g，溶于水后，以铬酸钾为指示剂，用去 0.1014 mol·L^{-1} $AgNO_3$ 标准溶液 30.20 mL，计算混合物中氯化钾和溴化钾的含量。

第6章 配位平衡和配位滴定法

1. 了解配位化合物的定义、结构及命名。
2. 了解配位平衡及配位平衡常数的书写及意义。
3. 了解 EDTA 的结构与金属离子配位的特点。
4. 掌握金属指示剂的显色原理及选择依据。
5. 掌握 EDTA 配位滴定法的原理及应用。

1. 能正确配制和标定 EDTA 标准溶液。
2. 能熟练使用铬黑 T 指示剂、钙指示剂等常用金属指示剂并准确判断滴定终点。
3. 会运用配位滴定法检验各种金属离子。

1. 培养学生的科学态度、竞争意识和创新精神。
2. 培养学生的自我管理能力、实践动手能力和团结协作能力。

配位化合物是含有配位键的化合物，简称配合物。它是一类组成比较复杂、种类繁多、用途极广的化合物。生物体内的必需金属元素大部分以配合物的形式存在。例如，血红素是铁的配合物，它起着运载氧气的作用；维生素 B_{12} 是钴的配合物；有些药物(如硫基丙醇、胰岛素等)本身就是配合物，起着预防或治疗疾病的作用；植物体内的叶绿素是镁的配合物，承担着植物的光合作用。

由金属离子和有机化合物形成的配合物在生物的生理、病理和药理等过程中起着重要的作用，对了解生命活动和治疗、控制疾病等有着广泛的应用前景。

6.1 配位化合物的基本概念

6.1.1 配位化合物的定义

向 $CuSO_4$ 溶液中滴加少量氨水，有蓝色的沉淀生成。当氨水过量时，蓝色沉淀消失，变成深蓝色的溶液。再加入适量的乙醇，则有深蓝色的结晶析出。将深蓝色结晶分离出来溶于水后，向溶液中加入 $NaOH$，既无 NH_3 产生，也无蓝色沉淀生成，说明溶液中不存在游离的 Cu^{2+} 和 NH_3；而加入一定量的 $BaCl_2$ 溶液后，则有白色沉淀生成，说明溶液中存在游离的 SO_4^{2-}。经过分析表明，深蓝色结晶为硫酸四氨合铜，是一种新的化合物，称为配合物。化学式为 $[Cu(NH_3)_4]SO_4$，其阳离子 $[Cu(NH_3)_4]^{2+}$ 的结构式如图 6-1 所示。

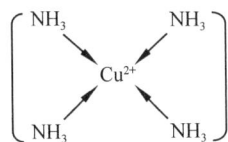

图 6-1　$[Cu(NH_3)_4]^{2+}$ 的结构式

配合物的价键理论认为：金属离子(或原子)与一定数目的中性分子或阴离子以配位键结合而形成的复杂离子或分子称为配位单元。凡含有配位单元的化合物称为配位化合物，简称配合物。如 $[Cu(NH_3)_4]^{2+}$、$[Fe(SCN)_6]^{3-}$、$Ni(CO)_4$ 等均为配位单元，分别称作配阳离子、配阴离子、配分子。而 $[Cu(NH_3)_4]SO_4$、$[Co(NH_3)_6]Cl_3$、$Ni(CO)_4$ 等都是配合物。

6.1.2　配位化合物的组成

配合物一般分为两部分：内界和外界。内界即配位单元，由中心原子和配位体组成，书写时常用方括号括起来；外界为简单离子，写在方括号之外。中心原子与配位体之间以配位键结合，在溶液中表现整体性质；外界与内界之间以离子键结合，在溶液中表现其自身的性质。现以 $[Cu(NH_3)_4]SO_4$ 和 $K_4[Fe(CN)_6]$ 为例，介绍配位化合物的组成，如图 6-2 所示。

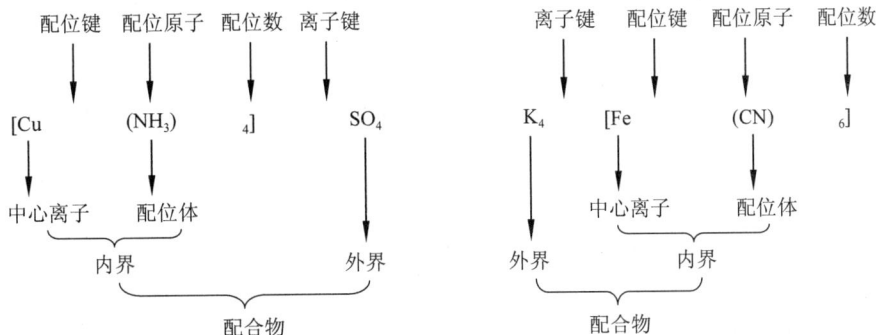

图 6-2　配位化合物的组成

(1)中心离子(或原子)

中心离子(或原子)也称配合物的形成体，位于配合物的中心，提供空轨道。中心离子一般是金属离子，特别是一些过渡元素的离子，如 Cu^{2+}、Ag^+ 等。但也有中性原子作中心原子，如 $Ni(CO)_4$(四羰基合镍)中的 Ni 就是中性原子。

(2)配位体

按一定的空间构型与中心离子(或原子)相结合的阴离子或分子称为配位体，简称配体。它提供孤对电子。在每个配位体中，直接与中心离子(或原子)以配位键结合的原子称为配位原子。作配位原子的主要是电负性较大的非金属元素，如 N、O、S、C

和 X(卤素原子)等。配位体按其所提供的配位原子的数目分为单基配体和多基配体。只提供一个配位原子和中心离子(或原子)配位的配位体称为单基配体,如 Cl^-、CN^-、NH_3、H_2O 等;能提供两个或两个以上配位原子同时与一个中心离子(或原子)配位的配体称多基配体,如乙二胺(NH_2—CH_2—CH_2—NH_2,简写 en,配位原子是 2 个 N 原子)、乙二胺四乙酸(简称 EDTA,配位原子是 2 个 N、4 个 O,共 6 个原子)。

(3)配位数

与中心离子(或原子)以配位键结合的配位原子的总数称中心离子的配位数。在 $[Cu(NH_3)_4]^{2+}$ 配离子中,配体是 4 个 NH_3,NH_3 为单基配体,配位体的数目就是中心离子的配位数,所以,Cu^{2+} 的配位数是 4。如果配位体是多基的,配位体的数目不等于中心离子的配位数。如 $[Pt(en)_2]^{2+}$ 配离子,配位体是 2 个 en,而每个 en 都有 2 个配位原子与 Pt^{2+} 配位,因此 Pt^{2+} 的配位数是 4 而不是 2。

(4)配离子的电荷数

配合物的内界所带电荷即为配离子电荷数。配离子的电荷数等于中心离子与配位体总电荷的代数和。也可根据外界离子的电荷数来决定配离子的电荷数。如在 $[Cu(NH_3)_4]SO_4$ 中配离子的电荷为 +2。

6.1.3　配位化合物的命名

遵循无机化合物的命名原则,即阴离子名称在前,阳离子名称在后。

(1)内界的命名

配离子的命名是将配体名称列在中心原子之前,配位体的数目用汉字二、三等数字表示,复杂的配体名称写在圆括号内,以免混淆,不同配体之间以圆点"·"隔开,在最后一种配体名称之后缀以"合"字,中心原子后用加括号的罗马数字表示其氧化数。即:

配体数(汉字)→配体名称→"合"字→中心离子名称→中心离子氧化数(用带圆括号的罗马数字表示)

$[Cu(NH_3)_4]^{2+}$	四氨合铜(Ⅱ)离子
$Fe(CN)_6$	六氰合铁(Ⅲ)离子
$[Cr(en)_3]^{3+}$	三(乙二胺)合铬(Ⅲ)离子

(2)配离子为阴离子的化合物

在配离子与外界阳离子之间用"酸"字连接;若外界为氢离子,则在配离子之后缀以"酸"字,即"某酸"。

$K_2[SiF_6]$	六氟合硅(Ⅳ)酸钾
$H_2[PtCl_6]$	六氯合铂(Ⅳ)酸

(3)配离子为阳离子的化合物

如果配合物的外界是一个复杂的含氧酸根离子便叫"某酸某";若是一个简单的阴

离子，一般叫"某化某"。

$$[Cu(NH_3)_4]SO_4 \qquad 硫酸四氨合铜（Ⅱ）$$

$$[Ag(NH_3)_2]OH \qquad 氢氧化二氨合银（Ⅰ）$$

$$[Co(NH_3)_6]Br_3 \qquad 三溴化六氨合钴（Ⅲ）$$

（4）配离子中含有多种配体

简单配体优先于复杂配体；无机配体优先于有机配体；阴离子优先于中性分子；若有几种阴离子或中性分子，则按配原子元素符号的英文字母顺序排列，如 Cl^- 优先于—NO_2；NH_3 优先于 H_2O 等。不同配体之间以圆点"·"隔开。

$$K[Co(NH_3)_2(NO_2)_4] \qquad 四硝基·二氨合钴（Ⅲ）酸钾$$

$$[Co(NH_3)_3H_2OCl_2]Cl \qquad 氯化二氯·三氨·一水合钴（Ⅲ）$$

$$[PtCl(NO_2)(NH_3)_4]CO_3 \qquad 碳酸一氯·一硝基·四氨合铂（Ⅳ）$$

（5）无外界的配合物

中心原子的氧化数可不必标明。

$$[Ni(CO)_4] \qquad 四羰基合镍$$

$$[Co(NO_2)_3(NH_3)_3] \qquad 三硝基·三氨合钴$$

除系统命名外，有些配位化合物至今仍沿用习惯名称。如 $K_3[Fe(CN)_6]$ 称铁氰化钾（俗称赤血盐），$[Ag(NH_3)_2]^+$ 称银氨配离子等。

6.1.4　配位化合物的类型

配位化合物根据配体的种类分为单基（单齿）配合物和多基（多齿）配合物两种。

单基配合物是指由单基配位体与中心离子结合而形成的配合物。这类配合物中一般没有环状结构。

多基配合物是多基配体的两个或两个以上的配位原子与一个中心离子形成具有环状结构的配合物，俗称螯合物。多基配体的配原子像螃蟹的螯钳一样，紧紧抓住了中心离子（或原子），使其稳定性大大增加。能形成螯合物的配位体称为螯合剂。广泛用作配位滴定剂的是一些胺、羧酸类的有机化合物，称为氨羧配位剂。经常使用的是乙二胺四乙酸及其二钠盐，是最典型的螯合剂，可简写为 EDTA，用 H_4Y 表示，结构如下：

$$\begin{array}{ccc} HOOCH_2C & & CH_2COOH \\ & N-CH_2-CH_2-N & \\ HOOCH_2C & & CH_2COOH \end{array}$$

环状结构是螯合物的特征。螯合物中的环一般是五元环，其他环则很少见，也不稳定。螯合物中的环数越多，其稳定性越强。在 EDTA 的分子中，可提供 6 个配位原子，其中 2 个氨基氮和 4 个羧基氧都可以提供电子对，与中心离子结合成 6 配位的 5 个五元环的螯合物。乙二胺四乙酸根（Y^{4-}）与 Ca^{2+} 配位形成的配离子的空间结构如下：

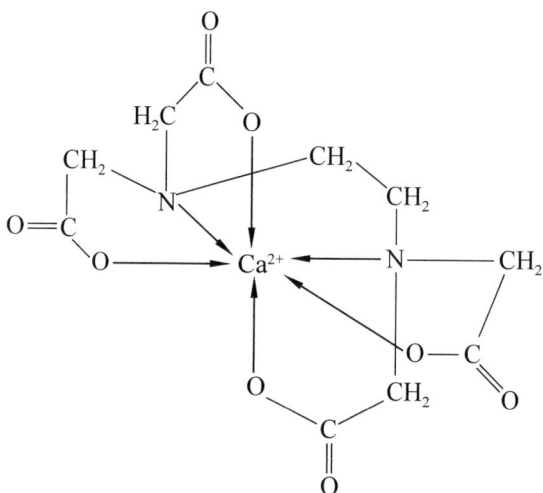

金属离子形成螯合物后，其颜色、氧化还原稳定性、溶解性等均发生了很大的变化，且大都可以溶解于有机溶剂中。利用这些特性，可以进行沉淀、溶剂的萃取分离等工作。

6-1 写出下列配合物的中心离子、配位体、配位数及配合物的命名。

(1) $[Cu(NH_3)_4]Cl_2$ (2) $Na_3[AlF_6]$

(3) $[Pt(NH_3)_2Cl_2]$ (4) $K[Co(NO_2)_4(NH_3)_2]$

6.2 配位平衡

6.2.1 配合物的稳定常数

在 $[Cu(NH_3)_4]^{2+}$ 的溶液中，存在着 $[Cu(NH_3)_4]^{2+}$ 的解离，即生成 Cu^{2+} 和 NH_3，也存在着 Cu^{2+} 和 NH_3 配位，形成 $[Cu(NH_3)_4]^{2+}$，这两个相反的过程共同存在，当两者速度相等时，体系就处于平衡状态，称作配位解离平衡。其表达式如下：

$$Cu^{2+} + 4NH_3 \rightleftharpoons [Cu(NH_3)_4]^{2+}$$

平衡常数为：

$$K_f = \frac{c_{[Cu(NH_3)_4]^{2+}}}{c_{Cu^{2+}} \cdot c_{NH_3}^4}$$

式中，$c_{Cu^{2+}}$、c_{NH_3}、$c_{[Cu(NH_3)_4]^{2+}}$ 分别表示 Cu^{2+}、NH_3 和 $[Cu(NH_3)_4]^{2+}$ 的平衡浓度。配位平衡的平衡常数常用 K_f 表示，称为配合物的稳定常数或形成常数。K_f 是配合物在水溶液中稳定程度的量度，K_f 越大，配合物越稳定，即相应的配位反应进行得越完全。和其他平衡常数一样，K_f 只受温度的影响，与浓度无关。

在溶液中，多元配离子的形成是分步进行的，而且，每一步都有一个稳定常数，又称逐级稳定常数。如：

$$Cu^{2+} + NH_3 \Longrightarrow [Cu(NH_3)]^{2+} \qquad\qquad ①K_1 = \frac{c_{[Cu(NH_3)]^{2+}}}{c_{Cu^{2+}} \cdot c_{NH_3}}$$

$$[Cu(NH_3)]^{2+} + NH_3 \Longrightarrow [Cu(NH_3)_2]^{2+} \qquad ②K_2 = \frac{c_{[Cu(NH_3)_2]^{2+}}}{c_{[Cu(NH_3)]^{2+}} \cdot c_{NH_3}}$$

$$[Cu(NH_3)_2]^{2+} + 3NH_3 \Longrightarrow [Cu(NH_3)_3]^{2+} \qquad ③K_3 = \frac{c_{[Cu(NH_3)_3]^{2+}}}{c_{[Cu(NH_3)_2]^{2+}} \cdot c_{NH_3}}$$

$$[Cu(NH_3)_3]^{2+} + 4NH_3 \Longrightarrow [Cu(NH_3)_4]^{2+} \qquad ④K_4 = \frac{c_{[Cu(NH_3)_4]^{2+}}}{c_{[Cu(NH_3)_3]^{2+}} \cdot c_{NH_3}}$$

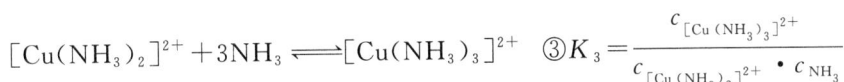

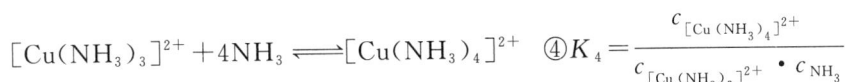

①＋②＋③＋④得总反应方程式

$$Cu^{2+} + 4NH_3 \Longrightarrow [Cu(NH_3)_4]^{2+}$$

$$K_f = K_1 \cdot K_2 \cdot K_3 \cdot K_4$$

对于同类型的配离子(配位数目相同的配离子)，可以直接用 K_f 去比较各配合物的稳定性，而对于不同类型的配离子，其稳定性必须通过相关计算才能比较。

在多配位体配位平衡中，逐级稳定常数的差别一般不大，说明各级配合物成分都占有一定的比例。此时，要准确计算配离子溶液中各级成分的浓度就非常复杂。在实际生产和工作中，一般总是加入过量配位剂，这样就可使溶液中主要存在的配位离子为最高配位数的配离子，而其他成分的配离子均可忽略不计。

【例 6-1】将浓度为 $0.04\ mol \cdot L^{-1}$ 的 $AgNO_3$ 溶液与浓度为 $2.0\ mol \cdot L^{-1}$ 的氨水等体积混合，计算平衡后溶液中 Ag^+ 的浓度。｛已知 $K_f[Ag(NH_3)_2]^+ = 1.1 \times 10^7$｝

解：设平衡时 Ag^+ 的浓度 c_{Ag^+} 为 $x\ mol \cdot L^{-1}$

$$Ag^+ \quad + \quad 2NH_3 \quad \Longrightarrow \quad [Ag(NH_3)_2]^+$$

起始浓度　　　　　0.02　　　　1.0　　　　　　　　0

平衡浓度　　　　　x　　　1.0−2(0.02−x)　　　0.02−x

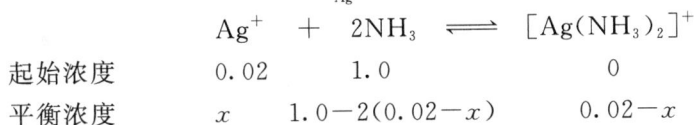

由于 K_f 很大，配位反应进行的比较完全，平衡时 c_{Ag^+} 很小，则有：

$$c_{NH_3} = 1.0 - 2(0.02 - x) \approx 0.96\,(mol \cdot L^{-1})$$

$$c_{[Ag(NH_3)_2]^+} = 0.02 - x \approx 0.02\,(mol \cdot L^{-1})$$

$$K_f = \frac{c_{[Ag(NH_3)_2]^+}}{c_{Ag^+} \cdot c_{NH_3}^2} = \frac{0.02}{x \times 0.96^2} = 1.1 \times 10^7$$

$$x = 1.97 \times 10^{-9}\,(mol \cdot L^{-1})$$

由以上计算可知，金属离子参与配位形成稳定的配位离子后，游离的金属离子很少，基本上也可忽略不计。

6.2.2　配位平衡的移动

与其他化学平衡一样，配位平衡也是一个动态平衡。改变影响平衡的条件(如浓度、温度等)，平衡就会发生移动。溶液中的酸碱性、沉淀反应、氧化还原反应等对配位平衡会产生不同程度的影响。

（1）配位平衡与酸碱平衡

根据酸碱质子理论，配离子中很多配体（如 F^-、OH^-、NH_3、CN^-、SCN^- 等）都是碱，可接受质子生成难解离的共轭弱酸，若配体的碱性较强，溶液中的 H^+ 浓度又较大时，配体与质子结合，导致配离子解离。这种因溶液酸度增大导致配离子解离的作用称为配位剂的酸效应。如：

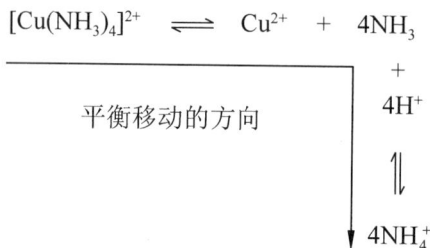

$$[Cu(NH_3)_4]^{2+} \rightleftharpoons Cu^{2+} + 4NH_3$$

$$+ \quad 4H^+$$

平衡移动的方向

$$\Updownarrow$$

$$4NH_4^+$$

另外，配离子的中心离子（原子）大多为过渡金属离子，它们在水溶液中往往发生水解，结合溶液中的 OH^-，导致中心离子的浓度降低，从而使配位平衡向解离方向移动。溶液的碱性越强，越能促进中心离子的水解。

为保证配离子的稳定性，综合考虑各种因素后，一般的做法是在保证不生成氢氧化物沉淀的前提下适度降低溶液的酸度。

（2）配位平衡与沉淀溶解平衡

向含有配离子的溶液中加入沉淀剂，则中心离子会与沉淀剂结合而生成沉淀，配位平衡向配离子解离的方向移动；如果向含有沉淀的溶液中加入配位剂，发生配位反应可使沉淀溶解。

如在 $AgNO_3$ 溶液中加入 NaCl 溶液，则会产生 AgCl 白色沉淀，再加入浓氨水，AgCl 沉淀溶解生成含 $[Ag(NH_3)_2]^+$ 的无色溶液；继续加入 KBr 溶液，有浅黄色沉淀 AgBr 生成，再加 KCN 溶液，沉淀消失，变为 $[Ag(CN)_2]^-$ 无色溶液。

决定反应方向的是 K_f 和 K_{sp} 的大小，以及配位剂、沉淀剂浓度的大小等因素。

（3）配位平衡与氧化还原平衡

溶液中若存在氧化还原平衡也可以使配位平衡发生移动，导致配离子解离。如 I^- 可将 $[FeCl_4]^-$ 配离子中的 Fe^{3+} 还原成 Fe^{2+}，氧化还原反应打破配位平衡，使配合物离解。其反应如下：

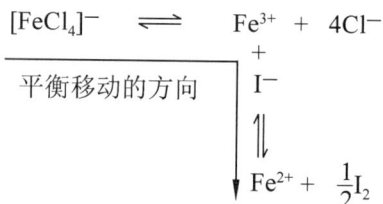

$$[FeCl_4]^- \rightleftharpoons Fe^{3+} + 4Cl^-$$

$$+$$

平衡移动的方向 $\quad I^-$

$$\Updownarrow$$

$$Fe^{2+} + \frac{1}{2}I_2$$

配位平衡还可以使原来不可能发生的氧化还原反应在配体的存在下发生。如金矿中的金以游离态稳定存在。在水中，O_2 不可能将 Au 氧化成 Au^+，若在金矿粉中加入稀 NaCN 溶液，再通入空气，此时，O_2 便可将 Au 氧化成 Au^+，Au^+ 再与 CN^- 结合生成非常稳定的 $[Au(CN)_2]^-$。

（4）配离子之间的转化和平衡

检测 Fe^{3+} 时，经常是向含有该离子的溶液中加入 KSCN 溶液，生成血红色配合物 $Fe(SCN)_6^{3-}$，如再向此溶液中加入 NaF，血红色将逐渐褪去，生成更稳定的无色配合物 FeF_6^{3-}，反应如下：

$$Fe(SCN)_6^{3-} + 6F^- \Longrightarrow FeF_6^{3-} + 6SCN^-$$

6-2 写出 $Ag(NH_3)_2^+$ 各级配位平衡方程式和平衡常数表达式。

6.3 配位滴定法

以配位反应为基础，以配位剂为标准溶液直接或间接滴定被测物质含量的分析方法称为配位滴定法。配位滴定反应所涉及的平衡比较复杂，除了标准溶液与被测物之间的反应外，还可能存在其他多种类型的反应，因此要进行配位滴定，必须满足以下几个条件：

①生成的配合物要足够的稳定，以保证反应完全。

②配位反应按一定的反应式定量地进行，即在一定条件下只形成一种配位数的配合物。

③配位反应速率要快。

④有合适的指示剂确定滴定终点。

配位滴定中的配位剂可分为两种：一种是无机配位剂，由于其与金属离子形成的配位化合物稳定性较差，且化学计量关系不易确定，指示剂难选择，大多不能用于配位滴定。另一种是有机配位剂，能与金属离子形成组成一定、稳定性较高的配合物。其中，配位滴定中使用较广的有机配位剂是氨羧配位体，它们能与多种金属离子形成稳定的、具有确定组成的可溶性配合物。氨羧配位滴定中应用最广泛的是 EDTA，经常作为标准溶液的配位剂进行配位滴定。

6.3.1 EDTA 的性质及特点

6.3.1.1 EDTA 的存在形式

乙二胺四乙酸是四元酸，简称 EDTA，常用 H_4Y 表示。在水溶液中，EDTA 的两个羧基上的 H^+ 转移到了 N 原子上，形成双偶极分子。其结构式为：

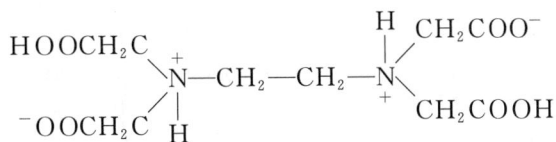

$$\begin{array}{c} \text{HOOCH}_2\text{C} \\ \text{}^-\text{OOCH}_2\text{C} \end{array} \overset{+}{\underset{\text{H}}{\text{N}}}-\text{CH}_2-\text{CH}_2-\overset{\text{H}}{\underset{+}{\text{N}}} \begin{array}{c} \text{CH}_2\text{COO}^- \\ \text{CH}_2\text{COOH} \end{array}$$

EDTA 在水溶液中存在六级解离平衡。当溶液的酸度很高时，2 个羧酸根可以再接受 2 个氢，这时的 EDTA 主要以 H_6Y^{2+} 形式存在；当酸度很低时，EDTA 主要以 Y^{4-} 形式存在，中间主要的存在形式随酸度的不同而不同（表 6-1）。

表 6-1　EDTA 在不同酸度下主要的存在形式

pH	<1	$1\sim1.6$	$1.6\sim2.0$	$2.0\sim2.67$	$2.67\sim6.16$	$6.16\sim10.26$	>10.26
EDTA 主要的存在形式	H_6Y^{2+}	H_5Y^+	H_4Y	H_3Y^-	H_2Y^{2-}	HY^{3-}	Y^{4-}

$$H_6Y^{2+} \underset{H^+}{\overset{OH^-}{\rightleftharpoons}} H_5Y^+ \underset{H^+}{\overset{OH^-}{\rightleftharpoons}} H_4Y \underset{H^+}{\overset{OH^-}{\rightleftharpoons}} H_3Y^- \underset{H^+}{\overset{OH^-}{\rightleftharpoons}} H_2Y^{2-} \underset{H^+}{\overset{OH^-}{\rightleftharpoons}} HY^{3-} \underset{H^+}{\overset{OH^-}{\rightleftharpoons}} Y^{4-}$$

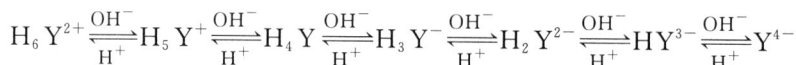

由于 EDTA 溶解度较小（22℃时，100 mL 水只能溶解 0.2 g），不宜配成所需浓度的滴定剂，通常都用它的二钠盐（$Na_2H_2Y \cdot 2H_2O$）配制标准溶液，习惯上将后者仍简称 EDTA，而把真正的 EDTA 称为 EDTA 酸。该二钠盐在水中的溶解度较大（22℃时，100 mL 水可溶 11.1 g），浓度约为 0.3 mol·L^{-1}，可以满足滴定分析的要求。

在上述 7 种型体中，与金属离子直接发生配位反应的是 Y^{4-}，如果仅从溶液的 pH 考虑，溶液的酸度越低，EDTA 的配位能力越强。

6.3.1.2　EDTA 与金属离子的配位特点

EDTA 中含有 6 个配位原子，能与大多数金属离子形成 1:1 的含有多个五元环的稳定螯合离子，反应简式为：

$$\underset{\text{金属离子}}{M^{n+}} \quad + \quad \underset{\text{EDTA}}{Y^{4-}} \quad \rightleftharpoons \quad \underset{\text{配离子}}{MY^{n-4}}$$

上式可简写为：

$$M + Y \rightleftharpoons MY$$

即为配位滴定的主反应。平衡时，配合物的稳定常数为：

$$K_{MY} = \frac{c_{MY}}{c_M \cdot c_Y}$$

常见金属离子与 EDTA 形成的配合物的稳定常数（20℃）见表 6-2 所列。

EDTA 与金属离子形成的配位化合物能溶于水，且无色金属离子与 EDTA 形成无色螯合物，有色金属离子与 EDTA 形成颜色更深的螯合物。

表 6-2　配合物的稳定常数

金属离子	$lgK_稳$	金属离子	$lgK_稳$	金属离子	$lgK_稳$
Na^+	1.66	Ce^{3+}	15.98	Cu^{2+}	18.80
Li^+	2.79	Al^{3+}	16.1	Hg^{2+}	21.80
Ba^{2+}	7.76	Co^{2+}	16.31	Cr^{3+}	23.0
Sr^{2+}	8.63	Cd^{2+}	16.46	Th^{4+}	23.2
Mg^{2+}	8.69	Zn^{2+}	16.50	Fe^{3+}	25.1
Ca^{2+}	10.69	Pb^{2+}	18.04	V^{3+}	25.90
Mn^{2+}	14.04	Y^{3+}	18.09	Bi^{3+}	27.94
Fe^{2+}	14.33	Ni^{2+}	18.67		

6.3.1.3　影响 EDTA 与金属离子配位平衡的副反应

在 EDTA 滴定法中，被测金属离子 M 与 EDTA 配位生成 MY 的反应称为主反应。除主反应外，反应物 M、Y、MY 与溶液中的其他组分尚能发生如下一些副反应：

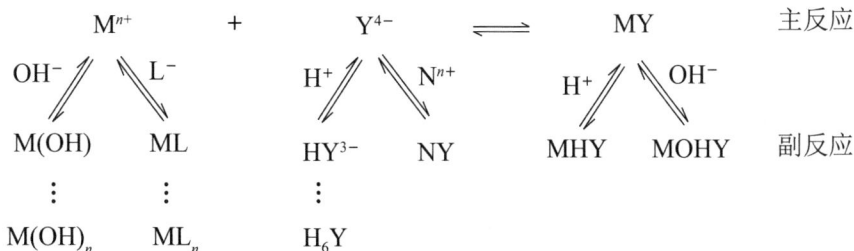

$$M^{n+} \quad + \quad Y^{4-} \quad \Longleftrightarrow \quad MY \qquad \text{主反应}$$

```
  OH⁻  ⇂↾  L⁻        H⁺ ⇂↾ Nⁿ⁺         H⁺ ⇂↾ OH⁻
  M(OH)   ML        HY³⁻   NY        MHY   MOHY      副反应
   ⋮       ⋮         ⋮
  M(OH)ₙ  MLₙ       H₆Y
```

水解效应　配位效应　酸效应　干扰离子效应　混合配位效应

式中，L 为其他配位体；N 为杂离子。

从上述关系式中可以看出，M 和 Y 无论存在哪种副反应，都不利于主反应的进行，都将增大滴定的误差。特别是配位效应和酸效应对配位平衡的影响较大。所以，配位滴定中要尽量排除干扰离子并控制溶液的酸度。

6.3.2　金属指示剂

在配位滴定法中，常用金属指示剂来确定滴定终点。

6.3.2.1　金属指示剂的变色原理

金属指示剂是一种有机染料，在一定的条件下能与被测金属离子生成与其本身颜色不同的有色配位化合物。

$$M + In \Longleftrightarrow MIn$$
$$\text{（甲色）}\quad\text{（乙色）}$$

上述方程式（不考虑电荷）中，M 代表金属离子，In 代表指示剂，此时溶液显 MIn 的颜色（乙色）。滴定过程中，金属离子逐步被配位，与 EDTA 形成配位化合物。

$$M + Y \Longleftrightarrow MY$$

当达到化学计量点时，EDTA 从 MIn 中夺取 M，使 In 游离出来，溶液由 MIn 颜色（乙色）变为 In（甲色）的颜色，指示终点的到达。

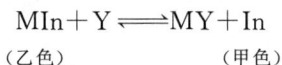

$$MIn + Y \Longleftrightarrow MY + In$$
$$\text{（乙色）}\qquad\qquad\text{（甲色）}$$

例如，铬黑 T 在 pH 值为 8～11 时呈蓝色，能与钙离子形成酒红色的配合物。如果用 EDTA 滴定钙离子，加入少量的铬黑 T 时，首先指示剂与部分钙离子形成配合物显色（酒红色），绝大部分钙离子仍处于游离态。随着 EDTA 的加入，游离的钙离子逐渐被滴定而形成配合物。在化学计量点附近时，游离的钙离子几乎被完全配位，如果继续滴加 EDTA，由于 EDTA 与钙离子的配位能力强于铬黑 T 与钙离子的配位能力，EDTA 便夺取 CaIn 中的 Ca^{2+}，使指示剂 In 游离出来，溶液即呈现游离态指示剂的颜色(蓝色)，指示滴定终点。

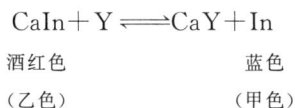

$$CaIn + Y \rightleftharpoons CaY + In$$

酒红色　　　　　　　　　　蓝色

(乙色)　　　　　　　　　　(甲色)

6.3.2.2　金属指示剂应具备的条件

①指示剂与金属离子的反应必须灵敏、快速，以及良好的变色可逆性。金属离子与指示剂形成配合物(MIn)的颜色与指示剂(In)本身的颜色有明显的区别，这样达到终点时的颜色变化才明显。

②金属指示剂与金属离子形成的配合物要具有一定的稳定性，通常要求 $K_{MIn} > 10^4$，以保证滴定终点不会提前出现。

③K_{MIn} 应显著小于 K_{MY}，以保证在化学计量点时 EDTA 能将 In 置换出来。一般要求两者稳定常数至少相差 100 倍，否则可能导致指示剂封闭现象的出现而无法指示终点。

④MIn 应易溶于水。如果生成胶体或沉淀，就会影响颜色反应的可逆性，使颜色不明显。

⑤M 与 In 的配位反应具有一定的选择性。即在一定条件下，只对一种或几种离子发生显色反应。同时，指示剂应比较稳定，便于贮存和使用。

6.3.2.3　金属指示剂在使用中存在的问题

(1)指示剂的封闭现象

由于溶液中可能存在某些离子与指示剂形成十分稳定的配合物 MIn，且比该金属离子与 EDTA 形成的螯合物 MY 还稳定。在化学计量点附近，即使加入了过量的 EDTA，颜色也不改变的现象，称为指示剂的封闭现象。此时，可采用适当掩蔽剂加以消除。如 EDTA 滴定 Ca^{2+} 和 Mg^{2+} 时，若有 Fe^{3+}、Al^{3+} 存在，就会发生封闭现象，可用三乙醇胺、KCN 或硫化物掩蔽，即可消除干扰。

(2)指示剂的僵化现象

当金属离子与指示剂生成的有色配合物的溶解度太小，导致滴定剂 Y 与它的置换反应进行缓慢，以致终点拖长的现象，称为指示剂的僵化现象。此时，可加入适当有机溶剂或加热使之溶解。

(3)指示剂的氧化变质现象

金属指示剂大多是具有双键的有色化合物，易被日光、空气等分解变质。如铬黑 T 在 Mn(Ⅳ)、Ce(Ⅳ)存在下，会很快被分解褪色。因此，金属指示剂常和中性盐(如 NaCl、Na_2SO_4)或还原性物质(如抗坏血酸、羟胺等)配成固体混合物使用，或随用随配。

6.3.2.4　常用金属指示剂

常用金属指示剂及其应用列于表 6-3。

表 6-3　常见金属指示剂及其应用

指示剂	适用的 pH 值范围	颜色变化		直接滴定的离子	指示剂配制	注意事项
		In	MIn			
铬黑 T（简称 EBT 或 BT）	8～10	蓝	红	pH = 10, Mg^{2+}、Zn^{2+}、Cd^{2+}、Pd^{2+}、Mn^{2+}、稀土元素离子	1：100 NaCl（固体）	Fe^{3+}、Al^{3+}、Cu^{2+}、Ni^{2+} 等离子封闭 EBT
酸性铬蓝 K	8～13	蓝	红	pH = 10, Mg^{2+}、Zn^{2+}、Mn^{2+}；pH = 13, Ca^{2+}	1：100 NaCl（固体）	
二甲酚橙（简称 XO）	<6	亮黄	红	pH = 1～3.5, Bi^{3+}、Tb^{4+}；pH = 5～6, Ti^{3+}、Zn^{2+}、Pb^{2+}、Cd^{2+}、Hg^{2+}、稀土元素离子	0.5% 水溶液	Fe^{3+}、Al^{3+}、Cu^{2+}、Ni^{2+}、Ti(IV) 等离子封闭
钙指示剂（简称 NN）	12～13	蓝	红	pH = 12～13, Ca^{2+}	1：100 NaCl（固体）	Fe^{3+}、Al^{3+}、Cu^{2+}、Ni^{2+}、Mn^{2+}、Co^{2+}、Ti(IV) 等离子封闭 NN
吡啶偶氮萘酚（PAN）	2～12	黄	紫红	pH = 2～3, Th^{4+}、Bi^{3+}；pH = 4～5, Cu^{2+}、Ni^{2+}、Pb^{2+}、Cd^{2+}、Zn^{2+}、Mn^{2+}、Fe^{2+}	0.1% 乙醇溶液	MIn 在水中溶解度小，为防止 PAN 僵化，滴定时必须加热

6.3.3　EDTA 标准溶液的配制和标定

6.3.3.1　EDTA 标准溶液的配制

EDTA 标准溶液常使用 EDTA 二钠盐（$Na_2H_2Y \cdot 2H_2O$，M = 372.2 g·mol^{-1}），且大都采用间接法配制，即根据实际需要称取一定量的 $Na_2H_2Y \cdot 2H_2O$，溶于一定体积的蒸馏水配成溶液，再用基准物质进行标定。常用的 EDTA 标准溶液的浓度为 0.01～0.05 mol·L^{-1}。

6.3.3.2　EDTA 标准溶液的标定

用于标定 EDTA 的基准物质有纯 Zn 粉、Cu 粉、Pb 粉、ZnO、$CaCO_3$、$MgSO_4 \cdot 7H_2O$ 等。通常选用与被测物组分含有相同的金属离子的物质作基准物，以使滴定条件较一致，可减小测定误差。例如，EDTA 溶液若用于测定 Pb^{2+}、Bi^{2+} 离子，则宜以 ZnO 或金属 Zn 为基准物进行标定。如采用 ZnO 为基准物质，使用前 ZnO 应在 800℃ 灼烧至衡量；采用金属 Zn 为基准物质，则先用稀 HCl 洗涤金属 Zn 2～3 次，除去表面氧化层，然后用蒸馏水洗净，再用丙酮漂洗 2 次，沥干后于 110℃ 烘 5 min 备用。ZnO 或金属 Zn 用 HCl 溶解后，可选用二甲酚橙（XO）指示剂在 pH 5～6 条件下进行标定，终点由红色变为亮黄色，很敏锐；如选用铬黑 T 在 pH 10 的 $NH_4Cl - NH_3 \cdot H_2O$ 缓冲溶液中进行，终点由红色变为蓝色。

EDTA 溶液若用于测定石灰石或白云石中 CaO 或 MgO 的含量，则宜用 $CaCO_3$ 为基准物进行标定。$CaCO_3$ 用 HCl 溶解后，调节溶液 pH≥12，以钙指示剂指示终点，用 EDTA 溶液滴定至溶液由酒红色变为纯蓝色。

由于 EDTA 通常与各种价态的金属离子以 1∶1 配位，所以，无论是标定还是测定，结果的计算都比较简单。

$$M + Y \Longrightarrow MY（M 代表金属离子）$$

对标定：
$$c_Y = \frac{m}{M \cdot V_Y}$$

对测定：
$$w_M = \frac{c_Y \cdot V_Y \cdot M}{m} \times 100\%$$

6.3.4　配位滴定法应用示例

天然水中含有 Ca^{2+}、Mg^{2+}、Fe^{3+}、Zn^{2+}、Cu^{2+}、Mn^{2+} 等多种离子，但除了 Ca^{2+}、Mg^{2+} 外，其他金属离子含量甚微，可忽略不计。所以，测定水的总硬度就是测定水中 Ca^{2+}、Mg^{2+} 的总量。

(1)水总硬度的测定

准确移取一定体积的水样，加入铬黑 T 指示剂，用 NH_4Cl-$NH_3 \cdot H_2O$ 缓冲溶液调节水样的 pH=10，最后用 EDTA 标准溶液滴定至由酒红色变为蓝色即为终点。记录消耗的 EDTA 的体积 V_1(L)，测得 Ca^{2+}、Mg^{2+} 的总量，按下式计算水的总硬度：

$$总硬度（德国度，10\ mg\ CaO \cdot L^{-1}）= \frac{c_{EDTA} \cdot V_1 \cdot M_{CaO} \times 10^3}{V_{水样}} \times \frac{1}{10}$$

$$总硬度（以\ CaCO_3\ 计，mg \cdot L^{-1}）= \frac{c_{EDTA} \cdot V_1 \cdot M_{CaCO_3} \times 10^3}{V_{水样}}$$

(2)Ca^{2+}、Mg^{2+} 含量的测定

取一定体积的水样，先用 10% NaOH 调节水样的 pH≈12，使 Mg^{2+} 转化为 $Mg(OH)_2$ 沉淀，再加入钙指示剂，用 EDTA 标准溶液滴定至由红色变为蓝色即为终点。记录消耗的 EDTA 的体积 V_2(L)，按下式计算水中 Ca^{2+}、Mg^{2+} 的含量：

$$Ca^{2+} 含量 = \frac{c_{EDTA} \cdot V_2 \cdot M_{Ca}}{V_{水样}} \times 10^3（mg \cdot L^{-1}）$$

$$Mg^{2+} 含量 = \frac{c_{EDTA} \cdot (V_1 - V_2) \cdot M_{Mg}}{V_{水样}} \times 10^3（mg \cdot L^{-1}）$$

6-3　EDTA 配位滴定有哪些特点？

本章小结

1. 配位化合物的定义

配合物是由中心原子(或离子)与配位体通过配位键结合而成的化合物。

2. 配合物的命名

(1)先命名阴离子,后命名阳离子,中间连以"化"或"酸"字。

(2)配离子的名称一般为:配体数(汉字)→配体名称→"合"字→中心离子名称→中心离子氧化数(用带圆括号的罗马数字表示)。

(3)配位体有多种时,则简单配体优先于复杂配体;无机配体优先于有机配体;阴离子优先于中性分子;若有几种阴离子或中性分子,则按配原子元素符号的英文字母顺序排列,如 Cl^- 优先于 NO_2；NH_3 优先于 H_2O 等。不同配体之间以圆点"·"隔开。

3. 配位平衡

在配离子溶液中,当配离子的离解速度与中心离子、配位体的配位速度相等时,体系就处于平衡状态,称作配位离解平衡。用配离子的平衡常数 K_f 表示其配离子的稳定程度。

4. 配位滴定法

以配位反应为基础的滴定分析法。最重要的是 EDTA 法。EDTA 是一种多基配位体,可以大多数金属离子形成 1∶1 的配位化合物。配位效应和酸效应对 EDTA 配位平衡的影响较大,配位滴定中要尽量排除干扰离子并控制溶液的酸度。

5. 金属指示剂

金属指示剂本身是配位体,其游离态和配位化合物具有不同的颜色,可在滴定终点前后发生颜色的变化。常见的金属指示剂有铬黑 T 和钙指示剂。

【阅读材料】

配位化合物在生化、医药中的应用

配合物的应用十分广泛。凡属化学学科或与化学有关的领域,如分析化学、生物学、医药、环境保护、土壤、肥料等都涉及配合物的相关知识和配位反应。

配合物尤其是螯合物在生物、医药方面更有着极为重要且广泛的应用。实验证明,生物体内的许多金属元素,如 Mg、Ca、Mn、Fe、Co、Cu、Mo、Zn、Cr、Ni、Sn 等都以配合物的形式存在。如植物体内起光合作用的关键物质叶绿素是以 Mg^{2+} 为中心的复杂配合物,在进行光合作用时,将 CO_2、H_2O 合成为复杂的糖类,使太阳能转化为化学能贮存起来,以供生命之需。生命体内的各种代谢作用、能量的转换,以及 O_2 的输送,也与金属配合物有密切关系。与呼吸作用密切相关的血红素是以 Fe^{2+} 为中心的复杂配合物,它与有机大分子球蛋白结合成血红蛋白,再与 O_2 结合成氧合血红蛋白 $\ddot{Y}O_2$,给各种细胞组织输送氧和养料。某些分子或负离子,如 CO 或 CN^-,可以与血红蛋白形成比氧合血红蛋白 $\ddot{Y}O_2$ 更稳定的配合物,可以使血红蛋白中断输氧,造成组织缺氧而中毒,这就是煤气(含 CO)及氰化物(含 CN^-)中毒的基本原理。人体生长和代谢必需的维生素 B_{12} 是 Co 的配合物;起免疫等作用的血清蛋白是 Cu 和 Zn 的配合物;生物体中高效专一的催化剂——酶,大多数是结构复杂的金属配合物。它们都是温和条件下的高效催化剂，如固氮酶就是一种含铁、钼的蛋白酶。

在药物治疗方面，EDTA 与钙的配合物是排除人体内的铅和放射性元素的高效解毒剂；许多药物如治疗糖尿病的胰岛素是锌的螯合物，对人体健康有着重要的作用。近年来，对配合物抗肿瘤方面的研究越来越受到人们的重视，并已应用于临床。如铜、钯的一些低价配合物已被证实具有抗癌活性；茂铁、茂钛配合物对多种癌症的扩散具有强抑制作用。随着研究的不断深入，相信会有更多抗癌能力强的、易被人体吸收的、副作用小的广谱抗癌配合物相继问世。

习　题

1. 选择题

(1)配位滴定终点所呈现的颜色是(　　)。

　　A. 游离金属指示剂的颜色

　　B. 指示剂与待测金属离子形成配合物的颜色

　　C. EDTA 与待测金属离子形成配合物的颜色

　　D. 上述 A 和 C 项的混合色。

(2)通常测定水的硬度所用的方法是(　　)。

　　A. 酸碱滴定法　　　　　　　　　　B. 氧化还原滴定法

　　C. 配位滴定法　　　　　　　　　　D. 沉淀滴定法

(3)EDTA 与金属离子形成螯合物时，其化学计量比为(　　)。

　　A. 1∶1　　　　　B. 1∶2　　　　　C. 1∶4　　　　　D. 1∶6

(4)下列物质能作螯合剂的是(　　)。

　　A. NH_3　　　　　B. HCN　　　　　C. HCl　　　　　D. EDTA

(5)标定 EDTA 滴定液常用的基准物是(　　)。

　　A. Mg　　　　　B. $K_2Cr_2O_7$　　　　　C. $AgNO_3$　　　　　D. $CaCO_3$

2. 指出下列配合物或配离子的中心离子、配位体、配位原子和中心离子的配位数，并命名。

(1)$[Pt(NH_3)_6]Cl_4$　　(2)$[Cu(NH_3)_4](OH)_2$　　(3)$[Co(NH_3)_4(H_2O)_2]_2(SO_4)_3$

(4)$K_3[Co(NO_2)_6]$　　(5)$[CrCl(NH_3)_5]Cl_2$　　(6)$[Fe(EDTA)]^-$

3. 计算溶液中 1.0×10^{-3} mol·L^{-1} 的 $[Cu(NH_3)_4]^{2+}$ 和 1.0×10^{-3} mol·L^{-1} 的 NH_3 处于平衡状态时游离 Cu^{2+} 的浓度。

4. 称取 0.2510 g 基准物 $CaCO_3$ 溶于盐酸后，移入 250.00 mL 容量瓶中，稀释至刻度。吸取该溶液 25.00 mL，在 pH 12 时加入钙指示剂，用 EDTA 测定消耗体积 26.84 mL，计算 EDTA 的浓度。

5. 取 100 mL 某水样，在 pH 10 的缓冲溶液中以铬黑 T 为指示剂，用 0.0100 mol·L^{-1} EDTA 标准溶液滴定至终点，用去 EDTA 标准溶液 28.66 mL；另取相同水样，用 NaOH 调节 pH 值为 12，加钙指示剂，用 0.0100 mol·L^{-1} EDTA 标准溶液滴定至终点，用去 EDTA 标准溶液 16.48 mL，计算该水样的总硬度以及 Ca^{2+}、Mg^{2+} 含量(mg·L^{-1})。

第 7 章　氧化还原反应和氧化还原滴定法

氧化还原反应是一类参加反应的物质之间有电子转移(或偏移)的反应,以氧化还原反应为基础的滴定分析方法称为氧化还原滴定法。

氧化还原反应是化学反应中的一类极为重要的反应,它不仅在工农业生产和日常生活中具有重要意义,而且对生命过程也具有重要的作用,生物体内的许多反应都直接或间接地与氧化还原反应有关。

在初步了解氧化还原反应的概念和特征的基础上,本章将介绍衡量物质氧化还原能力强弱的定量标度——电极电势的概念及其应用,以及氧化还原滴定法。

7.1　氧化还原反应

7.1.1　基本概念

7.1.1.1　氧化数

不同元素的原子相互化合后,各元素在化合物中各自处于某种化合状态。氧化数(又称氧化值)是化合物中某元素一个原子的电荷数,这个电荷数可由假设把每个键中的电子指定给电负性更大的原子而求得。

确定氧化数的规则如下：

①单质中元素原子的氧化数为零。如 H_2、O_2、Cu、P_4 等物质中，各原子的氧化数均为零。

②化合物分子中，所有原子氧化数的代数和为零。

③在一般化合物中，氧的氧化数为 -2；氢的氧化数为 $+1$。但在过氧化物（如 H_2O_2）中，氧的氧化数为 -1，在氟的氧化物（如 OF_2）中，氧的氧化数为 $+2$；在金属氢化物（如 NaH）中，氢的氧化数为 -1。

④单原子离子的氧化数为它所带有的电荷数，复杂离子内所有原子氧化数的代数和等于其带有的电荷数。如 Na^+，其电荷数为 $+1$，氧化数为 $+1$；SO_4^{2-} 的电荷数为 -2，则 SO_4^{2-} 中所有原子的氧化数代数和为 -2，其中 O 为 -2，则可推算出 S 的氧化数为 $-2-(-2)\times4=+6$。

在大多数情况下，氧化数和化合价是一致的，但是它们毕竟是两种不同的概念，在特殊情况下，数值会有所不同。如 CH_4、CH_3Cl、CH_2Cl_2、$CHCl_3$、CCl_4 中的 C 的化合价都是 4，但氧化数分别为 -4、-2、0、$+2$、$+4$。

氧化数是元素在化合态时的形式电荷，是按一定规则得到的，因此氧化数可为整数，也可为分数或小数，如 Fe_3O_4 中的铁，其平均氧化数为 $+\dfrac{8}{3}$。

7.1.1.2　氧化还原反应

元素的氧化数前后发生变化的化学反应称为氧化还原反应。其本质是电子发生转移（包括电子的得失或偏移，习惯上统称电子的得失），并引起元素氧化数的变化。其中，元素的氧化数升高的过程称为氧化反应；氧化数降低的过程称为还原反应。例如钠和氯气的反应：

$$2Na+Cl_2 \Longrightarrow 2NaCl$$

在反应前，Na 和 Cl_2 的氧化数均为 0；反应后，Na 失电子，氧化数升为 $+1$，被氧化，发生氧化反应；Cl_2 得电子，氧化数降为 -1，被还原，发生还原反应。

在氧化还原反应过程中，失电子、氧化数升高的物质是还原剂（被氧化）；得电子、氧化数降低的物质是氧化剂（被还原）。如上例中，Na 为还原剂；Cl_2 为氧化剂。

7.1.1.3　氧化还原半反应和氧化还原电对

根据电子转移方向的不同，可以把氧化还原反应拆成两个半反应。如 Na 和 Cl_2 的反应可以拆成如下两个半反应：

$$2Na-2e^- \Longrightarrow 2Na^+ \qquad \text{Na 失 } 2e^-\text{，发生氧化反应，为还原剂}$$
$$Cl_2+2e^- \Longrightarrow 2Cl^- \qquad Cl_2 \text{ 得 } 2e^-\text{，发生还原反应，为氧化剂}$$

由上面两个半反应可以看出，氧化剂得到电子，使氧化数降低，物质由高氧化数（氧化态）转变为低氧化数（还原态）；而还原剂失去电子，使氧化数升高，物质由低氧化数（还原态）转变为高氧化数（氧化态）。这种由同一种物质的氧化态与还原态构成的共轭体系称为氧化还原电对，简称电对。一般用氧化态/还原态表示。

$$\text{氧化态(Ox)} + n e^- \Longleftrightarrow \text{还原态(Red)} \qquad 电对$$

$$Zn^{2+} + 2e^- \Longleftrightarrow Zn \qquad\qquad Zn^{2+}/Zn$$

$$I_2 + 2e^- \Longleftrightarrow 2I^- \qquad\qquad I_2/I^-$$

$$MnO_4^- + 8H^+ + 5e^- \Longleftrightarrow 2Mn^{2+} + 4H_2O \qquad MnO_4^-/Mn^{2+}$$

电对中，氧化态物质的氧化能力越强，对应的还原态物质的还原能力越弱；氧化态物质的氧化能力越弱，对应的还原态物质的还原能力越强。如 MnO_4^-/Mn^{2+} 中，MnO_4^- 的氧化能力强，为强氧化剂，而 Mn^{2+} 还原能力弱，为弱还原剂；I_2/I^- 中，I_2 的氧化能力较弱，为弱氧化剂，而 I^- 的还原能力较强，为中强还原剂。

7.1.2　氧化还原反应方程式的配平

许多氧化还原反应比较复杂，反应物和生成物比较多，用一般观察法很难配平，须用一定的方法才能配平。最常用的方法主要有氧化数法和离子-电子法，原理基本相同。下面以氧化数法为例来介绍氧化还原反应方程式的配平方法和步骤。

7.1.2.1　氧化数法配平氧化还原反应方程式的原则

①氧化剂中元素氧化数降低的总值等于还原剂中元素氧化数升高的总值。依据此原则来确定氧化剂和还原剂前面的系数。

②方程式两边各种元素的原子总数相等。依据此原则来确定非氧化还原部分的原子数目。

7.1.2.2　配平氧化还原反应方程式的步骤

现以 $KMnO_4$ 和 $Na_2C_2O_4$ 在稀 H_2SO_4 溶液中反应为例来说明配平的步骤。

①写出反应物和生成物的分子式，标出氧化数有变化的元素，计算反应前后氧化数变化的数值。

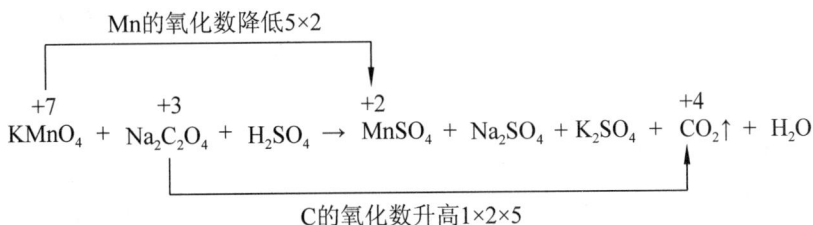

$$\overset{+7}{K}MnO_4 + \overset{+3}{Na_2C_2O_4} + H_2SO_4 \rightarrow \overset{+2}{Mn}SO_4 + Na_2SO_4 + K_2SO_4 + \overset{+4}{C}O_2\uparrow + H_2O$$

②根据氧化数升降总数相等的原则，确定最小公倍数，在氧化剂和还原剂前面乘以相应的系数。

$$2KMnO_4 + 5Na_2C_2O_4 + H_2SO_4 \longrightarrow 2MnSO_4 + Na_2SO_4 + K_2SO_4 + 10CO_2\uparrow + H_2O$$

③根据使方程式两边的各种原子总数相等的原则，用观察法配平其余部分。

$$2KMnO_4 + 5Na_2C_2O_4 + 8H_2SO_4 \longrightarrow 2MnSO_4 + 5Na_2SO_4 + K_2SO_4 + 10CO_2\uparrow + 8H_2O$$

必须指出，在配平离子方程式时，反应式两边不仅各元素的原子数目相等，而且电荷总数也应相等。

氧化数法的优点是简单、快速，既适用于在水溶液中进行的反应，也适用于在非水溶液中进行的反应。

7-1　判断下列反应是否为氧化还原反应，若是，请将该反应配平，并写出氧化剂、还原剂以及电对。

(1) $CaCO_3 + HCl \rightarrow CaCl_2 + CO_2\uparrow + H_2O$

(2) $Cu + HNO_3 \rightarrow Cu(NO_3)_2 + NO\uparrow + H_2O$

7.2　电极电势

7.2.1　电极电势的产生

将金属放入其盐溶液中，金属表面的原子则有把电子留在金属上而自身以离子状态进入溶液的倾向；同时，溶液中的金属离子也有从金属上获得电子而沉积于金属表面的倾向。当单位时间内从金属表面溶解下来的金属离子数与溶液中沉积于金属上的原子数相等时，即达到平衡状态：

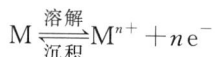

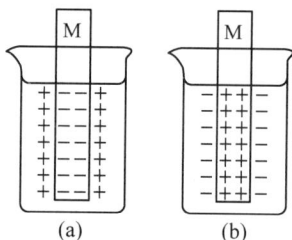

$$M \underset{沉积}{\overset{溶解}{\rightleftharpoons}} M^{n+} + ne^-$$

图 7-1　电极电势的产生

这种平衡的结果有两种可能性：其一，溶解的倾向大于沉积的倾向，金属带负电荷，金属周围的溶液带正电荷[图 7-1(a)]；其二，溶解的倾向小于沉积的倾向，金属带正电荷，金属周围的溶液带负电荷[图 7-1(b)]。

无论是哪一种可能，其结果总是在金属与其周围的溶液之间形成双电层，在正负电荷层之间，产生了一定的电势差，这种电势差叫作电极电势，用符号"φ"表示。双电层的电荷分布情况因构成的金属种类和溶液浓度不同而不同，即不同的电极有不同的电极电势。由于金属的溶解是氧化反应，金属离子的沉积是还原反应，故电极上的氧化还原反应是电极电势产生的根源。

7.2.2　标准电极电势

物质的氧化态和还原态构成一个氧化还原电对(电极)。每一个电对中氧化态的氧化能力和还原态的还原能力的大小可用电对的电极电势(φ)来衡量。

在标准状态下，即在 298.15 K 时，当溶液中参与电极反应的相关物质均为标准状态(离子浓度为 1 mol·L^{-1}、相关气体分压为 101.325 kPa)时的电极电势，称为该电对的标准电极电势，用 $\varphi^{\ominus}(Ox/Red)$ 表示。附录 3 列出了目前国际推荐的 298 K 时各种电对的标准电极电势。在该表中，电极电势的代数值越小，表明电极反应中还原态物质的还原能力越强(其本身越易被氧化)，而氧化态物质的氧化能力越弱；电极电势的代数值越大，表明电极反应中氧化态物质的氧化能力越强(其本身越易被还原)，而还原态物质的还原能力越弱。

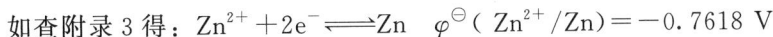

如查附录 3 得：$Zn^{2+} + 2e^- \rightleftharpoons Zn \quad \varphi^\ominus(Zn^{2+}/Zn) = -0.7618\ V$

$$Cu^{2+} + 2e^- \rightleftharpoons Cu \quad \varphi^\ominus(Cu^{2+}/Cu) = 0.3419\ V$$

相比之下，$\varphi^\ominus(Cu^{2+}/Cu) > \varphi^\ominus(Zn^{2+}/Zn)$，说明 Cu^{2+} 比 Zn^{2+} 的氧化性要强，Zn 比 Cu 的还原性要强。

7.2.3　能斯特方程

电极电势的大小除了与电对物质的本性有关外，还与存在于溶液中的氧化态和还原态的浓度、压力、温度等因素有关。标准电极电势表示的是氧化还原电对在标准情况时所对应的氧化态物质或还原态物质的氧化还原能力的相对强弱。当温度、浓度等条件发生改变时，电对的电极电势的大小也会随之改变。

7.2.3.1　能斯特方程表达式

对于任意给定的氧化还原电对的半反应：

$$a\,Ox + n\,e^- \rightleftharpoons b\,Red$$

其电极电势的大小用能斯特方程表示为：

$$\varphi = \varphi^\ominus + \frac{RT}{nF}\ln\frac{c_{Ox}^a}{c_{Red}^b} \tag{7-1}$$

式中，φ 为任意温度、浓度时的电极电势，单位 V；$\varphi^\ominus$ 为电对的标准电极电势，单位 V；R 为气体常数，$8.314\ J \cdot mol^{-1} \cdot K^{-1}$；$F$ 为法拉第常数，$96\ 485\ C \cdot mol^{-1}$；$T$ 为绝对温度，单位 K；n 为半反应中转移的电子数；a，b 为电对的半反应式中各相应物质的计量系数。

若温度为 298.15 K，将上述各常数代入式(7-1)，并将自然对数换成常用对数，则上式为：

$$\varphi = \varphi^\ominus + \frac{0.0592}{n}\lg\frac{c_{Ox}^a}{c_{Red}^b} \tag{7-2}$$

7.2.3.2　书写能斯特方程式的注意事项

①在应用能斯特方程式进行计算之前，必须先将电极反应配平。配平后的电极反应式中物质分子式（或化学式）前面的系数若不等于 1，则系数即为能斯特方程式中相应物质浓度的指数次方。

②如果组成电对的物质为固体、纯液体或稀溶液中的水时，它们的浓度视为常数 1，不列入该式。例如：

$$Cu^{2+} + 2e^- \rightleftharpoons Cu$$

$$\varphi = \varphi^\ominus + \frac{0.0592}{2}\lg c_{Cu^{2+}}$$

③如果组成电对的物质是气体，则可以用相对分压来代替其浓度进行计算。相对分压 $= p/p^\ominus$。例如：

$$Cl_2(g) + 2e^- \rightleftharpoons 2Cl^-$$

$$\varphi = \varphi^\ominus + \frac{0.0592}{2} \lg \frac{p_{Cl_2}/p^\ominus}{c^2_{Cl^-}}$$

④如果电极反应中涉及 H^+ 或 OH^-，则它们浓度的方次也应写进能斯特方程中。例如：

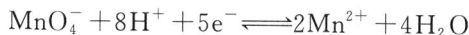

$$MnO_4^- + 8H^+ + 5e^- \rightleftharpoons 2Mn^{2+} + 4H_2O$$

$$\varphi = \varphi^\ominus + \frac{0.0592}{5} \lg \frac{c_{MnO_4^-} \cdot c^8_{H^+}}{c^2_{Mn^{2+}}}$$

7.2.4 电极电势的应用

7.2.4.1 比较氧化剂、还原剂相对强弱

根据标准电极电势可知：

①$\varphi^\ominus$ 代数值越大，该电对氧化态的氧化能力越强；其对应的还原态的还原能力越弱。

②$\varphi^\ominus$ 代数值越小，该电对还原态的还原能力越强，其对应的氧化态的氧化能力越弱。

【例 7-1】根据标准电极电势值，判断下列电对中氧化态物质的氧化能力和还原态的还原能力的强弱顺序：Fe^{3+}/Fe^{2+}、MnO_4^-/Mn^{2+}、I_2/I^-。

解：查标准电极电势表，得：

$$\varphi^\ominus(Fe^{3+}/Fe^{2+}) = +0.771 \text{ V}$$

$$\varphi^\ominus(MnO_4^-/Mn^{2+}) = +1.51 \text{ V}$$

$$\varphi^\ominus(I_2/I^-) = +0.535 \text{ V}$$

可以看出：$\varphi^\ominus(MnO_4^-/Mn^{2+})$ 值最大，说明其氧化态 MnO_4^- 的氧化能力最强；$\varphi^\ominus(I_2/I^-)$ 的值最小，说明其还原态 I^- 的还原能力最强。因此，各氧化态的氧化能力的强弱顺序为：$MnO_4^- > Fe^{3+} > I_2$；各还原态的还原能力的强弱顺序为：$I^- > Fe^{2+} > Mn^{2+}$。

7.2.4.2 判断氧化还原反应的方向

当两个电对相互作用发生氧化还原反应时，其反应方向总是电极电势高的电对中的氧化态物质氧化电极电势低的电对中的还原态物质。

【例 7-2】判断在标准状态下时，下列氧化还原反应进行的方向。

$$2Fe^{2+} + Br_2 \rightleftharpoons 2Fe^{3+} + Br^-$$

解：将此反应拆成两个半反应，并查标准电极电势表，得：

$$Fe^{3+} + e^- \rightleftharpoons Fe^{2+} \qquad \varphi^\ominus(Fe^{3+}/Fe^{2+}) = 0.771 \text{ V}$$

$$Br_2 + 2e^- \rightleftharpoons Br^- \qquad \varphi^\ominus(Br_2/Br^-) = 1.066 \text{ V}$$

可以看出：$\varphi^\ominus(Br_2/Br^-) > \varphi^\ominus(Fe^{3+}/Fe^{2+})$，表明氧化态的氧化能力较强的是电极电势值较高的电对中的氧化态物质 Br_2；还原态的还原能力强的是电极电势较低的电对中的还原态物质 Fe^{2+}，所以反应的方向是向右进行。

7. 2. 4. 3 判断氧化还原反应进行的次序

当一种氧化剂可以氧化同一体系中的几种还原剂时，氧化剂首先氧化的是还原性最强的物质，即电极电势最低的电对中的还原态物质；同理，当一种还原剂可以还原同一体系中的几种氧化剂时，还原剂首先还原的是氧化性最强的物质，即电极电势最高的电对中的氧化态物质。如在含有同等浓度的 Br^-、I^- 的混合溶液中滴加氯水 (Cl_2)，由于

$$\varphi^{\ominus}(Cl_2/Cl^-) = 1.358 \text{ V}$$

$$\varphi^{\ominus}(Br_2/Br^-) = 1.066 \text{ V}$$

$$\varphi^{\ominus}(I_2/I^-) = 0.5355 \text{ V}$$

可以看出，I^- 的还原性强于 Br^-，所以 Cl_2 首先把 I^- 氧化成 I_2，然后才氧化 Br^-。

7-2 判断下列电对中的氧化态的氧化能力和还原态的还原能力的顺序：Fe^{3+}/Fe^{2+}、I_2/I^-、Br_2/Br^-。

7.3 氧化还原滴定法

氧化还原滴定法是以氧化还原反应为基础的分析方法，也是最基本的滴定分析方法之一。该方法可以直接测定许多具有氧化性和还原性的物质，也可以间接测定某些不具有氧化还原性的物质。如土壤有机质、水的耗氧量等都可以用氧化还原滴定法进行分析。

在氧化还原滴定过程中，随着滴定剂的加入，溶液中电对的电极电势不断发生变化，在化学计量点附近有个明显的突跃。若加入的指示剂在化学计量点附近(滴定误差约为 $\pm 0.1\%$)时变色，即可指示滴定终点。

氧化还原滴定法一般是根据所用的标准溶液的名称来命名的。常用的氧化还原滴定法有高锰酸钾法、碘量法和重铬酸钾法。

7.3.1 高锰酸钾法

7.3.1.1 概述

高锰酸钾法是以 $KMnO_4$ 作标准溶液，通过自身还原变色指示终点的氧化还原滴定法。$KMnO_4$ 属强氧化剂，它的氧化能力和还原产物与溶液的酸度有关。

在强酸性溶液中，MnO_4^- 被还原成 Mn^{2+}

$$MnO_4^- + 8H^+ + 5e^- \Longrightarrow 2Mn^{2+} + 4H_2O \qquad \varphi^{\ominus} = 1.51 \text{ V}$$

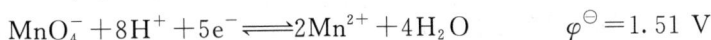

在弱酸性、中性、弱碱性溶液中，MnO_4^- 被还原成 MnO_2

$$MnO_4^- + 2H_2O + 3e^- \Longrightarrow MnO_2 \downarrow + 4OH^- \qquad \varphi^{\ominus} = 0.59 \text{ V}$$

在强碱性溶液中，MnO_4^- 被还原成 MnO_4^{2-}

$$MnO_4^- + e^- \Longrightarrow MnO_4^{2-} \qquad \varphi^{\ominus} = 0.56 \text{ V}$$

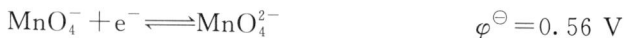

$KMnO_4$ 的水溶液呈紫红色，在酸性条件下其还原产物 Mn^{2+} 几乎无色。达到化学计量点时，稍过量的 MnO_4^- 就可使溶液呈现粉红色。因此，$KMnO_4$ 自身可作为指示剂。这种在滴定体系中不用外加指示剂，而利用标准溶液或被滴定物质本身的颜色变化起指示剂作用的物质称为自身指示剂。这也正是高锰酸钾法的优点之一。

由于 $KMnO_4$ 在强酸性溶液中有更强的氧化能力，同时生成几乎无色的 Mn^{2+}，便于滴定终点的观察，因此，高锰酸钾法一般用 H_2SO_4 调节酸度，并控制酸的浓度在 $0.5 \sim 1 \text{ mol} \cdot \text{L}^{-1}$。酸度不可过高，否则会引起 $KMnO_4$ 分解。

$KMnO_4$ 氧化有机物在碱性条件下的反应速率比在酸性条件下更快，所以用 $KMnO_4$ 测定有机物时，一般在碱性溶液中进行。

高锰酸钾法中，$KMnO_4$ 的氧化能力强，可直接或间接测定许多无机物和有机物，缺点是 $KMnO_4$ 试剂常含有少量杂质，且易与很多还原性物质发生作用，因此干扰也比较严重。

7.3.1.2　KMnO₄标准溶液的制备

市售的 $KMnO_4$ 试剂中常含有少量 MnO_2 和其他杂质，配制溶液所需的蒸馏水中也常含有微量的还原性物质与强氧化剂 $KMnO_4$ 作用，而且还原产物 MnO_2 又可加速 $KMnO_4$ 的自身分解，所以，$KMnO_4$ 溶液的浓度容易改变，不能直接配制。为了配制较为稳定的 $KMnO_4$ 溶液，需称取稍多于理论量的 $KMnO_4$ 溶于一定体积的蒸馏水中，加热并保持微沸约 1 h，冷却后贮存于棕色瓶中，在暗处放置数天，让溶液中可能存在的还原性物质完全氧化。待溶液趋于稳定后，用微孔玻璃漏斗或玻璃棉过滤除去析出的 MnO_2 沉淀，再用基准物质进行标定。

标定 $KMnO_4$ 溶液的基准物质有 As_2O_3、纯铁丝、$H_2C_2O_4 \cdot 2H_2O$ 和 $Na_2C_2O_4$ 等，其中 $Na_2C_2O_4$ 容易精制，不易吸潮，且性质稳定，是最常用的基准物质。在酸性条件下，用 $Na_2C_2O_4$ 溶液标定 $KMnO_4$ 溶液，其滴定反应为：

$$2MnO_4^- + 5C_2O_4^{2-} + 16H^+ \Longrightarrow 2Mn^{2+} + 10CO_2 \uparrow + 8H_2O$$

滴定时，由于 MnO_4^- 本身为紫红色，终点时稍过量的 MnO_4^- 就能使溶液呈粉红色且 30 s 不褪即为滴定终点（空气中的还原性气体或尘埃等杂质可将 MnO_4^- 还原而使粉红色褪去）。

在开始滴定时反应较慢，待溶液中产生 Mn^{2+} 后，由于 Mn^{2+} 的催化作用使反应加快。滴定的温度应控制在 $75 \sim 85 \ ℃$，否则反应速度太慢，但如果温度太高，草酸则会分解。

7.3.1.3　高锰酸钾法的应用

利用 $KMnO_4$ 作为氧化剂可直接滴定还原性物质，如 H_2O_2、Fe^{2+}、$C_2O_4^{2-}$；也

可用返滴定法测定一些不能用高锰酸钾溶液直接滴定的氧化性物质，如测定 MnO_2 的含量时，可在 H_2SO_4 溶液中加入一定量过量的 $Na_2C_2O_4$ 标准溶液，待 MnO_2 和 $C_2O_4^{2-}$ 作用完毕后，用 $KMnO_4$ 标准溶液滴定过量的 $C_2O_4^{2-}$，由 $Na_2C_2O_4$ 的总量减去剩余量，就可算出与 MnO_2 作用消耗的 $Na_2C_2O_4$ 的量，从而可计算出 MnO_2 的量。还可利用 $KMnO_4$ 间接滴定法测定非氧化还原性物质，如测定 Ca^{2+} 时，可首先将 Ca^{2+} 沉淀为 CaC_2O_4，再用稀 H_2SO_4 将所得的沉淀溶解，用 $KMnO_4$ 标准溶液滴定溶液中的 $C_2O_4^{2-}$，从而间接求得 Ca^{2+} 的含量。

(1) H_2O_2 含量的测定

在稀 H_2SO_4 溶液中，H_2O_2 能定量地被 $KMnO_4$ 氧化生成 O_2 和水。滴定方程式为：

$$2MnO_4^- + 5H_2O_2 + 6H^+ == 2Mn^{2+} + 8H_2O + 5O_2\uparrow$$

根据反应式，得 H_2O_2 的物质的量浓度 $c_{H_2O_2}$（$mol \cdot L^{-1}$）为：

$$c_{H_2O_2} = \frac{5(cV)_{KMnO_4}}{2V_{H_2O_2}}$$

式中，$(cV)_{KMnO_4}$ 为 $KMnO_4$ 标准溶液的浓度（$mol \cdot L^{-1}$）和所消耗的体积（L）的乘积；$V_{H_2O_2}$ 为所取 H_2O_2 的体积（L）。

市售双氧水中 H_2O_2 的质量分数约为 30%，浓度较大，须经稀释后方可滴定。由于 H_2O_2 易受热分解，滴定应在室温下进行。工业双氧水中常含有作稳定剂的有机物，该有机物能与 MnO_4^- 作用而干扰测定，此时采用碘量法测定较好。

(2) 工业 $FeSO_4$ 含量的测定

$FeSO_4 \cdot 7H_2O$ 为绿色结晶，故又称绿矾。在抗生素工业生产中用于发酵液的处理。测定时在 H_2SO_4 溶液中进行，滴定反应式为：

$$2MnO_4^- + 5Fe^{2+} + 8H^+ == Mn^{2+} + 5Fe^{3+} + 4H_2O$$

$$w_{FeSO_4 \cdot 7H_2O} = \frac{\frac{1}{5}(cV)_{KMnO_4} \cdot M_{FeSO_4 \cdot 7H_2O}}{m_{样品}} \times 100\%$$

滴定应在常温下进行，且宜快速滴定，以防 Fe^{2+} 被空气氧化。本法只适用于亚铁盐原料，不适于其制剂，因 $KMnO_4$ 对糖浆、淀粉等也有氧化作用，后者的测定可改用硫酸铈法。

(3) 钙含量的测定

先将试样中的 Ca^{2+} 沉淀为 CaC_2O_4，沉淀过滤，洗涤后用适量的稀硫酸溶解，然后用 $KMnO_4$ 标准溶液滴定溶液中的 $H_2C_2O_4$，间接求得钙的含量。有关反应如下：

$$Ca^{2+} + C_2O_4^{2-} == CaC_2O_4\downarrow$$

$$CaC_2O_4 + 2H^+ == Ca^{2+} + H_2C_2O_4$$

$$2MnO_4^- + 5H_2C_2O_4 + 6H^+ == 2Mn^{2+} + 10CO_2\uparrow + 8H_2O$$

$$w_{Ca} = \frac{\frac{1}{5}(cV)_{KMnO_4} \cdot M_{Ca}}{2m_{样}} \times 100\%$$

式中，$(cV)_{KMnO_4}$ 为 $KMnO_4$ 标准溶液的浓度$(mol \cdot L^{-1})$和所消耗的体积(L)的乘积；M_{Ca} 为 Ca 的摩尔质量$(g \cdot mol^{-1})$；$m_{样}$ 为样品的质量(g)。

7.3.2 碘量法

碘量法的应用相当广泛，在氧化还原滴定法中占有重要地位。

7.3.2.1 概述

碘量法是以 I_2 作氧化剂，或以 I^- 作还原剂进行氧化还原滴定的分析方法，它的半反应是：

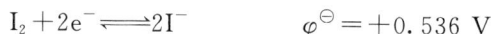

$$I_2 + 2e^- \rightleftharpoons 2I^- \qquad \varphi^{\ominus} = +0.536 \text{ V}$$

$\varphi^{\ominus}$ 值大小适中，故 I_2 是一种中等强度偏弱的氧化剂，能与较强的还原剂作用；而 I^- 是一种中等强度的还原剂，能与许多氧化剂作用。

用 I_2 标准溶液直接测定某些还原性物质的方法称为直接碘量法。显然，直接碘量法只适用于测定其标准电极电势比 $\varphi^{\ominus}(I_2/I^-)$ 低的还原性物质，如 $S_2O_3^{2-}$、维生素 C 等。由于固体 I_2 在水中难溶解，应用中常将 I_2 溶于 $KI(1:3)$ 溶液中，可增加 I_2 的溶解度，并降低碘的挥发。此时，I_2 以 I_3^- 的形式存在：

$$I_2 + I^- \rightleftharpoons I_3^- \qquad \varphi^{\ominus} = +0.536 \text{ V}$$

为方便起见，一般仍写成 I_2。

对于标准电极电势比 $\varphi^{\ominus}(I_2/I^-)$ 高的氧化性物质，可使其先与 I^- 离子(通常用 KI)作用，使 I^- 氧化成 I_2，然后用 $Na_2S_2O_3$ 标准溶液滴定所生成的 I_2，从而求出这些氧化性物质的量。这种方法又称间接碘量法。

碘量法中的指示剂为专属指示剂。专属指示剂是指可溶性淀粉与游离碘生成深蓝色配合物的反应。当 I_2 被还原为 I^- 时蓝色消失；当 I^- 被氧化为 I_2 时蓝色出现。当溶液中 I_2 浓度为 5×10^{-6} $mol \cdot L^{-1}$ 时即能看到蓝色，反应极为灵敏。根据滴定至化学计量点附近时溶液蓝色的出现或消失来确定滴定终点。

7.3.2.2 碘量法标准溶液的制备

碘量法中经常使用的标准溶液有 I_2 和 $Na_2S_2O_3$ 两种溶液。

(1)I_2 标准溶液的配制和标定

由于碘的挥发性强，不宜在分析天平上准确称量，通常先在托盘天平上称取一定量的 I_2 和 $KI(1:3)$配成近似浓度的碘溶液，然后用 $Na_2S_2O_3$ 标准溶液进行标定。反应式为：

$$2S_2O_3^{2-} + I_2 \rightleftharpoons 2I^- + S_4O_6^{2-}$$

也可用一级标准物质 As_2O_3(砒霜，剧毒)标定。但通常是先将 $Na_2S_2O_3$ 溶液用 $K_2Cr_2O_7$ 作基准试剂进行标定，再用已知准确浓度的 $Na_2S_2O_3$ 溶液标定 I_2 溶液，避免了 As_2O_3 的使用。

(2)$Na_2S_2O_3$ 标准溶液的配制和标定

硫代硫酸钠($Na_2S_2O_3 \cdot 5H_2O$)为无色晶体，市售硫代硫酸钠常含有 S、NaCl、

Na_2CO_3 和 Na_2SO_4 等杂质，且易风化和潮解。故 $Na_2S_2O_3$ 标准溶液宜用间接法配制。配制时，先用托盘天平称取适量的 $Na_2S_2O_3 \cdot 5H_2O$（或无水 $Na_2S_2O_3$），用新煮沸过的冷蒸馏水溶解配制所需体积的溶液，加少量的 Na_2CO_3（作稳定剂），将溶液保存在棕色瓶中，待标定。由于 $Na_2S_2O_3$ 溶液不稳定易分解，故不宜长期保存。

标定 $Na_2S_2O_3$ 溶液最常用的基准物质为 $K_2Cr_2O_7$。称取一定量的 $K_2Cr_2O_7$（或量取一定体积的 $K_2Cr_2O_7$ 标准溶液）置于碘量瓶中，它在酸性条件下与过量的 KI 作用析出一定量的 I_2，然后以淀粉（专属指示剂）为指示剂，立即用待标定的 $Na_2S_2O_3$ 溶液滴定。反应式为：

$$Cr_2O_7^{2-} + 6I^- + 14H^+ = 2Cr^{3+} + 3I_2 + 7H_2O$$

$$2S_2O_3^{2-} + I_2 = 2I^- + S_4O_6^{2-}$$

根据 $K_2Cr_2O_7$ 的质量和 $Na_2S_2O_3$ 溶液的用量，即可计算出 $Na_2S_2O_3$ 标准溶液的准确浓度。

7.3.2.3　碘量法的应用

（1）直接碘量法测定维生素 C 的含量

维生素 $C(V_C, C_6H_8O_6)$ 是生物体内不可缺少的维生素之一，又称抗坏血酸。它是衡量蔬菜、水果食用部分品质的常用指标之一。维生素 C 分子中的烯醇基具有较强的还原性，能被碘定量氧化成脱氢抗坏血酸（$C_6H_6O_6$）：

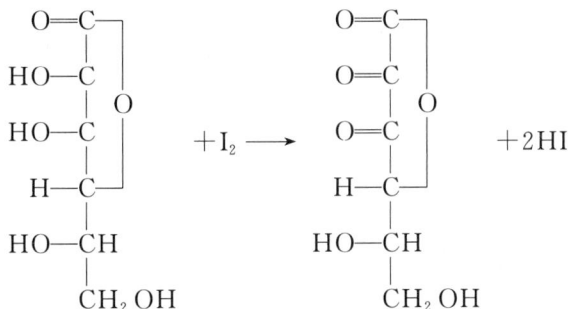

V_C 的还原性较强，易被溶液和空气中的氧所氧化，在碱性介质中这种氧化作用更强，因此滴定时需加入一些 HAc，使溶液保持一定的酸度，以减少 V_C 受 I_2 以外的氧化剂的影响。从反应式得出 V_C 和 I_2 反应的计量关系为 1:1。

（2）间接碘量法测定次氯酸钠的含量

次氯酸钠（NaClO），又叫安替福明，为一杀菌剂。在酸性溶液中能将 I^- 氧化成 I_2，后者用 $Na_2S_2O_3$ 标准溶液滴定。有关反应如下：

$$NaClO + 2HCl = Cl_2 \uparrow + NaCl + H_2O$$

$$Cl_2 + 2KI = I_2 + 2KCl$$

$$I_2 + 2Na_2S_2O_3 = 2NaI + Na_2S_4O_6$$

从反应式可得出，各反应物的计量关系为：

$$n(NaClO) = n(Cl_2) = n(I_2) = 2n(Na_2S_2O_3)$$

$$w_{NaClO} = \frac{c_{Na_2S_2O_3} \cdot V_{Na_2S_2O_3} \cdot M_{NaClO}}{2m_{样品}} \times 100\%$$

式中，$c_{Na_2S_2O_3}$、$V_{Na_2S_2O_3}$ 分别表示 $Na_2S_2O_3$ 标准溶液的浓度（$mol \cdot L^{-1}$）和体积（L）；m_{NaClO}、M_{NaClO} 分别为 NaClO 的样品质量（g）和摩尔质量（$g \cdot mol^{-1}$）。

7.3.3 重铬酸钾法

重铬酸钾法是以重铬酸钾作标准溶液进行滴定的氧化还原滴定法。$K_2Cr_2O_7$ 是一种较强的氧化剂，在酸性条件下 $Cr_2O_7^{2-}$ 与还原剂作用被还原为 Cr^{3+}，半反应为：

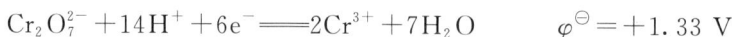
$$Cr_2O_7^{2-} + 14H^+ + 6e^- === 2Cr^{3+} + 7H_2O \qquad \varphi^{\ominus} = +1.33 \text{ V}$$

从 $\varphi^{\ominus}$ 值可见，$K_2Cr_2O_7$ 比 $KMnO_4$ 的氧化能力稍弱，但它仍是一种较强的氧化剂，能测定很多无机物和有机物。此法只能在酸性条件下使用，应用范围不如 $KMnO_4$ 广泛，但重铬酸钾法与高锰酸钾法比较具有很多优点：

①$K_2Cr_2O_7$ 易提纯，在 $140\sim150\,^{\circ}\mathrm{C}$ 下干燥后，可以直接配制成标准溶液。

②$K_2Cr_2O_7$ 溶液相当稳定，只要保存在密闭容器中，其浓度可长期保持不变。

③$K_2Cr_2O_7$ 氧化性较弱，选择性较高，在 HCl 浓度不太高时，室温下 $K_2Cr_2O_7$ 不氧化 Cl^-，因此可在盐酸介质中进行滴定。

④$K_2Cr_2O_7$ 在酸性溶液中与还原剂作用，总是被还原成 Cr^{3+}，所以不会有生成其他产物的副反应存在。

⑤$K_2Cr_2O_7$ 滴定反应速度快，能在常温下进行滴定。

在重铬酸钾法中，虽然橙色的 $Cr_2O_7^{2-}$ 还原后能转化为绿色的 Cr^{3+}，但 $K_2Cr_2O_7$ 的颜色不是很深，所以不能根据它本身的颜色变化来确定滴定终点，而要采用氧化还原指示剂。氧化还原指示剂本身是具有氧化还原性质的有机化合物，它的氧化态和还原态具有不同的颜色，在化学计量点附近，它能因氧化还原作用而发生颜色变化，从而指示滴定终点。常用的指示剂为二苯胺磺酸钠(无→紫红)、试亚铁灵指示剂(黄色→蓝绿色→红褐色)等。

用重铬酸钾标准溶液可直接测定铁矿石中的全铁含量，这是重铬酸钾法最重要的应用。试样一般用 HCl 加热溶解，在热的浓 HCl 溶液中，用 $SnCl_2$ 将 Fe^{3+} 还原为 Fe^{2+}，过量的 $SnCl_2$ 用 $HgCl_2$ 氧化，此时溶液中析出 Hg_2Cl_2 丝状的白色沉淀，然后在 1 mol/L 的混酸(H_2SO_4-H_3PO_4)介质中，以二苯磺酸钠作指示剂，用重铬酸钾标准溶液滴定 Fe^{2+} 溶液由无 →紫红即为终点。反应为：

$$Cr_2O_7^{2-} + 6Fe^{2+} + 14H^+ === 2Cr^{3+} + 6Fe^{3+} + 7H_2O$$

重铬酸钾法还可应用于测定其他一些氧化性或还原性物质的含量。如利用返滴定法可测得 CH_3OH 的含量；环境监测部门进行化学需氧量 COD_{Cr} 的测定等。

应当指出，$K_2Cr_2O_7$ 和 Cr^{3+} 严重污染环境，使用时应注意废液的处理，以免污染环境。

7-3 称取 0.1500 g 基准物质 $Na_2C_2O_4$ 溶解在强酸溶液中，用 $KMnO_4$ 标准溶液进行滴定，到达终点时消耗 $KMnO_4$ 溶液的体积为 20.00 mL，计算 $KMnO_4$ 溶液的物质的量浓度。

本章小结

1. 氧化还原反应的基本概念

(1)特征:外部特征是反应前后某些元素的氧化数发生变化;本质特征为反应物之间发生电子得失或偏移。

(2)氧化剂:得电子使氧化数降低,将得到电子的物质称为氧化剂。氧化剂在反应中发生还原反应。

(3)还原剂:失电子使氧化数升高,将失去的物质称为还原剂。还原剂在反应中发生氧化反应。

2. 氧化还原反应方程式的配平

根据氧化数升降总数相等的原则配平发生了氧化还原反应的物质,其余部分根据反应前后原子数目相等的原则,用观察法进行配平。如果是离子方程式,还要考虑前后电荷是否相等。

3. 电极电势和能斯特方程

(1)电极电势是金属和它的盐溶液之间产生的电势差,用符号"$\varphi_{Ox/Red}$"表示。溶液的电极电势的大小主要由电极的本性决定,但温度、浓度等的改变也会使电极电势发生改变。

(2)标准电极电势是当溶液中离子浓度为 $1\ mol \cdot L^{-1}$,有关气体分压为 $100\ kPa$,在 $298.15\ K$ 时,即在标准状态下的电极电势,用"$\varphi^{\ominus}(O_{x/Red})$"表示。

(3)能斯特方程

在 $298.15\ K$ 时,溶液的电极电势可用能斯特方程求得:

$$\varphi = \varphi^{\ominus} + \frac{0.0592}{n} \lg \frac{c_{Ox}^{a}}{c_{Red}^{b}}$$

4. 电极电势的应用

(1)比较氧化剂、还原剂相对强弱。

(2)判断氧化还原反应的方向。

(3)判断氧化还原反应进行的次序。

5. 氧化还原滴定法

(1)高锰酸钾法

$KMnO_4$ 为强氧化剂,利用自身作指示剂,可直接或间接测定多种无机物和有机物。市售的 $KMnO_4$ 含杂质较多,且溶液不稳定,故宜采用间接法配制,最常用的基准物质为 $Na_2C_2O_4$。标定过程中,应注意滴定温度、酸度、速度及终点的判断。

(2)碘量法

碘量法是利用 I_2 的氧化性和 I^- 的还原性进行滴定的分析方法。碘量法中的指示剂为专属指示剂可溶性淀粉。根据滴定至化学计量点附近时溶液蓝色的出现或消失来确定滴定终点。

I_2 标准溶液采用间接配制法,基准物质为 As_2O_3,或采用已知准确浓度的 $Na_2S_2O_3$ 溶液进行标定。用 I_2 标准溶液直接测定某些还原性物质的方法称为直接碘量法。标定 $Na_2S_2O_3$ 溶液的基准物质最常用的为 $K_2Cr_2O_7$。

对于标准电极电势比 $\varphi^{\ominus}(I_2/I^-)$ 高的氧化性物质,可使其先与 I^- 离子(通常用 KI)作用,使 I^- 氧化成 I_2,然后用 $Na_2S_2O_3$ 标准溶液滴定所生成的 I_2,从而求出这些氧化性物质的量。这种方法又称间接碘量法。

(3)重铬酸钾法

$K_2Cr_2O_7$ 法的优点是 $K_2Cr_2O_7$ 易提纯,在 $140 \sim 150\ ℃$ 下干燥后,可直接配制成稳定的标准溶液。$K_2Cr_2O_7$ 法最重要的应用是测定铁的含量。缺点是严重污染环境，使用时应注意废液的处理。

【阅读材料】

维生素 C 的发现及作用

维生素 C 又称抗坏血酸，是一类易溶于水的维生素。维生素 C 的发现及发展经过了漫长的过程。关于维生素 C 缺乏病(又称坏血病)的明确记载始于 13 世纪十字军东征时代。另据称，在原始社会人类的遗体上也曾发现过坏血病的遗迹。坏血病在历史上曾是严重威胁人类健康的一种疾病，过去几百年间曾在海员、探险家及军队中广泛流行，特别是在远航海员中尤为严重，故有"水手的恐怖"之称。从 16～18 世纪，由于缺乏维生素 C 而导致的坏血病曾夺取了几十万英国水手的生命。1747 年，英国海军军医林德总结了前人的经验，建议海军和远征船队的船员在远航时多吃些柠檬。他的建议被采纳后就再未发生过坏血病，但当时的人们还不知道柠檬中的什么物质对坏血病有抵抗作用。直到 20 世纪 30 年代，维生素 C 能进行人工合成以后，才引起营养界和化学家的关注。

人们在应用和研究中发现，维生素 C 是一种抗氧化剂，在生物氧化、还原过程和细胞呼吸中起着重要的作用；它能参与氨基酸代谢、神经递质的合成、胶原蛋白和组织细胞间质的合成，具有降低毛细血管的通透性、刺激凝血功能、增加对感染的抵抗作用；还能够参与解毒，具有抗组胺及阻止致癌物质生成的作用。在临床上，维生素 C 可用于补充营养及治疗坏血病，牙龈肿胀、出血，以及用于各种急、慢性传染病或其他疾病以增加抵抗力、病后恢复期、创伤愈合期的辅助治疗，也用于过敏性疾病的辅助治疗。

但是近年来国内外研究发现，由于维生素 C 的用量日趋增大，产生的不良反应也越来越多。曾有专家指出"长期服用维生素 C，会给人体带来隐患"。这是因为人体具有生理调节作用，会逐渐适应高剂量的维生素 C，一旦停用维生素 C，3 d 后就会出现维生素 C 缺乏的症状，轻者引起牙龈出血，重者皮下出血甚至形成淤斑。而长期过量服用维生素 C，还会诱发胃出血、尿路结石、贫血，以及加速动脉硬化的发生等。此外，过量服用维生素 C 不但不能增强人体的免疫能力，反而会使其受到削弱。由于维生素 C 广泛存在于新鲜水果蔬菜中，因此，提倡人们平时多吃蔬菜水果，就可获得足够的维生素 C。

习　题

1. 判断下列反应中哪些是氧化还原反应，指出该反应的氧化剂和还原剂，并配平方程式。

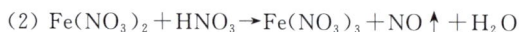

(1) $CaCO_3 \rightarrow CaO + CO_2 \uparrow$

(2) $Fe(NO_3)_2 + HNO_3 \rightarrow Fe(NO_3)_3 + NO \uparrow + H_2O$

2. 计算下列电对在 298.15 K 时的电极电势。

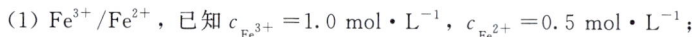

(1) Fe^{3+}/Fe^{2+}，已知 $c_{Fe^{3+}} = 1.0\ mol \cdot L^{-1}$，$c_{Fe^{2+}} = 0.5\ mol \cdot L^{-1}$；

(2) MnO_4^-/Mn^{2+}，已知 $c_{MnO_4^-}=0.10\ mol \cdot L^{-1}$，$c_{Mn^{2+}}=1.0\ mol \cdot L^{-1}$，$c_{H^+}=0.10\ mol \cdot L^{-1}$。

3. 根据标准电极电势判断下列反应进行的方向。

(1) $Cu+2Fe^{3+} \rightarrow Cu^{2+}+2Fe^{2+}$

(2) $Cd+Zn^{2+} \rightarrow Cd^{2+}+Zn$

(3) $2MnO_4^-+2Mn^{2+}+2H_2O \rightarrow 5MnO_2+4H^+$

4. 根据下列各电对的半反应及 $\varphi^{\ominus}$ 值，写出它们的氧化还原反应方程式。

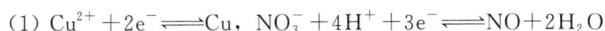

(1) $Cu^{2+}+2e^- \rightleftharpoons Cu$，$NO_3^-+4H^++3e^- \rightleftharpoons NO+2H_2O$

(2) $I_2+2e^- \rightleftharpoons 2I^-$，$Fe^{3+}+e^- \rightleftharpoons Fe^{2+}$

5. 在含有 Cl^-、Br^-、I^- 的溶液中，滴加 $K_2Cr_2O_7$ 溶液，首先氧化的是何种离子？

6. 取 25.00 mL H_2O_2 试液，用水稀释至 250.0 mL，取 25.00 mL，以硫酸酸化后，用 0.019 26 $mol \cdot L^{-1}$ $KMnO_4$ 滴定，用去 30.06 mL。试计算试液中 H_2O_2 的物质的量浓度。

7. 用 $KMnO_4$ 法测定 $FeSO_4 \cdot 7H_2O$ 的含量：

(1) 用基准物质 $Na_2C_2O_4$ 标定 $KMnO_4$ 溶液的浓度时，准确称取 $Na_2C_2O_4$ 0.2000 g，滴定消耗 $KMnO_4$ 溶液 29.50 mL，求 $KMnO_4$ 溶液的物质的量浓度。

(2) 称取试样 1.012 g，用上述 $KMnO_4$ 溶液滴定至终点，消耗 $KMnO_4$ 溶液 35.90 mL，计算试样中 $FeSO_4 \cdot 7H_2O$ 的质量分数。

8. 将 0.2062 g 分析纯 $K_2Cr_2O_7$ 溶于水，酸化后加入过量 KI，析出的 I_2 需用 24.00 mL $Na_2S_2O_3$ 溶液滴定。计算 $Na_2S_2O_3$ 溶液的浓度。

第8章 仪器分析概论

仪器分析法是用精密的仪器测量物质的物理和物理化学性质参数来进行定性、定量的分析方法。其大体可以分为原子光谱分析法、分子光谱分析法、电化学分析法、色谱分析法、质谱分析法等。

仪器分析法具有取样少、测定快速、灵敏、简便、自动化程度高等优点，常用来测定相对含量低于1%的微量或痕量组分，目前已广泛应用于科研、生产和社会生活等诸多方面。

8.1 原子光谱分析法

原子光谱分析法是由原子外层或内层电子能级的变化产生的，是基于原子外层或内层电子在能级跃迁时发射或吸收特征辐射，依据特征辐射的波长和强度来进行定性定量测量的分析方法。它的表现形式为线光谱。光谱线的波长是定性分析的基础；光谱的强度是定量分析的基础。原子光谱分析法主要包括原子吸收光谱法、原子发射光谱法和原子荧光光谱法等。原子吸收光谱利用的是原子的吸收谱线，原子发射光谱利用的是原子的发射谱线，两者是相互关联的相反过程。原子荧光是利用原子将吸收的电磁波以荧光的形式发射出来的现象，所以它和原子吸收互为逆过程。由于产生荧光的化合物相对较少，使得荧光分析法的应用受到一定的局限。本节将简要介绍原子吸收光谱法和原子发射光谱法。

8.1.1 原子吸收光谱法(Atomic Absorption Spectroscopy，AAS)

原子吸收光谱法即原子吸收分光光度法，蒸气相中被测元素的基态原子对其共振辐射的吸收强度来测定试样中该元素含量的一种仪器分析方法。

该分析法精密度、选择性好，准确度高，方法简便，分析速度快的特点，可直接测定岩矿、土壤、大气飘尘、水、植物、食品、生物组织等试样中 70 多种微量金属元素，还能用间接法测度硫、氮、卤素等非金属元素及其化合物。该法已广泛应用于环境保护、化工、生物技术、食品科学、食品质量与安全、地质、国防、卫生检测和农林科学等各部门。

其局限性在于不能进行多元素分析和结构分析，难熔元素、非金属元素测定困难。

8.1.1.1 基本原理

基态原子吸收其共振辐射，外层电子由基态跃迁至激发态而产生原子吸收光谱。原子吸收光谱位于光谱的紫外区和可见区。原子吸收光谱线并不是严格地几何意义上的线(几何线无宽度)，而是有相当窄的频率或波长范围，即有一定的宽度。

当强度为 I_0 的光通过吸收厚度为 l 的基态原子蒸气时，辐射光的强度会因基态原子蒸气的吸收而减弱，其透过光的强度 I 服从朗伯-比尔定律，即：

$$A = \lg I_0 / I = Kcl \tag{8-1}$$

式中，A 为吸光度；K 为频率吸光系数；c 为基态原子的浓度；l 为吸收层厚度。当吸收层厚度固定时，则：

$$A = Kc \tag{8-2}$$

即在一定条件下，基态原子蒸气的吸光度与该元素在试样中的浓度呈线性关系，式中 K 为与实验有关的常数。式(8-2)即为原子吸收光谱分析的定量依据。

8.1.1.2 原子吸收分光光度计的结构和组成(图 8-1)

(1)光源

其功能是发射被测元素的特征共振辐射。基本要求是发射的共振辐射的半宽度要明显小于吸收线的半宽度、辐射强度大、背景低、噪声小、稳定性好、使用寿命长等。多用空心阴极灯等锐线光源。

(2)原子化器

其功能是提供能量，使试样干燥、蒸发和原子化。在原子吸收光谱分析中，试样中被测元素的原子化是整个分析过程的关键环节。实现原子化的方法，最常用有两种，一种是火焰原子化法(火焰原子化器)，是原子光谱分析中最早使用的原子化方法，至今仍在广泛地被应用；另一种是非火焰原子化法，其中应用最广的是石墨炉电热原子化法。

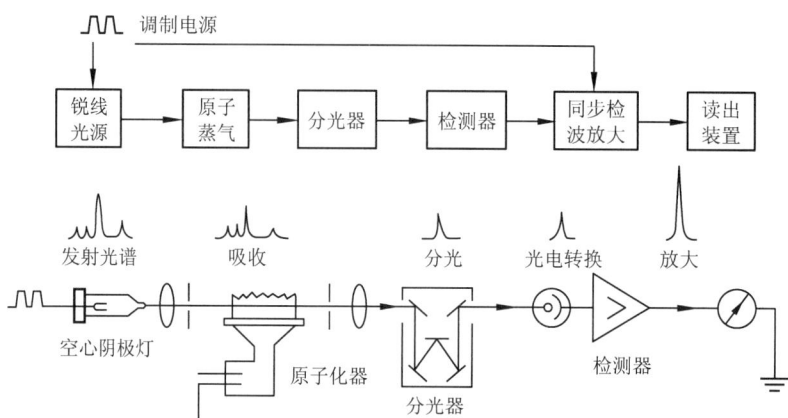

图 8-1　火焰原子吸收分光光度计示意图

（3）分光器

分光器由入射和出射狭缝、反射镜和色散元件组成，作用是将所需要的共振吸收线分离出来。

（4）检测系统

原子吸收光谱仪中广泛使用的检测器是光电倍增管，一些仪器也采用 CCD 作为检测器。

8.1.1.3　定量分析方法及步骤

原子吸收光谱法进行定量测定时，常使用标准曲线法进行定量分析。步骤如下：先配制一系列不同浓度的标准溶液，在选定的测定条件下，以空白溶液作为参比，按浓度大小依次测定标准溶液的吸光度，以吸光度（A）为纵坐标，标准溶液浓度（c）为横坐标，绘制 A-c 标准曲线，如图 8-2 所示。在相同的条件下，测定试样溶液的吸光度，再根据标准曲线得出该吸光度所对应的浓度，即可求出试样溶液中待测元素的浓度或含量。

标准曲线法操作简便快速，适用于组成简单的大批样品分析。

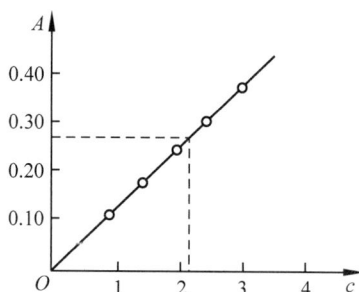

图 8-2　标准曲线法

8.1.2　原子发射光谱法（Atomic Emission Spectrometry，AES）

原子发射光谱法是利用物质在热激发或电激发下，每种元素的原子或离子发射特征光谱来判断物质的组成，而进行元素的定性与定量分析的。由光源提供能量使样品蒸发，形成气态原子，并进一步使气态原子激发而产生光辐射；将光源发出的复合光经单色器分解成按波长顺序排列的谱线，形成光谱；用检测器检测光谱中谱线的波长和强度。

该法可同时对几十种元素进行定量分析（光电直读仪），检测出各元素并发射各自的特征光谱，分析速度快且试样不需处理，选择性、准确度高，检出限较低，可测定高、中、低不同含量试样。

局限性在于不能检测非金属元素或灵敏度低。

8.1.2.1　原子发射光谱的产生

激发态原子或离子一次跃回原来能级的同时向外界辐射能量，可以得到一条波长与辐射能量相对应的发射光谱线；当激发态原子经过一些中间能级，分为几次跃回原来能级时，同时几次辐射能量，因此就相应地得到几条不同波长的发射光谱线。在一般情况下，这两种情况都存在，所以每种元素都有许多条发射光谱线，这些谱线按波长顺序排列，并保持一定的强度比例，称为谱线组。由于各种元素的原子结构不同，基态原子的能量和能级不同，所以各种元素都有自己的特征谱线组。

8.1.2.2　原子发射光谱法的定性与定量基础

由于待测元素原子的能级结构不同，因此发射谱线的特征不同，据此可对样品进行定性分析；而根据待测元素原子的浓度不同，因此发射强度不同，可实现元素的定量测定。

8-1　原子吸收光谱法和原子发射光谱有何异同？

8.2　分子光谱分析法

分子光谱指分子从一种能态改变到另一种能态时的吸收或发射光谱。故分子光谱的组成规律是：由光谱线组成光谱带，几个光谱带组成一个光谱带组，几个光谱带组组成分子光谱。波长分布范围很广，可出现在远红外区(波长是 cm 或 mm 数量级)、近红外区(波长是 μm 数量级)、可见区和紫外区(波长约在 $10^{-1}\mu$m 数量级)。属于这类分析方法的有紫外-可见分光光度法(UV-Vis)、红外光谱法(IR)、拉曼光谱法(Raman spectra)、分子荧光光谱法(MFS)和分子磷光光谱法(MPS)、核磁共振波谱法(NMR)等。

8.2.1　紫外–可见分光光度法(Vis-UV Spectrophotometry)

紫外–可见分光光度法是根据物质分子对波长为 200～760 nm 这一范围的电磁波的吸收特性所建立起来的一种定性、定量和结构分析方法。此方法操作简单、准确度高、重现性好。

应用范围：

①定量分析。广泛用于各种物料中微量、超微量和常量的无机和有机物质的测定。

②定性和结构分析。推断空间阻碍效应、氢键的强度、互变异构、几何异构现象等。

③反应动力学研究。研究反应物浓度随时间而变化的函数关系，测定反应速度和反应级数，探讨反应机理。

④研究溶液平衡。如测定络合物的组成，稳定常数、酸碱解离常数等。

8.2.1.1 基本原理

(1)物质对光的选择性吸收

分子中的电子总是处在某一种运动状态中,每一种状态都具有一定的能量,属于一定的能级。当光照射到某物质或某溶液时,光子的能量转移到组成物质的分子上,使分子中的价电子受到激发从最低能级(基态)跃迁到较高能级(激发态)。由于能级是不连续的,只有光子的能量与被照射物质分子的两个能级差值相等时,才能被吸收。

不同物质的基态与激发态的能量差不同,选择吸收光子的能量也不同,即吸收光的波长不同。这种特定分子只能选择性吸收特定波长光的现象称为物质对光的选择性吸收。

(2)光吸收曲线

溶液对一定波长光的吸收程度,称为吸光度(A)。任何一种溶液对不同波长光的吸收程度是不同的,通常用光吸收曲线来描述。即将不同波长的光依次通过固定浓度的有色溶液,然后用仪器测量每一波长处溶液对相应光的吸光度,然后以波长(λ)为横坐标,以吸光度(A)为纵坐标作图,得到的曲线称光吸收曲线或吸收光谱曲线。光吸收曲线清楚描述了物质对光的吸收情况。

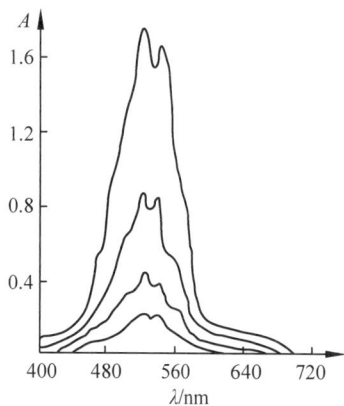

图 8-3 不同浓度的 KMnO₄ 溶液的吸收曲线

图 8-3 是 KMnO₄ 溶液的光吸收曲线。从图中可以看出,在可见光范围内,KMnO₄ 溶液对波长 525 nm 附近的光的吸收最强,即 KMnO₄ 溶液的最大吸收波长 $\lambda_{max}=525$ nm。

不同物质有不同的光吸收曲线。根据光吸收曲线的形状和最大吸收波长的位置,可以对物质进行初步的定性分析。不同浓度的同一物质,最大吸收波长不变,吸光度随浓度增大而增大,尤其在最大吸收峰附近,变化更加明显。

8.2.1.2 紫外-可见分光光度计的结构

常用的分光光度计有可见分光光度计,如国产 721 型、722 型等;可见-紫外分光光度计,如国产 751 型等。各种型号的紫外-可见分光光度计,通常由光源、单色器、吸收池、检测器和信号显示系统 5 部分构成,如图 8-4 所示。

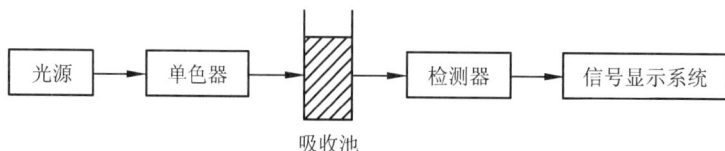

图 8-4 分光光度计结构示意图

(1)光源

紫外-可见分光光度计的光源要求在仪器操作的区域内,能发射连续的具有足够强度、稳定性好的辐射，紫外光区波长范围为 $200\sim400\ nm$，一般选用氢灯或氚灯；可见光区波长范围为 $400\sim760\ nm$，一般选用钨灯或碘钨灯。

（2）单色器

单色器的性能直接影响单色光的纯度和强度，是仪器的核心部件，通常由狭缝、反光镜、准直镜和色散单元和出射狭缝等多个元件组成。

（3）吸收池

吸收池又称比色皿或液槽，用于盛放样品的容器，紫外光区一般采用石英吸收池，可见光区一般采用玻璃吸收池。检测器将透过吸收池的光信号变成可测的电信号。

（4）检测器

检测器的功能是测量透过溶液后光强度的变化，将光信号转换为电信号，常用的光电转换元件有光电池、光电管或光电倍增管。信号显示系统的作用是放大信号并以适当的方式指示或记录下来，常用的有数字显示、微机进行仪器自动控制和结果处理。

（5）显示系统

现代紫外-可见光光度计都配有微机操作系统和数据处理系统，可以很直观地显示标准曲线和分析结果。

8.2.1.3　定量分析方法

紫外-可见分光光度法是利用紫外-可见分光光度计来测定溶液对特定波长光的吸光度。其定量分析方法最为常用的是标准曲线法，方法如下：先配制一系列已知浓度的标准溶液，以不含被测组分的空白溶液做参比，在选定波长处（通常是 λ_{max}）的光分别测出它们的吸光度。然后以标准溶液浓度（c）为横坐标，吸光度（A）为纵坐标，绘制出通过原点的直线——标准曲线。在测定待测物质溶液的浓度时，用与绘制标准曲线相同的操作方法和条件测出该溶液的吸光度，再从标准曲线上查出相应的浓度或含量。

【例 8-1】在 340 nm 处，用 1 cm 吸收池测定水杨酸标准溶液的吸光度得到以下结果：

水杨酸标准溶液浓度/$(\mu g \cdot mL^{-1})$	0.00	4.00	8.00	12.00	16.00	20.00
吸光度 A	0.000	0.030	0.063	0.096	0.125	0.157

在相同条件下，测得试样溶液的吸光度为 0.120，则待测物中水杨酸的含量？

解：①绘制标准曲线：以吸光度 A 为纵坐标，水杨酸标准溶液浓度为横坐标作图，如图 8-5 所示。

②从曲线上可查得吸光度为 0.120 时的浓度为 15.96 $\mu g \cdot mL^{-1}$。

该方法适用于经常性批量测定，但应注意溶液的浓度须在标准曲线的线性范围内。

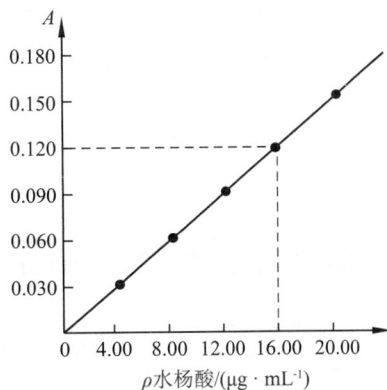

图 8-5　标准曲线的绘制

8.2.2 红外光谱法(Infrared Spectrophotometry)

红外光谱法是利用物质对红外光区电磁辐射的选择性吸收来进行结构分析和定性、定量分析的一种仪器分析法。

受到红外线照射后，分子中某一特定化学键会吸收红外线中某一特定波长的能量，造成该化学键的震动或转动，产生与其结构相对应的振动－转动光谱，即红外吸收光谱。根据分子和红外线的相互作用关系，红外光谱可用于测定分子的键长、键角，以此推断出有机化合物的组成和分子的立体构型，并进一步推论化学键的强弱以及极性，计算相关热力学参数等。大量实验证明，结构有细微差别的不同分子，其红外吸收光谱有明显的不同。因此，它已成为现代分析化学、有机化学、结构化学科研和教学中最常用的、不可缺少的工具，并广泛应用于生物、医学、食品工业等领域。

8.2.2.1 定性分析

红外光谱是物质定性的重要的方法之一。它的解析能够提供许多关于官能团的信息，可以帮助确定部分乃至全部分子类型及结构。其定性分析有特征性高、分析时间短、需要的试样量少、不破坏试样、测定方便等优点，主要用于已知物及其纯度的定性鉴定、未知物结构的鉴定等方面。

利用红外光谱法进行定性分析时，对于能获得相应纯品的化合物，一般通过图谱对照法；对于没有已知纯品的化合物，则需要与标准图谱进行对照。应该注意的是，测定未知物所使用的仪器类型及制样方法等应与标准图谱一致。近年来，随着计算机技术的发展，计算机辅助解析红外图谱不仅提高了解谱的速度，而且成功率也很高，应用越来越广泛。

8.2.2.2 定量分析

由于红外光谱的谱带较多，选择余地大，所以能较方便地对单组分或多组分进行定量分析。红外光谱法定量分析的依据与紫外-可见分光光度法一样，也是基于朗伯-比尔定律。定量分析方法主要有直接计算法、标准曲线法和内标法等。但由于红外吸收谱带较窄，外加上红外光源发光能量较低，红外光谱仪检测器的灵敏度也很低等因素，因此定量分析测定误差较大。

8-2 简述紫外-可见分光光度法的定量分析过程。

8.3 电位分析法(Potentiometric Analysis)

电化学分析法是仪器分析的一个重要组成部分。它是根据溶液或其他介质中物质的电化学性质及其变化规律来进行分析的方法，以电导、电位、电流和电量等电化学参数与被测物质的某些量之间的关系作为计量的基础。

电化学分析法的基础是在电化学池(电解池或原电池)中所发生的电化学反应。电化学池由电解质溶液和浸入其中的两个电极组成,两电极用外电路接通。在两个电极上发生氧化还原反应,电子通过连接两电极的外电路从一个电极流到另一个电极。根据溶液的电化学性质(如电极电位、电流、电导、电量等)或电学性质的突变及电解产物的量与被测物质的化学或物理性质(如电解质溶液的化学组成、浓度等)之间的关系,将被测定物质的浓度转化为一种电学参量加以测量。

电化学分析法具有分析速度快、选择性好、灵敏度高、设备简单、便于普及、易于自动控制等优点,且一般在常温常压下测试,不会破坏试样,从而在生物、医学上有较为广泛的应用。另外,所需试样用量较少,适用于进行微量操作,如超微型电极,可直接进入生物体内,测定细胞内原生质的组成,从而进行活体分析和监测。电化学分析法还可用于各种物理化学参数的测定以及化学反应机理和历程的研究。

按照测定的参数不同,一般可将电化学分析法分为电位分析法、伏安分析法、电导分析法、电解法、库仑分析法等。本节主要讨论电位分析法的原理和操作技术。

8.3.1　电位分析法的基本原理

电位分析法是利用滴定过程中电极电位的突变来指示滴定终点的滴定分析方法。其实验装置如图 8-6 所示。

在电位分析中,用一个电极电位随被测物质浓度变化而变化的指示电极和一个电极电位保持恒定的参比电极与试液组成原电池,中间串联一个电子电位计,以指示滴定过程中电动势的变化。当滴定到化学计量点附近,待测离子浓度不断下降,指示电极的电位也发生突变,从而引起电池电动势的突变。根据电池电动势的变化就可确定滴定终点。

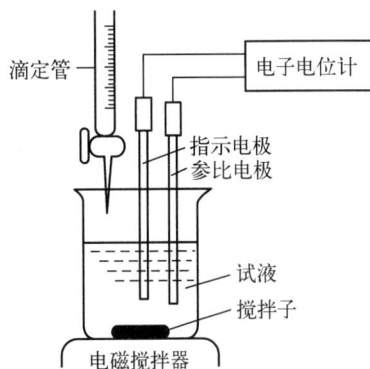

图 8-6　实验装置示意图

8.3.2　指示电极和参比电极

(1)指示电极

在电位滴定法中,用电极电位来指示待测离子的浓度的电极称为指示电极。指示电极的电极电位可以反映电化学池中待测液浓度的变化情况,理想的指示电极应该能够快速、稳定地响应被测离子,其电极电位与有关离子活度(一般情况下可用浓度代替)之间关系必须符合能斯特方程,另外还要求其具有很好的重现性。

常用的指示电极有金属指示电极和离子选择性电极两大类。

①金属指示电极。是以金属为基体的电极,这一类电极可分为金属-金属离子电极(如银电极)、金属-金属难溶盐电极(如甘汞电极)及惰性金属电极等。

②离子选择性电极。是基于离子交换的膜电极,这类电极具有灵敏度好、选择性高、便于携带等特点,应用较为广泛。例如,用于测定溶液 pH 值的玻璃电极就是一种常用的离子选择性电极。

（2）参比电极

在电极电位滴定法中，能提供相对标准电位的电极称为参比电极。参比电极的电位不受待测溶液组成变化的影响而保持恒定。对于参比电极，在选择时应满足 3 个条件：①电极电位值已知且恒定；②具有良好的重现性；③在测量时，受温度等环境因素影响小，具有很好的稳定性。重要和常用的参比电极有氢电极、甘汞电极和银-氯化银电极，使用较多的是饱和甘汞电极。

8.3.3 电位分析法的定量分析

电位定量分析方法通常有直接比较法、标准曲线法和标准加入法等，可根据实际工作需要选择使用。

在实际工作中，单一电极的电位是无法直接测量的。电位分析法是将一个指示电极与另一个参比电极，同时插入被测样品溶液中组成工作电池来测量其电动势。构成电池的两个电极中，指示电极的电极电位与待测组分活度（在一定条件下可以用浓度代替活度）有定量函数关系，符合能斯特方程；参比电极的电极电位在测定条件下恒定，为常数。

若以指示电极为正极、参比电极为负极，在一定温度下，电池电动势（ε）与待测物质含量（a）的关系为：

$$\varepsilon = E_{参比} - E_{指示} = K - \frac{RT}{nF}\ln a$$

式中，$E_{参比}$、$E_{指示}$ 分别为参比电极电位、指示电极电位；R 为气体常数；T 为热力学温度；n 为电极反应中转移的电子数；F 为法拉第常数；a 为待测物质活度（或浓度）。

由上式可知，待测物质的活度（或浓度）可以通过测量电池电动势来求得，这是电位分析法定量分析的依据。

8.3.4 电位滴定法

电位滴定法是根据滴定过程中指示电极电位的变化来确定滴定终点。

电位滴定装置如图 8-6 所示，以指示电极、参比电极与待测试液组成电池，利用电位计测量电动势。滴定时，用滴定管滴入滴定剂，随着相关离子浓度的不断变化，所测得的电池电动势（或指示电极电位）也随之变化。在化学计量点附近，由于被测物质的浓度产生突变，使指示电极电位出现突跃，以此来指示终点。滴定结束后，根据滴定剂的消耗量，求得试样中待测离子的浓度。

滴定终点确定的方法一般采用 $E-V$ 曲线法，即以电池电动势 ε（或指示电极电位 E）对滴定剂体积 V 作图，如图 8-7(a) 所示，曲线突跃的中点即为滴定终点。如果滴定曲线的突跃不明显，则可绘制如图 8-7(b) 所示的 $\Delta E/\Delta V$ 对体积 V 的滴定曲线，曲线上将出现极大值，极大值指示的就是滴定终点。

电位滴定法可直接用于有色和混浊溶液的滴定。在酸碱滴定中，它可以滴定不适于用指示剂的弱酸，如它能滴定 K_a 小于 5×10^{-9} 的弱酸。

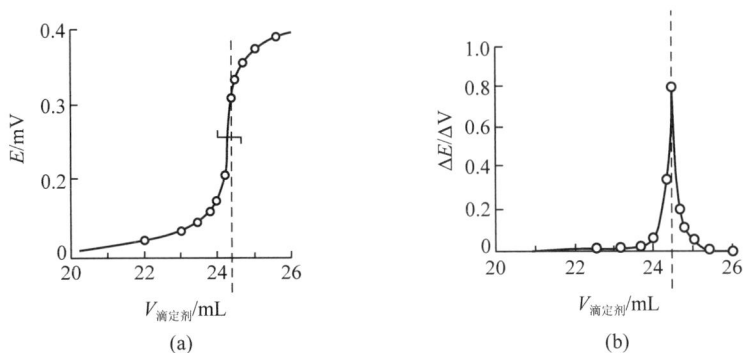

图 8-7 电位滴定曲线图

8-3 如何确定电位滴定法的滴定终点?

8.4 色谱分析法(Chromatography)

色谱分析法又称层析法,是一种多组分混合物的两相分离分析技术。在色谱分析法中,将装填在玻璃或金属管内固定不动的物质称为固定相;在管内连续流动的液体或气体称为流动相;装填有固定相的玻璃管或金属管称为色谱柱。

若按流动相的物态分类,可分为气相色谱和液相色谱;若按固定相的固定方式分类,可分为纸色谱、薄层色谱及柱色谱。

8.4.1 色谱分离的基本原理

8.4.1.1 色谱分离过程

色谱分离是利用试样中不同组分在固定相和流动相中具有不同的分配系数,当两相作相对移动时,使这些物质在两相间进行反复多次分配,原来微小的分配差异产生了很明显的分离效果,从而以先后顺序流出色谱柱。通过适当的检测手段,可以对分离后的各组分进行测定,如图 8-8 所示。

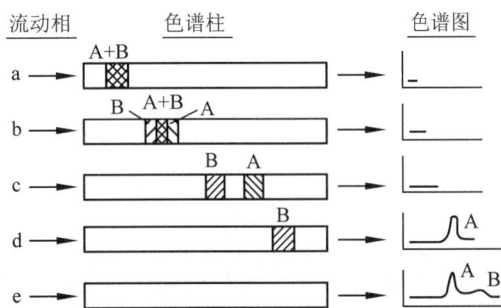

图 8-8 色谱分离过程示意图

8.4.1.2 流出曲线及相关术语

当组分从色谱柱流出后,记录仪记录的信号随时间或载气流出体积而分布的曲线称为色谱流出曲线图,简称色谱图,如图 8-9 所示。其纵坐标是响应信号(电压或电流),反映了流出组分在检测器内的浓度或质量的大小,横坐标是流出时间或载气流

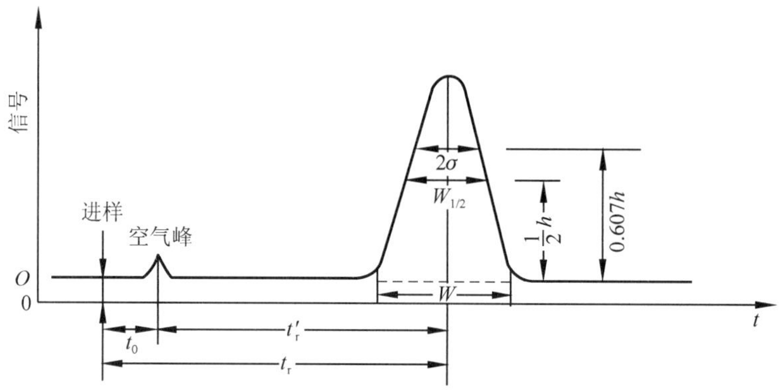

图 8-9　色谱流出曲线

出体积。色谱流出曲线反映了试样在色谱柱内分离的结果，是组分定性和定量的依据。

①基线。当操作条件稳定后，无样品组分进入检测器时，记录到的信号称为基线。稳定的基线是一条直线。

②色谱峰。当组分进入检测器时，检测器响应信号随时间变化的峰形曲线。

③峰高(h)。峰顶点到基线的距离。

④峰底宽度(W)。从峰两边拐点作切线与基线相交的截距。

⑤峰面积(A)。峰与基线延长线所包围的范围。

⑥半峰宽($W_{1/2}$)。峰高一半处的宽度称为半峰宽。

⑦保留时间(t_r)。从进样起到色谱峰顶的时间。

⑧死时间(t_0)。指不被固定相滞留的组分(如空气)，从进样开始到色谱峰顶所需要的时间。

⑨调整保留时间(t_r')。扣除死时间后的组分的保留时间，即组分保留在固定相内的总时间。

$$t_r' = t_r - t_0$$

8.4.2　气相色谱法(Gas Chromatography，GC)

气相色谱法是以气体为流动相的色谱法。气相色谱法具有选择性好、柱效高、灵敏度高和试样用量少的特点，适用于分析各种气体以及在适当温度下(通常不超过300℃)能挥发且热稳定性好的化合物的分离分析。

8.4.2.1　气相色谱法分离原理

被分离混合物由流动相载气推动进入色谱柱，根据各组分在固定相及流动相中的吸附能力、分配系数的差异进行分离，得到色谱图。根据色谱图中各组分的色谱峰的峰位置和出峰时间，可对组分进行定性分析；根据色谱峰的峰高或峰面积，可对组分进行定量分析。

8.4.2.2　气相色谱仪

目前气象色谱仪种类和型号繁多，主要由气路系统、进样系统、分离系统、检测系统和记录处理系统组成，如图 8-10 所示。

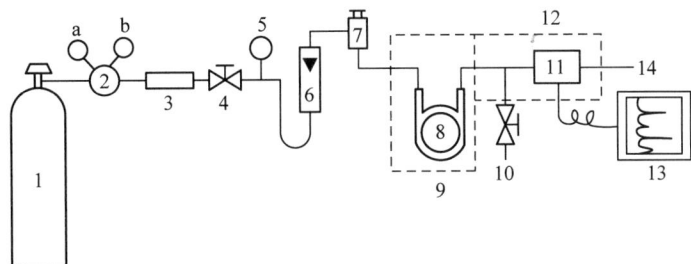

图 8-10　气相色谱仪的流程示意图

1. 载气瓶；2. 压力调节(a. 瓶压　b. 输出压力)；3. 净化器；4. 稳压阀；5. 柱前压力表；
6. 转子流量计；7. 进样器；8. 色谱柱；9. 色谱恒温箱；10. 馏分收集口；11. 检测器；
12. 检测器恒温箱；13. 记录器；14. 尾气出口

流动相(称为载气)由高压钢瓶输出，经减压阀减压及净化器净化，由稳压阀将气体调至所需压力和流速后，以稳定的压力和恒定的流速连续流经气化室、色谱柱、检测器后放空。试样被注入气化室后，瞬间气化为蒸气，被载气携带至色谱柱中进行分离。分离后的组分随载气依次进入检测器，检测器将组分的浓度(或质量)的变化转换为电信号，经放大后在记录仪上记录下来，即得到色谱图。

8.4.3　液相色谱法(Liquid Chromatography)

以液体为流动相的色谱法称为液相色谱法。

在液相色谱中采用高效固定相，并使用高压泵输送流动相，利用高效检测器监控组分的流出，这种液相色谱法称为高效液相色谱法(High Performance Liquid Chromatography，HPLC)。高效液相色谱法来分离分析高极性、高分子质量和离子型的各种物质。近年来，高效液相色谱得到了迅速的发展。

8.4.3.1　液相色谱分离原理

被分离混合物由流动相液体推动进入色谱柱，根据各组分在固定相和流动相中的吸附能力、分配系数、离子交换作用或分子尺寸大小的差异进行分离。按分离原理的不同，高效液相色谱法可分为液-液色谱法、液-固色谱法、键合相色谱法、离子交换色谱法、空间排阻色谱法及亲和色谱法。

8.4.3.2　高效液相色谱仪

高效液相色谱仪基本由高压输液系统、进样系统、分离系统、检测系统和数据处理系统组成，其结构如图 8-11 所示。

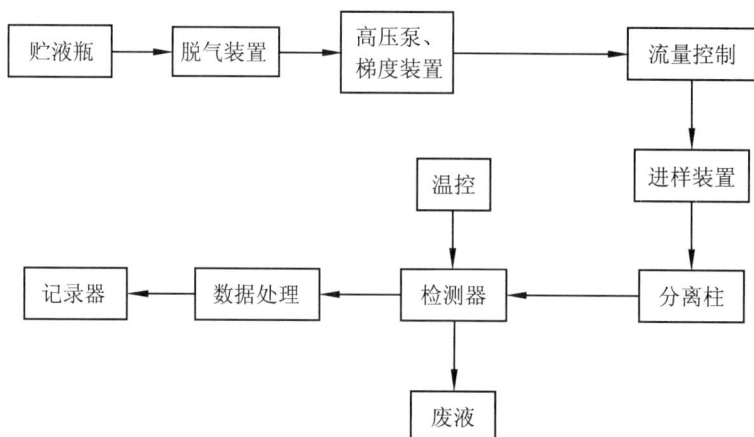

图 8-11　高效液相色谱仪结构框图

流动相经过过滤后以稳定的流速（或压力）由高压泵输送至分析体系，样品由进样器注入流动相，而后经过色谱柱，在色谱柱中各组分被分离，并依次随流动相流至检测器，检测到的信号送至工作站记录、处理和保存。

8.4.4　色谱分析法的应用

色谱分析法是现代分离分析的一个重要方法，气相色谱法和高效液相色谱法的发展与完善，使其具有灵敏、快速等优点，特别是高效液相色谱不受被分离物质的挥发性、热稳定性及相对分子质量的限制，广泛应用于有机化工、医药、农药、生物、食品、染料、环境监测等领域，如食品中农药残留量的分析、环境中有机污染物的监测、具有生理活性的大分子物质的分离提纯等。

随着各种与色谱有关的新技术（如超临界流体色谱等）和联用技术（如色谱-质谱联用等）的使用，色谱分析法成为生产和科研中解决各种复杂混合物分离分析课题的重要工具之一。

8-4　色谱分析法的定性、定量的依据是什么？

本章小结

1. 原子光谱分析法

原子光谱分析法是基于原子中的电子在能级跃迁时发射或吸收特征辐射，依据特征辐射的波长及其强度来进行定性或定量测定的分析方法。主要包括原子吸收光谱法、原子发射光谱法和原子荧光光谱法等。

原子吸收光谱分析法是依据测量物质气态的基态原子对特征辐射的吸收多少来进行定量分析的方法；原子发射光谱分析法是依据不同元素发射不同波长的特征光谱线及其强度来进行定性、定量分析的方法。

2. 分子光谱分析法

（1）光吸收定律

物质对光的吸收定律是郎伯-比尔定律，它表明：当一束平行单色光通过均匀、非散射的稀溶液时，溶液对光的吸收程度 A 与溶液的浓度 c 及液层厚度 l 的乘积成正比。

$$A = \lg I_0 / I = Kcl$$

（2）紫外-可见分光光度法

紫外-可见分光光度法是用紫外-可见分光光度计来进行测定的。紫外-可见分光光度计通常由光源、单色器、吸收池、检测器和信号显示系统 5 部分构成。紫外-可见分光光度法常用的定量分析方法是标准曲线法。

（3）红外光谱法

红外光谱法是利用物质对红外光区的电磁辐射的选择性吸收来进行分析的方法。依据红外光谱图可以对物质进行定性、结构分析和定量分析。

3. 电化学分析法

电化学分析法是根据物质的电化学性质及其变化规律来进行分析的方法。按照测定的参数不同，一般可将电化学分析法可分为电位分析法、伏安分析法、电导分析法、电解法、库仑分析法等。

电位分析法是利用电极电位和浓度之间的关系来确定物质含量的分析方法，它包括电位法和电位滴定法。前者是通过测量电池电位差以求得物质含量的分析方法；后者是根据滴定过程中电池电位差的变化来确定滴定终点的滴定分析方法。

4. 色谱分析法

色谱分析法是一种多组分混合物的两相分离分析技术，其分离原理是利用试样中不同组分在固定相和流动相中具有不同的分配系数。色谱流出曲线反映了试样在色谱柱内分离的结果，是组分定性和定量的依据。

色谱分析法按流动相的物态不同，可分为气相色谱法和液相色谱法。

【阅读材料】

元素光谱与元素周期表

元素光谱的复杂性及谱线出现的情况取决于元素原子基态及其价电子的状态和数目。这些价电子的状态和数目与元素周期表密切相关。因此，随着元素原子序数的增加，元素的光谱谱线出现的情况也呈现出周期性变化，主要规律有：

（1）同一周期元素，随着原子序数增大，外层价电子数也逐渐增加，因此它们的光谱也随之越复杂，而谱线的强度也逐渐减弱。

（2）由于主族元素只有 s、p 外层电子结构，所以谱线较少，强度较大；同族元素的价电子构型相同，光谱性质类似。

（3）对应副族元素有 3 种情况：

①内层 d 电子已饱和，仅有类似的外层 s 电子，如 Cu、Ag、Au、Zn、Cd、Hg 等，其谱线比较简单，强度比较大。

②对应那些 d 电子尚未填满的过渡元素来说，它们的谱线比较复杂，谱线数目较多，强度较弱。

③对于稀土元素及超铀元素，它们填充的是 f 层电子，它们的谱线就更复杂，强度更弱。

（4）同一元素的原子和离子，由于它们外层电子数不同，因此元素原子光谱和离子光谱差别很大。

（5）同一周期的元素，随着原子序数的增加，第一共振线和离子线波长逐渐变短。这与其核电荷数增加，共振电位和电离电位越高有关。

习　题

1. 选择题

（1）分析下列描述属于何种光谱分析法

①分子的振动、转动能级跃迁时对光的选择吸收产生的（　　）。

②基态原子吸收了特征辐射跃迁到激发态后又回到基态时所产生的（　　）。

③分子的电子吸收特征辐射后跃迁到激发态所产生的（　　）。

④基态原子吸收特征辐射后跃迁到激发态所产生的（　　）。

  A. 原子吸收光谱法   B. 原子发射光谱法

  C. 原子荧光光谱法   D. 紫外-可见分光光度法

  E. 红外光谱法

（2）对一个试样量很少的未知物的试样，而又必须进行多元素测定时，应该选用（　　）。

  A. 原子吸收光谱法   B. 原子发射光谱法

  C. 原子荧光光谱法   D. 紫外-可见分光光度法

（3）在原子吸收光谱仪中，目前常用的光源是（　　）。

  A. 火焰   B. 空心阴极灯   C. 钨灯   D. 氘灯

（4）有 A、B 两种不同浓度的同一有色物质的溶液，用同一波长的光测定。当 A 溶液用 1 cm 比色皿，B 溶液用 2 cm 比色皿时获得的吸光度值相同，则它们的浓度关系是（　　）。

  A. $c_A = 1/2c_B$ B. $c_A = c_B$ C. $c_A = 2c_B$ D. $2c_A = c_B$

（5）利用紫外-可见分光光度法测定两种同一浓度的不同物质的溶液，从绘制的光吸收曲线上可以得出（　　）。

  A. 光吸收曲线形状相同   B. 最大吸收波长相同

  C. 最大吸收峰高度相同   D. 以上说法均不正确

（6）关于参比电极的选择，下列说法错误的是（　　）。

  A. 电极电位值已知且恒定   B. 具有良好的重现性

  C. 能够快速、稳定的响应被测定离子 D. 具有很好的稳定性

（7）在气相色谱法中，用于定性分析的参数是（　　）。

  A. 峰面积   B. 峰高   C. 标准偏差 D. 保留时间

（8）气相色谱法和液相色谱法的区别在于（　　）。

  A. 色谱分离原理的不同   B. 固定相不同

  C. 流动相不同   D. 定性和定量分析方法不同

2. 简答题

（1）原子吸收光谱法为何要求使用锐线光源？

（2）简述物质对光选择性吸收的原因。

(3)什么是紫外-可见吸收分光光度法中的光吸收曲线？绘制光吸收曲线的目的是什么？

(4)电位法的指示电极和参比电极在测定时各起什么作用？

(5)色谱分析方法的分离原理是什么？

3. 计算题

(1)已知某溶液的吸光系数为 2.10×10^4 L·mol^{-1}·cm^{-1}，试计算 2.00×10^{-6} mol·L^{-1} 的溶液在 1 cm 吸收池中吸光度。

(2)以邻二氮菲法分析试样中 Fe(Ⅱ)含量，称取试样 0.500 g，经处理后，最后定容为 50.0 mL。用 1.0 cm 吸收池，在 510 nm 波长下测得吸光度 $A = 0.430$。计算试样中铁的质量分数。已知吸光系数为 1.1×10^4 L·mol^{-1}·cm^{-1}。

(3)以原子吸收光谱法分析试样中铜含量时，分析线为 324.8 nm。分别量取 0.00、0.50、1.00、1.50、2.00 mL 的 100 μg·mL^{-1} 铜标准溶液于 50.0 mL 容量瓶中，用 0.5 mol·L^{-1} 硝酸稀释至刻度，摇匀。测定其吸光度分别为 0、0.075、1.149、0.219、0.300。要求：①绘制标准曲线；②若取 10.00 mL 未知铜样品溶液在上述相同条件下定容至 50.0 mL 容量瓶中，测得其吸光度值为 0.160，计算样品溶液中铜的含量。

第9章　元素及其化合物

知识目标 🐚

1. 掌握卤族、氧族、氮族、碳族元素单质及其化合物的性质和用途。
2. 掌握碱金属、碱土金属单质及其化合物的性质和用途。
3. 了解常见的过渡元素及其化合物的性质和用途。

技能目标 🐚

1. 能利用各种元素单质及其化合物的性质进行物质的鉴别、使用等综合运用。
2. 能正确、安全使用常见的化学品。

素质目标 🐚

1. 培养学生严谨求实的职业素养。
2. 培养学生的安全意识。

在目前已发现的 112 种元素中，非金属元素为 22 种，金属元素为 90 种，在元素周期表中，以 B-Si-As-Te-At 的对角线为分界线，在分界线右上方为非金属元素，分界线的左下方为金属元素。

元素的性质与元素的结构密切相关。在元素周期表中共有 7 个横行，每一横行的元素组成一个周期，共有 7 个周期；把性质相似的元素排成纵行，称为族，共有 7 个主族（A 族），7 个副族（B 族），1 个零族，1 个Ⅷ族。同一周期的元素，从左到右非金属性逐渐增强；同一主族的元素，从上到下金属性逐渐增强。

本章主要选述一些非金属和金属元素及其化合物的特征性质和用途。

9.1　卤族元素

元素周期表中的ⅦA 族元素称为卤族元素，简称卤素，包括氟（F）、氯（Cl）、溴（Br）、碘（I）、砹（At）5 种元素，其单质（X_2）为双原子分子，均为活泼的非金属，能直接和金属化合生成盐，故得名。砹是人工合成的放射性元素，仅以微量且短暂地存在于铀和钍的蜕变产物中。

有关卤族元素的基本性质列于表 9-1。

表 9-1　卤族元素的基本性质

元素	氟(F)	氯(Cl)	溴(Br)	碘(I)
原子序数	9	17	35	53
价电子构型	$2s^2 2p^5$	$3s^2 3p^5$	$4s^2 4p^5$	$5s^2 5p^5$
常见氧化数	-1	-1, $+1$, $+3$, $+5$, $+7$	-1, $+1$, $+3$, $+5$, $+7$	-1, $+1$, $+3$, $+5$, $+7$
单质　常温下颜色、状态	浅黄色气体	黄绿色气体	红棕色液体	紫黑色固体
单质　熔点/℃	-219.7	-100.99	-7.3	113.5
单质　沸点/℃	-188.2	-34.03	58.75	184.34
单质　溶解度/(g/100 g H_2O)	分解水	0.732	3.58	0.029
单质　密度/($g \cdot cm^{-3}$)	$1.11(g)$	$1.57(g)$	$3.12(l)$	$4.93(s)$
原子半径/pm	64	99	114	133
第一电离能 I_1/(kJ $\cdot$ mol^{-1})	1681	1251	1140	1008
电负性 χ	4.0	3.0	2.8	2.5

9.1.1　卤素单质

9.1.1.1　物理性质

卤素单质的一些物理性质如熔点、沸点、颜色等，随着原子序数的增加而规律地变化。在常温下，F_2 为浅黄色气体；Cl_2 为黄绿色气体；Br_2 为易挥发的红棕色液体；I_2 为紫黑色固体，加热即可升华。利用碘的这一性质，可将粗碘进行精制。

卤素均有刺激性气味，其刺激性从 Cl_2 至 I_2 依次减小。吸入少量时，会引起胸部疼痛和剧烈咳嗽；吸入较多时会严重中毒，甚至导致死亡。

卤素易溶于乙醇、乙醚、四氯化碳等有机溶剂中，微溶于水。I_2 难溶于水，但能与 I^- 形成 I_3^- 而易溶于水：

$$I_2 + I^- \Longleftrightarrow I_3^-（棕色）$$

9.1.1.2　化学性质

卤素单质均为活泼的非金属，氧化性较强，能与金属、非金属以及水等发生反应，并且卤素的氧化性越强，所发生的反应就越剧烈。现将卤素单质的化学性质比较列于表 9-2 中。

9.1.1.3　用途

卤素单质的用途十分广泛。F_2 用来制取有机氟化物，如高效灭火剂（CF_2ClBr）、杀虫剂（CCl_2F）、塑料（聚四氟乙烯）等。氟碳化合物代红细胞制剂可作为血液代用品

表 9-2　卤素单质的化学性质比较

卤素单质		F_2	Cl_2	Br_2	I_2
与 H_2 反应	反应条件及现象	低温、暗处剧烈爆炸	强光爆炸	加热缓慢	高温强热缓慢，同时分解
	HX 的稳定性	很稳定	稳定	较不稳定	不稳定
与水反应	反应现象	剧烈爆炸	较慢地歧化反应	缓慢地歧化反应	很慢地歧化反应
	生成物	HF 和 O_2	HCl 和 HClO	HBr 和 HBrO	HI 和 HIO
与金属反应		能氧化所有金属	能氧化 Pt、Au 以外的金属	能与多数金属化合，有时需加热	可与多数金属化合，有时需加热或催化剂
X_2 的氧化性				逐渐减弱	
X^- 的还原性				逐渐增强	

应用于临床。此外，液态 F_2 还是航天燃料的高能氧化剂。

Cl_2 是一种重要的化工原料，主要用于制备盐酸、农药、炸药、有机染料、化学试剂、漂白纸张、布匹等。日常生活中，常用 Cl_2 对自来水进行杀菌消毒。

Br_2 是制取有机和无机化合物的工业原料，广泛用于医药、感光材料、含溴染料、香料等方面，它也是制取催泪性毒气和高效低毒灭火剂的主要原料。

I_2 在医药上有着重要的用途，如制备消毒剂（碘酒）、防腐剂（碘仿）、镇痛剂等。当人体缺碘时，会导致甲状腺肿大、生长停滞等病症。为了防止碘缺乏，可以多食海带、紫菜等含碘丰富的海产品。我国在食用盐中常加入 KIO_3 制成健康碘盐，可每天食用而不必担心碘过量。

9.1.2　卤素主要的化合物

9.1.2.1　卤化氢和氢卤酸

卤化氢都是无色、具有刺激性气味的气体。它们都是极性分子，故易溶于水，其水溶液叫氢卤酸。

（1）氢卤酸的酸性

氢卤酸都是挥发性的酸。除氢氟酸是弱酸外，其余的氢卤酸都是强酸，酸性强弱顺序为：HF＜HCl＜HBr＜HI。

HF 虽然是弱酸，但它能与 SiO_2（或硅酸盐）作用，而其他氢卤酸都无此性质。

$$SiO_2 + 4HF =\!= SiF_4\uparrow + H_2O$$

因此，HF 不宜贮存于玻璃器皿中，应盛于塑料容器中。该反应可用来腐蚀玻璃，溶解硅酸盐。同时，HF 能侵蚀皮肤，并且难以治愈，故在使用时须特别小心。

（2）氢卤酸的还原性

在氢卤酸中，卤素处于最低氧化数 -1，因此具有还原性，还原性大小顺序为：

HF＜HCl＜HBr＜HI。HF 几乎不具有还原性，任何强氧化剂都不能氧化它。其他氢卤酸通常被氧化为卤素单质。例如，强氧化剂 $KMnO_4$ 可氧化 HCl：

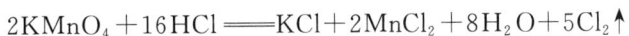

$$2KMnO_4+16HCl \Longrightarrow KCl+2MnCl_2+8H_2O+5Cl_2\uparrow$$

而 HI 甚至可被空气中的 O_2 氧化为 I_2，故 HI 溶液放置在空气中会慢慢变成黄色。

氢卤酸中以盐酸的工业产量最大，盐酸为一种重要的工业原料和化学试剂。同时，胃酸的主要成分就是盐酸。

9.1.2.2 卤素含氧酸及其盐

除氟外，氯、溴、碘都可以与氧化合，生成氧化数为＋1、＋3、＋5、＋7 的各种含氧化合物（氧化物、含氧酸和含氧酸盐），但它们都不稳定或不很稳定。比较稳定的是含氧酸盐，最不稳定的是氧化物。

含氧酸及其盐的化学性质主要为热稳定性和氧化性，含氧酸还有酸性。它们的制备通常采用氧化还原或复分解的方法。

在卤素的含氧酸及其盐中，以次氯酸和氯酸及其盐最为重要。

（1）次氯酸及其盐

Cl_2 与水作用，发生较慢的歧化反应，生成盐酸和次氯酸（HClO）。

$$Cl_2+H_2O \Longrightarrow HCl+HClO$$

HClO 具有杀菌和漂白的作用。而氯水之所以有漂白作用，就是由于 Cl_2 和水作用生成 HClO 的缘故，干燥的氯气是没有漂白能力的。

把 Cl_2 通入冷的碱溶液中，可生成次氯酸盐，反应如下：

$$Cl_2+2NaOH \Longrightarrow NaClO+NaCl+H_2O$$

$$2Cl_2+2Ca(OH)_2 \Longrightarrow Ca(ClO)_2+CaCl_2+2H_2O$$

漂白粉是 $Ca(ClO)_2$ 和 $CaCl_2$、$Ca(OH)_2$ 等的混合物，其有效成分是 $Ca(ClO)_2$。漂白粉在潮湿空气中受 CO_2 作用逐渐分解释放出 HClO：

$$Ca(ClO)_2+CO_2+H_2O \Longrightarrow CaCO_3+2HClO$$

漂白粉广泛用于漂白棉、麻、纸浆等。

（2）氯酸及其盐

将 Cl_2 通入热的碱溶液，可制得氯酸盐：

$$3Cl_2+6KOH \Longrightarrow 5KCl+KClO_3+3H_2O$$

由于 $KClO_3$ 在冷水中的溶解度不大，当溶液冷却时，就有 $KClO_3$ 白色晶体析出。固体 $KClO_3$ 受热会分解：

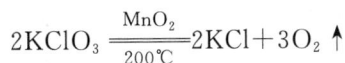

$$2KClO_3 \xrightarrow[200℃]{MnO_2} 2KCl+3O_2\uparrow$$

$$4KClO_3 \xrightarrow{480℃左右} 3KClO_4+KCl$$

固体氯酸盐是强氧化剂，和各种易燃物（如 S、C、P 以及有机物等）混合时，在撞击时发生剧烈爆炸，因此氯酸盐被用来制造炸药、火柴和焰火等。

氯酸盐在酸性溶液中具有强氧化性，为强氧化剂。

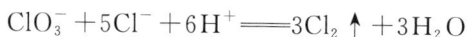

$$ClO_3^- + 5Cl^- + 6H^+ =\!=\!= 3Cl_2 \uparrow + 3H_2O$$

$$ClO_3^- + 6I^- + 6H^+ =\!=\!= 3I_2 + Cl^- + 3H_2O$$

（3）高氯酸及其盐

高氯酸（$HClO_4$）是无机酸中酸性最强的酸。无水高氯酸是无色液体，不稳定，在贮藏时可能会发生爆炸。浓热的高氯酸氧化性很强，遇到有机物质会发生爆炸反应。稀冷的高氯酸溶液氧化性很弱，当遇到活泼的金属 Zn、Fe 等则会放出 H_2。

$$Zn + 2HClO_4 =\!=\!= Zn(ClO_4)_2 + H_2 \uparrow$$

高氯酸盐是氯的含氧酸盐中最稳定的，无论是固体还是在溶液中都有较高的稳定性。固体高氯酸盐受热时都分解为氯化物和氧气，例如：

$$KClO_4 \xrightarrow{525℃} KCl + 2O_2 \uparrow$$

固态高氯酸盐在高温下是强氧化剂，但氧化能力比氯酸盐弱，可用于制造较为安全的炸药。NH_4ClO_4 用作火箭的固体推进剂。$Mg(ClO_4)_2$ 和 $Ba(ClO_4)_2$ 是很好的吸水剂和干燥剂。

9.1.3 卤素离子的鉴定

（1）Cl^- 的鉴定

氯化物溶液中加入 $AgNO_3$ 溶液，即有白色 AgCl 沉淀生成，该沉淀不溶于稀 HNO_3，但能溶于稀氨水：

$$Cl^- + Ag^+ =\!=\!= AgCl \downarrow（白色）$$

$$AgCl + 2NH_3 =\!=\!= [Ag(NH_3)_2]^+ + Cl^-$$

（2）Br^- 的鉴定

溴化物溶液中加入 $AgNO_3$ 溶液和稀 HNO_3，即有淡黄色的 AgBr 沉淀生成：

$$Br^- + Ag^+ =\!=\!= AgBr \downarrow（淡黄色）$$

溴化物溶液中加入氯水，再加 $CHCl_3$ 或 CCl_4 等有机溶剂，振摇，有机相显红棕色：

$$2Br^- + Cl_2 =\!=\!= Br_2 + 2Cl^-$$

（3）I^- 的鉴定

碘化物溶液中加入 $AgNO_3$ 溶液和稀 HNO_3，即有黄色的 AgI 沉淀生成：

$$I^- + Ag^+ =\!=\!= AgI \downarrow（黄色）$$

AgI 是照相工业的感光材料，还可作为人工降雨的"晶种"。

碘化物溶液中加入少量氯水或加入 $FeCl_3$ 溶液，即有 I_2 生成。I_2 在 CCl_4 中显紫色，如加入淀粉溶液则显蓝色：

$$2I^- + Cl_2 =\!=\!= I_2 + 2Cl^-$$

$$2I^- + 2Fe^{3+} =\!=\!= I_2 + 2Fe^{2+}$$

9-1 哪些事实能说明卤素单质的氧化性强弱顺序？

9-2 有 3 支试管分别盛有 HCl、HBr 和 HI 溶液，如何鉴别它们？

9.2 氧族元素

周期表中的 VIA 族元素包括氧(O)、硫(S)、硒(Se)、碲(Te)、钋(Po)5 种元素，称为氧族元素。氧和硫是典型的非金属元素，其中氧是地壳中含量最多的元素；硒、碲也是非金属，但具有部分金属性，硒常作半导体材料，碲可导电，两者均为稀有元素；钋是金属，为放射性元素。

9.2.1 氧族元素的基本性质

随着原子序数的递增，氧族元素的金属性依次增强，非金属性依次减弱；其氧化物的酸性依次减弱，碱性依次增强。基本性质见表 9-3 所列。

表 9-3 氧族元素的性质

元素	氧(O)	硫(S)	硒(Se)	碲(Te)
原子序数	8	16	34	52
价电子构型	$2s^2 2p^4$	$3s^2 3p^4$	$4s^2 4p^4$	$5s^2 5p^4$
常见氧化数	-2	-2、$+2$、$+4$、$+6$	-2、$+2$、$+4$、$+6$	-2、$+2$、$+4$、$+6$
熔点/℃	-218.8	112.8	220	449.5
沸点/℃	-183.0	444.6	685	989.8
共价半径/pm	66	104	117	137
第一电离能 I_1/(kJ·mol^{-1})	1314	1000	941	869
电负性 χ	3.5	2.5	2.4	2.1
化学性质递变规律	金属性依次增强，非金属性依次减弱			

由表 9-3 可以看出，氧族元素的性质变化趋势与卤素相似，随核电荷数增加呈规律性递变。氧族元素都有同素异形体，例如，氧有普通氧和臭氧两种单质；硫有斜方硫、单斜硫和弹性硫等。氧能和许多元素直接化合，生成氧化物；硫可以和氢、卤素及几乎所有的金属反应，生成相应的卤化物和硫化物。

氧和硫的单质的化学性质相似，它们对应化合物的性质也有很多相似之处，下面重点讨论氧和硫的重要化合物。

9.2.2 过氧化氢

纯的过氧化氢(H_2O_2)是无色的黏稠液体，在 $0.40℃$ 凝固、$151℃$ 沸腾，沸腾时伴有爆炸分解。H_2O_2 与水以任意比例互溶，其水溶液俗称双氧水，为一种极弱的二元酸。

纯的 H_2O_2 溶液比较稳定。但光照、加热和增大溶液的碱度都能促使其分解。MnO_2、Mn^{2+}、Fe^{3+} 等对 H_2O_2 的分解有催化作用。为防止分解，通常把 H_2O_2 溶液保存在棕色瓶中，并放于阴凉处。

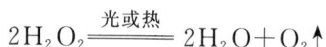

$$2H_2O_2 \xrightarrow{\text{光或热}} 2H_2O + O_2\uparrow$$

H_2O_2 的化学性质除了其弱酸性外，主要表现为氧化还原性，且常作氧化剂。例如，H_2O_2 在酸性溶液中可将 I^- 氧化为 I_2：

$$H_2O_2 + 2I^- + 2H^+ \Longrightarrow I_2 + 2H_2O$$

H_2O_2 的还原性较弱，只是在遇到比它更强的氧化剂时才表现出还原性。例如：

$$2MnO_4^- + 5H_2O_2 + 6H^+ \Longrightarrow 2Mn^{2+} + 5O_2\uparrow + 8H_2O$$

这一反应可用于高锰酸钾法定量测定 H_2O_2。

由于 H_2O_2 的氧化还原产物为 H_2O 和 O_2，使用时不会引入其他杂质，因此 H_2O_2 是一种理想的氧化还原试剂，用途非常广泛。医药上用约 3% 稀溶液作为混合消毒杀菌剂；工业上用约 10% 的稀溶液漂白毛、丝等；90% 的 H_2O_2 被用作喷气和火箭燃料的氧化剂。

9.2.3 硫化氢和金属硫化物

9.2.3.1 硫化氢

硫化氢(H_2S)是一种无色、有臭鸡蛋气味的有毒气体。空气中含 0.1% 的 H_2S 会使人头晕、恶心，甚至会造成死亡。所以，在制取和使用 H_2S 时要注意通风。

H_2S 微溶于水，其水溶液称为氢硫酸。$20℃$ 时，1 体积水可溶解约 2.6 体积的 H_2S，所得溶液的浓度约为 $0.1\ mol \cdot L^{-1}$。H_2S 和氢硫酸最主要的化学性质是弱酸性和还原性。

(1)弱酸性

氢硫酸是一种很弱的二元酸，分两级解离：

$$H_2S \Longrightarrow H^+ + HS^- \qquad K_1 = 9.1 \times 10^{-8}$$

$$HS^- \Longrightarrow H^+ + S^{2-} \qquad K_2 = 1.1 \times 10^{-12}$$

(2)还原性

H_2S 中 S 的氧化数为 -2，具有还原性，可被氧化剂氧化到 0、$+4$、$+6$ 共 3 种氧化态。氢硫酸在空气中放置能被氧气氧化，析出游离的硫而变浑浊：

$$2H_2S + O_2 \Longrightarrow 2S\downarrow + 2H_2O$$

强氧化剂可以将 H_2S 氧化成 H_2SO_4：

$$H_2S + 4Cl_2 + 4H_2O \rule{1.5em}{0.4pt} 8HCl + H_2SO_4$$

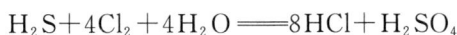

9.2.3.2　金属硫化物

绝大多数金属硫化物难溶于水,有些还难溶于酸,大多数具有特征颜色,见表 9-4 所列。

表 9-4　某些金属硫化物的颜色和溶解性

金属硫化物	颜色	溶解性	金属硫化物	颜色	溶解性
Na_2S	白色	易溶于水	SnS	棕色	难溶于水、难溶于稀酸
K_2S	棕黄色		PbS	黑色	
CaS	无色	微溶于水	CuS	黑色	
MnS	肉红色	难溶于水溶于稀酸	HgS	黑色	
FeS	黑色		Ag_2S	黑色	
ZnS	白色		CdS	黄色	

9.2.4　硫的重要含氧化合物

硫能形成多种氧化物、含氧酸及含氧酸盐。下面简要介绍这些物质的主要性质。

9.2.4.1　二氧化硫、亚硫酸及亚硫酸盐

二氧化硫(SO_2)是无色刺激性气体,硫及含硫物质(如煤、石油等)燃烧都有 SO_2 生成,是大气污染物中危害较大的一种。它是酸雨的主要成分,损害农作物、腐蚀建筑,并刺激人体呼吸道引起炎症。

SO_2 易溶于水,常温下 1 体积水能溶解约 40 体积的 SO_2。在 SO_2 水溶液中大部分以 $SO_2 \cdot xH_2O$ 的形式存在,少部分与水作用,生成亚硫酸:

$$SO_2 + H_2O \rule{1.5em}{0.4pt} H_2SO_3$$

亚硫酸很不稳定,仅存在于溶液中,为二元中强酸。

SO_2、亚硫酸及其盐既有氧化性,也有还原性,但以还原性为主。还原性以亚硫酸盐为最强,SO_2 为最弱。空气中的 O_2 可以氧化亚硫酸及亚硫酸盐:

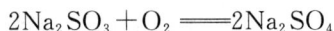

$$2H_2SO_3 + O_2 \rule{1.5em}{0.4pt} 2H_2SO_4$$

$$2Na_2SO_3 + O_2 \rule{1.5em}{0.4pt} 2Na_2SO_4$$

强氧化剂能迅速氧化亚硫酸和亚硫酸盐,例如:

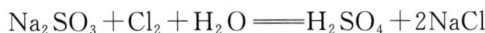

$$Na_2SO_3 + Cl_2 + H_2O \rule{1.5em}{0.4pt} H_2SO_4 + 2NaCl$$

碘-淀粉溶液遇到 SO_3^{2-} 蓝色会褪去:

$$SO_3^{2-} + I_2 + H_2O \rule{1.5em}{0.4pt} SO_4^{2-} + 2I^- + 2H^+$$

只有遇到强的还原剂时,亚硫酸及其盐才表现氧化性。例如:

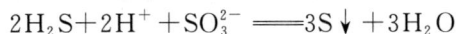

$$2H_2S + 2H^+ + SO_3^{2-} \rule{1.5em}{0.4pt} 3S\downarrow + 3H_2O$$

液态的 SO_2 蒸发时吸收大量的热,是一种制冷剂;SO_2 能与一些有机色素结合

成不稳定的无色物质，工业上可用于毛、丝、纸张等的漂白；SO_2 在发酵工业中是重要的消毒剂，也用作熏蒸剂来杀灭仓库害虫。

9.2.4.2　三氧化硫、硫酸及硫酸盐

SO_2 催化氧化可制得三氧化硫（SO_3），反应如下：

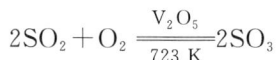

$$2SO_2 + O_2 \xrightarrow[\text{723 K}]{\text{V}_2\text{O}_5} 2SO_3$$

三氧化硫在室温下是无色挥发性固体，极易吸收水分，故在空气中强烈冒烟，溶于水即成硫酸，并放出大量的热。所产生的水蒸气与 SO_3 形成酸雾，影响吸收效果，因此工业上生产硫酸不是用水去吸收 SO_3，而是用浓硫酸吸收 SO_3。纯硫酸是无色油状液体，凝固点为 10.4℃，沸点为 338℃。将 SO_3 溶解在浓硫酸中所生成的溶液称为发烟硫酸。当它暴露在空气中时，挥发出来的 SO_3 和空气中的水蒸气形成硫酸的细小露滴而冒烟，故得名。

$$H_2SO_4 + xSO_3 \Longrightarrow H_2SO_4 \cdot xSO_3$$

硫酸的化学性质主要表现在以下 3 个方面：

（1）酸性

稀硫酸是二元酸中酸性最强的酸，它的第一步解离是完全的，但第二步解离较不完全：

$$H_2SO_4 \Longrightarrow H^+ + HSO_4^-$$
$$HSO_4^- \Longrightarrow H^+ + SO_4^{2-} \qquad K_a = 1.02 \times 10^{-2}$$

金属活泼性在氢以前的金属与稀硫酸作用产生氢气。

（2）吸水性

浓硫酸能和水结合为一系列的稳定水化物，因此它具有极强的吸水性，常用其作干燥剂。它还能从有机化合物中夺取水分子而具脱水性，这一性质常用于炸药、油漆和一些化学药品的制造中。

（3）氧化性

稀硫酸没有氧化性；浓硫酸具有很强的氧化性，特别在加热时，能氧化很多金属和非金属。浓硫酸作氧化剂时本身可被还原为 SO_2、S 或 H_2S。它和非金属作用时，一般被还原为 SO_2。浓硫酸可钝化铁和铝，故浓硫酸可用铁罐或铝罐来盛装。

硫酸盐有很多重要的用途，如明矾是常用的净水剂，胆矾（$CuSO_4 \cdot 5H_2O$）是消毒杀菌剂和农药，绿矾（$FeSO_4 \cdot 7H_2O$）是农药、药物等的原料。

9.2.4.3　硫代硫酸盐

硫代硫酸钠（$Na_2S_2O_3$）是无臭、清凉带苦味的无色晶体，易溶于水，在潮湿的空气中易潮解；在干燥空气中易风化。$Na_2S_2O_3 \cdot 5H_2O$ 俗称大苏打或海波。

硫代硫酸钠晶体热稳定性高，在中性或碱性水溶液中也很稳定，但在酸性溶液中易分解：

$$S_2O_3^{2-} + 2H^+ \Longrightarrow S\downarrow + SO_2\uparrow + H_2O$$

$Na_2S_2O_3$ 具有还原性，是中等强度的还原剂，与强氧化剂如氯、溴等作用被氧化成硫酸盐；与较弱的氧化剂（如碘）作用被氧化成连四硫酸盐：

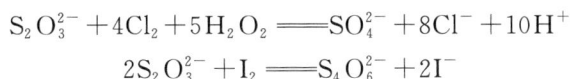

$$S_2O_3^{2-} + 4Cl_2 + 5H_2O_2 \Longrightarrow SO_4^{2-} + 8Cl^- + 10H^+$$

$$2S_2O_3^{2-} + I_2 \Longrightarrow S_4O_6^{2-} + 2I^-$$

前一反应在纺织、造纸等工业中用作除氯剂；后一反应为间接碘量法的基础。

$Na_2S_2O_3$ 的应用非常广泛，除了上述应用外，在照相业中作定影剂，在采矿业中用来从矿石中萃取银，在"三废"治理中用于处理 CN^- 的废水，在医药行业中用来作重金属、砷化物、氰化物的解毒剂。另外，它还应用于制革、电镀、饮水净化等方面，也是分析化学中常用的试剂。

9.2.5　微量元素——硒

硒是营养学上一种重要的微量元素之一，它在人体健康、发育、抗衰老等方面扮演着重要的角色。硒通过消除脂质过氧化物，阻断活性氧和自由基的致病作用，清除体内自由基和毒素，从而具有增强免疫力、延缓衰老、抑癌抗癌、防治糖尿病和心脑血管疾病等功能。

9-3　如何鉴别 Na_2SO_3、Na_2SO_4 和 $Na_2S_2O_3$ 这 3 种无色溶液？

9.3　氮族元素

元素周期表中第ⅤA族元素包括氮（N）、磷（P）、砷（As）、锑（Sb）、铋（Bi）5 种元素，统称为氮族元素。氮族元素表现出从典型非金属元素到典型金属元素的完整过渡，氮和磷是典型的非金属元素，砷过渡为半金属，锑和铋为金属元素，它们在自然界中主要以硫化物矿的形式存在。

9.3.1　氮族元素的基本性质

氮族元素的价电子层结构为 ns^2np^3，从上到下随着原子序数的增大，元素的非金属性逐渐减弱，金属性逐渐增强。基本性质见表 9-5 所列。

表 9-5　氮族元素的性质

元素	氮 (N)	磷 (P)	砷 (As)	锑 (Sb)	铋 (Bi)
原子序数	7	15	33	51	83
价层电子构型	$2s^2 2p^3$	$3s^2 3p^3$	$4s^2 4p^3$	$5s^2 5p^3$	$6s^2 6p^3$
常见氧化数	-3、$+1$、$+2$、$+3$、$+4$、$+5$	-3、$+1$、$+3$、$+5$	-3、$+3$、$+5$	$+3$、$+5$	$+3$、$+5$

（续）

元素		氮 （N）	磷 （P）	砷 （As）	锑 （Sb）	铋 （Bi）
单质性质	颜色、状态 （常温常压）	无色 气体	白磷：白色或黄色固体 红磷：红棕色固体	灰砷： 灰色固体	银白色 金属	银白色 或微显红色
	熔点/℃	−210	44.2(白磷)	811(2836 kPa)	630.5	271.5
	沸点/℃	−195.8	280.3(白磷)	612(升华)	1635	1579
原子半径/pm		70	110	121	141	152
第一电离能 I_1/(kJ $\cdot$ mol^{-1})		1400	1060	956	833	774
电负性χ		3.0	2.1	2.0	1.9	1.9
化学性质 递变规律		金属性依次增强，非金属性依次减弱				

9.3.2 氮及其重要化合物

9.3.2.1 氮气

氮气（N_2）是空气的主要成分，约占空气总体积的78%。纯净的 N_2 是无色、无味的气体，比空气稍轻，在标准条件下密度是 1.25 g $\cdot$ L^{-1}。N_2 在水中的溶解度很小，在通常状况下，1体积水大约溶解 0.02 体积的 N_2。

N 的化合态形式广泛存在于无机化合物和有机化合物中。工业上一般以空气为原料，将空气液化，利用液体氮的沸点比液态氧的沸点低而加以分离制备 N_2。

N_2 分子由两个 N 原子以一个 σ 键、两个 π 键结合而成 N≡N，键能很大，分子特别稳定，化学性质很不活泼，和大多数物质难于反应。但在一定条件下 N_2 能与 H_2、O_2 直接化合：

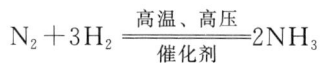

$$N_2 + 3H_2 \xrightarrow[\text{催化剂}]{\text{高温、高压}} 2NH_3$$

$$N_2 + O_2 \xrightarrow{\text{放电}} 2NO$$

N_2 也可以和镁、钙等元素化合生成 Mg_3N_2、Ca_3N_2，生成物遇水强烈水解放出 NH_3。

由于 N_2 的化学性质很稳定，常用 N_2 来填充灯泡，防止灯泡中钨丝的氧化；用作焊接金属的保护气；保存水果、粮食等农副产品等。

9.3.2.2 氨和铵盐

（1）氨

氨（NH_3）是无色、有刺激气味的气体。它极易溶于水，常温下，1体积水可溶解约 700 体积的氨。溶有氨的水溶液通常称为氨水，市售浓氨水密度为 0.91 g $\cdot$ cm^{-3}。

在氨的水溶液中，有一部分氨与水结合成水合物 $NH_3 \cdot H_2O$，该水合物不稳定，受热又分解为氨气和水；同时，在水合物中有一部分解离呈弱碱性，因此存在着下列平衡：

$$NH_3 + H_2O \Longleftrightarrow NH_3 \cdot H_2O \Longleftrightarrow NH_4^+ + OH^-$$

在 NH_3 分子中，N 的化合价为 -3 价，在一定条件下，可被氧化剂氧化成 N_2 或氧化数较高的氮的化合物。例如，NH_3 在纯 O_2 中燃烧，火焰显黄色：

$$4NH_3 + 3O_2 =\!=\!= 2N_2 \uparrow + 6H_2O$$

在铂催化剂的作用下，NH_3 还可被氧化为 NO：

$$4NH_3 + 5O_2 \xrightarrow{Pt、200℃} 4NO \uparrow + 6H_2O$$

此反应是工业上氨接触氧化法制造硝酸的基础反应。

常温下 NH_3 能与许多强氧化剂（如 Cl_2、H_2O_2、$KMnO_4$ 等）直接发生作用，例如：

$$3Cl_2 + 2NH_3 =\!=\!= N_2 \uparrow + 6HCl$$

NH_3 是一种重要的化工产品，它不仅是氮肥工业的基础，也是制造硝酸、铵盐等的重要原料；NH_3 在有机合成工业如合成纤维、塑料等中也是一种常用原料。

（2）铵盐

铵盐是 NH_3 和酸的反应产物。铵盐易溶于水，且都发生一定程度的水解。当铵盐与强碱作用时，产生 NH_3 能使湿润的石蕊试纸变蓝，可验证 NH_3 的存在。

固态铵盐加热极易分解，其分解产物因酸根的不同而异：

①由挥发性酸组成的铵盐被加热时，NH_3 与酸一起挥发，例如：

$$NH_4Cl \xrightarrow{\triangle} NH_3 \uparrow + HCl \uparrow$$

②由难挥发性酸组成的铵盐被加热时，只有 NH_3 挥发逸出，例如：

$$(NH_4)_2SO_4 \xrightarrow{\triangle} NH_3 \uparrow + NH_4HSO_4$$

③由氧化性酸组成的铵盐被加热时，分解产生的 NH_3 又会被酸氧化成 N_2 或 N_2O，例如：

$$NH_4NO_3 \xrightarrow{\triangle} N_2O \uparrow + 2H_2O$$

$$2NH_4NO_3 \xrightarrow{>300℃} 2N_2 \uparrow + O_2 \uparrow + 4H_2O$$

NH_4NO_3 和 $(NH_4)_2SO_4$ 主要用作肥料，NH_4NO_3 还用来制造炸药。NH_4Cl 可用于印染和制造干电池的原料，在热处理上用作脱氧剂。

9.3.2.3　氮的氧化物、含氧酸及其盐

（1）氮的氧化物

N 与 O 可形成多种氧化物：N_2O、NO、N_2O_3、NO_2、N_2O_5，其中最主要的是 NO 和 NO_2。

NO 是无色、有毒气体，在水中的溶解度较小，在放电条件下，N_2 与 O_2 可直接化合成 NO，在常温下 NO 很容易氧化为 NO_2：

$$N_2 + O_2 \xrightarrow{放电} 2NO$$

$$2NO + O_2 =\!=\!= 2NO_2$$

NO_2 是红棕色气体，具有特殊臭味并有毒。NO_2 与水反应生成硝酸和 NO：

$$3NO_2 + H_2O =\!=\!= 2HNO_3 + NO \uparrow$$

工业废气、燃料燃烧以及汽车尾气中都有 NO 和 NO_2。NO 是空气的主要污染气体之一；NO_2 能与空气中的水分发生反应，生成硝酸，是酸雨的成分之一，对人体、金属和植物都有害。目前处理废气中氮的氧化物可用碱液进行吸收：

$$NO+NO_2+2NaOH \Longrightarrow 2NaNO_2+H_2O$$

（2）亚硝酸及其盐

亚硝酸为一元弱酸，很不稳定，易分解，它仅存于冷的稀溶液中。浓溶液或微热时，会分解为 NO 和 NO_2：

$$2HNO_2 \Longleftrightarrow H_2O+N_2O_3 \uparrow \Longleftrightarrow H_2O+NO \uparrow +NO_2$$

亚硝酸虽然很不稳定，但亚硝酸盐却是稳定的。亚硝酸盐在有机合成及食品工业中用作防腐剂，加入火腿、午餐肉等中作为发色助剂，但要注意控制添加量，以防止中毒或致癌。

亚硝酸及亚硝酸盐既有氧化性又有还原性。在酸性介质中，主要表现为氧化性，例如：

$$2NO_2^- +2I^- +4H^+ \Longrightarrow 2NO \uparrow +I_2+2H_2O$$

亚硝酸盐除浅黄色的 $AgNO_2$ 微溶外，其余均易溶于水，有毒，是致癌物质之一。

（3）硝酸及硝酸盐

纯硝酸（HNO_3）为无色液体，易挥发，有刺激性液体。密度为 $1.5027\ g \cdot cm^{-3}$。沸点 $83℃$，凝固点 $-42℃$。浓度在 98% 以上的浓硝酸在空气中有发烟现象，称为发烟硝酸。硝酸遇光和热即会分解：

$$4HNO_3 \Longrightarrow 2H_2O+4NO_2 \uparrow +O_2 \uparrow$$

分解出来的 NO_2 又溶于 HNO_3，使 HNO_3 带黄色。

HNO_3 是强酸，具有强氧化性。很多非金属（如 C、P、S、I_2 等）都能被 HNO_3 氧化成相应的氧化物或含氧酸：

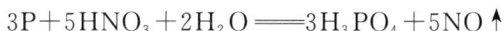

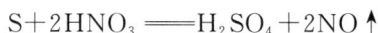

$$3C+4HNO_3 \Longrightarrow 3CO_2 \uparrow +4NO \uparrow +2H_2O$$
$$3P+5HNO_3+2H_2O \Longrightarrow 3H_3PO_4+5NO \uparrow$$
$$S+2HNO_3 \Longrightarrow H_2SO_4+2NO \uparrow$$
$$3I_2+10HNO_3 \Longrightarrow 6HIO_3+10NO \uparrow +2H_2O$$

在氧化还原反应中，HNO_3 的还原产物常常是混合物。通常，浓 HNO_3 作氧化剂时，还原产物主要是 NO_2；稀 HNO_3 作氧化剂时，还原产物主要是 NO；极稀的 HNO_3 作氧化剂时，只要还原剂足够活泼，还原产物主要是 NH_4^+。例如：

$$Cu+4HNO_3（浓）\Longrightarrow Cu(NO_3)_2+2NO_2 \uparrow +2H_2O$$
$$3Cu+8HNO_3（稀）\Longrightarrow 3Cu(NO_3)_2+2NO \uparrow +4H_2O$$
$$4Mg+10HNO_3（极稀）\Longrightarrow 4Mg(NO_3)_2+NH_4NO_3+3H_2O$$

1 体积浓 HNO_3 与 3 体积浓 HCl 混合称为王水，能溶解不溶于 HNO_3 的金和铂：

$$Au+HNO_3+4HCl \Longrightarrow H[AuCl_4]+NO \uparrow +2H_2O$$

$$3Pt + 4HNO_3 + 18HCl \rightleftharpoons 3H_2[PtCl_6] + 4NO\uparrow + 8H_2O$$

硝酸是重要的化工原料，在国防、工业上用来制造炸药、黑火药、氮肥等；硝酸盐可用于制造烟火与黑火药。

9.3.3　磷及其重要化合物

磷占地壳总量的 0.11%，是自然界中比较丰富而集中的元素，主要以磷酸盐的形式存在于矿石中。磷是生物体中不可缺少的元素之一，它存在于细胞、蛋白质、骨骼及牙齿中，在新陈代谢、神经功能和肌肉活动中起着重要的作用。

磷有多种同素异形体，常见的是白磷和红磷。纯白磷是无色透明蜡状晶体，见光时，其表面逐渐变金黄，故有黄磷之称。白磷有剧毒，不溶于水，易溶于 CS_2 中，着火点低(在空气中常温下即被迅速氧化而自燃，必须保存在水中)，在工业上用来生产高纯度的磷酸；在军事上用来制造燃烧弹和烟幕弹；红磷为暗红色粉末，无毒，不溶于水和 CS_2，在空气中很难被氧化，用于制造农药、安全火柴和其他磷化物。

磷的化学性质和氮相似，易与氧、卤素、硫等许多非金属直接化合，而且磷还能与一些金属反应，生成金属磷化物，尤其是白磷更易起反应。

$$4P + 5O_2 \rightleftharpoons 2P_2O_5$$

P_2O_5 是白色雪片状固体，与水化合生成磷酸。P_2O_5 有很强的吸水性，可作干燥剂和脱水剂。

$$2P + 3Cl_2(不足) \stackrel{\triangle}{\rightleftharpoons} 2PCl_3(l)$$

$$2P + 5Cl_2(过量) \stackrel{\triangle}{\rightleftharpoons} 2PCl_5(s)$$

PCl_3 和 PCl_5 均是有机合成的重要原料。

$$2P + 3Zn \stackrel{\triangle}{\rightleftharpoons} Zn_3P_2$$

$$P + Al \stackrel{\triangle}{\rightleftharpoons} AlP$$

Zn_3P_2 是一种灭鼠药；AlP 水解产生的 PH_3 是常见的熏蒸杀虫剂。

磷的含氧酸中最主要的为磷酸。磷酸属于稳定的三元中强酸，能形成 3 个系列的盐，即磷酸正盐、磷酸二氢盐和磷酸氢盐(如 Na_3PO_4、Na_2HPO_4 和 NaH_2PO_4)。所有磷酸二氢盐都能溶于水，而在磷酸氢盐和正磷酸盐中，只有铵盐和碱金属(除 Li 外)盐可溶于水。

向可溶性的磷酸正盐溶液中加入 $AgNO_3$ 溶液，即有黄色的 Ag_3PO_4 沉淀生成。该沉淀反应常用作 PO_4^{3-} 的鉴定。

$$3Ag^+ + PO_4^{3-} \rightleftharpoons Ag_3PO_4\downarrow(黄色)$$

磷酸盐可用作化肥、洗涤剂及动物饲料的添加剂，广泛应用于食品中以及电镀和有机合成上。

9.3.4　砷、锑、铋及其化合物

砷、锑、铋由于次外层电子构型为 18 电子，而与氮、磷的次外层 8 电子构型不

同，因此砷、锑、铋在性质上有更多的相似之处。

砷、锑、铋的氧化物有氧化数为 +3 的 As_2O_3、Sb_2O_3、Bi_2O_3 和氧化数为 +5 的 As_2O_5、Sb_2O_5。其中，As_2O_3（俗称砒霜）是白色粉状固体，剧毒。

As_2O_3 两性偏酸性，易溶于碱，也可溶于酸；Sb_2O_3 是两性氧化物，能溶于强酸或强碱溶液中，生成相应的盐；Bi_2O_3 是弱碱性氧化物，不溶于碱溶液，能溶于酸，生成铋盐。氧化数为 +3 的砷、锑、铋的盐都易水解：

$$AsCl_3 + 3H_2O = H_3AsO_3 + 3HCl$$

$$SbCl_3 + H_2O = SbOCl\downarrow（氯化氧锑）+ 2HCl$$

$$BiCl_3 + H_2O = BiOCl\downarrow（氯化氧铋）+ 2HCl$$

砷、锑、铋的含氧酸按 As—Sb—Bi 的顺序酸性依次减弱，碱性依次增强。

砷及所有含砷的化合物均有毒，而冶金、化工、化学制药、油漆、陶瓷等工业废水、废气中常含有砷，用石灰或硫化物，使其转化成难溶物而分离除去，可消除砷的污染。超纯锑是重要的半导体及红外线探测材料。铋合金具有凝固时不收缩的特性，用于铸造印刷铅字和高精度铸型；化合态的铋（如碳酸氧铋和硝酸氧铋）可用于治疗皮肤损伤以及肠胃病等。

9-4 请写出 Cu 分别与浓硝酸和稀硝酸反应的化学方程式。

9.4 碳族元素

元素周期表中的 ⅣA 族元素包括碳(C)、硅(Si)、锗(Ge)、锡(Sn)、铅(Pb)5 种元素，统称碳族元素。

9.4.1 碳族元素的基本性质

碳族元素由上而下从典型的非金属元素过渡到典型的金属元素。碳是非金属；晶体硅虽是非金属，但具有金属的性质；锗是金属，但具有非金属性，硅和锗均为半导体材料；锡和铅是典型的金属。

碳族元素的基本性质列于表 9-6。

表 9-6 碳族元素的基本性质

元素	碳(C)	硅(Si)	锗(Ge)	锡(Sn)	铅(Pb)
原子序数	6	14	32	50	82
相对原子质量	12.011	28.086	72.59	118.7	207.2
价电子层结构	$2s^2 2p^2$	$3s^2 3p^2$	$4s^2 4p^2$	$5s^2 5p^2$	$6s^2 6p^2$
共价半径/pm	77	117	122	140	147
主要化合价	+4，+2	+4	+2，+4	+2，+4	+2，+4

（续）

元素		碳(C)	硅(Si)	锗(Ge)	锡(Sn)	铅(Pb)
单质性质	颜色、状态（常温常压）	金刚石：无色固体 石墨：灰黑色固体	晶体硅：灰黑色固体	银灰色固体	银白色固体	蓝白色固体
	密度/(g·cm^{-3})	金刚石：3.15 石墨：2.25	2.32～2.34	5.35	7.28	11.34
	熔点/℃	金刚石：3550 石墨：3652～3697	1410	937.4	231.9	327.5
	沸点/℃	金刚石：4827 石墨：4827	2355	2830	2260	1740
第一电离能 I_1/(kJ·mol^{-1})		1086	787	762	709	716
电负性χ		2.55	1.99	2.01	1.96	2.33

9.4.2　碳及其重要化合物

碳元素是地球上分布最广、化合物最多的元素。碳单质有金刚石、石墨和无定形碳 3 种同素异形体，由于它们的晶体结构不同，所以性质上迥然不同。金刚石是无色透明晶体，呈立体状，折光性很强，是自然界硬度最大的物质，常用来制造钻头、磨具、刀具、切割玻璃等，广泛应用于冶炼、地质勘探、石油开采等工业。石墨是一种不透明的深灰色网状晶体，略带金属光泽，质软，有滑腻感，不溶于任何溶剂，有良好的导电性和导热性，故常用来制作电极等。无定形碳是在隔绝空气下加热含碳的有机化合物所得到的产物，其结构与石墨相似，不过它的晶体更小，而且排列很不规则。工业上常用的无定形碳有焦炭、木炭、活性炭和炭黑等。干馏煤可得焦炭，隔绝空气加热木材即得木炭，利用天然气的不完全燃烧可制得炭黑。

9.4.2.1　碳的氧化物

碳最常见的氧化物为一氧化碳（CO）和二氧化碳（CO_2）。

CO 是无色、无臭的气体，有毒。CO 具有一定的还原性，是冶金工业中常用的还原剂，也是良好的气体燃料。

CO_2 为无色、无味、无毒的气体，空气中约占 0.03%，不能燃烧，又不助燃，比空气重，故常用作灭火剂。由于 CO_2 能够强烈吸收太阳辐射能，随着工业的发展，大气中 CO_2 的含量逐渐增多，从而产生温室效应导致全球变暖。CO_2 的化学性质不活泼，常用作反应的惰性介质。固态 CO_2 称为干冰，可作为低温制冷剂。

9.4.2.2　碳酸盐

碳酸是二元弱酸，它与碱反应可生成正盐和酸式盐两种类型的盐。

（1）碳酸盐的溶解性

铵和碱金属（除 Li 外）的碳酸盐都溶于水，其他金属的碳酸盐难溶于水。大多数酸式盐都易溶于水。碳酸盐、碳酸氢盐在溶液中均会发生水解反应：

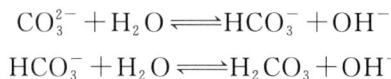

$$CO_3^{2-} + H_2O \Longrightarrow HCO_3^- + OH^-$$

$$HCO_3^- + H_2O \Longrightarrow H_2CO_3 + OH^-$$

一级解离远大于二级解离，因此碱金属碳酸盐的水溶液呈强碱性；碳酸氢盐的水溶液呈弱碱性。

（2）碳酸盐类的热稳定性

碳酸盐和碳酸氢盐的热稳定性较差，在加热或高温下会分解。如：

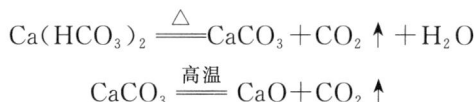

$$Ca(HCO_3)_2 \xrightarrow{\triangle} CaCO_3 + CO_2\uparrow + H_2O$$

$$CaCO_3 \xrightarrow{高温} CaO + CO_2\uparrow$$

在碳酸盐中，以钠、钾、钙的碳酸盐最为重要。Na_2CO_3 俗名纯碱。碳酸氢盐中以 $NaHCO_3$（小苏打）最为重要，在食品工业中，它与 NH_4HCO_3、$(NH_4)_2CO_3$ 等一起用作膨松剂。

9.4.2.3　CO_3^{2-}、HCO_3^- 的鉴定

向碳酸盐或碳酸氢盐溶液中加入稀酸，即有 CO_2 放出，将此气体通入氢氧化钙溶液中，即有白色沉淀生成：

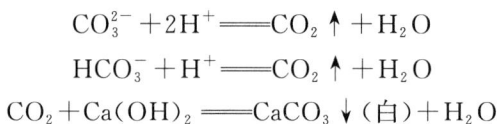

$$CO_3^{2-} + 2H^+ \Longrightarrow CO_2\uparrow + H_2O$$

$$HCO_3^- + H^+ \Longrightarrow CO_2\uparrow + H_2O$$

$$CO_2 + Ca(OH)_2 \Longrightarrow CaCO_3\downarrow（白）+ H_2O$$

9.4.3　硅的含氧化合物

9.4.3.1　二氧化硅

天然存在的二氧化硅（SiO_2）有晶态和无定形两种。晶态 SiO_2 称为石英。纯石英是无色透明的，紫水晶、玛瑙、碧玉都是含杂质的石英晶体。石英能耐高温，能透过紫外光，可用于制造医学和光学等的仪器。多孔性硅藻土是无定形 SiO_2，有强大的吸附能力，精制的硅藻土可用作柱层析的载体。

SiO_2 化学性质很不活泼，不溶于强酸，在室温下仅氢氟酸能与它反应：

$$SiO_2 + 4HF \Longrightarrow SiF_4\uparrow + 2H_2O$$

高温时，SiO_2 和 $NaOH$ 或 Na_2CO_3 共熔，得硅酸钠：

$$SiO_2 + 2NaOH \xrightarrow{共熔} Na_2SiO_3 + H_2O$$

$$SiO_2 + Na_2CO_3 \xrightarrow{共熔} Na_2SiO_3 + CO_2\uparrow$$

再用酸处理，即可制得硅酸：

$$Na_2SiO_3 + 2HCl \Longrightarrow H_2SiO_3 + 2NaCl$$

9.4.3.2　硅酸和硅胶

硅酸是一种极弱的酸，其组成很复杂，随形成时的条件而变化，常以 $x\,SiO_2 \cdot$

yH_2O 表示。现已知有正硅酸(H_4SiO_4)、偏硅酸(H_2SiO_3)、二偏硅酸($H_2Si_2O_5$)等，习惯用 H_2SiO_3 作为硅酸的代表。

硅酸在水中的溶解度不大，但生成的硅酸并不立即沉淀，而是逐渐聚合成高聚分子，形成硅溶胶或硅凝胶。

硅溶胶又称硅酸水溶胶，是水化的二氧化硅的微粒分散于水中的胶体溶液。硅凝胶经过干燥脱水后则成白色透明多孔性的固态物质，常称硅胶。在实验室中常把硅胶作为干燥剂和高级精密仪器的防潮剂。将硅胶用 $CoCl_2$ 溶液浸透、烘干、活化，可得蓝色的变色硅胶，常用于防止仪器受潮。

9.4.3.3　硅酸盐

硅酸或多硅酸的盐称为硅酸盐。地壳主要是由各种硅酸盐组成的。许多矿石如长石、云母、滑石、花岗岩等都是硅酸盐。硅酸钠是最常见的可溶性硅酸盐，其透明的浆状溶液称作"水玻璃"，俗称"泡花碱"，是纺织、造纸、制皂、铸造等工业的重要原料。

9.4.4　锡、铅的重要化合物

锡和铅的盐中最常见的是卤化物。

$SnCl_2$ 是实验室中常用的重要还原剂。例如，向 $HgCl_2$ 溶液中逐滴加入 $SnCl_2$ 溶液时，可生成 Hg_2Cl_2 的白色沉淀：

$$2HgCl_2 + SnCl_2 === SnCl_4 + Hg_2Cl_2 \downarrow（白）$$

当 $SnCl_2$ 过量时，亚汞盐将进一步被还原为黑色的单质汞：

$$Hg_2Cl_2 + SnCl_2 === SnCl_4 + 2Hg \downarrow（灰黑）$$

这一反应很灵敏，常用于定性鉴定 Sn^{2+} 或 Hg^{2+}。

$PbCl_2$ 为白色固体，冷水中微溶，能溶于热水，也能溶于盐酸或过量的 NaOH 溶液中：

$$PbCl_2 + 2HCl === H_2[PbCl_4]$$

$$PbCl_2 + 4OH^- === PbO_2^{2-} + 2Cl^- + 2H_2O$$

铅和可溶性铅盐都对人体有毒。急性中毒者可立即喝冷牛奶、生豆浆以及鸡蛋清进行急救；慢性中毒者则必须在医生的指导下服用驱铅制剂排铅。

9-5　如何鉴别 Na_2CO_3 和 $NaHCO_3$ 固体？

9.5　硼族元素

元素周期表中的ⅢA族元素包括硼(B)、铝(Al)、镓(Ga)、铟(In)、铊(Tl)5 个元素，统称硼族元素。硼族元素原子的价层电子构型为 ns^2np^1。它们的最高氧化数为 +3。硼、铝一般只形成氧化数为 +3 的化合物。从镓到铊，由于"惰性电子对效应"，氧化数为 +3 的化合物的稳定性降低，而氧化数为 +1 的化合物的稳定性增加。本节主要讨论硼和铝。

9.5.1 硼的重要化合物

9.5.1.1 硼的氢化物

硼的氢化物称为硼烷，最简单的硼烷是乙硼烷，它的分子式是 B_2H_6。

在室温下，硼烷是无色、具有难闻臭味的气体或液体。它们的物理性质与具有相应组成的烷烃相似，但化学性质要活泼得多。例如，乙硼烷在空气中能自燃，并放出大量的热：

$$B_2H_6(g)+3O_3(g) \Longrightarrow B_2O_3(s)+3H_2O(g) \qquad \Delta H^{\ominus}=-2033.79 \text{ kJ} \cdot \text{mol}^{-1}$$

由于硼烷燃烧的热效应很大，且反应速率快，所以有可能作为高能燃料用于火箭与导弹，也可用作水下火箭的燃料。但由于硼烷价格昂贵，不稳定，毒性很大，远远超过 HCN、光气（$COCl_2$），所以使用上受到限制。

9.5.1.2 硼的含氧化合物

（1）硼酸

硼酸（H_3BO_3）是六角片状的白色晶体，微溶于冷水，在热水中的溶解度有所增大。加热时，H_3BO_3 会失水生成偏硼酸，再进一步加热，生成氧化硼，加水，又生成 H_3BO_3：

$$H_3BO_3 \underset{+H_2O}{\overset{\triangle,\ -H_2O}{\Longrightarrow}} HBO_2 \underset{+H_2O}{\overset{\triangle,\ -H_2O}{\Longrightarrow}} B_2O_3$$

H_3BO_3 为一元弱酸。H_3BO_3 的弱酸性是由于 B 原子的缺电子性所引起的。H_3BO_3 在溶液中能与水解离出来的 OH^- 生成加合物，使溶液的 H^+ 浓度相对升高，溶液显酸性：

$$H_3BO_3+H_2O \Longrightarrow \left[\begin{array}{c} OH \\ | \\ HO-B \leftarrow OH \\ | \\ OH \end{array} \right]^- +H^+ \qquad K^{\ominus}=5.8 \times 10^{-10}$$

（2）硼酸盐

最主要的硼酸盐是硼酸钠（$Na_2B_4O_7 \cdot 10H_2O$），俗称硼砂。硼砂是无色透明晶体，在空气中易风化而失去部分结晶水。

熔融的硼砂能与不同的金属氧化物反应，生成各自不同特征颜色的复盐，可用来鉴定某些金属离子，称为硼砂珠试验。例如：

$$Na_2B_4O_7+CoO \Longrightarrow 2NaBO_2 \cdot Co(BO_2)_2（宝蓝色）$$

硼砂在水中易水解，先生成偏硼酸钠（$NaBO_2$），再水解成 NaOH 和 H_3BO_3，其水溶液显碱性。

$$Na_2B_4O_7+3H_2O \Longrightarrow 2NaBO_2+2H_3BO_3$$

$$2NaBO_2+4H_2O \Longrightarrow 2NaOH+2H_2BO_3$$

因此，硼砂可作为分析化学中的基准物，用来标定盐酸的浓度。

硼砂可作消毒剂、防腐剂及洗涤剂的填料，制造耐高温骤变的特种玻璃等。

9.5.2　铝的重要化合物

9.5.2.1　氧化铝

铝的氧化物（Al_2O_3）有多种同质异晶的晶体，其中自然界存在的 α - Al_2O_3 称为刚玉，含微量 $Cr(\text{Ⅲ})$ 的称为红宝石，含有少量 $Fe(\text{Ⅱ})$、$Fe(\text{Ⅲ})$ 和 $Ti(\text{Ⅳ})$ 的称为蓝宝石，含有少量 Fe_3O_4 的称为刚玉粉。α - Al_2O_3 有很高的熔点和硬度，化学性质稳定，不溶于水、酸和碱，常用作耐火、耐腐蚀和高硬度材料。γ - Al_2O_3 硬度小，不溶于水，但能溶于酸和碱，具有很强的吸附性能，可作吸附剂及催化剂。

9.5.2.2　氢氧化铝

氢氧化铝具有两性，碱性略强于酸性。在溶液中形成的 $Al(OH)_3$ 为白色凝胶状沉淀，并按下式以两种方式离解：

$$Al^{3+}+3OH^- \rightleftharpoons Al(OH)_3 \equiv H_3AlO_3 \xrightarrow[-H_2O]{+H_2O} H^+ + \left[Al(OH)_4\right]^-$$

9.5.2.3　铝盐

最常见的铝盐是 $AlCl_3$ 和 $KAl(SO_4)_2 \cdot 12H_2O$（明矾）。明矾溶于水后便发生水解，生成一系列碱式盐，直到生成 $Al(OH)_3$ 胶体。$Al(OH)_3$ 胶体能吸附水中的泥沙、重金属离子及有机污染物等一起沉降，因此，明矾可用作水的净化剂。$AlCl_3$ 是有机合成中常用的催化剂。

9-6　为什么说 H_3BO_3 是一元弱酸？

9.6　碱金属和碱土金属元素

元素周期表第ⅠA族由锂（Li）、钠（Na）、钾（K）、铷（Rb）、铯（Cs）、钫（Fr）6 种元素组成，称为碱金属。第ⅡA族由铍（Be）、镁（Mg）、钙（Ca）、锶（Sr）、钡（Ba）、镭（Ra）6 种元素组成，由于钙、锶、钡的氧化物兼有"碱性"和"土性"（难溶于水、难熔融的性质），故ⅡA族元素称为碱土金属。碱金属和碱土金属的化学活泼性很强，在自然界均以化合态形式存在。钠、钾在地壳中分布很广，其丰度均为 2.5%。锂、铷、铯、铍在自然界中的储量很小且分散，被列为稀有金属。钫和镭为放射性元素。

9.6.1　碱金属及碱土金属的通性

碱金属及碱土金属的基本性质汇列于表 9-7、表 9-8 中。

表 9-7　碱金属元素的基本性质

元素	锂(Li)	钠(Na)	钾（K）	铷(Rb)	铯（Cs）
原子序数	3	11	19	37	55
相对原子量	6.941	22.99	39.10	85.47	132.91
价电子构型	$2s^1$	$3s^1$	$4s^1$	$5s^1$	$6s^1$
常见氧化态	+1	+1	+1	+1	+1
原子半径/pm	152	186	227	248	265
单 质 熔点/℃	180.5	97.81	63.65	38.89	28.40
沸点/℃	1347	822.9	774	688	669.3
密度(25℃)/(g·cm^{-3})	0.534	0.971	0.856	1.532	1.8785
导电性	导体	导体	导体	导体	导体
颜色	银白色	银白色	银白色	银白色	略带黄色
第一电离能/(kJ·mol^{-1})	520	496	133	403	376
电负性χ	1.0	0.9	0.8	0.8	0.7

表 9-8　碱土金属元素的基本性质

元素	铍(Be)	镁(Mg)	钙(Ca)	锶(Sr)	钡(Ba)
原子序数	4	12	20	38	56
原子量	9.012	24.31	40.08	87.62	137.3
价电子构型	$2s^2$	$3s^2$	$4s^2$	$5s^2$	$6s^2$
常见氧化态	+2	+2	+2	+2	+2
原子半径/pm	89	136	174	191	198
单 质 熔点/℃	1.280	649	839	768	727
沸点/℃	2500	1105	1494	1381	1849
密度(25℃)/(g·cm^{-3})	1.850	1.740	1.540	2.600	3.510
导电性	导体	导体	导体	导体	导体
颜色	钢灰色	银白色	银白色	银白色	银白色
第一电离能/(kJ·mol^{-1})	900	738	590	550	503
第二电离能/(kJ·mol^{-1})	1757	1451	1145	1064	965
电负性χ	1.5	1.2	1.0	1.0	0.9

　　从表 9-7 和表 9-8 给出的具体数据可以观察ⅠA、ⅡA元素的性质变化呈现一定的规律性：

ⅠA	ⅡA	
Li	Be	
Na	Mg	
K	Ca	
Rb	Sr	
Cs	Ba	

原子半径逐渐增大 ↓

电离能、电负性逐渐减小　金属性、还原性逐渐增强

原子半径逐渐减小
电离能、电负性逐渐增大
金属性、还原性逐渐减弱

9.6.2　碱金属和碱土金属的化合物

9.6.2.1　氧化物

碱金属和碱土金属能形成 3 种类型的氧化物：正常氧化物、过氧化物和超氧化物。

（1）正常氧化物

碱金属中的 Li 和所有的碱土金属在空气中燃烧时，分别生成正常氧化物 Li_2O 和 MO（M 代表碱土金属）。反应式如下：

$$4Li+O_2 =\!=\!= 2Li_2O$$

$$M+O_2 =\!=\!= 2MO$$

Na、K、Rb、Cs 只能在缺氧条件下才能生成普通氧化物，但条件难以控制。

碱土金属的氧化物都是难溶于水的白色粉末。BeO 几乎不与水反应，MgO 与水缓慢反应生成相应的碱。

（2）过氧化物

除 Be 外，所有碱金属和碱土金属都能分别形成相应的过氧化物，其中只有 Na 和 Ba 的过氧化物可由金属在空气中燃烧直接得到。

过氧化钠（Na_2O_2）是最常见的碱金属过氧化物。将金属钠在铝制容器加热到 300℃，并通入不含 CO_2 的干燥空气，可得到淡黄色的 Na_2O_2 粉末。

$$2Na+O_2 \xrightarrow{300℃} Na_2O_2$$

过氧化钠与水或稀硫酸在室温下反应生成过氧化氢：

$$Na_2O_2+2H_2O =\!=\!= H_2O_2+2NaOH$$

$$2H_2O_2 =\!=\!= 2H_2O+O_2\uparrow$$

Na_2O_2、H_2O_2 都可用于漂白。过氧化钠还可用来制取氧气。

$$2Na_2O_2+2CO_2 =\!=\!= 2Na_2CO_3+O_2\uparrow$$

因此，Na_2O_2 可作高空飞行、水下作业的供氧剂以及 CO_2 的吸收剂。

碱土金属的过氧化物以过氧化钡（BaO_2）较为重要。在高温下，将氧气通过氧化

钡即可制得：

$$2BaO + O_2 \xrightarrow{773\sim793\ K} 2BaO_2$$

过氧化钡可作供氧剂、引火剂等。

（3）超氧化物

除了锂、铍、镁外，碱金属和碱土金属都能形成超氧化物。其中，钾、铷、铯在空气中燃烧能直接生成超氧化物 MO_2。

超氧化物与水反应剧烈，立即产生氧气和过氧化氢。例如：

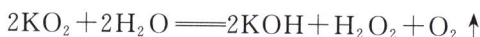

$$2KO_2 + 2H_2O == 2KOH + H_2O_2 + O_2\uparrow$$

因此，超氧化物也是强氧化剂。KO_2 还可以与 CO_2 作用：

$$4KO_2 + 2CO_2 == 2K_2CO_3 + 3O_2\uparrow$$

KO_2 常用于急救器和消防队员的空气背包中，可除去呼出的 CO_2 和湿气并提供 O_2。

9.6.2.2 氢氧化物

碱金属的氢氧化物对纤维和皮肤有强烈的腐蚀作用，所以称它们为苛性碱（氢氧化钠又名烧碱）。它们都是白色晶状固体，具有较低的熔点。除氢氧化锂外，其余碱金属的氢氧化物都易溶于水，并放出大量的热。在空气中容易吸湿潮解，所以固体 $NaOH$ 是常用的干燥剂。它们还容易与空气中的 CO_2 反应而生成碳酸盐，所以要密封保存。

碱金属、碱土金属的氢氧化物中，除 $Be(OH)_2$ 为两性氢氧化物外，其他的氢氧化物都是强碱或中强碱。这两族元素氢氧化物碱性递变的次序如下：

$$LiOH < NaOH < KOH < RbOH < CsOH$$

中强碱　　强碱　　强碱　　强碱　　强碱

$$Be(OH)_2 < Mg(OH)_2 < Ca(OH)_2 < Sr(OH)_2 < Ba(OH)_2$$

两性　　中强碱　　强碱　　强碱　　强碱

9.6.2.3 盐类

碱金属和碱土金属的常见盐类有卤化物、碳酸盐、硝酸盐、硫酸盐和硫化物等。下面讨论它们的共性和一些特性并简单介绍几种重要的盐。

（1）碱土金属盐的共性

微溶于水难溶于水。大多是离子型晶体，熔点都比较高，只有铍、镁的盐有部分共价性。热稳定性较大，难以分解。

碱土金属的卤化物、硫酸盐、碳酸盐对热也较稳定，但它们的碳酸盐热稳定性较碱金属碳酸盐要低。

（2）重要的碱土金属、金属盐在医药中的应用

①氯化钠（$NaCl$）：为白色结晶性粉末。除供食用外，氯化钠还是制取金属钠、

氢氧化钠、碳酸钠、氯气和盐酸等多种化工产品的基本原料。0.9% 的 NaCl 水溶液作为生理盐水，常直接用于病人的静脉注射，临床检验上用作稀释剂。冰盐混合物可作致冷剂。

②氯化钙（$CaCl_2$）：为无色立方结晶体，常见的氯化钙分为无水 $CaCl_2$、$CaCl_2 \cdot 2H_2O$ 和 $CaCl_2 \cdot 6H_2O$，无水 $CaCl_2$ 有很强的吸水性，是实验室常用的干燥剂。$CaCl_2 \cdot 6H_2O$ 和冰按 1.44∶1 的比例混合可获得 223.5 K 的低温，因此也是较好的制冷剂。氯化钙也是补钙和抗过敏疾病的普通药物。

③硫酸钡（$BaSO_4$）：为白色粉末，俗称重晶石，难溶于水，也难溶于酸。

硫酸钡可作白色涂料（钡白），在橡胶造纸工业中作白色填料，还是唯一无毒的钡盐，用于肠胃系统 X 射线的造影剂。

④硫酸钙（$CaSO_4$）：为白色单斜结晶或结晶性粉末，有吸湿性，溶于酸、硫代硫酸钠和铵盐溶液中，$CaSO_4 \cdot 2H_2O$ 俗称生石膏，加热至 393 K 左右部分脱水而成熟石膏（$CaSO_4 \cdot \frac{1}{2}H_2O$）：

$$2CaSO_4 \cdot 2H_2O \xrightarrow{393\ K} 2CaSO_4 \cdot \frac{1}{2}H_2O + 3H_2O$$

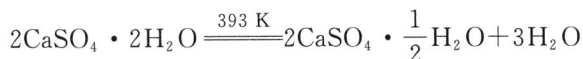

熟石膏与水混合成糊状后放置一段时间会逐渐硬化并膨胀，故用以制模型、塑像、粉笔和石膏绷带等。石膏还是生产水泥的原料和轻质建筑材料。

9.6.3　焰色反应与离子鉴定

碱金属和碱土金属的离子无论在晶体中还是溶液中都是无色的，但在无色火焰中灼烧时能呈现出各种特征的颜色，因此可用焰色反应来鉴别，表 9-9 列出了一些碱金属和碱土金属离子焰色反应的颜色。

表 9-9　一些金属离子的焰色反应的颜色

离子	Li^+	Na^+	K^+	Rb^+	Cs^+	Ca^{2+}	Sr^{2+}	Ba^{2+}
焰色	紫红	黄	紫	紫	紫红	橙红	洋红	黄绿

9-7　为什么 Na_2O_2 可作为潜水密闭舱中的供氧剂？请解释并写出有关的反应式。

9.7　过渡元素

一般把元素周期表中第四、五、六、七周期中，第ⅠB～ⅦB族和Ⅷ族元素，统称为过渡元素，见表 9-10 所列。

表 9-10　过渡金属元素

周期	ⅢB	ⅣB	ⅤB	ⅥB	ⅦB	Ⅷ			I	Ⅱ
四	Sc	Ti	V	Cr	Mn	Fe	Co	Ni	Cu	Zn
五	Y	Zr	Nb	Mo	Tc	Ru	Rh	Pd	Ag	Cd
六	La～Lu	Hf	Ta	W	Re	Os	Ir	Pt	Au	Hg
七	Ac～Lr									

同周期过渡元素金属性递变不明显，通常按不同周期将过渡元素分为 3 个过渡系：

第一过渡系：第四周期元素从钪(Sc)到锌(Zn)；

第二过渡系：第五周期元素从钇(Y)到镉(Cd)；

第三过渡系：第六周期元素从镧(La)到汞(Hg)。

钪、钇和镧系元素在性质上非常相似，常被总称为稀土元素。

过渡元素在自然界中储量以第一过渡系较多，它们的单质和化合物在工业上的用途也较广泛，如自然界储量较丰富的铁、锰、铜、锌等，同时也包括比较稀少的铸币金属金(Au)和银(Ag)以及许多稀有金属钛(Ti)、镍(Ni)等。

9.7.1　过渡元素的通性

过渡元素的价电子构型为 $(n-1)d^{1\sim10}ns^{1\sim2}$(Pd 除外，价电子为 $4d^{10}$)。它们的 ns 轨道上的电子数几乎保持不变，主要差别在于 $(n-1)d$ 轨道上电子数不同。由于只是内层 d 电子参与成键，因此过渡元素具有许多共性。

9.7.1.1　原子半径递变规律

与同周期主族元素比较，过渡元素的原子半径一般比较小。从左到右随原子序数的增加，原子半径慢慢减小(有效核电荷增加)，在ⅠB 前后又稍增大。因 Cu 副族前后的 d 亚层接近或达到全充满状态，屏蔽作用增大，所以半径稍增大。同族过渡元素的原子半径，自上而下略有增大(图 9-1)。第五、六周期(ⅢB 族除外)由于镧系收缩的结果，致使原子半径十分接近。

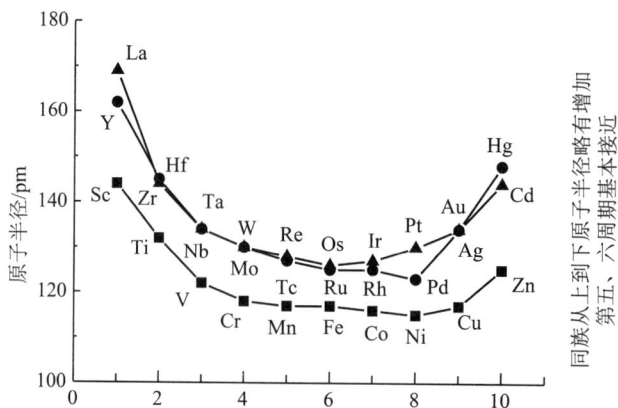

图 9-1　过渡元素的原子半径

9.7.1.2　过渡元素都是金属

过渡元素的最外层电子数一般都不超过两个(Pd 除外)，较易失去，所以它们都是金属，也称过渡金属元素。其中，除汞是液体外，其余都是具有金属光泽的固体。过渡元素一般具有较小的原子半径、较大的密度、较高的熔沸点和良好导电导热性。例如，铂的密度，钨的熔点，银的导电率，铬的硬度等都是最大的。

同一周期的过渡元素的原子半径变化不大，金属性从左到右减弱得极为缓慢；同一族的过渡元素由于核电荷数增加很多，而原子半径却增加不多，使电离能和升华焓增加显著，导致失电子能力减弱，因此从上到下金属性不但不增加，反而减弱。

9.7.1.3　有多种的氧化数

过渡元素除最外层 s 电子可参加成键外，次外层 d 电子在适当的条件下也可部分甚至全部参加成键，因此它们大多具有多种氧化数。现以第一过渡系为例，将其常见的氧化态列于表 9-11。

表 9-11　第一过渡系元素的主要氧化数

族序数	ⅢB	ⅣB	ⅤB	ⅥB	ⅦB		ⅧB		ⅠB	ⅡB
元素	Sc	Ti	V	Cr	Mn	Fe	Co	Ni	Cu	Zn
常见氧化态	+3	+2	+2	+2	+2	+2	+2	+2	+1	+2
		+3	+3	+3	+3	+3	+3	+3	+2	
		+4	+4	+6	+4	+6				
			+5		+6					
					+7					

从表 9-11 中可以看出，同一周期的过渡元素从左到右氧化数首先升高，然后逐渐降低。同族从上到下高氧化数趋向稳定。

9.7.1.4　水合离子大多具有颜色

过渡元素的离子在水溶液中以水合离子形式存在，且呈现一定的颜色，这与它们离子的 d 轨道有未成对电子有关，见表 9-12 所列。

表 9-12　过渡元素水合离子的颜色

离子中未成对 d 电子数	水合离子的颜色		
0	Sc^{3+}(无色)	La^{3+}(无色)	Ti^{4+}(无色)
1	Ti^{3+}(紫红色)	V^{4+}(蓝色)	
2	Ni^{2+}(绿色)	V^{3+}(绿色)	
3	Cr^{3+}(紫色)	Co^{2+}(桃红)	V^{2+}(紫色)
4	Fe^{2+}(淡绿色)	Cr^{2+}(蓝色)	
5	Mn^{2+}(淡红色)	Fe^{3+}(淡紫色)	

从表 9-12 中可以看出，Sc^{2+}、La^{3+}、Ti^{4+} 等由于其 d 轨道没有未成对电子，它们的水合离子均无色，而 d 轨道有 $1\sim5$ 个未成对电子的相应水合离子，则常具有各种不同的颜色。

9.7.1.5 过渡元素的配合性

过渡元素容易形成配合物。由于过渡元素的离子(原子)具有能级相近的外电子轨道 $[(n-1)d、ns、np]$，这种构型为接受配体的孤对电子形成配位键创造了条件，同时由于过渡元素的空的 d 轨道能接受电子，同时对核的屏蔽作用较小，因而有较大的有效电荷，对配位体有较强的吸引力，并对配位体有较强的极化作用。因此，过渡元素具有很强的配位性。

9.7.2 铜、银、锌、汞的重要化合物

9.7.2.1 铜的化合物

(1)铜氧化物和氢氧化物

铜的氧化物有 CuO(黑色)和 Cu_2O(暗红色)两种。两者均为碱性氧化物，对热不稳定，不溶于水，溶于酸。在潮湿的空气中，Cu_2O 可被缓慢氧化为 CuO。若有 O_2 存在，适当加热 Cu_2O 也能生成 CuO。人们利用这一反应来除去 N_2 中微量的 O_2：

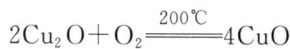

Cu_2O 可以用 H_2 还原 CuO 得到：

水合铜离子($[Cu(H_2O)_6]^{2+}$)呈蓝色。在 Cu^{2+} 的溶液中加入适量的 $NaOH$，析出蓝色的氢氧化铜 $[Cu(OH)_2]$ 沉淀。加热 $Cu(OH)_2$ 悬浮液到接近沸腾时分解出 CuO：

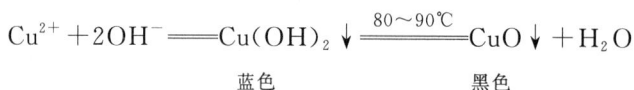

这一反应常用来制取 CuO。

$Cu(OH)_2$ 微有两性，能溶于酸和浓的强碱中，也能溶于氨水中。

向硫酸铜溶液中加少量氨水，得到浅蓝色碱式盐 $Cu_2(OH)_2SO_4$，继续加入氨水时，则得深蓝色的 $[Cu(NH_3)_4](OH)_2$。

$Cu(OH)_2$ 还可与葡萄糖反应：

此性质可用来检测糖尿病患者的病情。

(2)铜盐

五水硫酸铜($CuSO_4 \cdot 5H_2O$)是最常用的二价铜盐，为蓝色结晶。无水硫酸铜是白色粉末，吸水后变成蓝色。这一性质常用来检验有机液体(如乙醇、乙醚)中微量的水。硫酸铜的水溶液杀菌能力很强，在农业上常将硫酸铜和生石灰乳按比例混合成波

尔多液，用作杀虫剂，硫酸铜常用作微量元素肥料。

9.7.2.2　银的化合物

常见的银盐中，只有硝酸银（$AgNO_3$）易溶于水。

$AgNO_3$ 是常用的可溶性银盐，为无色、无味、有毒的结晶。受强热或日光直接照射时会逐渐分解：

$$2AgNO_3 \xrightarrow{\triangle} 2Ag + 2NO_2\uparrow + O_2\uparrow$$

因此，$AgNO_3$ 应放置在棕色瓶中保存。

NO_3^- 具有强氧化性，所以 $AgNO_3$ 属于强氧化剂，在常温下可被许多还原剂（如部分有机物或硫、磷）还原成黑色银粉。$AgNO_3$ 对有机组织有破坏作用，并能使蛋白质沉淀，10%的稀 $AgNO_3$ 溶液在医药上常用作杀菌剂。日化工业用于染毛发等。分析化学中用于定量测定 Cl^-、Br^-、I^-、CN^- 和 SCN^- 等，并用作测定锰的催化剂。

9.7.2.3　锌的化合物

（1）锌的氧化物和氢氧化物

氧化锌（ZnO）为白色粉末，不溶于水，又称锌白，常用作白色涂料。在 Zn^{2+} 的溶液中加适量强碱，便生成白色的氢氧化锌[$Zn(OH)_2$]沉淀。$Zn(OH)_2$ 受热脱水生成 ZnO。ZnO 和 $Zn(OH)_2$ 均呈两性。

$$ZnO + 2OH^- \rightleftharpoons ZnO_2^{2-} + H_2O$$

$$Zn(OH)_2 + OH^- \rightleftharpoons Zn(OH)_4^{2-}$$

$Zn(OH)_2$ 溶于氨水中，生成氨配离子：

$$Zn(OH)_2 + 4NH_3 \rightleftharpoons Zn(NH_3)_4^{2+} + 2OH^-$$

ZnO 具有杀菌能力和一定的收敛性，常用于制造药膏和收敛剂；$Zn(OH)_2$ 用作造纸填料。

（2）锌盐

氯化锌（$ZnCl_2$）是白色易吸湿的固体，溶解度很大，吸水性很强，在有机合成上作为吸水剂和催化剂。$ZnCl_2$ 的浓溶液具有酸性，能溶解金属氧化物：

$$ZnCl_2 + H_2O \rightleftharpoons H[ZnCl_2(OH)]$$

$$FeO + 2H[ZnCl_2(OH)] \rightleftharpoons Fe[ZnCl_2(OH)]_2 + H_2O$$

在焊接金属时，常用浓 $ZnCl_2$ 溶液来清除金属表面的氧化物。

水溶液中，Zn^{2+} 能与 NH_3、CN^- 形成配合物，与螯合剂二苯硫腙生成粉红色的螯合物，用此反应可鉴定 Zn^{2+}。

9.7.2.4　氯化汞和氯化亚汞

氯化汞（$HgCl_2$）为白色针状晶体，熔、沸点较低，加热能升华，又名升汞。有剧毒，医药上常用它的稀溶液作消毒剂。氯化亚汞（Hg_2Cl_2）又称甘汞，无毒，味略甜，为微溶于水的白色粉末。医药上用作轻泻剂，化学上用来制造甘汞电极，由于其见光易分解，故应存放在棕色瓶中。

$$Hg_2Cl_2 \Longrightarrow HgCl_2 + Hg$$

9.7.3   铬、钼、钨的重要化合物

铬、钼、钨 3 元素组成周期系第ⅥB族，它们的价电子层结构为 $(n-1)d^5ns^1$。有多种氧化形态，最重要的是氧化数为 +3 和 +6 的化合物。

三氧化二铬（Cr_2O_3）是一种绿色的固体，俗称铬绿，熔点很高，它是冶炼铬的原料和常用的绿色颜料。

Cr_2O_3 微溶于水，具有两性。Cr_2O_3 溶于 H_2SO_4 溶液，生成紫色的硫酸铬 $[Cr_2(SO_4)_3]$；溶于浓的强碱 NaOH 溶液，生成绿色的亚铬酸钠 $\{Na[Cr(OH)_4]$ 或 $NaCrO_2\}$。

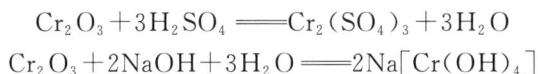

$$Cr_2O_3 + 3H_2SO_4 \Longrightarrow Cr_2(SO_4)_3 + 3H_2O$$
$$Cr_2O_3 + 2NaOH + 3H_2O \Longrightarrow 2Na[Cr(OH)_4]$$

重铬酸钾（$K_2Cr_2O_7$）俗称红矾钾，是大粒的橙红色的晶体。在所有的重铬酸盐中，以钾盐在低温下的溶解度最低，而且这个盐不含结晶水，可以通过重结晶的方法制备出极纯的盐，因此可用作定量分析的基准物质，在工业上还大量用于制造火柴、烟火、炸药等。

在酸性溶液中，$K_2Cr_2O_7$ 是强氧化剂，本身被还原成 Cr^{3+}。

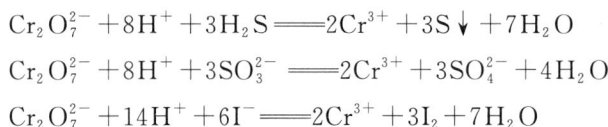

$$Cr_2O_7^{2-} + 8H^+ + 3H_2S \Longrightarrow 2Cr^{3+} + 3S\downarrow + 7H_2O$$
$$Cr_2O_7^{2-} + 8H^+ + 3SO_3^{2-} \Longrightarrow 2Cr^{3+} + 3SO_4^{2-} + 4H_2O$$
$$Cr_2O_7^{2-} + 14H^+ + 6I^- \Longrightarrow 2Cr^{3+} + 3I_2 + 7H_2O$$

$$K_2Cr_2O_7 + 14HCl \xrightarrow{\triangle} 2KCl + 2CrCl_3 + 3Cl_2\uparrow + 7H_2O$$

在分析化学中，常用 $K_2Cr_2O_7$ 来测定铁的含量；利用 $K_2Cr_2O_7$ 能将乙醇还原成乙酸，通过前后颜色的变化来检测司机是否酒后开车。

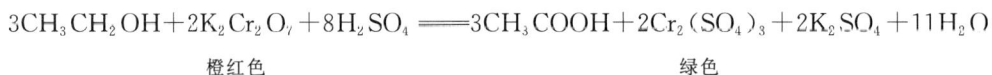

$$3CH_3CH_2OH + 2K_2Cr_2O_7 + 8H_2SO_4 \Longrightarrow 3CH_3COOH + 2Cr_2(SO_4)_3 + 2K_2SO_4 + 11H_2O$$

橙红色　　　　　　　　　　　　　　　　绿色

三氧化钼（MoO_3）和三氧化钨（WO_3）均不溶于水，仅能溶解在氨水或强碱性溶液中，生成相应的盐。

$$MoO_3 + 2NH_3 \cdot H_2O \Longrightarrow (NH_4)_2MoO_4 + H_2O$$
$$WO_3 + 2NaOH \Longrightarrow Na_2WO_4 + H_2O$$

在钼酸盐或钨酸盐溶液中加入盐酸，就会析出钼酸或钨酸沉淀：

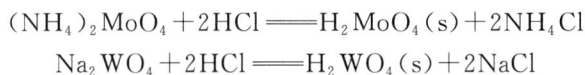

$$(NH_4)_2MoO_4 + 2HCl \Longrightarrow H_2MoO_4(s) + 2NH_4Cl$$
$$Na_2WO_4 + 2HCl \Longrightarrow H_2WO_4(s) + 2NaCl$$

钼酸、钨酸加热脱水，就变成相应的氧化物：

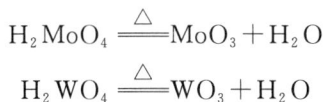

$$H_2MoO_4 \xrightarrow{\triangle} MoO_3 + H_2O$$
$$H_2WO_4 \xrightarrow{\triangle} WO_3 + H_2O$$

氧化数为＋3 的铬是人与动物的糖和脂肪代谢作用，特别是为保持正常的胆固醇代谢作用所必需的组成成分。氧化数为＋6 的铬则严重污染环境，对人体有毒。钼对生物的生长是一种关键元素，固氮酶中含有铁钼蛋白和铁蛋白，它们在自然界固氮催化过程中起着决定性作用。

9-8　如何检验无水乙醇中是否含有水？

9-9　如何快速检验司机酒后驾驶？

本章小结

1. 卤素的价层电子构型均为 ns^2np^5，是非常活泼的非金属，其物理性质和化学性质呈现规律性变化。

2. 卤素单质均能和 H_2、H_2O 和 NaOH 等直接化合，非金属性顺序为：$F_2 > Cl_2 > Br_2 > I_2$。在卤化氢分子中，HF 分子具有反常高的熔点、沸点。除氢氟酸是弱酸外，其余的氢卤酸都是强酸，酸性强弱：HF < HCl < HBr < HI。在卤素的含氧酸及其盐中，以次氯酸、次氯酸盐和氯酸盐为最重要。

3. 氧族元素价层电子构型均为 ns^2np^4，其性质变化趋势与卤素相似。

4. H_2O_2 是一极弱的二元弱酸，其化学性质主要表现为弱酸性、对热的不稳定性和氧化还原性；H_2S 和氢硫酸最主要的化学性质是弱酸性、还原性以及能与许多金属离子发生沉淀反应；H_2SO_4 是二元酸强酸，具有很强的吸水性、脱水性和氧化性。浓硫酸作氧化剂时本身可被还原为 SO_2、S 或 H_2S。

5. 氮可以形成多种氧化物，其中最主要的是 NO 和 NO_2；可形成 HNO_2 和 HNO_3 两种酸。HNO_2 是很不稳定的弱酸，但亚硝酸盐却是稳定的，具有氧化性、还原性，其氧化性比较突出。HNO_3 在氧化还原反应中，其还原产物常常是混合物。通常，浓 HNO_3 作氧化剂时，还原产物主要是 NO_2；稀 HNO_3 作氧化剂时，还原产物主要是 NO。

6. 碳族元素的价层电子构型为 ns^2np^2，能够形成氧化数为＋2、＋4 的化合物，碳最常见的氧化物为 CO 和 CO_2。CO_2 生成的碳酸为二元弱酸，它能生成两类盐：碳酸盐和碳酸氢盐。

7. 硼酸是一元弱酸，由于其在溶液中能与水解离出来的 OH^- 生成加合物，使溶液的 H^+ 浓度相对升高，溶液显酸性。

8. 碱金属和碱土金属原子的最外层电子排布分别为 ns^1 和 ns^2，同一族元素自上而下性质的变化呈现规律性。与氧气反应，可形成 3 种离子型氧化物，即正常氧化物、过氧化物和超氧化物。

9. 过渡元素基本上都是金属元素，一般具有较小原子半径、较大的密度、较高的熔沸点、良好导电导热性能、其水合离子大多具有一定的颜色、容易形成配合物等通性。

【阅读材料】

化学元素与人体健康

自然界中的元素有些对人体是必需的，有些则是有害的。凡是人体新陈代谢或生长发育所必需的元素，称为必需元素；反之，为非必需元素。必需元素中又分常量元素和微量元素两类，成人每日摄入 0.04 g 以上的称为常量元素，共 11 种，它们是：

氧、碳、氢、氮、钙、钾、钠、磷、镁、氯和硫。其中，氧、碳、氢、氮4种元素占人体总重的96%，其余的7种占人体总重的3.95%。成人每日的摄入量小于0.04 g的称为微量元素，目前已确定的微量元素有铁、锌、碘、硒、氟、溴、硼、铜、钼、钡、锰、铬、砷、钒、锡、硅、钴17种。占人体总重约0.05%。非必需元素也分两类，一类是人体新陈代谢和生长发育并不需要，但摄入少量后不会产生严重病理现象的，如铝、铋等元素；另一类不仅人体不需要，而且摄入微量会使人出现病态或新陈代谢严重障碍，这些元素，常称为有害元素或有毒元素，如汞、镉、铅等。

目前，我国膳食模式矿物质中以钙和铁缺乏较常见，某些地区和人群也会出现锌、碘、硒、氟等的缺乏。

钙缺乏会导致佝偻病、成年人骨软化症和骨质疏松症等疾病。在饮食方面，钙的来源以牛奶及其他奶制品为最好，不仅含量多而且吸收好。豆类制品、虾皮、蔬菜等，含钙也比较丰富。食品制作时加上些醋，可使钙较多地溶解出来。吃醋酸蛋能补钙，疗效显著。维生素D能促使小肠吸收钙和磷，使血液中钙、磷含量增高，促进骨骼的更新。多进行户外体育锻炼和接受日光照射，能促进新陈代谢，提高钙的吸收率。

铁在人体中的含量只有0.004%，微乎其微，但如果缺铁则会导致头晕、眼花、耳鸣、乏力、嗜睡、健忘等各种不适症状。动物肝脏、动物全血、肉类、虾米、蛋黄、黑木耳(干)、海带(干)、芝麻、芝麻酱、大豆、南瓜子、西瓜子、芹菜、苋菜、菠菜、韭菜、小米以及红枣、紫葡萄、红果、樱桃等含铁都比较丰富。其中，动物肝脏、血和肉中的铁，是以血红素形式存在的，最容易被吸收，其吸收率一般为22%，最高可达25%。维生素C能促进肠内铁的吸收。如服用各种铁剂须在医生指导下服用，过量则会中毒。

近年来发现有90多种酶与锌有关，体内任何一种蛋白质的合成都需要含锌的酶。锌可促进生长发育、性成熟等。动物性食物是锌的主要来源，如牡蛎、鱼等。豆类及谷类也含有锌。蔬菜、水果中含锌量极低。谷类等含锌量与当地土壤含量有关。

人体一旦摄入的碘不足，甲状腺激素合成减少，机体就会出现一系列的障碍，如导致甲状腺肿、呆小症等严重后果。孕妇缺碘可造成不孕、早产、死胎、畸形等后果。日常生活中，正常人应经常食用碘盐，同时可吃一些含碘丰富的海产品，如海带、紫菜等。

人体缺氟，不仅会造成龋齿，对骨骼也会产生重要影响。氟能增强骨骼的硬度，加速骨骼的形成，缺氟会造成老年性骨质疏松症。人的膳食和饮水中都含有氟。食品中以鱼类、各种软体动物(如贝类、乌贼、海蜇等)含氟较多，茶叶含氟量最高，而粮食、蔬菜和水果中的含氟量，因土壤和水质不同，有较大差异。

硒对人的生命有重要作用，可延缓细胞衰老、保护细胞的完整性、延长人类寿命，故硒被称为"生命的火种"，采用自然补硒的方法如多食取野生、天然的含硒量高的食品等，比摄取无机硒制剂更益于身体健康。

习　题

1. 举例说明卤素及 HX 基本性质的递变规律。

2. 请判断下列反应的方向，并说明原因。

(1)$KBr + I_2 \Longrightarrow KI + Br_2$

(2)$Na_2SO_4 + BaCl_2 \Longrightarrow BaSO_4 + 2NaCl$

3. 用最简便的方法鉴别下列各组物质。

(1)KCl 与 $NaCl$　(2)$NaOH$ 与 $Ba(OH)_2$　(3)$CaCO_3$ 与 $Ca(HCO_3)_2$

4. 有一混合溶液，内有 Ag^+、Cu^{2+}、Al^{3+} 和 Ba^{2+} 等金属离子，如何分离鉴定？请写出有关的反应式。

5. 商品 $NaOH$ 中为什么常含有杂质 Na_2CO_3？试用最简便的方法检查其存在。

6. 往一金属易拉罐内(内空)放入一满药匙的干冰，摇动几下后，立即注入 50 mL 6 mol·L^{-1} 的 $NaOH$ 溶液，用胶布密封罐口。过一段时间后，罐壁变瘪；再过一段时间后，瘪了的罐壁又重新鼓起。

(1)要产生上述实验现象，做易拉罐的金属是什么？

(2)罐壁变瘪的原因是什么？再度鼓起的原因是什么？解释写出反应方程式。

7. 过渡元素的水合离子为何多数有颜色？

实验实训部分

第1单元　无机及分析化学实验的基本知识

一、实验室基本要求

1. 实验室规则

①实验前认真预习实验内容，明确目的和要求，熟悉操作步骤、方法、基本原理和注意事项，写好预习报告。

②端正实验态度。实验时遵守纪律，保持安静，集中精力，认真操作，积极思考，严格遵守操作规程，取用药品后及时盖好原瓶塞，以保证实验安全。

③保持科学的实验态度。认真观察实验现象，如实记录实验数据。若实验中失误太多或数据间差别太大，应重做实验。

④严禁在实验室内饮食、吸烟。实验室所有的药品不得携出室外。有毒药品用剩后应交给老师。损坏仪器要声明登记。

⑤爱护仪器，节约水电。对不熟悉的或精密仪器和设备必须严格按照操作规程进行操作，听从指导，切不可随意乱动，以防仪器损坏或事故发生。如发现仪器有故障，立即停止使用，并上报给指导老师。

⑥保持实验室干净整洁。实验台面应始终保持清洁有序，实验中应按规定的量取用试剂，做到节约试剂，不乱扔废弃物。实验完毕后，把仪器清洗干净，整理好药品和实验台，清扫实验室。检查水、电、门、窗是否关闭等，得到指导老师的允许后方能离开。

2. 实验室安全守则

安全第一、预防为主。在化学实验中，经常要接触到易碎的玻璃器皿和易燃、易爆、有腐蚀性或有毒的药品，实验过程中常常需要用明火加热，稍有不慎，就有可能发生意外事故。因此，进行实验时，思想上必须高度重视安全问题，接受必要的安全教育，严格遵守实验操作规程和安全规则，确保人身安全和实验的正常进行。

①进入实验室首先要了解实验室的环境，熟悉实验室的水阀门、电源总开关和各种药品、仪器，以及消防用品和急救箱等的放置地点和使用方法。

②实验前要认真预习实验内容，熟悉每个实验步骤中的安全操作规定和注意事项。

③不要用湿手、物接触电源，水、电、气使用完立即关闭。

④开启、加热或倾倒装有腐蚀性物质(如硫酸、硝酸等)时，切勿俯视容器，以防液滴飞溅或腐蚀性烟雾造成伤害，同时应带上乳胶手套；在搬运盛有浓酸的容器时，

严禁用一只手握住细瓶颈搬动，防止瓶落地裂开；嗅闻气体时，应用手轻拂气体，能产生有刺激性或有毒气体的实验必须在通风橱内进行或注意实验室通风，以免中毒。有中毒症状者，应立即到室外通风处。

⑤凡做有毒和有恶臭气体的实验，应在通风橱内进行；凡做易挥发和易燃物质的实验，都应在远离火源的地方进行。

⑥取用药品要选用药匙等专用器具，不能用手直接拿取，防止药品接触皮肤造成伤害。

⑦有毒试剂、浓酸、浓碱具有强腐蚀性，不得进入口内或接触伤口。禁止任意混合各种试剂药品，以免发生意外事故。

⑧使用玻璃仪器时，要按操作规程，轻拿轻放，以免破损而造成伤害。

⑨实验室内严禁吸烟、饮食，严禁把食具带进实验室。实验室所用药品不得随意散失、遗弃，以免污染环境，影响身体健康。实验完毕，必须洗净双手。

3. 实验室废弃物的环保处理

在化学实验中难免会产生各种各样的有毒、有害的废液、废气和废渣（三废）。如果不经过必要的处理直接排放，会对环境和人身造成危害，而且废弃物中的贵重和有用的成分没能回收，在经济上也是损失。因此实验室"三废"处理应做到以下几点：

①爱护环境、保护环境、节约资源、减少废物产生，努力创造良好的实验环境，不对实验室的环境造成污染。

②实验室所有药品、中间产品、集中收集的废物等，必须贴上标签，注明名称，防止误用和因情况不明而处理不当造成环境事故。

③废液必须集中处理，应根据废液种类及性质的不同分别收集在不同的废液桶内，并贴上标签，以便处理。如果是废酸液，可先用耐酸塑料窗纱或玻璃纤维过滤，滤液加碱（废碱）中和，调 pH 值至 6～8，并用大量水稀释后方可排放。严格控制向下水道排放各类污染物，向下水道排放废水必须符合排放标准，严禁把易燃、易爆和容易产生有毒气体的物质倒入下水道。

④严格控制废气的排放，必要时要对废气吸收处理。处理有毒性、挥发性或带刺激性物质时，必须在通风橱内进行，防止散溢到室内，但排到室外的气体必须符合排放标准。

⑤严禁乱扔固体废弃物，要将其分类收集，分别处理。

⑥接触过有毒物质的器皿、滤纸、容器等要分类处理后集中处理。

⑦控制噪声，积极采取隔声、减声和消声措施，使其环境噪声符合国家规定的《城市区域环境噪声标准》，噪声应小于 70 dB。

⑧ 一旦发生环境污染事件，应及时处理上报。

4. 实验室意外事故的处理办法

实验室医药箱应具备有下列急救药品和器具：医用酒精、碘酒、红药水、创可贴、止血粉、烫伤油膏（或万花油）、1％的硼酸或 2％的醋酸溶液、1％碳酸氢钠溶液或 2％硼砂溶液、75％的酒精、3％双氧水等；医用镊子、剪刀、纱布、药棉、棉签和绷带等。在实验中，一旦发生了意外，要沉着冷静处理，充分发挥实验室的医药箱在紧急情况下的作用。

（1）眼伤

当腐蚀性的化学试剂溅入眼内，应立即用缓慢的流水彻底冲洗（如是浓硫酸，最好先用干布轻轻擦去）。如果是强酸灼伤，那么先用大量冷水冲洗，然后用1％碳酸氢钠溶液或2％硼砂溶液淋洗灼伤处；若是强碱灼伤，则先用大量冷水冲洗，再用2％的醋酸溶液或3％硼酸溶液洗涤，最后用水洗，并及时去医院；当玻璃渣或其他异物进入眼睛时，绝不要用手揉擦，尽量闭上眼睛且不要转动眼球，可任其流泪，也不要试图让别人去除碎屑，用纱布轻轻包住眼睛后，立即送医院处理。

（2）烧伤

烧伤的急救方法因原因不同而不同。

①化学烧伤。首先必须用大量的水冲洗患处。有机物灼伤，则用乙醇擦去有机物；溴的灼伤，用乙醇或10％ $Na_2S_2O_3$ 溶液擦至患处不再有黄色为止，再用水冲洗，并涂上甘油；酸灼伤，用2％～5％碳酸氢钠溶液或稀氨水清洗，再用水洗并涂上氧化锌软膏；碱灼伤，用2％～3％硼酸或2％醋酸溶液清洗，再用水洗，并涂上硼酸软膏。

②明火灼伤。要立即离开着火处，迅速用冷水冷却。轻度的火烧伤，用冰水冲洗。如果皮肤并未破裂，可擦治烧伤的药物，使患处及早恢复。当大面积的皮肤受到伤害时，可以用湿毛巾冷却，然后用洁净纱布覆盖伤处防止感染，并立即送医院治疗。

③着火。及时灭火。万一衣服着火，切勿奔跑，要有目的地走向最近的灭火毯（石棉毯）或灭火喷淋器。用灭火毯将身体包住，火会很快熄灭。

（3）割伤

小规模的割伤，先将伤口处的异物取出，洗净伤口，贴上"创可贴"或涂上红药水。若严重割伤，出血多时，则必须立即用手指压住或把相应动脉扎住，使血尽快止住。若绷带被血浸透，不要换掉，再盖上一块施压，并立即送往医院治疗。

（4）烫伤

被火焰、蒸汽、红热的玻璃或铁器等烫伤，立即将伤处用大量的水冲淋或浸泡，以迅速降温避免深度烧伤。若起水泡，不易挑破，可在伤处涂烫伤膏或万花油；严重烫伤时，应送医院治疗。

（5）中毒的急救

因口服引起的中毒，可饮用温热的食盐水（1杯水中放3～4勺食盐）或5～10 mL 5％ $CuSO_4$ 溶液加入一杯温水内服后，把手指伸入咽喉后部，促使呕吐。误食碱者，应饮大量水再喝些牛奶；误食酸者，先喝水，再服 $Mg(OH)_2$ 乳剂，再饮一些牛奶，不要催吐剂。重金属盐中毒者，喝一杯含有几克 $MgSO_4$ 的水溶液，立即就医，也不要用催吐剂。因吸入引起中毒时，立即到空气清新的地方做深呼吸。

（6）触电

立即切断电源，或用非导电体将电线从触电者身上移开。如已休克，则应立即将触电者移到新鲜空气处进行人工呼吸，并即时请医生到现场施救。

二、实验记录与实验报告

1. 化学实验的误差与数据处理

(1)准确度与误差

准确度是指实验测定值与真实值之间相符合的程度。准确度的高低常用误差的大小来衡量，即误差越小，准确度越高；误差越大，准确度越低。

误差有两种表示方法：绝对误差(E_a)和相对误差(E_r)。

绝对误差(E_a)表示测量值(x)与真实值(x_T)之差。

$$E_a = x - x_T$$

相对误差(E_r)为绝对误差在真实值中所占的比值。

$$E_r = \frac{E_a}{x_T} \times 100\%$$

(2)精密度与偏差

精密度表示各次测定结果相互接近的程度，精密度的大小用偏差来衡量，偏差越小，精密度越高。对一组平行测定结果 x_1，x_2，x_3，…，x_n，算出算术平均值 $\bar{x}$ 后，再用相应的绝对偏差、相对偏差、平均偏差、标准偏差、相对标准偏差等表示精密度。公式如下：

算术平均值 $\bar{x} = \dfrac{x_1 + x_2 + x_3 + \cdots + x_n}{n} = \dfrac{\sum\limits_{i=1}^{n} x_i}{n}$

绝对偏差 $d_i = x_i - \bar{x}$

相对偏差 $d_r = \dfrac{x_i - \bar{x}}{\bar{x}} \times 100\%$

平均偏差 $\bar{d} = \dfrac{|x_1 - \bar{x}| + |x_2 - \bar{x}| + \cdots + |x_n - \bar{x}|}{n} = \dfrac{\sum\limits_{i=1}^{n} |x_i - \bar{x}|}{n}$

相对平均偏差 $\bar{d_r} = \dfrac{\bar{d}}{\bar{x}} \times 100\%$

标准偏差 $S = \sqrt{\dfrac{(x_1 - \bar{x})^2 + (x_2 - \bar{x})^2 + \cdots + (x_n - \bar{x})^2}{n-1}} = \sqrt{\dfrac{\sum\limits_{i=1}^{n} (x_i - \bar{x})^2}{n-1}}$

相对标准偏差(变异系数 RSD)　$S_r = \dfrac{S}{\bar{x}} \times 100\%$

极差　$R = X_{max} - X_{min}$

相对极差　$R_f = \dfrac{R}{\bar{x}} \times 100\%$

其他有关实验数据的统计处理等，可参考相关资料。

2. 实验记录

实验过程中各种测量数据及有关现象，应及时、准确地记录下来。要实事求是，坚持严谨的科学态度，绝对不允许拼凑、修改或伪造数据。

实验中有关仪器的型号、厂家、装置以及溶液的配制等，应及时记录下来。

记录实验中的测量数据时，应注意有效数字及其运算的正确表达。如发现数据记错、算错、测错等而需更改数据，可将原来数据用一横线或斜线划去，并在其上方写出正确的数据。记录中的文字叙述部分，应尽可能简明扼要；数据记录部分，应先设计一定的表格形式，这样更为整齐、有条理。

3. 实验报告

实验完成后，应根据预习和实验中的现象和数据记录等，及时认真地撰写实验报告。一份合格的实验报告应包括以下 9 个方面的内容：

①实验名称和实验日期。也应记录天气状况、温度和湿度等。

②实验目的及要求。简明扼要地指出进行该实验的目的和要求。

③实验原理。简述该实验的基本理论及相关化学反应式，作为进行此项实验的理论依据。

④主要试剂与仪器或实验装置图。应列出实验所需的主要试剂与仪器的名称、规格及数量，制备实验要求画出实验装置图。

⑤实验步骤。按操作时间先后顺序条理化地表达实验进行的过程，实验步骤按不同实验要求，用箭头、方框、表格等形式表达，既可减少文字，又简单明了，实验过程中需要特别注意和小心操作的地方要着重注明，切忌抄袭教材。

⑥实验现象或原始数据表格。应及时、正确、客观地记录实验现象或原始数据。能用表格形式表达的最好用表格，一目了然，便于分析和比较。

⑦数据处理。数据处理是对实验中记录的原始数据列表加以整理。表格应精心设计，使其易于显示数据的变化规律及参数之间的相互关系。项目栏要列出所测数据的名称、代号及量纲单位。数据处理方法应符合规定。

⑧实验结果。实验结果是整个实验的成果和核心，是对实验现象、实验数据进行客观分析和处理之后得出的结论，并以表格或作图的方式来表达。图与表格要符合规范要求，并作必要的说明。

⑨问题与讨论。问题是对实验思考题的解答或对实验内容及方法提出的改进意见和建议，便于学生与教师进行交流和探讨。讨论是对影响实验结果的主要因素、异常现象或数据的解释。

三、化学试剂

化学试剂是具有不同纯度标准的精细化学品，其价格因纯度不同而有所差别，有的相差还很大。因此，做实验时应按实验对试剂纯度的要求选用不同规格的试剂，既不能盲目追求准确度而选用高纯度的试剂以免造成浪费，又不随意降低试剂规格影响实验结果。下面简要介绍化学试剂的分类和规格以及化学试剂的存放和取用知识。

1. 化学试剂的分类和规格

化学试剂按用途可分为一般试剂、标准试剂、特殊试剂、高纯度试剂等多种；按化学组成、结构和性质又可分为无机试剂、有机试剂。我国试剂等级标准是根据化学试剂的纯度和杂质含量，将试剂分为 5 个等级，并规定了试剂包装的标签颜色及应用范围(表 1-1)。

表 1-1　化学试剂规格及应用范围

等级	名称	符号	标签标志	应用范围
一级	优级纯（保证试剂）	GR	绿色	精密分析研究工作
二级	分析纯（分析试剂）	AR	红色	分析实验
三级	化学纯	CP	蓝色	一般化学实验
四级	实验试剂	LR	棕色	一般化学辅助实验
生化试剂	生物试剂	BR	咖啡或玫红	生化实验及医用化学实验

2. 试剂的存放

固体试剂存装在广口瓶内，液体试剂存放在细口试剂瓶中。一些用量少且使用频繁的试剂，如指示剂、定性分析试剂等可盛装在滴瓶内。见光易分解的试剂（如 $AgNO_3$）应放在棕色瓶内；盛强碱性试剂（如 $NaOH$）的细口瓶用橡皮塞；易腐蚀玻璃的试剂（如氟化物等）应保存在塑料瓶中；H_2O_2 通常存放在不透明的塑料瓶中。每一个试剂瓶上都贴有标签，标明试剂的名称、浓度、纯度以及配制的日期等。

3. 试剂的取用

（1）固体试剂

用干燥、洁净的药匙取用，要称取一定量的固体试剂时，可将试剂放到纸上、表面皿、烧杯等干燥洁净的玻璃容器或称量瓶内进行称量，具有腐蚀性、强氧化性或易潮解的试剂不能在纸上称量，应放在称量瓶等玻璃容器内称量。试剂取用后应立即盖紧瓶盖；多取出的试剂不能倒回原瓶内。将固体试剂送入试管的方法如图 1-1～图 1-3 所示。

图 1-1　用钥匙往试管里
送固体试剂

图 1-2　用纸槽往试管里
送固体试剂

图 1-3　块状固体沿壁管
慢慢滑下

（2）液体试剂

从细口瓶中取试剂用倾斜法。取下瓶盖倒放在桌上，右手握住试剂瓶上贴标签的一面，逐渐倾斜瓶子，使试剂沿瓶口流入试管、量筒等容器中。若所用的容器为烧杯，则倾倒液体时可用玻棒引流，如图 1-4 所示。倒出所需量试剂后，将试剂瓶口在容器上靠一下，再使瓶口竖立，以免液滴沿试剂瓶外壁流下。用完后，即将瓶盖盖上。

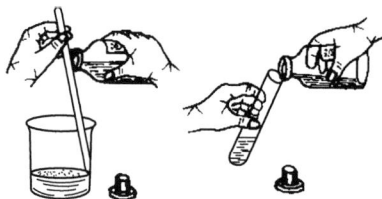

图 1-4　倾斜法

取用滴瓶中的试剂时，要用滴瓶中的滴管，不能用别的滴管。滴管必须保持垂直，避免倾斜，尤忌倒立，否则试剂流入橡皮头内而弄脏。滴管的尖端不可接触容器的内壁，更不能插到其他溶液里，也不能把滴管放在原滴瓶以外的任何地方，以免杂质玷污。

定量取用液体试剂时，根据要求可选用量筒和移液管等。

第 2 单元 无机及分析化学实验的 基本仪器和操作

一、常用玻璃仪器和相关操作

1. 常用玻璃仪器简介

无机及分析化学实验常用玻璃仪器的介绍见表 2-1 所列。

表 2-1 常用玻璃仪器介绍

仪 器	主要用途	注意事项
干燥器	下层放干燥剂，可保持内部放置的固体样品的干燥	防止盖子滑动而打破。红热的物品待稍冷却后才能放入，放置物完全冷前应隔一定时间开一次盖子，调节干燥器内的压力
称量瓶	精确称量时，放置称量物质	用纸条包裹（或戴手套）取放
分液漏斗和滴液漏斗	两相液体分离、液体洗涤和萃取富集；作制备反应中加液仪器	①不能用火焰直接加热；②活塞不能互换；③进行萃取时，振荡初期应放气数次；④液滴加到反应器中时，下尖端应在反应液下面

（续）

仪　器	主要用途	注意事项
玻璃砂芯漏斗　玻璃砂芯坩埚	过滤溶液，使固液分离	不能过滤强碱性溶液
酸式、碱式和自动滴定管	准确测量流出液体的体积，用于分析滴定	按滴定剂的酸碱性选用酸式或碱式滴定管，自动滴定管无酸碱之分，使用前需进行容量校正
吸量管　移液管	准确移取一定量的溶液	①不能加热；②读数方法同量筒，未标"吹"字，不可用外力使残留在末端尖嘴溶液流出；③用毕立即洗净

（续）

仪　器	主要用途	注意事项
洗瓶	内装蒸馏水，主要用于淋洗仪器内壁	使用时尖嘴不要碰到被淋洗仪器壁
试管	普通试管用作少量药剂的反应容器；离心试管用于沉淀离心分离	①普通试管可直接用火加热，硬质的可加热至高温，但不能骤冷；②离心试管不能直接加热，只能用水浴加热；③反应液体不超过容积的1/2，加热液体不超过容积的1/3；④加热前试管外壁要擦干，要用试管夹夹持。加热时管口不要对着人，要不断振荡，使试管下部受热均匀；⑤加热液体时，试管与桌面呈45°；加热固体时，管口略向下倾斜
烧杯	药剂量较大时，用于配制溶液、溶样，进行反应、加热蒸发等，还可用于滴定	①加热前先将外壁水擦干，不可干烧；②反应液体不超过容积的2/3，加热液体不超过容积的1/3
量杯　量筒	粗略量取一定体积的液体	①不能加热或量取热的液体；②不能用作反应容器，也不能用来配制或稀释溶液

（续）

仪　器	主要用途	注意事项
广口瓶　　细口瓶　　滴瓶	广口瓶盛放固体试剂；细口瓶和滴瓶盛放液体试剂或溶液；棕色瓶用于盛放见光易分解、易挥发的不稳定试剂	①不能加热； ②磨口塞或滴管要原配套，不得互换使用；存放碱液瓶应用胶塞； ③不可在瓶内配制热效应大的溶液； ④滴管不能吸得太满，也不能倒置，防止液体进入胶帽
酒精灯	加热仪器	①灯壶中的酒精容量不应少于1/3，不应多于2/3； ②点灯要使用火柴或打火机，不准用燃着的酒精灯去点燃另一盏酒精灯，不得向燃着的酒精灯中加酒精； ③熄灭酒精灯，应用灯帽盖灭，切忌用嘴吹，盖灭后还应将灯帽提起一下
坩埚	用于制样、分析过程中高温灼烧样品	不同性质的样品，选用不同材质的坩埚
研钵	用于研磨固体物质。按固体物质的性质和硬度可选用不同质地的研钵	不能用火直接加热
胶头滴管	吸取或滴加少量液体试剂	①内部、外部均应洗净； ②同滴瓶之滴管

（续）

仪　器	主要用途	注意事项
锥形瓶　碘量瓶	反应容器（可避免液体大量蒸发）。用于加热、处理试样和滴定的容器，碘量瓶用于碘量法中	①可加热至高温，底部垫石棉网； ②碘量瓶磨口塞要原配，加热时要打开瓶塞
平底、圆底和蒸馏烧瓶	反应容器。反应物较多，且需要较长时间加热时用。蒸馏烧瓶用于液体蒸馏，也可用作少量气体的发生装置	加热时应放在石棉网上，加热前外壁应擦干，圆底烧瓶竖放桌上时，应垫以合适的器具，以防滚动或打坏
容量瓶	用于准确配制和稀释溶液，规格以刻度以下的容积（mL）表示	①瓶塞配套，不能互换； ②不能加热； ③不可贮存溶液，长期不用时在瓶塞与瓶口间夹上纸条
表面皿	盖在烧杯上，防止液体迸溅或其他用途	不能用火直接加热
蒸发皿	蒸发、浓缩用。随液体性质不同选用不同材质的蒸发皿	瓷蒸发皿加热前应擦干外壁；可直接用火加热，溶液不能超过 2/3，加热后不能骤冷
漏斗	过滤沉淀，作加液器。粗颈漏斗可用来转移固体试剂	①不能用火焰直接烘烤，过滤的液体也不能太热； ②过滤时漏斗颈尖端要紧贴盛接容器的内壁

（续）

仪　器	主要用途	注意事项
干燥管	放置干燥剂以干燥气体	①干燥剂或吸收剂必须有效； ②球形管干燥剂置于球形部分，U形管干燥剂置于管中，在干燥剂面上填充棉花； ③两端的大小不同，大头进气，小头出气

2. 玻璃仪器的洗涤和干燥

（1）玻璃仪器的洗涤

实验前后，都必须将所用玻璃仪器洗涤干净。如用不干净的仪器进行实验时，仪器上的杂质和污物将会对实验产生影响，使实验得不到正确的结果，严重时可导致实验失败。实验后要及时清洗仪器，避免残留物质固化后，使得洗涤更加困难。

洗涤仪器的方法很多，一般应根据实验的要求、污物的性质和沾污的程度，以及仪器的类型和形状来选择合适的洗涤方法。

一般来说，污物主要有灰尘、可溶性物质和不溶性物质、有机物及油污等。洗涤方法可分为以下几种：

①一般洗涤。应根据实验要求、污物性质和沾污程度来选择适宜的洗涤方法。例如烧杯、试管等仪器，一般先用自来水冲洗仪器上的灰尘和易溶物，再选用粗细、大小等不同型号的毛刷，沾取洗衣粉或肥皂水，转动毛刷刷洗仪器的内壁。直至刷洗干净为止，再用自来水彻底冲洗。洗涤试管时要注意避免毛刷底部的铁丝将试管捅破，同时洗涤仪器时应该一个一个地洗，不要同时抓多个仪器一起洗，这样很容易将仪器碰坏或摔坏。

用自来水洗净的玻璃仪器，往往还残留着一些 Ca^{2+}、Mg^{2+}、Cl^- 等离子，如果实验中不允许这些离子存在，就要用蒸馏水再润洗几次。用蒸馏水洗涤仪器的方法应采用"少量多次"法，为此常使用洗瓶。挤压洗瓶使其喷出一股细蒸馏水流，均匀地喷射在仪器内壁上并不断转动仪器，并将水倒掉。如此重复 3～5 次即可，这样既提高了效率，又节约了蒸馏水。

②铬酸洗液。25 g $K_2Cr_2O_7$ 固体（工业品），溶于 50 mL 蒸馏水中，冷却后向溶液中慢慢加入 450 mL 工业浓 H_2SO_4。冷却后贮存在试剂瓶中备用。铬酸洗液呈暗红色，具有强酸性、强腐蚀性和强氧化性，对具有还原性的污物（如有机物、油污等）去污能力特别强。特别适用于一些口小、管细等形状特殊的容量仪器（如移液管、容量瓶等）的洗涤。装洗液的瓶子应盖好盖子，以防吸潮。洗涤时，将仪器内的水尽量倾出，加入少量洗液，倾斜并转动仪器，使仪器内壁完全被洗液润湿，转动几圈后，将铬酸洗液倒回原瓶内，用水清洗残留的洗液，再用去离子水或蒸馏水荡洗几次即可。

在洗液多次使用后颜色变绿时，即 Cr(VI)变为 Cr(III)时，就丧失了去污能力，不能继续使用。由于该洗液成本较高，且对环境不友好，故尽量不用。

铬酸废洗液的再生：先将废洗液在 110～130℃ 且不断搅拌下浓缩，除去大量水分后，冷却至室温，以每升浓缩液加入 10 g KMnO₄ 固体的比例，缓慢加入 KMnO₄，边加边搅拌，直至溶液呈深褐色或微紫色为止。

③碱性高锰酸钾洗液。将 4 g 固体 KMnO₄ 溶于水中，加入 10 g NaOH，用水稀释至 100 mL。该洗液用于清洗油污或其他有机物质。洗后容器沾污处有褐色二氧化锰析出，再用工业浓盐酸(1∶1)或草酸洗液(5～10 g 草酸溶于 100 mL 水中，加入少量浓盐酸)、硫酸亚铁、亚硫酸钠等还原剂去除。

使用洗液时应注意安全，不要溅在皮肤、衣物上。

玻璃仪器清洗干净的标准是用水冲洗后，仪器内壁能均匀地被水润湿而不沾附水珠，如果仍有水珠沾附内壁，说明仪器还未洗净，需要进一步进行清洗。凡是已经洗净的仪器，绝不能用抹布或纸擦干，因为抹布或纸上的纤维会附着在仪器上。

(2)玻璃仪器的干燥

不同实验对玻璃仪器的干燥程度有不同的要求。有些实验仅需仪器洗涤干净，但有些需要在无水条件下进行的实验，常常需要所用的玻璃仪器干燥后才能使用。常用的干燥方法如下：

①晾干。将洗净的仪器倒置在干净的表面皿上并放入实验柜内或仪器架上使其自然晾干。

②烘干。将洗净的仪器内的水倒尽，放入 105～120℃ 电烘箱内或红外灯干燥箱内烘干。

③吹干。急于干燥的或不适合放入烘箱的玻璃仪器可用吹干的方法。通常先用少量易挥发的溶剂(如乙醇、乙醚、丙酮等)淋洗一下仪器，将淋洗液倒净回收，然后用吹风机按冷风—热风—冷风的顺序吹，则干得更快。

3. 简单玻璃加工方法

化学实验中常需自己动手加工玻璃管以满足实验要求，因而实验者需要熟练掌握一些简单的玻璃加工方法和技术。

(1)玻璃管(棒)的清洗、干燥和切割

玻璃管内的灰尘用水冲洗干净即可，若管内有油污则需要用铬酸洗液浸泡后，再用水清洗干净。洗净的玻璃管(棒)经过干燥后方可进行切割加工。

切割时，将玻璃管(棒)平放在实验台上，左手按住要截断部位的左侧，右手持挫刀放在欲截断处，在与玻璃管垂直方向上，用挫刀的棱挫出一道深而短的凹痕[图 2-1(a)]。

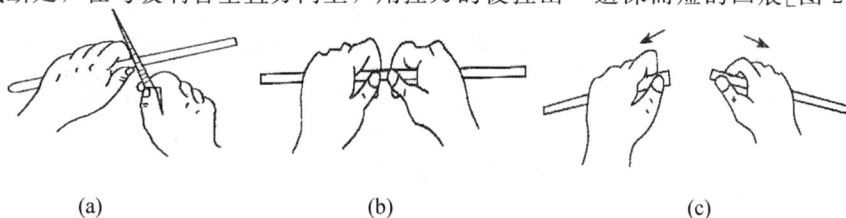

(a)　　　　　　　　(b)　　　　　　　　(c)

图 2-1　玻璃管(棒)的截割

挫痕应与玻璃管垂直，以保证断后的玻璃管截面是平整的。注意应该向一个方向挫，不能来回挫。然后双手持玻璃管，两个拇指放在凹痕的后面，轻轻外推，同时用食指和拇指将玻璃管（棒）向外拉，玻璃管（棒）即平整断裂［图 2-1（b）和（c）］。

（2）玻璃管（棒）的熔光

玻璃管（棒）折断后其截断面很锋利，很容易割破手或损坏橡皮管等，因此必须在火焰上进行熔光。把玻璃管（棒）截断面斜插入氧化焰中，不时来回转动玻璃管（棒），直至管口红热并变得平滑为止（图 2-2）。取出玻璃管（棒），放在石棉网上冷却即可。注意熔光时不可烧得太久，以免玻璃管（棒）边缘缩口，同时取出红热的玻璃管（棒）时，切不可直接放在实验台上，以免烧焦台面。

图 2-2 熔 光

（3）玻璃管（棒）的弯曲

先将玻璃管用小火焰预热一下，以除去管中的水汽。然后双手持玻璃管的两端，把欲弯曲的部位插入氧化焰中加热，同时慢慢转动玻璃管（图 2-3），使之受热均匀。两手要用力均等、转动要同步。当玻璃管烧热至发黄变软时，迅速离开火焰，然后用"V"字形手法轻轻地顺势弯曲至所需角度（图 2-4）。若欲将玻璃管弯成很小的角度，可分几次弯曲。玻璃管的弯曲部分，厚度和粗细必须保持均匀。

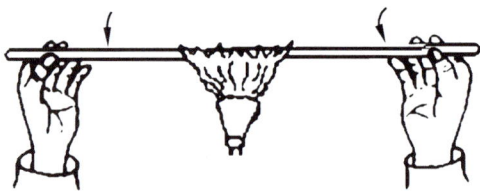

图 2-3 加 热

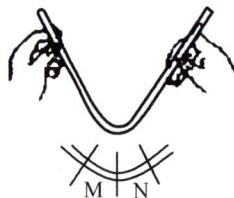

图 2-4 弯 管

加工后的玻璃管应及时进行退火处理，即趁热将加工好的玻璃管在弱火焰中加热或烘烤片刻，然后慢慢移出火焰，再放在石棉网上冷却至室温。未经退火处理的玻璃管易碎。

合格的弯管必须里外均匀平滑、角度准确、不偏不歪，整个玻璃管处在同一平面上。图 2-5 为弯管好坏的比较。

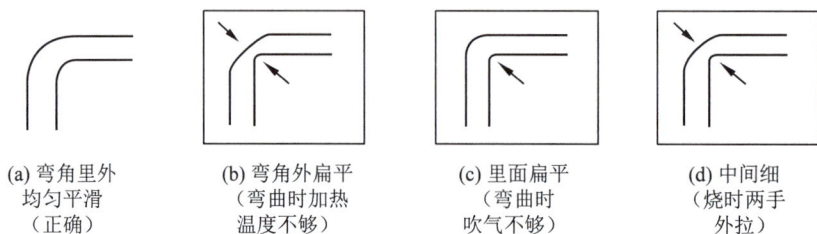

(a) 弯角里外
均匀平滑
（正确）

(b) 弯角外扁平
（弯曲时加热
温度不够）

(c) 里面扁平
（弯曲时
吹气不够）

(d) 中间细
（烧时两手
外拉）

图 2-5 弯管好坏的比较与分析

将弯好的弯管插入橡皮塞中，即成洗瓶。

（4）拉制毛细管、滴管、熔点管

拉细玻璃管与弯曲玻璃管的加热方法相同。待玻璃管烧到发出红黄光并充分软化时（比弯玻璃管时烧的时间要长，软化程度更大），立即取出，边转动边沿着水平方向向两旁拉（图 2-6），拉到所需要的粗细时，一手持玻璃管，使它垂直片刻。冷却后拉细的部分即成毛细管。

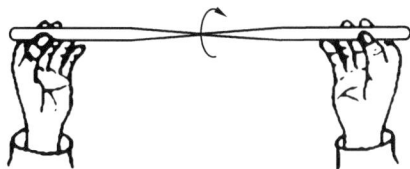

图 2-6　玻璃管的拉细

如果要制成滴管，则把拉细部分截断使之成为两个尖嘴，并熔光尖嘴处。再把粗的一端烧至红软，然后立即垂直地往石棉网上压一下，使管口外卷。冷却后，装上橡皮帽，即成滴管。

（5）塞子打孔及其与玻璃导管的连接

实验室所用的塞子有软木塞、橡皮塞和玻璃磨口塞。前两者常用于钻孔，以配插温度计或玻璃导管等。

①塞子大小的选择。塞子的大小应根据容器口径相适宜，一般以能刚好塞进容器瓶口 1/3～1/2 为宜，塞子插入过多或过少均不合适。

②钻孔器大小的选择。选好塞子后，还得选口径大小合适的钻孔器打孔。钻孔器由一组直径不同的金属管组成，一端有柄，一端的管口很锋利可用于钻孔，另外每组还配有一个带柄的细铁棒，用于捅出钻孔时进入钻孔器内的橡皮或软木（图 2-7）。

钻孔前，根据所要插入塞子的管直径大小来选择钻孔器。由于橡皮具有弹性，应选比欲插管子外径稍大的钻孔器，而对弹性小的软木塞，应选比欲插管子外径稍小的钻孔器，这样可以保证管插入塞子后能很好地密封。

③钻孔方法。用笔在塞子的两面画出中心（印画一"十"字线），将塞子的小端朝上平放于下面垫有木板的桌面上，左手持塞子，右手握钻孔器的柄，同时在钻孔器的管口处涂点水或甘油，将钻孔器按在选定的位置上（图 2-8），以顺时针方向，边旋转边用力向下压。注意：钻孔器必须垂立于塞子的面上，不能左右摆动，更不能倾斜，以免将孔钻斜。钻至塞子的 1/2 时，以逆时针方向边旋转边用力向外拔出钻孔器。按同样方式从塞大的一端钻孔，并注意应在塞子的中心向下钻，直至两端的圆孔贯穿为止。然后逆时针拔出钻孔器并用铁棒将钻孔器中的橡皮捅出。塞子孔钻好后，应立即

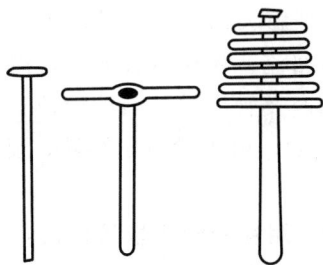

图 2-7　钻孔器

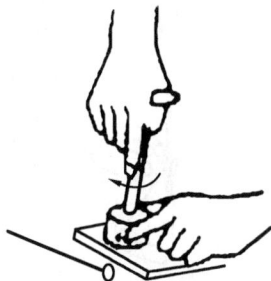

图 2-8　钻孔操作

检查孔道是否合适，若玻璃管毫不费力地插入塞子，说明塞子孔径太大，不能密封。这时应重新选一新塞子，换小一点的钻孔器再钻孔。若塞孔稍小或孔道不光滑，可用圆锉修整，直至符合要求为止(图 2-9)。

不正确　　　　　　正确　　　　　　不正确

图 2-9　塞子大小的选择

4. 容量玻璃仪器的使用

化学实验中常用的液体度量仪器量筒、量杯、移液管、容量瓶和滴定管等，这些仪器都不能加热，更不能作反应容器，读取容量时，视线应与容器(竖直放置)弯月面的最低处在同一水平线上(图 2-10)。

(1)量筒

量筒是化学实验室常用来量取液体体积的仪器。由于容量不同，可根据需要选择相应的规格。如需要量取 8.5 mL 液体时，应选用 10 mL 的量筒(测量误差为 ± 0.1 mL)，以保证测量的准确度。

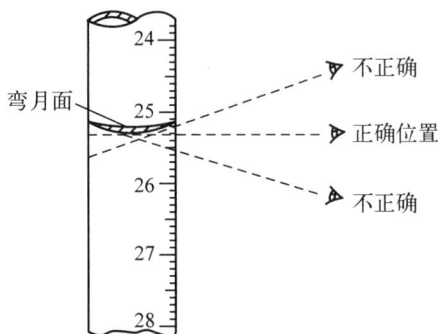

图 2-10　刻度的正确读法

(2)移液管

移液管是用来精确量取一定体积液体的仪器，它有两种形式：球形移液管(大肚移液管)和刻度移液管(吸量管)。后者精度略低于前者，通常用于量取少量溶液。

①润洗。使用前，移液管应洗干净，并用滤纸吸干管外壁及尖端内残留的水分。然后，左手持洗耳球并挤出球内气体，右手拇指及中指捏持管颈标线以上的地方，将其下端插入液面 $1\sim 2$ cm 处，再将洗耳球伸入移液管上口，如图 2-11(a)所示，左手放松，待液面刚刚上升到中部膨大部分时，迅速用右手食指按紧管口并勿使溶液回流，将移液管取出，横置，用手转动移液管使溶液遍及管内壁，当溶液流至距上口 $2\sim$ 3 cm 时，将管直立，由尖嘴放出溶液，反复操作 $2\sim$ 3 次。

②移取溶液。用移液管吸取溶液时，眼睛注意液面上升。移液管应随着容器中溶液的液面下降而下伸。当溶液上升到标线以上时，迅速用右手食指紧按管口，

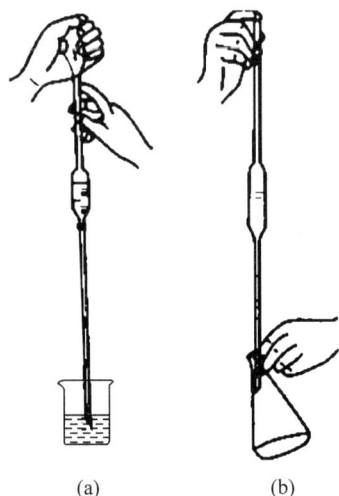

(a)　　　　(b)

图 2-11　移液管的使用

将移液管尖嘴从液面下取出，用滤纸擦拭移液管外壁，垂直于倾斜的烧杯内壁，进行调零。调零时，稍微放松食指让液体慢慢流出，当移液管内凹液面下降到与刻度线相切时，立即按紧食指取出移液管，伸入准备接受溶液的容器中，要使其尖端紧靠在微微倾斜的容器内壁上，抬起食指，使溶液沿器壁自然流下，如图 2-11(b)所示。待溶液全部流尽，停留 15 s 左右，取出移液管。一般尖嘴内的溶液不必吹出，因为标定移液管的计量体积时没把这部分溶液计算在内。如果移液管上标有"吹"字，则应将留右管端的液体吹出。

（3）容量瓶

容量瓶主要用来配制标准溶液或定量地稀释溶液。容量瓶使用前，必须检查是否漏水。检漏时，在瓶中加水至标线附近，盖好瓶塞，将瓶倒立 1 min，如图 2-12(c)所示，观察瓶塞周围是否渗水。如不漏水，则将瓶直立，如图 2-12(b)所示，把瓶塞转动 180°，再检查一次。确定不漏水后，用橡皮筋将塞子系在瓶颈上，以免沾污、摔碎或丢失。

用固体配制溶液时，将准确称量的固体物质置于小烧杯中，用少量水或其他溶剂完全溶解（必要时可加热），待溶液冷却至室温后，将杯中的溶液沿玻棒小心地注入容量瓶中，如图 2-12(a)所示。用少量蒸馏水清洗玻棒和烧杯 2~3 次，并将每次清洗液注入容量瓶中，然后加蒸馏水稀释。稀释到容量瓶容积的 2/3 左右时，旋摇容量瓶（切记不可倒立摇动），使溶液初步混合，继续稀释至刻度线 2~3 cm 时，改用胶头滴管逐滴加水至弯月面最低点恰好与刻度线相切。盖上瓶塞，将瓶倒立，待气泡上升到顶部后，再倒转过来，如此反复多次，使溶液充分摇匀即可。

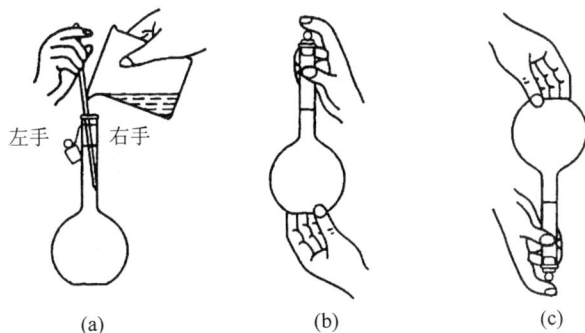

左手　右手

(a)　　　(b)　　　(c)

图 2-12　容量瓶的使用

（4）滴定管

滴定管是分析滴定中用于准确测量消耗的滴定剂体积的一类玻璃量器。滴定管一般分成酸式和碱式两种。酸式滴定管的刻度管和下端的尖嘴玻璃管通过玻璃活塞相连，适于盛装酸性、中性和氧化性溶液；碱式滴定管的刻度管与尖嘴玻璃管之间通过橡皮管相连，在橡皮管中装有一颗玻璃珠，用以控制溶液的流出速度。碱式滴定管用于装盛碱性和还原性溶液。

①洗涤。滴定管可用自来水冲洗或先用滴定管刷蘸肥皂水或其他洗涤剂洗刷（但不能用去污粉），而后再用自来水冲洗。如有油污，酸式滴定管可直接在管中加入洗

液浸泡，而碱式滴定管则先要去掉橡皮管，接上一小段塞有短玻璃棒的橡皮管，然后再用洗液浸泡。总之，为了尽快而方便地洗净滴定管，可根据脏物的性质、弄脏的程度选择合适的洗涤剂和洗涤方法。脏物去除后，需用自来水多次冲洗。若把水放掉以后，其内壁应该均匀地润上一薄层水。如管壁上还挂有水珠，说明未洗净，必须重洗。

②涂凡士林。使用酸式滴定管时，如果活塞转动不灵活或漏水，必须将滴定管平放于实验台上，取下活塞，用滤纸将活塞和活塞槽内的水擦干，然后在活塞表面均匀地涂上一层薄薄的凡士林，也可将凡士林涂在活塞的两头[图 2-13(a)]，注意不要堵塞活塞孔。把涂好凡士林的活塞插进活塞槽里[图 2-13(b)]，单方向地旋转活塞，直到活塞与活塞孔内壁接触处全部透明为止[图 2-13(c)]。涂好的活塞转动要灵活，而且不漏水。最后用橡皮塞套在活塞的末端，以防活塞脱落或破损。

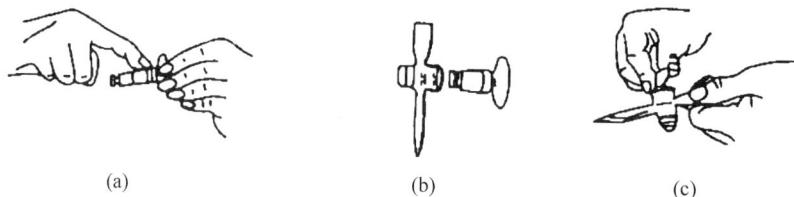

(a)　　　　　　　　(b)　　　　　　　　(c)

图 2-13　活塞涂凡士林的操作方法

③检漏。检查滴定管是否漏水时，可将滴定管内装水至"0"刻度左右，并将滴定管夹在管夹上。对于酸式滴定管要观察活塞边缘和管端有无水渗出。将活塞旋转 180°后，再观察一次，如漏水，应拆下活塞，重新涂凡士林。对于碱式滴定管要检查内置玻璃珠的大小和橡皮管粗细是否匹配，如漏水，说明玻璃珠太小或乳胶管老化，需要更换。

④装液。加入滴定溶液前，先用蒸馏水润洗滴定管 2～3 次，每次约 10 mL。润洗时，两手握住横置的滴定管，慢慢旋转，让水遍及全管内壁，然后放出。再用滴定剂润洗 3 次，每次用量为 5～10 mL。洗涤方法与用蒸馏水润洗相同。润洗完毕，装入滴定液至"0"刻度以上，检查活塞附近（或橡皮管内）有无气泡。滴定管第一次装入滴定液时，管下端尖嘴流液口一般有气泡存在，滴定前必须排除。排气泡时，对于酸式滴定管是用右手拿住滴定管使它倾斜 30°，左手迅速打开活塞，使溶液冲下带走气泡；对于碱式滴定管可将橡皮管向上弯曲 30°或 45°左右，挤捏玻璃珠，使溶液从尖嘴处快速喷出，带走气泡（图 2-14）。补加滴定剂至零刻度线以

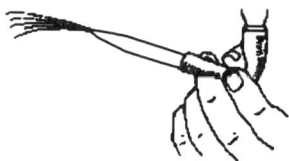

图 2-14　碱式滴定管内气泡的排除

上，调节液面在 0.00 mL 刻度处，备用。

⑤滴定。滴定操作在锥形瓶或烧杯中进行。操作如图 2-15 所示。使用酸式滴定管时，左手的拇指在管前，食指和中指在管后，手指稍微弯曲，轻轻向内扣住活塞，手心空握，以免活塞松动或可能顶出活塞使溶液从活塞隙缝中渗出，同时转动活塞，控制溶液流出速度。使用碱式滴定管时，左手的拇指在前，食指在后，捏住橡皮管中玻璃珠外侧所在部位稍上处，捏挤橡皮管使其与玻璃珠之间形成一条缝隙，溶液即可

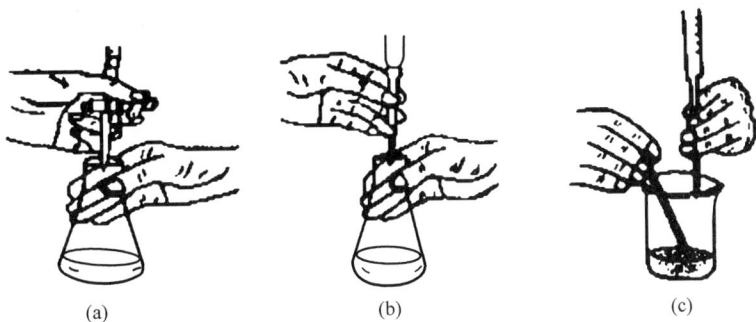

图 2-15　滴定操作

流出。但注意不能捏挤玻璃珠下方的胶管，否则空气进入而形成气泡。

在锥形瓶中滴定时，用右手拿住瓶颈，使瓶底离台面 2～3 cm，调节滴定管的高度。使滴定管下部管尖伸入瓶口约 1 cm。左手按前述方法滴加溶液，右手运用腕力向同一方向做圆周运动摇动锥形瓶，边滴加边摇动。在烧杯中进行滴定时，右手持玻璃棒搅拌溶液。每次滴定最好从刻度 0.00 mL，这样可固定在某一段体积范围内滴定，以减少因滴定刻度不均匀造成的体积误差。

⑥读数。读数时，用右手大拇指和食指捏住滴定管上无刻度处，让滴定管自由垂直，待溶液液面稳定后，使视线与液面的最低凹液面保持水平，读取与弯月面最低处相切的刻度。如弯月面不清楚，可在滴定管后面衬一张白纸，以便于观察。

二、常用称量仪器

托盘天平、电光分析天平及电子天平是基础化学实验室常用的称量仪器。称量时应根据测试精度的要求选择合适的天平。

1. 托盘天平

托盘天平的构造如图 2-16 所示。托盘天平的称量精度低，只能准确至 0.1 g，仅适用于粗略（精确度要求不高）的称量，使用方法如下：

①调零。托盘中未放东西时，游码放在刻度标尺的零位，指针应处于刻度盘的中间位置，即零点。若不在，调节托盘下的平衡螺丝，直至天平平衡。

②称量。实验药品不能直接放在天平盘上称量（避免天平盘受腐蚀），潮湿的或具有腐蚀性的药品应放在已知质量的玻璃容器内称量；干燥、无腐蚀性的药品放在称

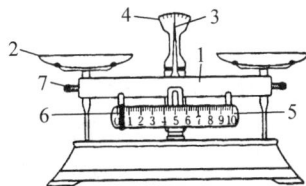

图 2-16　托盘天平

1. 横梁；2. 托盘；3. 指针；
4. 刻度盘；5. 游码标尺；
6. 游码；7. 调节螺丝

量纸上（左、右各放一张质量相等的称量纸），被称量的实验药品放在左盘，砝码用镊子夹取放在右盘。如添加 10 g 以下的砝码时，可以移动游码，直至指针与刻度盘的零点重合，记下砝码及游码标尺所示质量，即为药品质量。

③称量完毕。应把砝码放回砝码盒内，把游码移到"0"处，把两只托盘叠放在同一边，将天平打扫干净。

2. 电子分析天平

电子分析天平是最新一代的天平，是根据电磁力平衡原理直接称量，称量不需要砝码，放上被称物后，在几秒钟内即达到平衡，显示读数，称量速度快、精度高，可精确到 0.0001 g。其外形如图 2-17 所示。

图 2-17 电子分析天平

（1）使用方法

①检查水平。调整地脚螺栓高度，使水平仪内空气气泡位于圆环中央。

②预热。接通电源，预热 30 min（天平在初次接通电源或长时间断电之后，至少需要预热 30 min）。为取得理想的测量结果，一般不切断电源，天平应保持在待机状态。

③称量。按开关键 $\boxed{\text{ON/OFF}}$，显示器全亮，约 2 s 后显示天平的型号，然后是称量模式 0.0000 g。否则，按一下去皮键 $\boxed{\text{TARE}}$ 清零。将被称物轻轻放在秤盘上，关上天平门，待显示屏上的数字稳定并出现质量单位"g"后，读数并记录称量结果。

④关机。称量完毕，取出被称物，如果不久还要继续使用，可暂不按 $\boxed{\text{ON/OFF}}$ 键，或者按一下 $\boxed{\text{ON/OFF}}$ 键，关闭显示器，但不拔电源插头，使天平处于待机状态。若长时间不用天平，则应拔掉电源插头，盖上防尘罩。

（2）试样称取方法

①直接称量法。把物体放在天平的秤盘上（若是托盘天平，则放在左盘中央），天平平衡后的读数即是所称物的质量。这种方法适用于称量洁净干燥的器皿、棒状或块状的金属等不吸潮且在空气中性质稳定的物质。

②减量称量法。先将样品置于称量瓶中，用洁净的小纸条或塑料薄膜套在称量瓶中部（图 2-18），放至天平秤盘中央，准确称出称量瓶和试样的总量 m_1 g，然后取出称量瓶，打开瓶盖，用称量瓶盖轻轻敲瓶的上部，使试样慢慢落入容器中（图 2-19），试样的质量不要求固定的数值，只需在一定范围即可，再将盖好的称量瓶放回天平盘上，称量 m_2 g。两次质量之差（$m_1 - m_2$）g 就是倾出试样的质量。当样品为易吸潮、易氧化或易与二氧化碳反应时，可用此法。若是液体样品（如浓硫酸等），可将试样装入小滴瓶中代替称量瓶并按上述步骤进行。

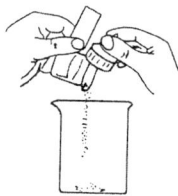

图 2-18 称量瓶的拿取　　**图 2-19 从称量瓶中敲出试样的操作**

③固定质量称量法。这种方法是为了称取指定质量的物质。将表面皿或称量纸放在分析天平上准确称量其质量（电子分析天平可通过去皮处理），然后用药匙将试样逐

渐加入到表面皿或称量纸上，直到所加试样与目标质量相符。此项操作必须十分仔细，若不慎多加入试样，则用药匙取出多加试样，直至合乎要求为止。称量准确后，取出表面皿，将试样直接转入接收器中。

三、酸度计

酸度计又称 pH 计，是测定溶液 pH 值的精密仪器。实验室常用的酸度计型号有多种，如雷磁 25 型、pHS-2 型、pHS-3 型、pHS-3C 型、pHSW-3D 型等。它们的结构和精密度略有差别，但原理相同，基本上由电极和电位计两大部分组成，电极是 pH 计的检测部分，电位计是指示部分。

1. 基本原理

利用酸度计测 pH 值的方法是电位测定法。它是将测量电极（玻璃电极）与参比电极（饱和甘汞电极）一起浸入被测溶液中，组成一个原电池。由于在一定温度条件下，饱和甘汞电极的电极电势是定值，且不随溶液的 pH 值变化而变化，而玻璃电极是 H^+ 选择电极，它的电极电势随溶液 pH 值的变化而改变，当待测溶液的 pH 值不同时，就产生不同的电动势。因此，用酸度计测量溶液的 pH 值，实质上就是测定溶液的电动势，并直接用 pH 刻度值表示出来，因而从酸度计上可以直接读出溶液的 pH 值。

（1）玻璃电极

玻璃电极（图 2-20）底部是由导电玻璃吹制成的薄膜小球，它是由对 H^+ 有特殊敏感作用的玻璃膜组成，球泡内装 $0.1\ mol \cdot L^{-1}$ 的 HCl 溶液（或一定 pH 值的缓冲溶液），溶液中插一个 Ag-AgCl 内参比电极。将玻璃电极浸入被测溶液内，便组成原电池的一端，可表示为：

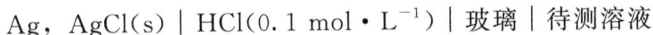

$$Ag,\ AgCl(s) \mid HCl(0.1\ mol \cdot L^{-1}) \mid 玻璃 \mid 待测溶液$$

导电玻璃薄膜把两种溶液分开，被测溶液中的 H^+ 与电极玻璃球泡表面水化层进行离子交换，球泡内层也同样产生电极电势。由于内层氢离子浓度不变，而外层氢离子浓度在变化，所以该电极电势随待测溶液的 H^+ 浓度的变化而改变，即：

$$E_{玻} = E_{玻}^{\ominus} + 0.0592 \lg c_{H^+} = E_{玻}^{\ominus} - 0.0592 pH$$

（2）饱和甘汞电极

饱和甘汞电极（图 2-21）是常用的参比电极，它由金属汞、Hg_2Cl_2 和饱和 KCl 溶液组成，电极反应为：

$$Hg_2Cl_2 + 2e^- \Longleftrightarrow 2Hg + 2Cl^-$$

该电极的稳定性好，电极电势不随溶液的 pH 值变化而变化，在一定的温度下是定值，在 25℃时为 0.245 V，所以可作参比电极。

把玻璃电极和饱和甘汞电极一起插入被测溶液中组成原电池，并连接上精密电位计，即可测电池电动势 ε，在 25℃时：

$$\varepsilon = E_{正} - E_{负} = E_{甘汞} - E_{玻} = 0.245 - E_{玻}^{\ominus} + 0.0592 pH = K' + 0.0592 pH$$

可见，电动势与被测溶液的 pH 值呈线性关系。

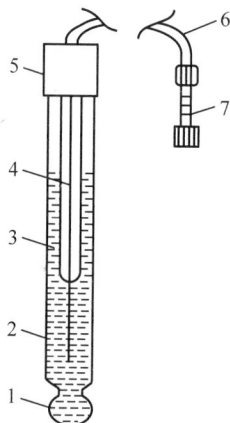

图 2-20　pH 玻璃电极的结构示意图

1. 玻璃膜；2. 厚玻璃外壳；3. 0.1 mol·L^{-1} HCl；
4. Ag - AgCl 内参比电极；5. 绝缘套；
6. 电极引线；7. 电极插头

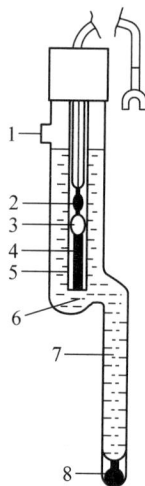

图 2-21　甘汞电极的结构示意图

1. 侧管；2. 汞；3. 甘汞糊；4. 石棉或纸浆；
5. 玻璃管；6. KCl 溶液；7. 电极玻壳；
8. 素烧瓷片

2. pHS - 3C 型酸度计操作步骤

（1）准备

将 pH 玻璃电极、饱和甘汞电极插入相应的电极插座中，用蒸馏水清洗电极，再用滤纸轻轻吸干电极上的水分。将电源线插入电源插座中，接通电源，预热 30 min。

（2）标定

仪器在测被测溶液之前必须要用已知 pH 值的标准缓冲溶液进行标定。将选择旋钮拨至 pH 档，调节温度旋钮，使旋钮白线对准溶液温度值，把斜率旋钮顺时针旋到底。将电极插入 pH 6.86 的标准缓冲溶液中，调节定位调节旋钮，使仪器读数显示为 6.86。再将电极洗净、吸干，插入 pH 4.01 的标准缓冲溶液中，调节斜率调节旋钮，使仪器读数显示为 4.01。

重复定位，直至不用再调节定位或斜率调节旋钮。若测定溶液偏碱性，应用 pH 6.86 和 pH 9.18 的标准缓冲溶液标定仪器。一般情况下，在 24 h 内仪器不需再标定。

（3）pH 值测定

把电极洗净吸干后插入待测溶液中，摇动烧杯，使溶液混合均匀，在显示屏上读出溶液的 pH 值。注意标定时标准缓冲溶液的温度与状态（静止或流动）和被测液的温度和状态要尽量一致。测量完毕，将电极洗净、吸干后插入保护液中。

四、分光光度计

分光光度计是利用物质对单色光的选择性吸收来测量微量物质含量的仪器。其优点是灵敏度和准确度都较高，操作简便、快速。实验室常用的分光光度计有 72、721、724、751 等型号，它们的基本结构是相似的，通常由光源、单色器、吸收池、检测器和显示系统等组成。下面主要介绍 722 型分光光度计的使用。

1. 基本原理

一束单色光通过有色溶液时，溶液中的有色物质吸收了一部分光，吸收程度越大，透过溶液的光越少。如果入射光的强度为 I_0，透过光的强度为 I，则 I/I_0 称为透光率 T，而 $\lg I_0/I$ 称为吸光度，用 A 表示。吸光度 A 越大，溶液对光的吸收越多。实验证明，当一束单色光通过一定浓度范围的有色溶液时，吸光度 A、待测溶液的浓度 $c(\mathrm{mol \cdot L^{-1}})$ 和液层的厚度 $l(\mathrm{cm})$ 之间符合朗伯-比耳定律：

$$A = \varepsilon c l$$

式中，ε 为摩尔吸光系数，与入射光的波长、溶液的性质、溶液的温度等因素有关。当入射光波长一定、溶液的温度和比色皿（溶液的厚度）均一定时，吸光度 A 只与溶液浓度 c 成正比。这就是分光度法测定物质含量的理论基础。

分光光度计的光源发出白光，通过棱镜分解成不同波长的单色光，单色光经过待测溶液，透过光再照射到光电池或光电管上变成电信号，在检流计上或读数电表上直接读出吸光度。使不同波长的单色光分别透过某一有色溶液，并测定其不同波长时的吸光度 A，以波长为横坐标，吸光度 A 为纵坐标，即可绘出一条吸收曲线。不同物质的吸收曲线各不相同，用已知纯物质的吸收曲线和样品的吸收曲线相对照，即可推测出样品化合物的结构。

选用吸收曲线中吸收最强的波长作为测定波长，以此测定一系列不同浓度的某一纯物质溶液的吸光度，作出吸光度-浓度的工作曲线。根据朗伯-比耳定律，再测得由该物质所组成样品溶液的吸光度，即可确定其在溶液中的含量。当溶液对光的吸收符合朗伯-比耳定律时，所得出的工作曲线应为一通过原点的直线。

2. 使用方法

722 型分光光度计如图 2-22 所示。

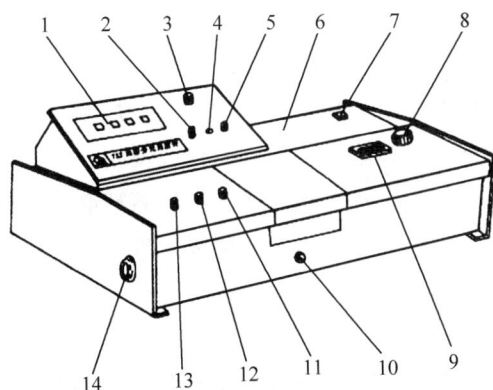

图 2-22　722 型分光光度计

1. 数字显示器；2. 吸光度调零旋钮；3. 选择开关；4. 吸光度调斜率电位器；

5. 浓度旋钮；6. 光源室；7. 电源开关；8. 波长手轮；9. 波长刻度窗；

10. 试样架拉手；11. 100%T 旋钮；12. 0%T 旋钮；

13. 灵敏度调节旋钮；14. 干燥器

722 型分光光度计的使用方法如下：

①将灵敏度选择旋钮调至"1"档（最低档，信号放大倍率最小）。选择开关置于"T"档。接通电源，开启电源开关，仪器预热 20 min。

②旋转波长手轮，选定需要的测试波长。

③打开比色皿暗箱盖（光门自动关闭），调节"0％T"旋钮，使数字显示为"0"。

④将参比溶液和待测溶液分别倒入比色皿中，置于暗箱中的比色皿架上，把盛放参比溶液的比色皿放在第一格内，待测溶液放在其他格内。

⑤盖上暗箱盖，此时占据第一格的参比溶液恰好对准光路，调节"100％T"旋钮，使数字显示透光率为"100"。

⑥反复几次调"0％T"和"100％T"旋钮。打开比色皿暗箱盖，调整"0％T"旋钮，使电表的指针指为 0；盖上暗箱，旋动"100％T"旋钮，使电表指针指 100，仪器稳定后即可测量。

⑦将选择开关置于"A"档，转动吸光度调零旋钮，使数字显示为"0.00"，然后拉出比色皿定位拉杆，使待测溶液进入光路，显示值即为试样的吸光度 A 值。

⑧测量完毕，将各调节旋钮恢复至初始位置，关闭电源（短时间停用仪器时，不必关闭电源，只需打开试样室盖），取出比色皿，洗净后倒置晾干。

五、加热装置和加热方法

1. 加热装置

实验室中常用的加热装置有酒精灯、煤气灯、酒精喷灯、电炉、马弗炉等。

（1）酒精灯

酒精灯加热温度不是太高，在 400～500℃ 或更低，如图 2-23 所示。使用时必须用火柴点燃，决不允许用一个燃着的酒精灯去点燃另外一个酒精灯；用完后盖上灯帽熄灭，绝对不能用嘴吹灭。火焰熄灭片刻后，将玻璃帽开关一次，以免冷却后形成负压而打不开灯罩。添加酒精必须在熄灭火焰之后进行，要借助于漏斗，酒精装入量不超过灯壶容积的 2/3。

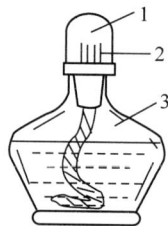

图 2-23　酒精灯
1. 灯帽；2. 灯芯；3. 灯壶

（2）煤气灯

煤气灯是化学实验室常用的加热器具，由灯管和灯座组成，如图 2-24 所示。灯管下面有空气入口，用来调节空气进量；灯座下面（或侧面）有一螺旋形针阀，用以调节煤气进量。在灯管圆孔完全关闭时点燃煤气灯。此时的火焰呈黄色（系碳粒发光所产生的颜色），煤气燃烧不完全，火焰温度不高。逐渐加大空气进量时，煤气燃烧逐渐完全，形成正常火焰，如图 2-25 所示。最高温度可达 800～900℃。

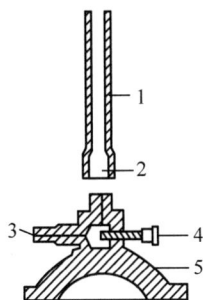

图 2-24　煤气灯

1. 灯管；2. 空气入口；3. 煤气入口；
4. 针阀；5. 灯座

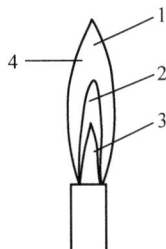

图 2-25　煤气灯正常火焰

1. 外焰（氧化焰）；2. 中焰（还原焰）；
3. 焰芯；4. 最高温度点

（3）酒精喷灯

酒精喷灯（图 2-26）为高温加热装置，温度可达 700～900℃。其构造类似于煤气灯，只是多了一个燃烧酒精用的预热盆。使用前，先向预热盆里注入一些酒精，点燃酒精使灯管受热，待酒精接近烧完时，开启开关使酒精受热气化，并与进入管内的空气混合，用火柴点燃，可得到与煤气灯一样的高温。调节灯管处的开关，可以控制火焰的大小。实验完毕后，关闭开关可使火焰熄灭。

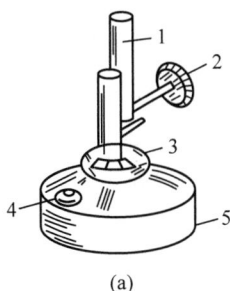　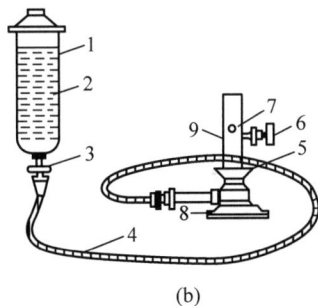

(a)　　　　　　　　　　　　　　　　　(b)

图 2-26　酒精喷灯

(a)座式：1. 灯管；2. 空气调节器；3. 预热盆；4. 铜帽；5. 酒精壶
(b)挂式：1. 酒精；2. 酒精储罐；3. 活塞；4. 橡皮管；5. 预热盆；
6. 开关；7. 气孔；8. 灯座；9. 灯管

必须注意，若喷灯的灯管未烧至灼热，酒精在灯内不能完全气化，会有液态酒精从端口喷出，形成"火雨"，甚至引起火灾。因此，点燃前必须保证灯管充分预热。使用酒精喷灯应该注意以下几点：

①预热后，若无酒精蒸气喷出，用探针疏通酒精蒸气出口后，再预热，点燃。

②实验完毕后，可盖灭，也可旋转调节器熄灭。倒出酒精，以防后患。

③喷灯连续使用时间一般不超过 30 min。如要继续使用，须先冷却。添加酒精后重新预热、点燃。

（4）电加热设备

电加热设备包括电炉、电热板、马弗炉和电热恒温水浴锅等。电炉使用时要在容器和电炉之间垫上一块石棉网，以保证容器受热均匀。电热板的受热面积比电炉大，可将容器直接放在电热板上加热。马弗炉都是利用电热丝或硅碳棒来加热，温度可高达 1300℃，为密封炉。使用时，待加热的物质不可直接放在炉膛内，必须放在耐高温的坩埚中，加热时不得超过允许的最高温度。电热恒温水浴锅通过电热管加热水槽内的水，当水的温度达到设定值时，温度控制系统自动切断电源，电热管停止加热；当水温低于设定值时，控制电路自动接通电源，启动电热管重新加热，如此自动反复循环，使水槽内的水温稳定在设定值。电热恒温水浴锅适用于 100℃ 以下的加热操作。使用时，装有样品的容器悬置于水槽内，即可在所需的温度下进行恒温加热。

2. 加热方法

化学实验室常见的加热方法有直接加热和热浴间接加热两种方法。

(1)直接加热

实验室中常用的加热器皿有烧杯、烧瓶、瓷蒸发皿、试管等。这些器皿能承受一定的高温，可以直接加热，但不能骤热或骤冷。因此在加热前，必须将器皿外表面的水擦干，加热后不能立即与潮湿的物体接触。加热液体时，所盛液体一般不宜超过试管或烧瓶容积的 1/3，烧杯容积的 1/2。

(2)热浴间接加热

①水浴加热。当被加热物质要求受热均匀，而温度又不能超过 100℃ 时，可使用水浴加热。

②油浴或沙浴加热。油浴是以油代替水浴锅中的水，油浴所能达到的最高温度取决于所使用油的沸点。常用的油有甘油(150℃ 以下的加热)、液体石蜡(200℃ 以下的加热)、硅油(300℃ 以下的加热)。使用油浴加热时要小心，防止着火。沙浴是将细沙盛放在铁盘里，被加热的器皿埋在沙子中，用沙浴加热时，升温比较缓慢，停止加热后，散热也比较慢。

六、重量分析基本操作

沉淀重量分析法是利用沉淀反应，使待测物质转变为一定的称量形式，称量后再计算测定物质含量的方法。沉淀类型主要有两类：晶形沉淀和无定形沉淀。沉淀重量分析法一般包括试样溶解、沉淀、过滤和洗涤、干燥、炭化、灼烧等操作步骤。

1. 试样溶解

试样经化学反应转化得到的沉淀既不能过多也不能太少，一般晶形沉淀不超过 0.5 g，无定形沉淀不超过 0.2 g，由此估算应称取的试样量。准确称取样品于洁净、内壁及底部无纹痕的烧杯中，根据试样性质选择合适的溶剂溶解，或采用熔融法熔解。

2. 沉淀

沉淀条件应根据沉淀的类型加以选择。

(1)晶形沉淀

为了得到颗粒大的晶形沉淀，应依照"稀、热、慢、搅、陈"的原则进行操作，即沉淀的溶液要稀，沉淀时应将溶液适当加热，沉淀速度要慢，滴加沉淀剂的同时应充分搅拌溶液，沉淀完全后应在室温下放置过夜或水浴加热 1 h 陈化。

（2）无定形沉淀

对于无定形沉淀，主要是设法破坏胶体，防止胶溶和加速沉淀微粒的凝聚，因此要用浓的沉淀剂，快速加入热的试液中，同时搅拌，沉淀完全后不必放置陈化。

在热溶液中进行沉淀时，应不要使溶液沸腾，否则会引起雾滴的飞溅而造成损失。滴加沉淀剂时，滴管应接近液面，以免溶液溅出。搅拌时则要注意不要将搅拌棒碰到烧杯壁和杯底。

3. 过滤和洗涤

（1）用滤纸过滤

分离溶液与沉淀最常用的操作是过滤法。当溶液和沉淀的混合物通过滤器时，沉淀就留在滤器上，溶液则通过滤器。过滤后所得的溶液通常称为滤液。若沉淀需要经过灼烧后再称量，应使用定量滤纸和细长颈漏斗过滤。

根据沉淀量的多少选择滤纸的大小，一般要求沉淀的总体积不得超过滤纸锥体高度的 1/3。滤纸的大小应与漏斗的大小相适应，一般滤纸上沿应低于漏斗上沿约 1 cm。漏斗一般选长颈（颈长 25～20 cm）的，锥体角度应为 60°，颈的直径要小些（通常是 3～5 mm），以便颈内容易保留液柱，这样才能因液柱的重力而产生抽滤作用，过滤才能迅速。

滤纸一般按四折法折叠，如图 2-27 所示，先把滤纸整齐地对折并按紧，然后对折但不要按紧，把折成圆锥形的滤纸放入漏斗中。为了使滤纸和漏斗内壁贴紧而无气泡，常把滤纸三层的外面两层滤纸折角处撕下一角，此小块滤纸保存在洁净干燥的表面皿中，以备擦拭烧杯中的沉淀用。

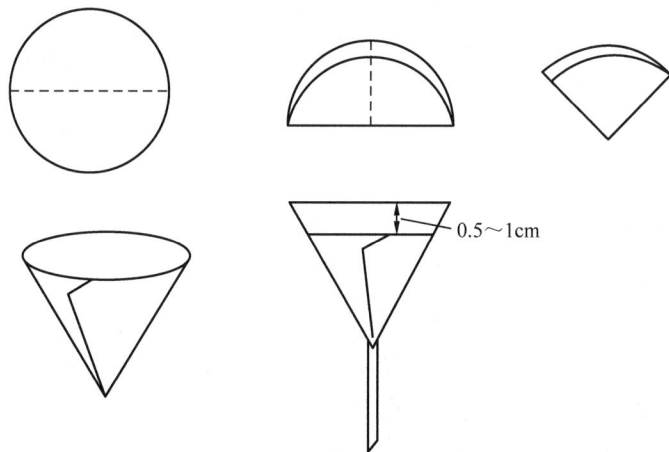

图 2-27　滤纸的折叠和安放

过滤一般分 3 个阶段进行：首先采用倾泻法尽可能多地过滤清液；其次洗涤沉淀并把沉淀转移到漏斗上；最后清洗烧杯和洗涤漏斗上的沉淀。

当沉淀的密度较大或结晶颗粒较大，静置后容易沉降至容器的底部，可用倾泻法。首先让固-液系统充分静置（图 2-28），沉淀上部出现的澄清液倾入漏斗中（图 2-29）。待上清液基本转移完后，对沉淀进行初步洗涤。洗涤时，可往盛着沉淀的容器内加入少量蒸馏水、酒精等洗涤剂吹洗烧杯四周内壁，然后把沉淀和洗涤剂充分搅匀后，充分静置，使沉淀沉降，再小心地倾出洗涤液。如此洗涤 3～4 次后，加少量洗涤液于烧杯中，搅拌，使洗涤液和沉淀混合均匀，一并倾入漏斗中。

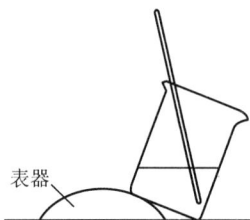

图 2-28　烧杯倾斜静置　　　　　图 2-29　倾泻法过滤

再重复操作数次，使大部分沉淀转移至漏斗中。烧杯中残留的少量溶液则可按如图 2-30 所示将玻璃棒横放在烧杯口上，使玻璃棒伸出烧杯嘴 2～3 cm，杯嘴朝向漏斗。用左手食指按住玻璃棒上方，其余手指拿住烧杯，放至漏斗上方，杯底略朝上，玻璃棒下端对准三层滤纸处，右手拿洗瓶冲洗杯壁上所附着的沉淀，使沉淀和洗液一起沿着玻璃棒流入漏斗中（注意勿使溶液溅出）。

加热陈化过程中往往使一些细小沉淀附着在烧杯壁上而难以洗脱，可用小片滤纸擦"活"后再冲洗。即将折叠滤纸时撕下的滤纸放入烧杯壁的中上部，用水润湿后先擦拭玻璃棒，再用玻璃棒压住滤纸擦拭烧杯壁。擦拭后的滤纸用玻璃棒拨入漏斗中。再用洗涤液冲洗烧杯壁，把擦"活"的沉淀微粒冲洗到漏斗中。

图 2-30　少量残留沉淀的冲洗

沉淀全部转移到滤纸上后，还要继续洗涤，方法如图 2-31 所示，用洗瓶以细小缓慢的洗涤液流从略低于滤纸边缘的地方沿漏斗壁螺旋向下吹洗，以除去沉淀表面吸附的杂质和残留的母液，绝不可骤然浇在沉淀上。待上一次洗液流完后，再进行下一次洗涤。如此反复多次直至洗净沉淀。应根据具体情况选择适当方法检验沉淀是否洗净。

（2）用微孔玻璃过滤器过滤

微孔玻璃过滤器分坩埚形和漏斗形两种类型，如图 2-32(a)和(b)所示。前者称玻璃坩埚式过滤器或玻璃滤坩；后者称玻璃漏斗式过滤器或砂芯漏斗。这两种玻璃滤器虽然形状不同，但其底部滤片皆是用玻璃砂在 600℃ 左右烧结制成的多孔滤板。

根据滤板平均孔径分级，按微孔由大到小可分为 6 级，见表 2-2 所列。

图 2-31　沉淀的洗涤

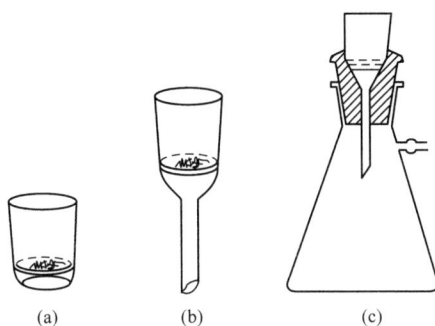

(a)　　　(b)　　　(c)

图 2-32　玻璃过滤器和吸滤瓶

　　玻璃滤埚和砂芯漏斗配合吸滤瓶使用[图 2-32(c)]。玻璃滤埚通过特制的橡皮座接在吸滤瓶上，用水泵抽气。过滤时应先开水泵，接上橡皮管，倒入过滤溶液。过滤完毕，应先拔下橡皮管，关上水泵，否则由于瓶内负压，会使自来水倒吸入瓶。

表 2-2　坩埚(或漏斗)的孔径分布

坩埚(或漏斗)级别	G_1	G_2	G_3	G_4	G_5	G_6
滤板孔径/μm	80～120	40～80	15～40	5～15	2～5	<2

4. 干燥和灼烧

(1)干燥器的准备和使用

　　干燥器是带有磨口盖子的密闭玻璃器皿。坩埚及沉淀经过烘干或灼烧后必须放在干燥器中冷却，以避免它们吸收空气中的水分。

　　干燥器中最常使用的干燥剂是变色硅胶和无水氯化钙。其他干燥剂还有硫酸钙、三氧化二铝、浓硫酸等。

　　使用干燥器时，先用干抹布将干燥器内壁及多孔瓷板擦干净，然后将一张干净的纸卷成圆筒状，通过圆筒将干燥剂倒入干燥器，以避免干燥剂沾污干燥器内壁的上部，干燥剂装至干燥器下室一半的位置即可，不可太多，否则易沾污坩埚。装好干燥剂后，在干燥器的磨口上涂一层薄而均匀的凡士林，盖上盖子。

　　打开干燥器时，一手按住干燥器下部，另一只手按住盖子上的圆顶向旁边推开，如图 2-33 所示。盖子取下后，应磨口向上放在桌上，盖盖子时，也应平推着盖好。搬动干燥器时，用拇指按住盖子，以防盖子滑落打破，如图 2-34 所示。

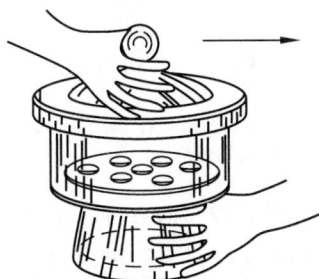

图 2-33　开启干燥器的方法　　　　图 2-34　搬动干燥器的方法

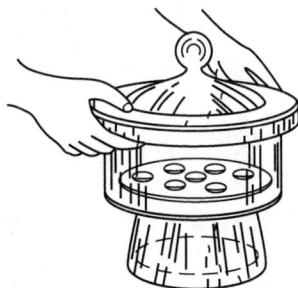

（2）坩埚的准备

将瓷坩埚洗净，用小火（马弗炉或煤气灯）烤干或烘干，灼烧的温度与时间应与灼烧沉淀时相同。在灼烧过程中，要用热坩埚钳将坩埚慢慢转动数次，使其灼烧均匀。空坩埚第一次灼烧 40～45 min 后，停止加热，稍冷却待红热消退后，用热坩埚钳夹取坩埚，放入干燥器内，盖上盖子，冷却至室温后，取出称量。第二次再灼烧 20 min，取出，放至干燥器中冷却，再称量（每次冷却时间要相同），直至恒重（相邻两次称量的差值不大于 0.4 mg，即可认为坩埚已恒重）。将恒重后的坩埚放在干燥器中备用。

（3）干燥、炭化和灰化

对于晶形沉淀，用清洁的玻璃棒将滤纸的三层部分挑起两处，再用洗净的手将带有沉淀的滤纸小心取出，按图 2-35 所示方法折叠滤纸，把沉淀包卷在里面。此时应特别注意，勿使沉淀有任何损失。最后用不接触沉淀的那部分滤纸把漏斗内壁轻轻擦一下，将滤纸包三层部分朝上放入已恒重的坩埚中。

对于无定形沉淀，如图 2-36 所示，用玻棒将滤纸边挑起，向中间折叠盖住沉淀。再用玻璃棒轻轻转动滤纸包，以便擦净漏斗内壁可能黏附的沉淀。然后取出滤纸包，倒过来尖朝上放入坩埚中。

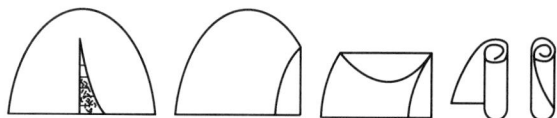

图 2-35　晶形沉淀滤纸的折卷　　　图 2-36　无定形沉淀滤纸的折卷

将放有沉淀的坩埚倾斜地置于泥三角上，然后把坩埚盖半掩着盖上，如图 2-37（a）所示。先用小火来回扫过坩埚，使其均匀而缓慢地受热，以避免坩埚因骤热而破裂。然后将煤气灯置于如图 2-37（b）所示的位置，小心加热坩埚盖，使热空气流反射到坩埚内部将沉淀烘干。注意：加热不能太猛，否则会使沉淀迸溅造成损失。

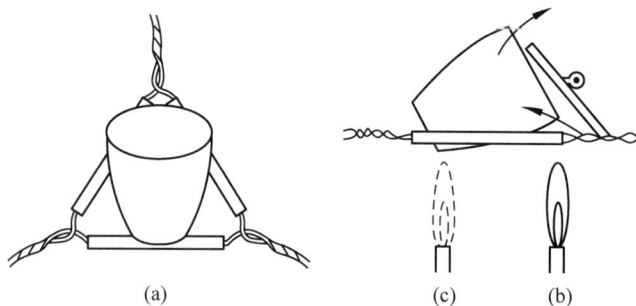

图 2-37　坩埚（沉淀）的烘干和灼烧

滤纸烘干后即开始冒烟，有时滤纸会着火，此时，应立即将坩埚盖完全盖上，同时移开煤气灯。待火焰熄灭后，将坩埚盖移至原来位置，继续加热至全部炭化（滤纸变黑）。然后将煤气灯移至图 2-37（c）所示处加热坩埚底部，直至炭化（炭黑基本消失）。

（4）灼烧

沉淀和滤纸灰化后，改用喷灯在一定温度下灼烧沉淀片刻，或将坩埚移入马弗炉中，盖上坩埚盖（留一小孔隙），根据沉淀的性质确定灼烧的温度。然后按照空坩埚处理方法，进行灼烧、冷却、称量，直至坩埚和沉淀达到恒重为止。

坩埚和沉淀的恒量质量与空坩埚的恒量质量之差即为沉淀的质量。

微孔玻璃坩埚（漏斗）只需烘干即可称量，一般将微孔玻璃坩埚（或漏斗）连同沉淀放在表面皿上，然后放入烘箱中，根据沉淀的性质确定烘干温度。一般第一次烘干时间较长，约 2 h，第二次烘干时间可较短，45 min～1 h。沉淀烘干后，取出坩埚（或漏斗），置于干燥器中冷却至室温后称量。反复烘干、称量，直至恒重为止。

七、试纸的使用

在实验过程中，经常使用某些试纸来定性检验一些溶液的性质或某些物质的存在，操作简单，使用方便。试纸种类很多，常用的有石蕊试纸、pH 试纸、淀粉–KI 试纸和醋酸铅试纸。无论哪种试纸，都不要直接用手拿用，以免手上带有的化学品污染试纸。同时，从容器中取出试纸后，应立即盖严容器，以防止容器内试纸受到空气中某些气体的污染。

1. 石蕊试纸

石蕊试纸用于检验溶液的酸碱性。实验前将石蕊试纸剪成小条，用镊子夹取，放在干燥洁净的表面皿上，再用玻璃棒蘸取待检验的溶液，滴在试纸上，然后观察石蕊试纸的颜色，切不可将试纸投入溶液中检验。

2. pH 试纸

pH 试纸用于检验溶液的 pH 值，有广泛和精密之分。使用方法与石蕊试纸相同，但最后须将 pH 试纸所显示的颜色与标准比色卡比较，才可得出溶液的 pH 值。

3. 淀粉–KI 试纸

淀粉–KI 试纸主要定性地检验氧化性气体（如 Cl_2）。在一张滤纸条上，滴加 1 滴淀粉溶液和 1 滴 KI 溶液即成淀粉–KI 试纸，然后将试纸粘在玻璃棒一端旋放在试管口上方，若逸出的气体较少，可将试纸伸进试管，但注意切勿使试纸接触溶液或试管壁。

4. 醋酸铅试纸

醋酸铅试纸用于检验反应中是否有 H_2S 气体产生。在一张滤纸条上滴加醋酸铅溶液即成醋酸铅试纸，其使用方法同淀粉–KI 试纸。

第3单元　基础技能实验实训

实验1　简单的玻璃加工技术

一、实验目的

1. 了解酒精喷灯的构造，学会正确使用酒精喷灯。
2. 学会"截""弯""拉"玻璃管(棒)，制作搅拌棒和滴管。
3. 练习塞子钻孔操作。

二、仪器和试剂

仪器：酒精喷灯(或煤气灯)、石棉网、锉刀、打孔器、米尺、玻璃管、玻璃棒、橡皮胶头、橡皮胶塞、小方木、火柴。

试剂：酒精(或煤油)。

三、实验步骤

1. 观察酒精喷灯(或煤气灯)的构造，并学会酒精喷灯(或煤气灯)的点火和熄灭。
2. 玻璃用品的简单加工
(1)制作两支玻棒(适用于一大一小烧杯)。
(2)制作两支滴管。
(3)弯曲一支90°角的玻璃管。
3. 洗瓶的制作
(1)将选好的橡皮塞钻孔。
(2)依次将30 cm长的玻璃管一端拉成一尖嘴，弯成60°角，插入橡皮塞塞孔后，再将另一端弯成120°角(注意两个弯角的方向相同)，即配制成一洗瓶。

四、思考题

1. 试述酒精喷灯的主要构造。如何正确使用酒精喷灯？
2. 为了保证安全，在加工玻璃管时，有哪些问题需要注意？
3. 弯曲和熔光玻璃管应如何加热玻璃管？
4. 塞子钻孔时，应如何选择钻孔器的大小？应如何正确操作？

实验 2　分析天平的称量练习

一、实验目的

1. 了解分析天平的构造、称量原理及使用方法。
2. 学会直接称量和减量称量的操作方法。
3. 掌握有效数字的使用规则。

二、实验原理

分析天平是定量分析实验中必备的精密衡量仪器，因此了解分析天平的构造，掌握正确的称量方法及严格遵守天平的使用规则是成功地完成定量分析实验任务、维护好天平和提高实验效率的基本保证。详见实验实训部分第 2 单元。

三、仪器和试剂

仪器：分析天平、托盘天平、表面皿、镊子、干燥器、称量瓶。

试剂：NaCl(AR)、金属片。

四、实验步骤

1. 直接称量

(1) 调节托盘天平的零点，用镊子将洁净干燥的表面皿放到托盘天平的左盘上，称取表面皿的质量。再用镊子将金属片放到表面皿上，称出表面皿和金属片的总质量，并计算出金属片的质量（准确至 0.1g）。将数据填入表 3-1。

(2) 调节分析天平的零点，用镊子将表面皿放在分析天平左盘（或电光天平盘）上，准确称出其质量。然后再用镊子将金属片放到表面皿上，精确称出它们的总质量（准确至 0.1 mg），计算出金属片的质量。将数据填入表 3-1。

表 3-1　直接称量数据记录表

天平种类	表面皿和金属片总质量/g	表面皿质量/g	金属片质量/g
托盘天平粗称			
分析天平精称			

2. 减量称量法

(1) 用纸带从干燥器中取出装有固体 NaCl 的称量瓶，在托盘天平上粗称其总质量（准确至 0.1 g）。然后在分析天平上准确称出其总质量（准确至 0.1 mg）。

(2) 取出称量瓶，打开瓶盖，从中倒出 1～1.5 g 固体 NaCl 于小烧杯中，迅速盖上盖子。然后再将称量瓶分别放在托盘天平和分析天平上进行粗称和精称。记录数据，填入表 3-2，并计算倒入小烧杯中的 NaCl 的质量。

表 3-2　减量称量数据记录表

天平种类	称量瓶和 NaCl 的总质量/g		倒入小烧杯中的 NaCl 的质量/g
	倒出前	倒出后	
托盘天平粗称			
分析天平精称			

五、思考题

1. 什么情况下用直接称量法？什么情况下用减量称量法？

2. 使用分析天平时为什么要强调轻开轻关天平旋钮？为什么必须先关天平，然后取放被称量物和加减砝码？

3. 用减量法称取试样时，若称量瓶内的试样吸湿，将对称量结果造成什么误差？若试样倒入烧杯后吸湿，对称量是否有影响？

实验 3　粗食盐的提纯

一、实验目的

1. 学习分离提纯粗食盐的原理和方法。

2. 练习溶解、过滤、蒸发、结晶、干燥等基本操作。

3. 了解 Ca^{2+}、Mg^{2+}、SO_4^{2-} 等离子的定性检验方法。

二、实验原理

氯化钠试剂和氯碱工业的食盐水都是以粗食盐为原料进行提纯的。一般粗食盐的主要杂质为 K^+、Ca^{2+}、Mg^{2+}、SO_4^{2-}、CO_3^{2-} 等可溶性杂质和泥沙等一些不溶性杂质。氯化钠的溶解度随温度变化很小，不能用重结晶的方法提纯，而需要用化学方法进行处理。不溶性杂质可通过溶解和过滤的方法去除；可溶性杂质则可选择适当的试剂使它们生成气体或沉淀去除。

（1）在粗盐溶液中加入过量的 $BaCl_2$ 溶液，过滤，除去 SO_4^{2-} 和其他一些难溶物，反应式为：

$$Ba^{2+} + SO_4^{2-} == BaSO_4 \downarrow$$

（2）在滤液中加入 Na_2CO_3，过滤，除去 Ca^{2+}、Mg^{2+}、Fe^{3+} 及过量的 Ba^{2+}，反应式为：

$$Ca^{2+} + CO_3^{2-} == CaCO_3 \downarrow$$

$$Mg^{2+} + CO_3^{2-} + 2OH^- == Mg_2(OH)_2CO_3 \downarrow$$

$$Ba^{2+} + CO_3^{2-} == BaCO_3 \downarrow$$

（3）溶液中过量的 $NaOH$ 和 Na_2CO_3 用盐酸中和去除。

（4）粗盐中的 K^+ 和上述沉淀剂不起作用，但由于 KCl 的溶解度大于 $NaCl$ 的溶解度，且含量较少，所以在蒸发和浓缩过程中，NaCl 先结晶出来，KCl 则留在母液中，从而与 NaCl 晶体分离开来。少量多余的盐酸在干燥 NaCl 时以氯化氢的形式逸出。

三、仪器和试剂

仪器：托盘天平、研钵、烧杯、电炉、石棉网、蒸发皿、玻璃棒、洗瓶、玻璃漏斗、滤纸、布氏漏斗、抽滤瓶、循环水真空泵、铁架台、pH 试纸。

试剂：粗食盐、$BaCl_2(1 \ mol \cdot L^{-1})$、饱和 Na_2CO_3 溶液、$HCl(6 \ mol \cdot L^{-1})$、$HAc(6 \ mol \cdot L^{-1})$、饱和 $(NH_4)_2C_2O_4$ 溶液、$NaOH(6 \ mol \cdot L^{-1})$、镁试剂、无水乙醇、KSCN 溶液（25%）。

四、实验步骤

1. 粗盐的溶解

在天平上称取 8.0 g 研细的粗食盐，放在 100 mL 烧杯中，加入 30 mL 水，搅拌并加热使其溶解（记录液面位置），溶液中少量的不溶性杂质留待下一步过滤一并去除。

2. 化学除杂

(1)除去 SO_4^{2-}。加热溶液至沸腾，在搅拌下逐滴加入 $1 \ mol \cdot L^{-1} BaCl_2$ 溶液，至溶液中的 SO_4^{2-} 沉淀完全，记录所用 $BaCl_2$ 溶液的量（进行中间控制检验，确定所需 $BaCl_2$ 的最少量，以免浪费试剂），常压过滤，不溶性杂质和 $BaSO_4$ 沉淀尽量不要倒入漏斗中。

(2)除去 Ca^{2+}、Mg^{2+} 和过量的 Ba^{2+}。将滤液加热至沸腾，用小火维持微沸，边搅拌边滴加饱和的 Na_2CO_3 溶液，如上法，通过实验确定 Na_2CO_3 溶液的用量，使 Ca^{2+}、Mg^{2+} 和过量的 Ba^{2+} 转变为难溶的化合物，常压过滤。

(3)除去 CO_3^{2-}。在滤液中加入 $6 \ mol \cdot L^{-1} HCl$（1 滴），加热搅拌，使溶液 pH 值在 3 左右，CO_3^{2-} 转化为 CO_2 逸出。

3. 蒸发、干燥

将滤液倒入蒸发皿中蒸发，浓缩至稀稠状的稠液为止。蒸发后期检验溶液的 pH 值，保持溶液为微酸性（pH≈6）。冷却后，减压过滤，尽量将晶体抽干。

将 NaCl 晶体放回蒸发皿中，在石棉网上用小火烘炒，不断用玻璃棒翻动，以防结块。待无水蒸气逸出后，再用大火烘炒数分钟，得到的 NaCl 晶体应是洁白和松散的。冷却至室温，称量，计算。

4. 产品纯度的检验

取粗食盐和精盐各 1 g，分别溶于 5 mL 蒸馏水中，将粗盐溶液过滤。两种澄清溶液分别盛于 3 支小试管中，组成 3 组，对照检验它们的纯度。

(1)SO_4^{2-} 的检验。在第一组溶液中分别加入 2 滴 $6 \ mol \cdot L^{-1} HCl$，使溶液呈酸性，再加入 3～5 滴 $1 \ mol \cdot L^{-1} BaCl_2$，如有白色沉淀，证明 SO_4^{2-} 存在，记录结果，进行比较。

(2)Ca^{2+} 的检验。在第二组溶液中分别加入 2 滴 $6 \ mol \cdot L^{-1}$ 的 HAc 使溶液呈酸

性，再加入 3～5 滴饱和 $(NH_4)_2C_2O_4$ 溶液，如有白色的 CaC_2O_4 沉淀，证明 Ca^{2+} 存在。记录结果，进行比较。

（3）Mg^{2+} 的检验。在第三组溶液中分别加入 3～5 滴 $6~mol \cdot L^{-1}$ NaOH，使溶液呈碱性，再加入 1 滴镁试剂。若有天蓝色沉淀生成，证明 Mg^{2+} 存在。记录结果，进行比较。

镁试剂为一种有机染料，在碱性溶液中呈红色或紫色，但被 $Mg(OH)_2$ 沉淀吸附后，则呈天蓝色。

5. 实验数据记录与处理

$BaCl_2$ 溶液的用量：_____ mL；Na_2CO_3 溶液的用量 _____ mL；

产量：_____ g；产率：_____ %。

五、思考题

1. 加入 30 mL 水溶解 8 g 食盐的依据是什么？加水过多或过少有什么影响？
2. 在检验 SO_4^{2-} 时，为什么要加入盐酸溶液？
3. 提纯后的食盐溶液浓缩时为什么不能蒸干？
4. 若粗食盐中含有 Fe^{3+}，是否需要另外设计步骤去除 Fe^{3+}？

实验 4　硫代硫酸钠的制备和纯度检验

一、实验目的

1. 了解 $Na_2S_2O_3$ 的制备原理和方法。
2. 掌握蒸发、浓缩、结晶、减压过滤等基本操作。

二、实验原理

含 5 个结晶水的硫代硫酸钠（$Na_2S_2O_3 \cdot 5H_2O$），俗称"海波"，为无色透明单斜晶。56℃ 时溶于其结晶水中，100℃ 时脱水。硫代硫酸钠易溶于水，其水溶液呈弱碱性。工业上或实验室的制备，可用硫粉和亚硫酸钠溶液共煮而发生化合反应：

$$Na_2SO_3 + S =\!=\!= Na_2S_2O_3$$

经过滤、蒸发、浓缩冷却，即可制得 $Na_2S_2O_3 \cdot 5H_2O$ 晶体。硫代硫酸钠溶液在浓缩时能形成过饱和溶液，此时加入几粒晶体（称为晶种），就可有晶体析出。

硫代硫酸钠的重要性质之一是具有还原性，它是无机及分析化学实验中常用的还原剂。它与强氧化剂（如 Cl_2、Br_2、$KMnO_4$ 等）作用，被氧化成硫酸盐；与中等强度的氧化剂（I_2、Fe^{3+}）作用时，硫代硫酸钠被氧化成连四硫酸钠：

$$Na_2S_2O_3 + 4Cl_2 + 5H_2O =\!=\!= Na_2SO_4 + H_2SO_4 + 8HCl$$

$$2Na_2S_2O_3 + I_2 =\!=\!= Na_2S_4O_6 + 2NaI$$

前一反应可用于纺织漂染及自来水中除氯；后一反应是定量分析中碘量法的基础。

鉴别 $S_2O_3^{2-}$ 的特征反应是：

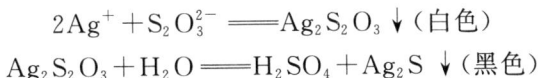

$$2Ag^+ + S_2O_3^{2-} \Longrightarrow Ag_2S_2O_3 \downarrow（白色）$$

$$Ag_2S_2O_3 + H_2O \Longrightarrow H_2SO_4 + Ag_2S \downarrow（黑色）$$

在含有 $S_2O_3^{2-}$ 的溶液中加入过量的 $AgNO_3$ 溶液，立即生成白色沉淀，此沉淀迅速变黄色，再变为棕色，最后变成黑色。故分析化学中常用 $AgNO_3$ 溶液鉴定 $S_2O_3^{2-}$ 的存在。

三、仪器和试剂

仪器：托盘天平、量筒、烧杯、玻璃棒、洗瓶、酒精灯、研钵、蒸发皿、烘箱、锥形瓶、铁架台、铁圈、布氏漏斗、热水漏斗、抽滤瓶、试管、石棉网、滤纸。

试剂：固体 Na_2SO_3、硫粉、95％乙醇、0.2％淀粉、$AgNO_3$ 溶液、HAc－NaAc 缓冲溶液、0.1 mol·L^{-1} I_2 标准溶液。

四、实验步骤

1. 称取硫黄粉 2 g 放入 100 mL 小烧杯中，加 1 mL 乙醇使其润湿，再称取 Na_2SO_3 固体 6 g 置于烧杯中，加 30 mL 水，加热并不断搅拌，待溶液沸腾后改用小火加热，保持沸腾 1～1.5 h，直至仅剩下少许硫粉悬浮于溶液中。注意：在沸腾过程中，要经常搅拌，并将烧杯壁上附着的硫黄用少量水冲淋下去，同时补偿水分的蒸发损失（保持溶液体积不少于 20 mL）。

2. 趁热用布氏漏斗减压过滤，弃去未反应的硫黄粉。

3. 滤液转入蒸发皿中，加热蒸发、浓缩，直至溶液中有一些晶体析出（或溶液呈微黄色混浊）时，立即停止加热，冷却，使 $Na_2S_2O_3 \cdot 5H_2O$ 结晶析出。如无结晶析出，加几粒硫代硫酸钠晶体，搅拌，即有大量晶体析出，静置 20 min。

4. 用布氏漏斗减压过滤，用少量乙醇洗涤晶体，尽量抽干，将晶体放入烘箱中，在 40℃下干燥 40～60 min。取出称量，计算产率。

5. 产品的鉴定

（1）纯度检验。称取 0.5 g 产品，用少量蒸馏水溶解，加入 10 mL HAc－NaAc 缓冲溶液，以保持溶液的弱酸性。然后用 I_2 标准溶液滴定，以淀粉为指示剂，滴定到溶液呈蓝色且 1 min 内颜色不褪即为终点。计算公式如下：

$$w_{Na_2S_2O_3 \cdot 5H_2O} = \frac{2c_{I_2} \cdot V_{I_2} \cdot M_{Na_2S_2O_3 \cdot 5H_2O}}{m_{样品}} \times 100\%$$

式中，$M_{Na_2S_2O_3 \cdot 5H_2O}$ 为 $Na_2S_2O_3 \cdot 5H_2O$ 的摩尔质量，248.18 g/mol；$m_{样品}$ 为称取试样的质量(g)；V_{I_2}、c_{I_2} 分别为 I_2 标准溶液的滴定体积(L)、浓度(mol·L^{-1})。

（2）定性鉴别

①溶液与 $KMnO_4$ 酸性溶液的反应。

②$Na_2S_2O_3$ 的鉴定。

根据以上的实验现象，对产品性质作出结论。

五、思考题

1. 根据制备反应原理，实验中哪种反应物应过量？可以反过来吗？
2. 在蒸发浓缩的过程中，溶液可以蒸干吗？

实验 5　化学反应速率和活化能的测定

一、实验目的

1. 了解浓度、温度和催化剂对化学反应速率的影响，加深对化学反应速率和活化能的理解。
2. 掌握化学反应速率和活化能测定的方法。

二、实验原理

化学反应速率是以单位时间内反应物浓度的减少或生成物浓度的增加来表示。化学反应的本性决定了化学反应速率，此外，外界条件（浓度、温度、压强、催化剂等）也影响化学反应的速率。

对任一化学反应：

$$aA + bB \Longrightarrow eE + fF$$

反应速率：
$$v = k \cdot c_A^m \cdot c_B^n \approx \frac{\Delta c_A}{\Delta t} \approx \frac{\Delta c_B}{\Delta t}$$

式中，v 为瞬时反应速率，当时间较短时，可用平均速率代替；k 为速率常数。

在水溶液中，碘酸钾和亚硫酸氢钠发生如下反应：

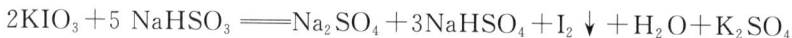

$$2KIO_3 + 5NaHSO_3 \Longrightarrow Na_2SO_4 + 3NaHSO_4 + I_2 \downarrow + H_2O + K_2SO_4$$

反应中生成的碘遇淀粉变蓝。如果在反应物中预先加入淀粉作指示剂，则淀粉变蓝色所需的时间 t 可以用来指示反应速率的大小（实验中需 KIO_3 过量）。反应速率与 t 成反比，而与 $1/t$ 成正比。本实验固定 $NaHSO_3$ 的浓度，改变 KIO_3 浓度，可以得到与一系列不同浓度 KIO_3 相对应的淀粉变蓝的时间，将 KIO_3 浓度与 $1/t$ 作图，可得到一直线。

温度可显著地影响化学反应速率，对大多数化学反应来说，温度升高，化学反应速率增大。在不同温度下测出 k 值，以 $\lg k$ 为纵坐标，$1/T$ 为横坐标作图，得一直线，其斜率为 $-\dfrac{E_a}{2.303R}$，由此可求出反应的活化能。

催化剂可大大改变化学反应速率。催化剂与反应系统处于同相，称为均相（或单相）催化。在 $KMnO_4$ 和 $H_2C_2O_4$ 的酸性混合溶液中，加入 Mn^{2+} 可增大反应速率。该反应的反应速率可由 $KMnO_4$ 紫色褪去的时间长短来表示。该反应的化学方程式为：

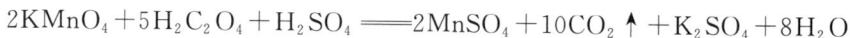

$$2KMnO_4 + 5H_2C_2O_4 + H_2SO_4 \Longrightarrow 2MnSO_4 + 10CO_2 \uparrow + K_2SO_4 + 8H_2O$$

催化剂与反应系统不为同一相，称为多相催化，如 H_2O_2 溶液在常温下极其缓慢地分解产生氧气，而加入催化剂 MnO_2 后分解速率明显加快。

三、仪器和试剂

仪器：吸量管、50 mL 量筒、100 mL 烧杯、试管、秒表、恒温水浴锅。

试剂：淀粉、MnO_2 粉末、0.05 mol·L^{-1} $NaHSO_3$ 溶液、0.05 mol·L^{-1} KIO_3 溶液、3 mol·L^{-1} H_2SO_4 溶液、0.05 mol·L^{-1} $H_2C_2O_4$ 溶液、0.01 mol·L^{-1} $KMnO_4$ 溶液、3% H_2O_2 溶液、0.1 mol·L^{-1} $MnSO_4$ 溶液。

四、实验步骤

1. 用量筒准确量取 10 mL 0.05 mol·L^{-1} $NaSO_3$ 溶液和 35 mL 蒸馏水，倒入 100 mL 小烧杯中，搅拌均匀。用另一只量筒量取 5 mL 0.05 mol·L^{-1} KIO_3 溶液，将量筒中的 KIO_3 溶液迅速倒入盛有 $NaHSO_3$ 溶液的烧杯中，立即按下秒表计时，并搅拌溶液，记录溶液变蓝时间，填入表 3-3 中。

用同样的方法依次按表 3-3 中实验编号进行实验，并填入该表中。

表 3-3　实验数据

实验编号	V_{NaHSO_3} /mL	V_{H_2O} /mL	V_{KIO_3} /mL	溶液变蓝的时间/(t/s)	$\dfrac{1}{t}$/s^{-1}	$[KIO_3]$ /(5×10^{-3} mol·L^{-1})
1	10	35	5			
2	10	30	10			
3	10	25	15			
4	10	20	20			
5	10	15	25			

根据表 3-3 中的数据，以 KIO_3 的浓度为横坐标，$1/t$ 为纵坐标作图。

2. 温度对反应速率的影响

按表 3-3 中实验编号 1 的配比分别在室温、比室温低 10℃（烧杯放在冰浴中冷却）和高 10℃的条件下，分别重复上述实验，记录反应时间，说明温度对该反应的影响。并计算各对应温度下的 k 值。以 $\lg k$ 为纵坐标，$1/T$ 为横坐标作图，得一直线，求该直线的斜率，进而求出该反应的活化能。将有关数据填入表 3-4。

表 3-4　实验数据

实验编号	1	6	7
V_{NaHSO_3}/mL	10	10	10
V_{H_2O}/mL	35	35	35
V_{KIO_3}/mL	5	5	5
实验温度/℃	室温	室温－10	室温＋10

（续）

实验编号	1	6	7
溶液变蓝的时间 t/s			
k 值			
$\lg k$			
$\dfrac{1}{T}/K^{-1}$			
活化能 $E_a/(kJ \cdot mol^{-1})$			

3. 催化剂对反应速率的影响

（1）均相催化。在试管中加入 3 mol·L^{-1} H$_2$SO$_4$ 溶液 1 mL、0.1 mol·L^{-1} MnSO$_4$ 溶液 10 滴、0.05 mol·L^{-1} H$_2$C$_2$O$_4$ 溶液 3 mL。在另一支试管中加入 3 mol·L^{-1} H$_2$SO$_4$ 溶液 1 mL、蒸馏水 10 滴、0.05 mol·L^{-1} H$_2$C$_2$O$_4$ 溶液 3 mL。然后向两支试管中各加入 0.01 mol·L^{-1} KMnO$_4$ 溶液 3 滴，摇匀，观察并比较两支试管中紫红色褪去的快慢。

（2）多相催化。在试管中加入 3‰ H$_2$O$_2$ 溶液 1 mL，观察是否有气泡产生，然后向试管中加入少量 MnO$_2$ 粉末，观察是否有气泡产生，并检验是否为氧气。

五、思考题

1. 影响化学反应速率的因素有哪些？
2. 在浓度对化学反应速率的影响实验中，溶液变蓝是否表示反应终止？

实验 6　滴定分析基本操作练习

一、实验目的

1. 了解标准溶液的配制方法。
2. 掌握滴定管、移液管的正确操作技术。
3. 熟悉甲基橙和酚酞指示剂的使用和终点的颜色变化。
4. 学习正确读数、记录数据和结果处理的方法。

二、实验原理

标准溶液的配制有直接配制和间接配制两种方法。直接配制法是指直接称取基准物质或量取优级纯试剂，溶解后用容量瓶定容而配制。此法适用于稳定、不易吸潮、在空气中稳定的基准物质。间接法配制是指先配制成近似所需浓度的溶液，再用基准物质或另一种已知浓度的标准溶液来标定，根据所用的基准物质或另一种已知浓度的溶液的量来计算所配溶液的浓度。此法适用于易吸潮、易挥发、在空气中不稳定的非基准物质。

由于 NaOH 易吸湿、易与空气中的 CO_2 反应，以及浓 HCl 易挥发等特点，本实验采用间接法配制标准溶液。

三、仪器和试剂

仪器：酸式滴定管、碱式滴定管、移液管、电子天平、烧杯、锥形瓶、试剂瓶、量筒。

试剂：NaOH(AR)、浓盐酸(36.5%)、0.1%甲基橙指示剂、0.1%酚酞指示剂。

0.1%甲基橙：将 0.1 g 甲基橙溶于 100 mL 热水中。

0.1%酚酞：将 0.1 g 酚酞溶于 90 mL 乙醇中，加水至 100 mL。

四、实验步骤

1. 0.1 mol·L^{-1} HCl 溶液的配制

在通风橱中用量筒量取浓盐酸 5.0 mL，倒入洗净的试剂瓶中，用蒸馏水稀释到 500 mL，塞上瓶塞，摇匀，贴上标签。

2. 0.1 mol·L^{-1} NaOH 溶液的配制

用小烧杯在台秤上称取 2.2 g 固体 NaOH，加蒸馏水使 NaOH 全部溶解，将溶液倒入洗净的试剂瓶中，用蒸馏水稀释至 500 mL，用橡皮塞塞住瓶口，充分摇匀，贴上标签。

3. 酸碱标准溶液浓度的比较

(1)滴定管的准备。将两支滴定管(一支酸式，一支碱式)洗涤干净。用少量 HCl 标准溶液淋洗酸式滴定管 3 次，每次用液 5～10 mL，以除去沾在管壁及活塞上的水分。同理，用 NaOH 标准溶液淋洗碱式滴定管 3 次。将 HCl 和 NaOH 标准溶液分别装入酸式滴定管及碱式滴定管中，调整液面的下缘在刻度"0.00"处或在近"0.00"刻度的下面，静止 1 min 后准确读数并记录。读数至小数点后第二位。

(2)酸碱标准溶液浓度的比较。将 25 mL 移液管用蒸馏水洗净并用 NaOH 标准溶液润洗 3 次，准确移取 NaOH 溶液 25 mL 到 250 mL 洁净的锥形瓶内，加入甲基橙指示剂 2～3 滴。然后从酸式滴定管将 HCl 溶液渐渐滴入锥形瓶中，同时不断摇动锥形瓶使溶液混和。近滴定终点时可用少量蒸馏水淋洗瓶内壁，使溅起而附于瓶内壁上的溶液流下，继续慢慢滴定至溶液恰由黄色转变为橙色为止。再将锥形瓶移至装 NaOH 溶液的滴定管下慢慢滴入 NaOH，使溶液再现黄色，然后再用 HCl 溶液滴定至橙色。如此反复进行直至能较为熟练地判断滴定终点为止。准确读取每次操作两滴定管的读数，并记录。重复操作两次。根据滴定结果计算 HCl 溶液与 NaOH 溶液的体积比，即求出 V_{HCl}/V_{NaOH} 的比值。每次滴定结果与平均值的相对偏差不得大于±0.2%。

再以酚酞为指示剂(1～2 滴)，用 NaOH 标准溶液滴定 HCl 溶液，重复上述滴定操作，将所得结果与用甲基橙为指示剂的结果进行比较，并将相关数据填入表 3-5。

表 3-5　酸碱标准溶液浓度的比较

平行实验		Ⅰ	Ⅱ	Ⅲ
V_{HCl}/mL	始读数			
	终读数			
	净用量			
V_{NaOH}/mL	始读数			
	终读数			
	净用量			
V_{HCl}/V_{NaOH}				
平均值				
相对平均偏差/%				

五、思考题

1. 为什么 HCl 和 NaOH 标准溶液不能用直接法准确配制?

2. 两支滴定管使用前为什么要用所盛溶液洗 3 次? 锥形瓶是否也要用所盛溶液洗 3 次? 为什么?

3. 用作滴定的锥形瓶是否需要干燥? 是否需要用被滴定溶液润洗以除去瓶中的水分,为什么?

第4单元 酸碱滴定实验实训

实验7　$0.1 \, mol \cdot L^{-1}$ NaOH 标准溶液的配制和标定

一、实验目的

1. 掌握配制 NaOH 标准溶液的方法。
2. 学会用减量法称取基准物质的方法。
3. 学会用邻苯二甲酸氢钾标定 NaOH 标准溶液的原理和方法。
4. 进一步练习滴定操作并学会滴定终点的判断。

二、实验原理

由于 NaOH 易吸潮，易与空气中的 CO_2 反应，故采用间接法配制。

用来标定 NaOH 标准溶液的基准物质有多种，常见的有邻苯二甲酸氢钾（$KHC_8H_4O_4$，KHP）和草酸（$H_2C_2O_4 \cdot 2H_2O$）。本实验选用邻苯二甲酸氢钾为基准物质，用酚酞作指示剂指示滴定终点。达到滴定终点时，溶液颜色由无色变为微红色。反应方程式为：

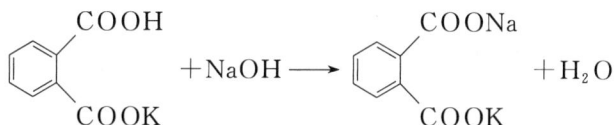

$$\text{（邻苯二甲酸氢钾）} + NaOH \longrightarrow \text{（邻苯二甲酸钾钠）} + H_2O$$

NaOH 标准溶液的浓度 c_{NaOH}（$mol \cdot L^{-1}$）可由下式来计算求得：

$$c_{NaOH} = \frac{m_{KHC_8H_4O_4}}{V_{NaOH} \cdot M_{KHC_8H_4O_4}}$$

式中，$m_{KHC_8H_4O_4}$、$M_{KHC_8H_4O_4}$ 分别为 $KHC_8H_4O_4$ 的质量（g）和摩尔质量（294.19 g·mol^{-1}）；V_{NaOH} 为滴定时所消耗的 NaOH 的体积（L）。

三、仪器和试剂

仪器：分析天平、称量瓶、试剂瓶（500 mL）、烧杯、玻璃棒、碱式滴定管、锥形瓶（250 mL）。

试剂：NaOH（AR）、邻苯二甲酸氢钾（基准物质，AR，105～110℃干燥至恒

重)、酚酞指示剂(取 0.1 g 酚酞溶于 90 mL 乙醇，加水至 100 mL，pH＝8.2~10)。

四、实验步骤

1. 0.1 mol·L^{-1} NaOH 标准溶液的配制

直接称取 2.2 g NaOH 固体于小烧杯中，加入新煮沸并冷却至室温的蒸馏水溶解，转移至 500 mL 塑料试剂瓶中，加水稀释至 500 mL，用橡皮塞塞好瓶口，充分摇匀，备用。

2. 0.1 mol·L^{-1} NaOH 标准溶液的标定

用减量法准确称取 0.4~0.6 g 邻苯二甲酸氢钾 3 份，分别置于 250 mL 锥形瓶中，加 40~50 mL 新煮沸过的蒸馏水(热水)，小心摇动使其溶解后，滴加 2~3 滴酚酞指示剂，用待标定的 NaOH 标准溶液滴定至溶液由无色转为微红色且 30 s 内不褪色即为滴定终点。记录每次标定所用的 NaOH 溶液的体积 V_{NaOH}，并计算 NaOH 溶液的浓度。

平行滴定 3 次，根据邻苯二甲酸氢钾的质量 m 和消耗的 NaOH 标准溶液的体积 V_{NaOH} 计算出所配溶液的浓度，并帖上标签。要求 3 份滴定结果的相对偏差不大于 ±0.2%，否则应重新标定。数据及结果记录于表 4-1。

表 4-1　实验结果

项　目		序　号		
		1	2	3
称量瓶和试样质量(第一次读数)m_1/g				
称量瓶和试样质量(第二次读数)m_2/g				
邻苯二甲酸氢钾的质量 m_{KHP}　(m_1-m_2)/g				
NaOH 标准溶液的体积 V_{NaOH}/L	初读数			
	终读数			
	净用量			
NaOH 标准溶液的浓度 c_{NaOH}/(mol·L^{-1})				
NaOH 标准溶液的平均浓度/(mol·L^{-1})				
相对平均偏差/%				

五、思考题

1. 怎样制备不含 CO_2 的纯水？

2. NaOH 标准溶液能否采用直接法配制？为什么？

3. 称入基准物质的锥形瓶，其内壁是否必须干燥？为什么？溶解基准物所用水的体积是否需要准确？为什么？

4. 用邻苯二甲酸氢钾标定 NaOH，为什么选用酚酞而不用甲基橙作指示剂？

实验 8　食醋中总酸度的测定

一、实验目的

1. 了解强碱滴定弱酸的基本原理及指示剂的选择。
2. 熟练掌握滴定管、容量瓶、移液管的使用方法和滴定操作技术。
3. 学会食醋中总酸度的测定方法。

二、实验原理

食醋的主要成分为醋酸（HAc），此外还有少量其他弱酸，如乳酸等。用 NaOH 标准溶液滴定，化学计量点时溶液呈弱碱性，可选用酚酞作指示剂，测得总酸度以醋酸的含量 ρ_{HAc}（g/100 mL）来表示。化学方程式如下：

$$NaOH + HAc \Longrightarrow NaAc + H_2O$$

总酸度的计算公式：

$$\rho_{HAc}(g/100mL) = \frac{c_{NaOH} \cdot V_{NaOH} \cdot M_{HAc}}{V_{HAc} \times 10^3} \times 100$$

式中，c_{NaOH}、V_{NaOH} 分别为 NaOH 的浓度（mol·L^{-1}）和滴定所消耗的体积（L）；M_{HAc}、V_{HAc} 分别为 HAc 的摩尔质量（60.05 g·mol^{-1}）和所量取的体积（L）。$\overline{V_1}$、$\overline{V_2}$ 分别为 V_1、V_2 的平均值。

三、仪器和试剂

仪器：移液管、容量瓶、碱式滴定管。
药品：0.1 mol·L^{-1} NaOH 标准溶液（见实验 7）、食醋、蒸馏水、1％酚酞指示剂。

四、实验步骤

1. 食醋的稀释
用移液管准确移取食醋样品 10.00 mL 放入 250 mL 容量瓶中，加蒸馏水稀释，定容，摇匀。

2. 食醋的测定
分别用移液管吸取 25.00 mL 稀释过的醋样 3 份于 250 mL 锥形瓶中，加入 25 mL 蒸馏水，加入酚酞指示剂 2～3 滴，用 0.1 mol·L^{-1} NaOH 标准溶液滴定至溶液呈粉红色，并在 30 s 内不褪色，即为终点。根据 NaOH 溶液的用量，计算食醋的总酸度。将记录数据及计算结果填入表 4-2。

表 4-2　食醋总酸度的测定结果

平行实验		序　号		
		1	2	3
HAc 溶液用量 V_{HAc}/L				
NaOH 标准溶液的体积 V_{NaOH}/L	初读数			
	终读数			
	净用量			
总酸度 HAc/(g・mL^{-1})				
平均值/(g・mL^{-1})				
相对平均偏差/%				

五、思考题

1. 使用容量瓶时为什么要首先检查瓶口是否漏水？如何正确检查？

2. 测定醋酸时为什么要用酚酞作指示剂？为什么不可以用甲基橙或甲基红作指示剂？

附：食用油酸价测定

酸价又称酸值，是指中和 1.0 g 油脂所含游离脂肪酸所需 KOH 的毫克数，在醇醚介质中，以酚酞为指示剂，根据滴定消耗的 KOH 的量计算油脂中游离脂肪酸的量。滴定反应为：

$$RCOOH + KOH \Longrightarrow RCOOK + H_2O$$

$$酸价(mg \cdot g^{-1}) = \frac{c_{KOH} \cdot V_{KOH} \cdot M_{KOH}}{m_{样}}$$

式中，c_{KOH}、V_{KOH}、M_{KOH} 分别为 KOH 标准溶液的浓度（mol・L^{-1}）、消耗的体积（mL）和摩尔质量（g・mol^{-1}）。

实验步骤如下：

准确称取食用植物油样品 5.0～10.0 g，置于 150 mL 烧杯中，加入醇醚混合溶剂 50 mL，搅拌溶解油样后，加入 1% 酚酞指示剂 3～5 滴，用 0.1 mol・L^{-1} KOH 标准溶液滴定至浅红色且 30 s 不褪色为滴定终点。根据实验结果计算出食用油的酸价。

实验 9　0.1 mol・L^{-1} HCl 标准溶液的配制和标定

一、实验目的

1. 掌握配制 HCl 标准溶液的配制和标定方法。
2. 学会用 Na_2CO_3 或硼砂作基准物质标定溶液的原理和方法。
3. 进一步熟练滴定管的使用方法和滴定操作技术。

二、实验原理

市售盐酸为无色透明的液体，HCl 的质量分数为 36％～38％，相对密度约为 1.18 g·mL^{-1}，由于 HCl 易挥发，故 HCl 标准溶液需用间接法来配制。

经常用来标定 HCl 溶液的基准物质有硼砂（$Na_2B_4O_7 \cdot 10H_2O$）和无水 Na_2CO_3 两种。本实验采用无水 Na_2CO_3 作基准物质，用甲基橙作指示剂，溶液的颜色由黄色转变为橙色时即为终点；用甲基红-溴甲酚绿作指示剂，终点时颜色由绿色转变为暗紫色。其反应方程式如下：

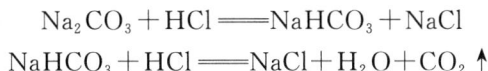

$$Na_2CO_3 + HCl \Longrightarrow NaHCO_3 + NaCl$$
$$NaHCO_3 + HCl \Longrightarrow NaCl + H_2O + CO_2 \uparrow$$

HCl 标准溶液的浓度可由下式来计算求得：

$$c_{HCl} = \frac{2m_{Na_2CO_3}}{V_{HCl} \cdot M_{Na_2CO_3}}$$

式中，$m_{Na_2CO_3}$ 为称取的无水 Na_2CO_3 的质量；$M_{Na_2CO_3}$ 为 Na_2CO_3 的摩尔质量（106 g·mol^{-1}）；V_{HCl} 为消耗的 HCl 标准溶液的体积（L）；c_{HCl} 为 HCl 标准溶液的浓度（mol·L^{-1}）。

若用硼砂（$Na_2B_4O_7 \cdot 10H_2O$）作基准物质标定 HCl 标准溶液，其反应方程式为：

$$Na_2B_4O_7 + 2HCl + 5H_2O \Longrightarrow 2NaCl + 4H_3BO_3$$

化学计量点时，产物 H_3BO_3 为弱酸，溶液的 pH 值约为 5，可选甲基红作指示剂，终点时颜色由黄色变为橙色。

本实验也可以用已标定的 NaOH 标准溶液来标定。以酚酞作指示剂，终点溶液颜色由无变为浅红色。反应方程式为：

$$NaOH + HCl \Longrightarrow NaCl + H_2O$$

三、仪器和试剂

仪器：酸碱滴定管、10 mL 量筒、分析天平、锥形瓶、烧杯、滴定管夹、铁架台、1000 mL 容量瓶、胶头滴管。

试剂：HCl 溶液（36.5％，1.18 g/mL）、无水 Na_2CO_3（AR，在 180℃下干燥 2～3 h，放于干燥器内冷却备用）、0.1％ 甲基橙指示剂。

四、实验步骤

1. 0.1 mol·L^{-1} HCl 溶液的配制

在通风橱中用洁净的量筒量取浓 HCl 约 5 mL，注入预先盛有适量水的带有玻璃塞的试剂瓶中，加水稀释至 500 mL，充分摇匀。

2. 0.1 mol·L^{-1} HCl 溶液的标定

用减量法称取 0.15～0.20 g 预先烘干的无水 Na_2CO_3 3 份，分别放在 250 mL 锥形瓶内，加 50 mL 新煮沸过的蒸馏水溶解，摇匀，加 1～2 滴甲基橙指示剂，用 HCl 溶液滴定到溶液刚好由黄色变为橙色即为终点。记录每次标定所用的 HCl 溶液的体积 V_{HCl}。

3. 平行测定 3 次，根据 Na_2CO_3 的质量 (m) 和所消耗 HCl 标准溶液的体积 (V) 计算出 HCl 标准溶液的浓度及标定结果的精密度。

将实验数据和计算结果填入表 4-3。

表 4-3　0.1 mol·L^{-1} HCl 溶液的标定结果

平行实验		序　号		
		1	2	3
称量瓶和试样质量(第一次读数)m_1/g				
称量瓶和试样质量(第二次读数)m_2/g				
无水 Na_2CO_3 的质量 $m(Na_2CO_3)$ (m_1-m_2)/g				
HCl 标准溶液的体积 V_{HCl}/L	初读数			
	终读数			
	净用量			
HCl 标准溶液的浓度 c_{HCl}/(mol·L^{-1})				
HCl 标准溶液的平均浓度/(mol·L^{-1})				
相对平均偏差/%				

五、思考题

1. 为什么配制 HCl 标准溶液用间接法配制，而不用直接法配制？

2. 为什么把 Na_2CO_3 放在称量瓶里称？称量瓶是否要预先称准？称量时盖子是否需要盖好？

3. 用未预先干燥或因保存不当而吸潮的 Na_2CO_3 为基准试剂标定盐酸溶液，对盐酸溶液的浓度有何影响？

4. 放 Na_2CO_3 溶液的锥形瓶是否需要用 Na_2CO_3 溶液预先刷洗？

5. 用 Na_2CO_3 标定 HCl 是否可用酚酞指示剂？

实验 10　混合碱中各组分含量的测定(双指示剂法)

一、实验目的

1. 掌握用双指示剂法测定混合碱中各组分含量的原理和方法。

2. 掌握用双指示剂法确定滴定终点的方法。

3. 熟悉测定结果的计算过程。

4. 了解强酸滴定二元弱酸的滴定过程、突跃范围及指示剂的选择。

二、实验原理

混合碱是指 $NaHCO_3$ 和 Na_2CO_3 或 Na_2CO_3 和 NaOH 等的混合物。欲测定试样

中各组分的含量，通常有双指示剂法和 $BaCl_2$ 法。双指示剂法简便、快速，广泛应用于生产实际中。

本实验所用的双指示剂是酚酞和甲基橙。在混合碱液中先加酚酞指示剂，用 HCl 标准溶液滴至红色刚好褪去，此时溶液中的 NaOH 被滴定完全，而 Na_2CO_3 被滴定生成 $NaHCO_3$，反应式为：

$$NaOH + HCl = H_2O + NaCl$$
$$Na_2CO_3 + HCl = NaHCO_3 + NaCl$$

设此时用去 HCl 标准溶液的体积为 V_1(L)。再加入甲基橙指示剂，继续用酸标准溶液滴定至溶液由黄色变为橙色即为终点，反应式为：

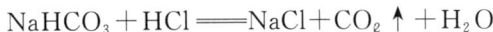

$$NaHCO_3 + HCl = NaCl + CO_2\uparrow + H_2O$$

设此时所消耗的 HCl 标准溶液的体积为 V_2(L)。根据 V_1、V_2 的大小关系可以判断混合碱的组成，并计算各自的含量。

当 $V_1 > V_2$，试液为 NaOH 和 Na_2CO_3 的混合物。

$$w_{NaOH} = \frac{c_{HCl} \cdot (V_1 - V_2) \cdot M_{NaOH}}{m_0} \times 100\%$$

$$w_{Na_2CO_3} = \frac{c_{HCl} \cdot V_2 \cdot M_{Na_2CO_3}}{m_0} \times 100\%$$

当 $V_1 < V_2$，试液为 Na_2CO_3 和 $NaHCO_3$ 的混合物。

$$w_{Na_2CO_3} = \frac{c_{HCl} \cdot V_1 \cdot M_{Na_2CO_3}}{m_0} \times 100\%$$

$$w_{NaHCO_3} = \frac{c_{HCl} \cdot (V_2 - V_1) \cdot M_{NaHCO_3}}{m_0} \times 100\%$$

此外，若 $V_1 = V_2$，则只有 Na_2CO_3，若 $V_1 = 0$，$V_2 > 0$，则只有 $NaHCO_3$；若 $V_1 > 0$，$V_2 = 0$，则只有 NaOH。

三、仪器和试剂

仪器：酸式滴定管、锥形瓶、烧杯、药匙、量筒、分析天平、铁架台、滴定管夹。

试剂：混合碱样、酚酞(0.1%)、甲基橙(0.1%)、$0.1\ mol \cdot L^{-1}$ HCl 标准溶液、蒸馏水。

四、实验步骤

1. 准确称取 1.3~1.5 g 混合碱样于 100 mL 小烧杯中，加少量蒸馏水溶解，定量转移至 250 mL 容量瓶中，加水稀释至刻度，充分摇匀。

2. 用移液管准确移取未知浓度的混合碱溶液 25 mL 于 250 mL 的锥形瓶中，滴加 2~3 滴酚酞指示剂，用 $0.1\ mol \cdot L^{-1}$ HCl 标准溶液进行滴定，颜色由红色变为淡粉色为止，记下所消耗的 HCl 的体积 V_1。

3. 再滴加 1~2 滴甲基橙指示剂，继续用 HCl 溶液进行滴定，溶液由黄色变为橙色即可，记下所消耗的 HCl 的总体积 V_2。

4. 根据所消耗的 HCl 的体积计算出混合碱中 NaOH、Na_2CO_3 含量。

将实验数据及处理结果填入表 4-4。

表 4-4　混合碱组分含量的测定结果

称取混合碱的质量/g			
平行实验	1	2	3
移取混合碱液的体积/L			
V_1/L			
V_2/L			
组分 1 含量及相对平均偏差/%			
组分 2 含量及相对平均偏差/%			

五、思考题

1. 化学分析中，为什么要进行平行测定？一般要平行测定几份？

2. 为什么可以用双指示剂测定混合碱组分？

3. 双指示剂法中，达到第二计量点时为什么不用加热除去 CO_2？

4. 测定一批混合碱时，若出现：①$V_1 > V_2$；②$V_1 < V_2$；③$V_1 = V_2$；④$V_1 = 0$，$V_2 > 0$；⑤$V_1 > 0$，$V_2 = 0$ 这 5 种情况时，各样品的组成有何差别？

附：饼干中 $NaHCO_3$、Na_2CO_3 含量的测定

1. 称取 5.00 g 饼干，用不含 CO_2 的去离子水溶解，定量移入 250 mL 容量瓶中，并稀释至刻度，摇匀，静置。

2. 用移液管移取 50 mL 上清液（或滤液）置于 250 mL 锥形瓶中，加酚酞指示剂 3～5 滴，用 0.10 mol·L^{-1} HCl 标准溶液滴定至淡粉色刚刚褪去。记录消耗 HCl 标准溶液体积 V_1，再加入甲基橙指示剂 2 滴，继续用 HCl 标准溶液滴定至橙红色，记录消耗的 HCl 标准溶液的体积 V_2，计算出饼干中 $NaHCO_3$、Na_2CO_3 含量。

实验 11　铵盐中含氮量的测定

一、实验目的

1. 掌握甲醛法测定铵盐中氮含量的实验原理和方法。

2. 学会用酸碱滴定法间接测定氮肥中的含氮量。

3. 熟练掌握容量瓶、移液管和滴定管的使用方法。

4. 进一步练习碱式滴定管的使用。

二、实验原理

氮在无机化合物和有机化合物中的存在形式比较复杂，其含量通常以总氮、铵态氮、硝酸态氮、酰胺态氮等形式表示，氮含量的测定方法主要有两种：

(1)蒸馏法。又称为凯氏定氮法，适用于无机物、有机物中含氮量的测定，准确度高。

(2)甲醛法。适用于铵盐中铵态氮的测定，方法简便，应用广泛。

铵盐 NH_4Cl 和 $(NH_4)_2SO_4$ 是常用的无机化肥，是强酸弱碱盐，由于 NH_4^+ 的酸性太弱($K=5.6\times10^{-10}$)，不能用 NaOH 标准溶液直接滴定。但可将铵盐与甲醛作用，定量生成六次甲基四胺盐和 H^+，反应式如下：

$$4NH_4^+ + 6HCHO = (CH_2)_6N_4H^+ + 3H^+ + 6H_2O$$

生成的 H^+ 和 $(CH_2)_6N_4H^+$($K_a=7.1\times10^{-6}$)用 NaOH 标准溶液直接滴定，滴定终点的产物$(CH_2)_6N_4$ 为弱碱，化学计量点时，溶液的 pH 值约为 8.7，可用酚酞作指示剂，滴定至溶液由无色变为微红色即为终点。

由上述反应式可见，1 mol NH_4^+ 相当于 1 mol H^+，因此氮与 NaOH 的化学计量比为 1∶1，由滴定所消耗的 NaOH 标准溶液的量即可计算出样品中的氮含量。计算公式如下：

$$w_N\% = \frac{c_{NaOH} \cdot V_{NaOH} \cdot M_N}{m_{试样}} \times 100\%$$

式中，c_{NaOH}、V_{NaOH} 为 NaOH 标准溶液的浓度($mol \cdot L^{-1}$)和所消耗的体积(L)；M_N 为氮的摩尔质量($14\ g \cdot mol^{-1}$)；$m_{试样}$ 为所取试样的质量(g)。

铵盐与甲醛的反应在室温下进行较慢，加甲醛后，常需要放置几分钟，使反应完全。另外，甲醛中常含有少量甲酸，使用前必须先以酚酞为指示剂，用 NaOH 溶液中和，否则会使测定结果偏高。如试样中含有游离酸，加甲醛之前应事先以甲基红为指示剂，用 NaOH 标准溶液中和至甲基红变为黄色(pH≈6)，再加入甲醛进行滴定，以免影响测定结果。

三、仪器和试剂

仪器：电子天平、锥形瓶(250 mL)、碱式滴定管、移液管(25 mL)、容量瓶(250 mL)、烧杯、试剂瓶。

试剂：NaOH 标准溶液($0.1000\ mol \cdot L^{-1}$)、甲醛溶液(18%，即 1∶1)、氮肥试样、甲基红指示剂($2\ g \cdot L^{-1}$)、酚酞指示剂($2\ g \cdot L^{-1}$)。

甲基红指示剂($2\ g \cdot L^{-1}$)：60% 乙醇溶液。

酚酞指示剂($2\ g \cdot L^{-1}$)：乙醇溶液。

四、实验步骤

1. 甲醛溶液的处理(可由实验指导老师统一处理)

取原瓶装甲醛上层清液于烧杯中，加水稀释 1 倍，加入 2 滴酚酞指示剂，用

$0.10~mol \cdot L^{-1}$ NaOH 标准溶液滴定至甲醛溶液呈微红色。

2. 铵盐中氮含量的测定

用减量法准确称取 $(NH_4)_2SO_4$ 固体 1.5~2.0 g 于小烧杯中，加入少量蒸馏水溶解，然后把溶液定量地转移至 250 mL 容量瓶中，用蒸馏水稀释至刻度，摇匀。

用 25.00 mL 移液管移取上层清液于 250 mL 锥形瓶中，加入 1 滴甲基红指示剂，用 $0.10~mol \cdot L^{-1}$ NaOH 标准溶液中和至溶液呈黄色以除去试样中的游离酸，此时消耗的 NaOH 溶液体积不计。加入 10 mL 已中和的甲醛溶液，再加入 1~2 滴酚酞指示剂，充分摇匀，静置 1 min 后，用 $0.10~mol \cdot L^{-1}$ NaOH 标准溶液滴定至溶液呈微红色，且 30 s 不褪色，即为滴定终点。记录所消耗的 NaOH 标准溶液的体积。根据 NaOH 标准溶液的浓度和滴定所消耗的体积，计算试样中的氮含量（$w_N \%$）和相对平均偏差。将实验数据及结果填入表 4-5。

表 4-5　铵盐中含氮量的测定结果

称取铵盐的质量/g				
定容体积/L				
平行实验		1	2	3
移取铵盐溶液的体积/L				
NaOH 溶液的体积/L	初读数			
	终读数			
	净用量			
氮含量/%				
平均氮含量/%				
相对平均偏差/%				

五、思考题

1. NH_4^+ 为 NH_3 的共轭酸，为什么不能直接用 NaOH 溶液滴定？

2. NH_4NO_3 或 NH_4HCO_3 中的氮含量能否用甲醛法测定？

3. 本实验中加甲醛的目的是什么？

4. 为什么中和甲醛中游离酸使用酚酞指示剂，而中和铵盐试样中的游离酸却使用甲基红指示剂？

附：食醋中氨基氮含量的测定

准确移取市售食醋样品 1.0~2.0 mL，置于 250 mL 锥形瓶中，加水稀释至 50 mL，加酚酞指示剂 3~5 滴，用 $0.10~mol \cdot L^{-1}$ NaOH 标准溶液滴定至微红色以中和食醋中的醋酸和矿酸，此时所消耗的 NaOH 溶液的量不计。再加入 10 mL 甲醛溶液，摇匀，放置约 2 min。用 $0.10~mol \cdot L^{-1}$ NaOH 标准溶液滴定至微红色即为终点。记录所消耗的 NaOH 标准溶液的体积，并根据实验结果计算其氨基氮的含量。

实验 12　蛋壳中碳酸钙含量的测定

一、实验目的

1. 了解实际试样的处理方法。
2. 掌握返滴定法的原理。
3. 进一步熟练掌握滴定管的操作。

二、实验原理

蛋壳的主要成分是 $CaCO_3$，将其研碎并加入已知浓度的过量的 HCl 标准溶液，即发生如下反应：

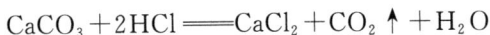

$$CaCO_3 + 2HCl \xlongequal{\quad} CaCl_2 + CO_2 \uparrow + H_2O$$

过量的 HCl 溶液用 NaOH 标准溶液返滴定，由加入 HCl 的量与返滴定所消耗的 NaOH 的量，即可求得试样中 $CaCO_3$ 的含量。计算公式如下：

$$w_{CaCO_3} = \frac{(c_{HCl} \cdot V_{HCl} - c_{NaOH} \cdot V_{NaOH}) \cdot M_{CaCO_3}}{2m_{试样}}$$

式中，c_{HCl}、V_{HCl} 分别表示 HCl 标准溶液的浓度和体积；c_{NaOH}、V_{NaOH} 分别表示 NaOH 标准溶液的浓度和所消耗的体积；M_{CaCO_3} 为 $CaCO_3$ 的摩尔质量（100 g·mol^{-1}）。

三、仪器和试剂

仪器：标准筛、酸式滴定管（50 mL）、碱式滴定管、锥形瓶。

试剂：HCl 标准溶液（0.10 mol·L^{-1}）、NaOH 标准溶液（0.10 mol·L^{-1}）、甲基橙指示剂（2 g·L^{-1}）、蛋壳。

四、实验步骤

将蛋壳去内膜并洗净，烘干后研碎，使其通过 $80 \sim 100$ 目的标准筛。准确称取 0.1 g 试样 3 份，分别置于 250 mL 锥形瓶中，用滴定管逐滴加入 HCl 标准溶液 40.00 mL（过量），并放置 30 min。加入甲基橙指示剂，以 NaOH 标准溶液返滴定过量的 HCl，至溶液由红色恰变为黄色即为终点。计算蛋壳试样中 $CaCO_3$ 的百分含量。

自行设计表格，将实验数据及结果填入表格。

五、思考题

本实验中加过量 HCl 标准溶液目的是什么？

第5单元 沉淀滴定法实验实训

实验 13 可溶性氯化物中氯含量的测定(莫尔法)

一、实验目的

1. 学习 $AgNO_3$ 标准溶液的配制和标定方法。
2. 掌握沉淀滴定法中以 K_2CrO_4 为指示剂测定氯离子的原理和方法。
3. 掌握莫尔法的实际应用。
4. 学习沉淀滴定法的实验操作。

二、实验原理

某些可溶性氯化物中氯含量的测定,采用莫尔法。该方法应用广泛,生活用水、工业用水、环境水质检测以及一些药品、食品中氯含量的测定均可使用。即在中性或弱碱性溶液中,以 K_2CrO_4 为指示剂,用 $AgNO_3$ 标准溶液进行滴定。由于 AgCl 的溶解度小于 Ag_2CrO_4 的溶解度,所以当溶液中定量析出 AgCl 沉淀后,稍过量的 $AgNO_3$ 便与 K_2CrO_4 作用生成砖红色的 Ag_2CrO_4 沉淀,指示滴定终点。其反应方程式为:

$$Ag^+ + Cl^- \Longrightarrow AgCl\downarrow (白色)$$
$$2Ag^+ + CrO_4^{2-} \Longrightarrow Ag_2CrO_4\downarrow (砖红色)$$

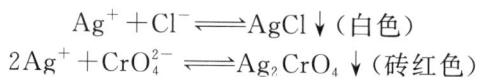

指示剂的用量对滴定终点的准确判断有影响,在实际应用中一般在 100 mL 溶液中加 1 mL 5%K_2CrO_4 溶液比较合适。

滴定必须在中性或弱酸碱性溶液中进行,最适宜的 pH 值范围为 6.5~10.5。酸度过高,大部分的 CrO_4^{2-} 转变为 $Cr_2O_7^{2-}$,很难产生 Ag_2CrO_4 沉淀,使终点推迟;过低则形成 Ag_2O 沉淀。

沉淀滴定中,为减少 AgCl 沉淀对被测离子 Cl^- 的吸附,一般滴定的体积较大为好,均应加水稀释后再滴定。

如果测天然水中氯离子的含量,可将 $0.1 \ mol \cdot L^{-1} \ AgNO_3$ 标准溶液稀释 10 倍,取水样 50 mL,进行滴定。

三、仪器和试剂

仪器:分析天平、酸式滴定管、移液管、吸量管、容量瓶、棕色细口试剂瓶、锥形瓶、量筒、烧杯。

试剂：固体 NaCl(AR)、粗盐、固体 $AgNO_3$(AR)、5% K_2CrO_4 溶液。

四、实验步骤

1. 0.10 mol·L^{-1} $AgNO_3$ 标准溶液的配制

称取约 8.5 g $AgNO_3$，溶于 500 mL 不含 Cl^- 的水中，将溶液转入带玻璃塞的棕色细口试剂瓶中，置于暗处保存，以减缓因见光而分解的作用。

2. NaCl 标准溶液的配制

准确称取 1.5～1.6 g NaCl 基准物质于 250 mL 烧杯中，加水溶解，定量转入 250 mL 容量瓶中，加水稀释至刻度线，摇匀。计算出 NaCl 标准溶液的浓度，并贴上标签。

3. 0.10 mol·L^{-1} $AgNO_3$ 标准溶液的标定

准确移取 25.00 mL NaCl 标准溶液于 250 mL 锥形瓶中，加 25 mL 蒸馏水，加 1 mL 5% K_2CrO_4 溶液，在不断摇动下用 $AgNO_3$ 溶液滴定，至白色沉淀中呈现砖红色时，即为滴定终点。记录 $AgNO_3$ 溶液的用量(V)。重复测定 3 次，要求相对偏差不超过±0.25%。根据 NaCl 的用量和滴定所消耗的 $AgNO_3$ 溶液的体积，按下式计算 $AgNO_3$ 溶液的浓度：

$$c_{AgNO_3} = \frac{m_{NaCl} \times \frac{25.00}{250.00}}{M_{NaCl} \cdot V_{AgNO_3}}$$

式中，m_{NaCl} 为所称基准物质 NaCl 的质量(g)；M_{NaCl} 为 NaCl 的摩尔质量(58.5 g·mol^{-1})；V_{AgNO_3} 为消耗的 $AgNO_3$ 标准溶液的体积(L)。

实验数据及计算结果填入表 5-1。

表 5-1　$AgNO_3$ 标准溶液的标定结果

平行实验		1	2	3
NaCl 标准溶液的体积/L				
$AgNO_3$ 标准溶液的体积 V_{AgNO_3}/L	初读数			
	终读数			
	净用量			
$AgNO_3$ 标准溶液的浓度 c_{AgNO_3}/(mol·L^{-1})				
$AgNO_3$ 标准溶液的平均浓度 $\bar{c}$/(mol·L^{-1})				
相对平均偏差/%				

4. 试样分析

(1)粗食盐。准确称取粗食盐约 2 g，置于 250 mL 烧杯中，加水溶解后转入 250 mL 容量瓶中，加水稀释至标线，摇匀。

准确移取 25.00 mL 试液于 250 mL 锥形瓶中，加入 25 mL 水，再加入 1 mL 5% K_2CrO_4 溶液，用 $AgNO_3$ 溶液滴定(边滴边摇)，至白色沉淀中呈现砖红色即为滴定终点。平行测定 3 次，计算样品中氯的质量分数。其相对平均偏差应小于 $\pm 0.2\%$，按下式计算食盐样品中氯的含量(%)：

$$氯含量(\%) = \frac{c_{AgNO_3} \cdot V_{AgNO_3} \cdot M_{Cl}}{m_{NaCl} \times \frac{25.00}{250.00}} \times 100\%$$

式中，c_{AgNO_3} 为 $AgNO_3$ 标准溶液的浓度($mol \cdot L^{-1}$)；M_{Cl} 为氯元素的摩尔质量($35.5\ g \cdot mol^{-1}$)；V_{AgNO_3} 为标定时所消耗 $AgNO_3$ 标准溶液的体积(L)；m_{NaCl} 为准确称取的 NaCl 的质量(g)。

将实验数据和计算结果填入表 5-2。

表 5-2　粗食盐测定结果

平行实验		1	2	3
试样(粗食盐)质量 m/g				
$AgNO_3$ 标准溶液的体积 V_{AgNO_3}/L	初读数			
	终读数			
	净用量			
样品中氯的质量分数/%				
样品中氯的平均含量/%				
相对平均偏差/%				

(2)生理盐水。用分析天平称量 250 mL 锥形瓶的质量，用移液管准确移取生理盐水 25 mL 置于锥形瓶中，称其总质量，计算出溶液的质量。实验方法同上，加 25 mL 蒸馏水，加 1 mL 5% K_2CrO_4 指示剂，用标准的 $AgNO_3$ 溶液滴定至出现稳定的砖红色(边滴边摇)。重复滴定 3 次，计算 NaCl 的含量。计算公式为：

$$w_{NaCl} = \frac{c_{AgNO_3} \cdot V_{AgNO_3} \cdot M_{NaCl}}{m_{盐水}} \times 100\%$$

将实验数据及结果填入表 5-3。

表 5-3　生理盐水测定结果

平行实验		1	2	3
试样(生理盐水)质量 m/g				
$AgNO_3$ 标准溶液的体积 V_{AgNO_3}/L	初读数			
	终读数			
	净用量			
样品中 NaCl 的质量分数/%				
样品中 NaCl 的平均含量/%				
相对平均偏差/%				

五、思考题

1. 莫尔法测定 Cl^- 时，为什么溶液 pH 值应控制在 6.5～10.5？
2. 用 K_2CrO_4 作指示剂时，其浓度太大或太小对滴定有何影响？
3. $AgNO_3$ 溶液应装在哪种滴定管中？为什么？
4. 滴定过程中，为什么必须充分摇动滴定溶液？

实验 14　酱油中 NaCl 含量的测定(佛尔哈德法)

一、实验目的

1. 掌握佛尔哈德法测定氯离子的原理。
2. 准确判断铁铵钒作指示剂的滴定终点。
3. 理解返滴定法测定的过程和方法。

二、实验原理

佛尔哈德法是以铁铵矾[$NH_4Fe(SO_4)_2$]为指示剂，以 NH_4SCN 为标准溶液滴定 Ag^+ 的方法，也可返滴定氯。该方法的最大优点是可以在酸性溶液中进行滴定，许多弱酸根离子不干扰测定，因而该方法的选择性高。

返滴定 Cl^- 时，先向溶液中加入已知过量的 Ag^+ 标准溶液，定量生成 AgCl 沉淀后，过量的 Ag^+ 以铁铵矾为指示剂，用 NH_4SCN 标准溶液回滴，微过量的 SCN^- 与指示剂 Fe^{3+} 形成血红色的[$Fe(SCN)$]$^{2+}$ 配离子(浓度较稀时为肉色)，指示滴定终点。反应式如下：

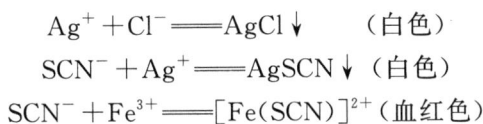

佛尔哈德法只适用于酸性介质(c_{H^+} 为 0.1～1 mol·L^{-1})。在中性或碱性介质中，指示剂中 Fe^{3+} 将生成沉淀，无法指示终点。

滴定时应剧烈摇动溶液，并加入硝基苯(有毒)或石油醚保护 AgCl 沉淀，使其与溶液隔开，防止 AgCl 沉淀与 SCN^- 发生交换反应而消耗滴定剂。

此法常用于直接测定银合金和矿石中的银的含量。

三、仪器和试剂

仪器：酸式滴定管、分析天平、试剂瓶、移液管、量筒、锥形瓶、烧杯。

试剂：$AgNO_3$ 标准溶液(0.10 mol·L^{-1})、NH_4SCN(AR)、40％铁铵矾指示剂、HNO_3(6 mol·L^{-1})、酱油。

HNO_3(6 mol·L^{-1})：量取 375 mL 浓 HNO_3，缓缓加入约 600 mL 水中，再稀

释至 1 000 mL，煮沸并冷却，以除去其中可能含有的氮的低价氧化物，因其能与 Fe^{3+} 形成红色亚硝基化合物而影响终点的观察。

四、实验步骤

1. NH_4SCN 标准溶液的配制和标定

(1)用分析天平称取 1.9 g NH_4SCN 于小烧杯中，加入少量蒸馏水使其溶解并稀释至 500 mL，转入玻璃塞细口瓶中，摇匀，待标定。

(2)用移液管取 25.00 mL $AgNO_3$ 标准溶液于 250 mL 锥形瓶中，加 50 mL 水、5 mL 6 mol·L^{-1} 新煮沸并冷却的 HNO_3 溶液及 1 mL 铁铵矾指示剂，然后用 NH_4SCN 标准溶液滴定至溶液呈淡红棕色在摇动后也不消失为止。

平行测定 3 次，计算出 NH_4SCN 标准溶液的浓度。

2. 样品中 NaCl 含量的测定

(1)样品处理。准确移取已过滤的酱油 5.00 mL，置于 250 mL 容量瓶中，加蒸馏水稀释至刻度，摇匀。

(2)样品测定。准确移取 25.00 mL 试液于锥形瓶中，加入 25 mL 蒸馏水、7 mL 6 mol·L^{-1} 的 HNO_3 溶液，在不断摇动下，用 $AgNO_3$ 标准溶液滴定至沉淀完全(当 AgCl 沉淀凝聚沉降后，在溶液清液中加入几滴 $AgNO_3$ 溶液，如果无沉淀生成，则表明沉淀完全)。然后再适当过量 5～10 mL。再加入 2 mL 硝基苯，用橡皮塞塞住锥形瓶口，剧烈摇动，使 AgCl 进入硝基苯层中而与溶液分开。然后加入 1 mL 铁铵矾指示剂，用 NH_4SCN 标准溶液滴定至溶液呈淡红色即终点。记录所消耗 $AgNO_3$ 标准溶液和 NH_4SCN 标准溶液的体积，根据下式计算出 NaCl 的含量。

$$w_{NaCl} = \frac{(c_{AgNO_3} \cdot V_{AgNO_3} - c_{NH_4SCN} \cdot V_{NH_4SCN}) \cdot M_{NaCl}}{5 \times \dfrac{25.00}{250.00}} \times 100\%$$

式中，c_{AgNO_3}、V_{AgNO_3} 分别为 $AgNO_3$ 标准溶液的浓度(mol·L^{-1})和所消耗的体积(L)；c_{NH_4SCN}、V_{NH_4SCN} 分别为 NH_4SCN 标准溶液的浓度和所消耗的体积(L)；M_{NaCl} 表示 NaCl 的摩尔质量(g·mol^{-1})。

自行设计表格，记录实验数据，计算实验结果。

五、思考题

1. 本实验中为什么用 HNO_3 而不用 HCl 或 H_2SO_4 酸化？
2. 铁铵矾指示剂浓度太大或太小对测定结果有何影响？

第6单元 配位滴定法实验实训

实验15 EDTA标准溶液的配制和标定

一、实验目的

1. 理解配位滴定法的原理和特点。
2. 掌握 EDTA 标准溶液的配制和标定方法。
3. 熟悉钙指示剂、二甲酚橙以及铬黑 T 指示剂的使用和滴定终点的判断。
4. 了解缓冲溶液的作用。

二、实验原理

EDTA 为白色结晶粉末，无毒、无臭，难溶于水，不适合在分析中应用。配位滴定中通常使用的配位剂是 EDTA 的二钠盐($Na_2H_2Y \cdot 2H_2O$)，其在水中的溶解度较大，但由于对其精制和烘干的步骤较烦琐，故不宜直接配制。

EDTA 能与大多数金属离子形成 1∶1 的稳定配合物，因此可以用含有这些金属离子的基准物，在一定酸度下，选择适当的指示剂来标定 EDTA 的浓度。

常用来标定 EDTA 溶液的基准物有 Zn 粉、Cu 粉、Pb 粉、ZnO、$CaCO_3$、$MgSO_4 \cdot 7H_2O$ 等。通常选用与被测物组分含有相同的金属离子的物质作基准物，以使滴定条件和测定条件一致，可减小误差。

EDTA 若用于测定石灰石或白云石中 CaO 或 MgO 的含量，则宜用 $CaCO_3$ 为基准物。

首先加 HCl 溶液溶解 $CaCO_3$，其反应如下：

$$CaCO_3 + 2HCl \Longrightarrow CaCl_2 + CO_2 \uparrow + H_2O$$

然后把溶液转移到容量瓶中并稀释，制成钙标准溶液。吸取一定量钙标准溶液，调节酸度至 pH≥12，以钙指示剂指示终点，用 EDTA 溶液滴定至溶液由酒红色变为纯蓝色，即为终点。其变色原理为：

钙指示剂(常以 H_3Ind 表示)在水溶液中按下式解离：

$$H_3Ind \Longrightarrow 2H^+ + HInd^{2-}$$

在 pH $\geqslant$ 12 的溶液中，$HInd^{2-}$ 离子与 Ca^{2+} 形成比较稳定的配离子，其反应如下：

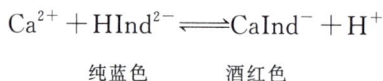

$$Ca^{2+} + HInd^{2-} \Longleftrightarrow CaInd^- + H^+$$

纯蓝色   酒红色

达到化学计量点附近时：

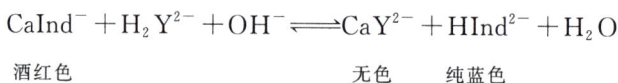

$$CaInd^- + H_2Y^{2-} + OH^- \Longleftrightarrow CaY^{2-} + HInd^{2-} + H_2O$$

酒红色   无色   纯蓝色

EDTA 浓度计算公式为：

$$c_{EDTA} = \frac{c_{Ca^{2+}} \cdot V_{Ca^{2+}}}{V_{EDTA}}$$

式中，$c_{Ca^{2+}}$、$V_{Ca^{2+}}$ 分别为 Ca^{2+} 标准溶液的浓度（$mol \cdot L^{-1}$）和所移取的体积（L）；V_{EDTA} 为滴定时所消耗的 EDTA 溶液体积（L）。

三、仪器和试剂

仪器：分析天平、托盘天平、酸式滴定管、容量瓶、移液管、锥形瓶、烧杯、量筒、小口试剂瓶、表面皿。

试剂：乙二胺四乙酸二钠（$Na_2H_2Y \cdot 2H_2O$，固体，AR）、$CaCO_3$（GR）、1:1 HCl 溶液、10% NaOH 溶液、钙指示剂。

钙指示剂：1 g 钙指示剂与 100 g 烘干的 NaCl 混合磨匀，配成固体指示剂，保存于磨口瓶中。

四、实验步骤

1. $0.01\ mol \cdot L^{-1}$ EDTA 标准溶液的配制

称取分析纯乙二胺四乙酸二钠盐约 4.0 g，用热蒸馏水溶解（必要时过滤），冷却后，转入 1 L 聚乙烯塑料瓶中，用蒸馏水稀释至 1 L，摇匀，待标定。

2. EDTA 标准溶液的标定

(1) $0.01\ mol \cdot L^{-1}$ Ca^{2+} 标准溶液的配制。准确称取干燥的 $CaCO_3$ 约 0.25 g（读数至小数点后第四位），置于 100 mL 烧杯中，用少量蒸馏水润湿，盖上表面皿，从杯嘴边逐滴加入数毫升 1:1 HCl 溶液至 $CaCO_3$ 正好完全溶解（不可多加），用水清洗表面皿及杯壁，定量转移至 250 mL 容量瓶中，稀释至刻度，摇匀。计算 Ca^{2+} 标准溶液的准确浓度，并贴上标签。

(2) 标定。用移液管移取 25.00 mL Ca^{2+} 标准溶液于 250 mL 锥形瓶中，加入 25 mL 蒸馏水、5 mL 10% NaOH 溶液及少量钙指示剂（约 10 mg），摇匀，立即用待标定的 EDTA 溶液滴定至溶液恰好由酒红色变为蓝色，即为终点。记下消耗 EDTA 溶液的体积，计算 EDTA 溶液的浓度。

平行标定 3 次，相对偏差不超过 $\pm 0.2\%$，并将实验数据及结果填入表 6-1。

表 6-1　实验结果

平行实验		1	2	3
Ca^{2+} 标准溶液的体积 V_{CaCO_3}/L				
EDTA 标准溶液的体积 V_1/L	初读数			
	终读数			
	净用量			
EDTA 标准溶液浓度 c_1/(mol·L^{-1})				
EDTA 标准溶液的平均浓度 $\overline{c_1}$/(mol·L^{-1})				
相对平均偏差/%				

五、思考题

1. EDTA 与金属离子形成的配位化合物有何特点？

2. 为什么不直接用乙二胺四乙酸来配制 EDTA 标准溶液？

3. 以 HCl 溶液溶解 $CaCO_3$ 基准物时，在操作中应注意些什么？

4. 以 $CaCO_3$ 为基准物来标定 EDTA 溶液的原理是什么？

实验 16　天然水的硬度测定

一、实验目的

1. 进一步熟悉钙指示剂、铬黑 T 的使用条件和终点颜色变化。

2. 掌握用 EDTA 法测定水的总硬度的原理、方法和计算。

3. 熟练掌握配位滴定分析操作技术。

二、实验原理

硬度是工业用水、生活用水中常见的一个质量指标，一般是指水中钙、镁离子的总浓度。水的硬度可分为总硬度和钙、镁硬度两种。前者是 Ca^{2+}、Mg^{2+} 的总量，后者是分别测定 Ca^{2+} 和 Mg^{2+} 的含量。水的硬度有多种表示方法，我国采用的是将 1 L 水中 Ca^{2+}、Mg^{2+} 的总量折合成 $CaCO_3$ 的质量（mg）来表示，或折算成 CaO 的质量来计算。每升水中含 10 mg CaO 为 1°（度），记作 1°＝10 mg CaO·L^{-1}，我国目前常用这种表示方法，按水的硬度大小将水质分类：小于 4°的水叫极软水，4°～8°的水叫软水，8°～16°的水叫中硬水，16°～30°的水叫硬水，大于 30°叫超硬水。一般认为，硬度在 8°以上为硬水，我国生活用水质标准规定不应超过 25°（过高则影响肠胃的消化功能）。两种硬度的表达式如下：

$$总硬度（德国度，10\ mg\ CaO·L^{-1}）=\frac{c_{EDTA}·V_{EDTA}·M_{CaO}×10^3}{V_{水样}}×\frac{1}{10}$$

$$总硬度（以\ CaCO_3\ 计，mg·L^{-1}）=\frac{c_{EDTA}·V_{EDTA}·M_{CaCO_3}×10^3}{V_{水样}}$$

式中，c_{EDTA}、V_{EDTA} 分别表示 EDTA 标准溶液的浓度（$mol \cdot L^{-1}$）和所消耗的体积（L）；M_{CaO}、M_{CaCO_3} 分别表示 CaO 和 $CaCO_3$ 的摩尔质量（$g \cdot mol^{-1}$）；$V_{水样}$ 为水样的体积(L)。

国内外规定：测定水的硬度的标准方法是 EDTA 滴定法。在 pH＝10 的缓冲溶液中，以铬黑 T(EBT)为指示剂，用 EDTA 标准溶液直接滴定。滴定前，EBT 先与 Ca^{2+}、Mg^{2+} 生成紫红色的配合物：

$$M(Ca^{2+}、Mg^{2+})+EBT \Longrightarrow M-EBT$$

蓝色　　　　紫红色

滴定中，滴入的 EDTA 首先与溶液中未配位的 Ca^{2+}、Mg^{2+} 生成配合物：

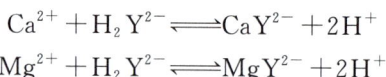

$$Ca^{2+}+H_2Y^{2-} \Longrightarrow CaY^{2-}+2H^+$$
$$Mg^{2+}+H_2Y^{2-} \Longrightarrow MgY^{2-}+2H^+$$

当反应接近化学计量点时，由于 CaY^{2-}、MgY^{2-} 的稳定性远远高于 M-EBT，继续滴入的 EDTA 将夺取 M-EBT 中的 Ca^{2+}、Mg^{2+}，从而将 EBT 释放出来，使溶液由紫红色变为蓝色，指示滴定终点。

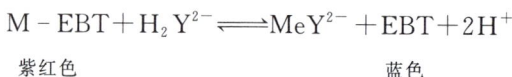

$$M-EBT+H_2Y^{2-} \Longrightarrow MeY^{2-}+EBT+2H^+$$

紫红色　　　　　　　　　蓝色

测定 Ca^{2+} 时，调整 pH＝12，此时 Mg^{2+} 已生成 $Mg(OH)_2$ 的沉淀，加入钙指示剂，滴加 EDTA 时，EDTA 首先与游离的 Ca^{2+} 配位，然后夺取与指示剂配位的 Ca^{2+}，从而使指示剂游离出来，溶液由酒红色变为蓝色即达滴定终点。根据 EDTA 标准溶液的用量，计算出水样中的 Ca^{2+} 的含量，并由两次测定 EDTA 用量之差求出 Mg^{2+} 的含量。Ca^{2+}、Mg^{2+} 的含量计算公式如下：

$$Ca^{2+}含量 = \frac{c_{EDTA} \cdot V_2 \cdot M_{Ca}}{V_{水样}} \times 1000(mg \cdot L^{-1})$$

$$Mg^{2+}含量 = \frac{c_{EDTA} \cdot (\overline{V_1}-\overline{V_2}) \cdot M_{Mg}}{V_{水样}} \times 1000(mg \cdot L^{-1})$$

式中，c_{EDTA} 为 EDTA 标准溶液的浓度（$mol \cdot L^{-1}$）；V_1 为测定 Ca^{2+}、Mg^{2+} 总量所消耗 EDTA 的体积(L)；V_2 为测定 Ca^{2+} 含量所消耗 EDTA 的体积（L）；$V_{水样}$ 为所取水样的体积（L）；M_{Mg} 为 Mg 的摩尔质量（$g \cdot mol^{-1}$）；M_{Ca} 为 Ca 的摩尔质量（$g \cdot mol^{-1}$）；$\overline{V_1}$ 和 $\overline{V_2}$ 分别为 V_1 和 V_2 的平均值。

三、仪器和试剂

仪器：酸式滴定管、锥形瓶、移液管、量筒、烧杯。

试剂：$0.01 \ mol \cdot L^{-1}$ EDTA 标准溶液、$NH_3 \cdot H_2O-NH_4Cl$ 缓冲溶液（pH＝10）、10％ NaOH 溶液、铬黑 T(EBT)指示剂、钙指示剂、pH 试纸、待测水样。

四、实验步骤

1. Ca^{2+}、Mg^{2+} 总量的测定（总硬度的测定）

准确移取硬度水试样 50.00 mL 于 250 mL 锥形瓶中，加入 5 mL $NH_3 \cdot H_2O-NH_4Cl$

缓冲溶液，约 10 mg(约黄豆粒大)固体铬黑 T 指示剂，用 EDTA 标准溶液滴定至溶液由酒红色变成蓝色即达终点。记录所用 EDTA 标准溶液的体积(V_1)，平行滴定 3 次。

2. Ca^{2+} 含量的测定

准确移取待测水样 50.00 mL 于 250 mL 锥形瓶中，加入 5 mL 10％NaOH 溶液(调节溶液 pH＝12)，摇匀，再加约 10 mg 钙指示剂，用 EDTA 标准溶液滴定至溶液由酒红色变为蓝色即达终点。记录 EDTA 标准溶液的用量体积(V_2)，平行滴定 3 次。

将实验数据及结果填入表 6-2 和表 6-3。

表 6-2　Ca^{2+}、Mg^{2+} 总量的测定

平行实验		1	2	3
$V_{水样}$/L				
EDTA 标准溶液的 体积(V_1)/L	终读数			
	初读数			
	净用量			
EDTA 标准溶液的浓度 c_{EDTA}/(mol·L^{-1})				
总硬度/°				
总硬度平均值/°				
相对平均偏差/%				

表 6-3　Ca^{2+} 含量的测定

平行实验		1	2	3
$V_{水样}$/L				
EDTA 标准溶液的 体积(V_2)/L	终读数			
	初读数			
	净用量			
EDTA 标准溶液的浓度 c_{EDTA}/(mol·L^{-1})				
Ca^{2+} 含量/(mg·L^{-1})				
Ca^{2+} 平均含量/(mg·L^{-1})				
Mg^{2+} 平均含量/(mg·L^{-1})				
相对平均偏差/%				

五、思考题

1. 配位滴定中常加入缓冲溶液，其作用是什么？

2. 为什么测 Ca^{2+}、Mg^{2+} 总量时要控制溶液 pH＝10？测定 Ca^{2+} 含量时要控制溶液 pH＝12？

3. 本实验中移液管和锥形瓶是否都要用蒸馏水润洗？为什么？

附：石灰石或白云石中钙、镁含量的测定

1. 试样的溶解

准确称取 0.2～0.25 g 白云石试样于烧杯中，加少量水润湿，盖上表面皿，从烧杯嘴处慢慢滴加 5 mL 1∶1 HCl，小心加热使其溶解，冷却后定量转入 250 mL 容量瓶中，用水稀释至刻度，摇匀。

2. 钙镁总量的测定

准确移取 25.00 mL 试液于锥形瓶中，加水 20 mL、5% 酒石酸钠和 1∶2 三乙醇胺各 5 mL，摇匀，加 10 mL 氨性缓冲溶液，摇匀。加铬黑 T 指示剂约 10 mg，用 EDTA 标准溶液滴定至溶液由紫红色变成蓝色，即达终点，记录所消耗的 EDTA 体积 V_1，计算钙镁的总量。

3. 钙的测定

另移取 25.00 mL 试液于锥形瓶中，加水 20 mL，5% 酒石酸钠和 1∶2 三乙醇胺各 5 mL，摇匀，加 10 mL 20% NaOH，加 10 mg 钙指示剂，用 EDTA 标准溶液滴定至溶液由酒红色变成蓝色即达终点。记录所消耗的 EDTA 体积 V_2。

根据 EDTA 溶液的浓度和所消耗的体积 V_1、V_2，分别计算试样中的 MgO 和 CaO 的质量分数。

第7单元　氧化还原法滴定实验实训

实验17　KMnO₄标准溶液的配制和标定

一、实验目的

1. 掌握 KMnO₄ 标准溶液的配制和保存方法。
2. 掌握用 Na₂C₂O₄ 作基准物质标定 KMnO₄ 溶液的原理、方法和滴定条件。
3. 初步掌握 KMnO₄ 法滴定操作技术。

二、实验原理

KMnO₄ 试剂中常含有少量 MnO₂ 和其他杂质，而且由于 KMnO₄ 的氧化能力强，易和水中的有机物及空气中的尘埃等还原性物质作用，还原产物 MnO₂ 又可加速 KMnO₄ 的自身分解：

$$4MnO_4^- + 2H_2O \text{===} 4MnO_2 \downarrow + 3O_2 \uparrow + 4OH^-$$

所以，KMnO₄ 溶液的浓度容易改变，不能直接配制。为了配制较为稳定的 KMnO₄ 溶液，需称取稍多于理论量的 KMnO₄ 溶于一定体积的水，加热煮沸，冷却后贮存于棕色瓶中，在暗处放置数天，让其充分作用，待溶液趋于稳定后，过滤除去析出的 MnO₂ 沉淀，再用基准物质进行标定。

标定 KMnO₄ 溶液的基准物质有 As₂O₃、纯铁丝、H₂C₂O₄·2H₂O 和 Na₂C₂O₄ 等，其中 Na₂C₂O₄ 容易精制，不易吸潮，性质稳定，是常用的基准物质。在酸性条件下，用 Na₂C₂O₄ 溶液标定 KMnO₄ 溶液，其滴定反应为：

$$2MnO_4^- + 5C_2O_4^{2-} + 16H^+ \text{===} 2Mn^{2+} + 10CO_2 \uparrow + 8H_2O$$

滴定时利用 MnO_4^- 本身的紫红色指示终点，称为自身指示剂。

根据方程式可得高锰酸钾的浓度表达式为：

$$c_{KMnO_4} = \frac{m_{Na_2C_2O_4}}{V_{KMnO_4} \cdot M_{Na_2C_2O_4}} \times \frac{2}{5}$$

式中，$m_{Na_2C_2O_4}$、$M_{Na_2C_2O_4}$ 分别为 Na₂C₂O₄ 的质量(g)和摩尔质量(134 g·mol⁻¹)；V_{KMnO_4} 为滴定时所消耗的 KMnO₄ 标准溶液的体积(L)。

在开始滴定时反应较慢，待溶液中产生 Mn^{2+} 后，由于 Mn^{2+} 的催化作用使反应加快。滴定的温度应控制在 75～85℃，否则反应速度太慢，但如果温度太高，$H_2C_2O_4$ 则会分解。

三、仪器与试剂

仪器：酸式滴定管、锥形瓶、1 L 棕色细口试剂瓶、微孔玻璃漏斗、电子天平、表面皿、电炉、石棉网。

试剂：$KMnO_4$ 固体（AR）、$Na_2C_2O_4$ 固体（GR，在 105 ～110℃下烘干 2 h）、3 mol·L^{-1} H_2SO_4 溶液。

四、实验步骤

1. 0.02 mol·L^{-1} $KMnO_4$ 标准溶液的配制

在天平上称取 $KMnO_4$ 固体约 1.6 g，置于 1 L 烧杯中，加 500 mL 蒸馏水使其溶解，盖上表面皿，加热煮沸 20～30 min。冷却后将溶液转入棕色细口瓶中，暗处放置 7d，然后用微孔玻璃漏斗过滤，也可以用虹吸的方法吸取上部清液，待用。

2. $KMnO_4$ 标准溶液的标定

准确称取 3 份 0.15～0.2 g 基准物质 $Na_2C_2O_4$，分别置于 250 mL 锥形瓶中，加 40 mL 蒸馏水使之溶解，再加入 3 mol·L^{-1} H_2SO_4 溶液 10 mL，在电炉上加热至 70～85℃[1]（冒大量的蒸汽、锥形瓶有点烫手但能握住时的温度），趁热用 $KMnO_4$ 溶液滴定[2]。开始滴定的速度要慢，等到第一滴 $KMnO_4$ 溶液的红色完全褪去后再滴入第二滴[3]。随着滴定的进行，溶液中起催化作用的 Mn^{2+} 的浓度不断增多，可加快滴定速度，但也不能成股流下。直至滴定的溶液呈微红色，30 s 内不褪色为止[4]。注意终点时溶液的温度应保持在 60℃以上。记下滴定消耗的 $KMnO_4$ 溶液的体积。

平行测定 3 份，根据 $Na_2C_2O_4$ 的质量和所消耗的 $KMnO_4$ 溶液的体积计算该 $KMnO_4$ 溶液的浓度。将实验数据及结果填入表 7-1。

表 7-1　实验结果

平行实验		1	2	3
$Na_2C_2O_4$ 的质量 m/g				
$KMnO_4$ 标准溶液的体积 V_{KMnO_4}/L	初读数			
	终读数			
	净用量			

---

[1]在室温下，$KMnO_4$ 与 $Na_2C_2O_4$ 之间的反应速度缓慢，故需将溶液加热。但温度不能太高，若超过 90℃，易引起 $H_2C_2O_4$ 分解：

$$H_2C_2O_4 \rightleftharpoons CO_2 \uparrow + CO \uparrow + H_2O$$

[2]$KMnO_4$ 颜色较深，液面的弯月面下沿不易看出，读数时应以液面的上沿最高线为准。

[3]若滴定速度过快，部分 $KMnO_4$ 来不及与 $Na_2C_2O_4$ 反应而在热的酸性溶液中分解：

$$4MnO_4^- + 4H^+ \rightleftharpoons 4MnO_2 \downarrow + 3O_2 \uparrow + 2H_2O$$

[4]$KMnO_4$ 滴定终点不太稳定，这是由于空气中含有还原性气体及尘埃等杂质，能使 $KMnO_4$ 缓慢分解，而使微红色消失，故经过 30 s 不褪色即可认为已到达终点。

（续）

平行实验	1	2	3
KMnO$_4$ 标准溶液的浓度 c_{KMnO_4}/(mol·L^{-1})			
KMnO$_4$ 标准溶液的平均浓度/(mol·L^{-1})			
相对平均偏差/%			

五、思考题

1. 配制好的 KMnO$_4$ 溶液为什么要盛放在棕色瓶中保存？

2. 在滴定时，KMnO$_4$ 溶液为什么要放在酸式滴定管中？

3. 标定 KMnO$_4$ 溶液时，为什么第一滴 KMnO$_4$ 加入后溶液的红色褪去很慢，而后红色褪去越来越快？

实验 18　双氧水（或消毒液）中 H$_2$O$_2$ 含量的测定

一、实验目的

1. 掌握酸性高锰酸钾法测定 H$_2$O$_2$ 含量的原理及方法。

2. 进一步掌握高锰酸钾法滴定操作技能。

二、实验原理

双氧水是医药、生物、工业等方面广泛使用的消毒剂、漂白剂和氧化剂。其受热或见光易分解：

$$2H_2O_2 \xrightarrow{\triangle} 2H_2O + O_2 \uparrow$$

故使用时常需要测定它的含量。室温下，H$_2$O$_2$ 在稀硫酸溶液中能定量地被 KMnO$_4$ 氧化，因此可用高锰酸钾法测定 H$_2$O$_2$ 的含量，反应式如下：

$$2MnO_4^- + 5H_2O_2 + 6H^+ == 2Mn^{2+} + 5O_2 \uparrow + 8H_2O$$

滴定过程中，紫红色的 KMnO$_4$ 被还原为无色的 Mn^{2+}。开始滴定时反应速率较慢，KMnO$_4$ 颜色不易立即褪去，待 Mn^{2+} 生成后，Mn^{2+} 的催化作用会加快反应速率。当溶液呈现稳定的微红色（KMnO$_4$ 自身作指示剂，稍过量 2×10^{-6} mol·L^{-1} 即可呈现微红色）即为滴定终点。根据 KMnO$_4$ 溶液的浓度和滴定消耗的体积，即可计算溶液中 H$_2$O$_2$ 的含量。计算公式如下：

$$c_{H_2O_2}(g \cdot L^{-1}) = \frac{\frac{5}{2}(cV)_{KMnO_4} \cdot M_{H_2O_2}}{V_{H_2O_2}}$$

式中，$(cV)_{KMnO_4}$ 为滴定时 KMnO$_4$ 标准溶液的浓度（mol·L^{-1}）和所消耗的体积（L）；$M_{H_2O_2}$、$V_{H_2O_2}$ 分别为 H$_2$O$_2$ 的摩尔质量（34 g·mol^{-1}）和体积（L）。

三、仪器和试剂

仪器：滴定管、锥形瓶、1 mL 移液管、250 mL 容量瓶。

试剂：市售 30% 双氧水溶液样品、0.0200 mol·L^{-1} KMnO$_4$ 标准溶液、3mol·L^{-1} H$_2$SO$_4$ 溶液。

四、实验步骤

用吸量管吸取 1.00 mL 30% H$_2$O$_2$ 水溶液样品，置于 250 mL 容量瓶中，加水稀释至刻度，充分摇匀，待用。

用移液管移取 25 mL 刚稀释的 H$_2$O$_2$ 水溶液样品于 250 mL 锥形瓶中，加 50 mL 蒸馏水，加 10 mL 3 mol·L^{-1} H$_2$SO$_4$ 溶液，用 0.0200 mol·L^{-1} KMnO$_4$ 标准溶液滴定至溶液呈微红色且保持 30 s 内不褪色即为终点。

平行测定 3 次，根据 KMnO$_4$ 标准溶液的浓度和所消耗的体积，即可计算出 H$_2$O$_2$ 水溶液样品的浓度（g·L^{-1}）。

将实验数据及结果填入表 7-2。

表 7-2　实验结果

平行实验		1	2	3
H$_2$O$_2$ 的体积/L				
KMnO$_4$ 标准溶液的体积 V_{KMnO_4}/L	初读数			
	终读数			
	净用量			
稀释后的样品溶液中 H$_2$O$_2$ 的含量/(g·L^{-1})				
原液样品溶液中 H$_2$O$_2$ 的含量/(g·L^{-1})				
原液样品溶液中 H$_2$O$_2$ 的平均含量/(g·L^{-1})				
相对平均偏差/%				

五、思考题

1. 用高锰酸钾法测定 H$_2$O$_2$ 时，为什么不能通过加热来加速反应？
2. 用高锰酸钾法测定 H$_2$O$_2$ 时，能否用 HNO$_3$、HCl 或 HAc 来控制酸度？

实验 19　水中化学耗氧量测定

一、实验目的

1. 掌握酸性高锰酸钾法测定化学耗氧量的原理及方法。
2. 了解水样化学耗氧量测定的意义。

二、实验原理

水样的耗氧量是水质污染程度的主要指标，分为生物耗氧量（BOD）和化学耗氧量(COD)两种。BOD 是指水中有机物质发生生物过程所需用要氧的量；COD 是指在一定条件下，水体中易被强氧化剂氧化的还原性物质(主要是有机物，也包括 S^{2-}、Fe^{2+} 等无机物)所消耗的氧化剂的量换算成氧的含量(以 $mg \cdot L^{-1}$ 表示)。COD 越大，说明水中的耗氧物质越多，水质遭受的污染越严重。水样的化学耗氧量与测试条件有关，因此应严格控制反应条件，按规定的操作步骤进行测定。

测定化学耗氧量的方法有酸性高锰酸钾法、碱性高锰酸钾法和重铬酸钾法。本实验采用酸性高锰酸钾法。

酸性高锰酸钾法测定水样的化学耗氧量是指在酸性条件下，向水样中加入过量的 $KMnO_4$ 溶液，加热使其与水体中的还原性物质充分反应，然后向溶液中加入一定量的过量 $Na_2C_2O_4$ 溶液还原多余的 $KMnO_4$，剩余的 $Na_2C_2O_4$ 再用 $KMnO_4$ 溶液返滴定。根据 $KMnO_4$ 的浓度和水样所消耗的 $KMnO_4$ 溶液体积，可计算水样的耗氧量。该法适用于污染不十分严重的地面水和河水等的化学耗氧量的测定，检出范围为 $0.5 \sim 4.5$ $mg \cdot L^{-1}$。若水样中 Cl^- 含量大于 300 $mg \cdot L^{-1}$，将使测定结果偏高，可加入 Ag_2SO_4 消除干扰，1 g Ag_2SO_4 可消除 200 mg Cl^- 的干扰。也可改用碱性高锰酸钾法进行测定。有关反应式如下：

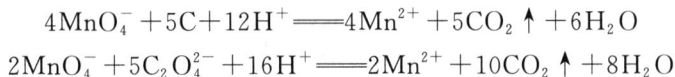

$$4MnO_4^- + 5C + 12H^+ \rlap{=}{=} 4Mn^{2+} + 5CO_2 \uparrow + 6H_2O$$
$$2MnO_4^- + 5C_2O_4^{2-} + 16H^+ \rlap{=}{=} 2Mn^{2+} + 10CO_2 \uparrow + 8H_2O$$

这里的 C 泛指水中的还原性物质或耗氧物质。计算公式为：

$$COD(O_2, mg \cdot L^{-1}) = \dfrac{\left[\dfrac{5}{4}c_{KMnO_4}(V_1 + V_2)_{KMnO_4} - \dfrac{1}{2}(cV)_{Na_2C_2O_4}\right] \times 32.00 \times 10^3}{V_{水样}}$$

式中，V_1、V_2 分别表示 $KMnO_4$ 开始加入的体积和回滴过量的 $Na_2C_2O_4$ 时用去的体积(L)；c_{KMnO_4} 表示 $KMnO_4$ 溶液的浓度($mol \cdot L^{-1}$)、$(cV)_{Na_2C_2O_4}$ 表示 $Na_2C_2O_4$ 的浓度($mol \cdot L^{-1}$)和加入的体积(L)。

三、仪器和试剂

仪器：锥形瓶、回流装置、电炉、滴定管、移液管。

试剂：0.02 $mol \cdot L^{-1}$ $KMnO_4$ 标准溶液、$Na_2C_2O_4$ 固体(GR，在 105 ~110℃下烘干 2 h)、3 $mol \cdot L^{-1}$ H_2SO_4 溶液。

四、实验步骤

1. 0.002 $mol \cdot L^{-1}$ $KMnO_4$ 标准溶液的配制

移取 25 mL 已标定的(约 0.02 $mol \cdot L^{-1}$)$KMnO_4$ 标准溶液于 250 mL 容量瓶中，加水稀释至刻度，摇匀备用。

2. 0.005 $mol \cdot L^{-1}$ $Na_2C_2O_4$ 标准溶液的配制

准确称取 0.16~0.18 g 在 105℃烘干 2 h 并冷却的基准物质 $Na_2C_2O_4$，置于小烧杯中，用适量水溶解后，定量转移至 250 mL 容量瓶中，加水稀释至刻度，摇匀。按实际称取的质量计算其准确浓度。

3. 水样中化学耗氧量的测定

在 250 mL 锥形瓶中加入 100.00 mL 水样和 10 mL 3 mol·L^{-1} H$_2$SO$_4$溶液，再用滴定管或移液管加入 10.00 mL 0.002 mol·L^{-1} KMnO$_4$ 标准溶液，然后尽快加热溶液至沸，并准确煮沸 10 min(紫红色不应褪去，否则应增加 KMnO$_4$ 标准溶液的体积)，取下锥形瓶，冷却 1 min 后，准确加入 10.00 mL 0.005 mol·L^{-1} Na$_2$C$_2$O$_4$ 标准溶液，充分摇匀(此时溶液应为无色，否则应增加 Na$_2$C$_2$O$_4$ 标准溶液的用量)。趁热用 KMnO$_4$ 标准溶液滴定至溶液呈微红色，记下 KMnO$_4$ 标准溶液的体积。平行测定 3 次。

另取 100.00 mL 蒸馏水代替水样进行实验，求空白值。根据公式计算水样的化学耗氧量。

五、思考题

1. 水样中加入 KMnO$_4$ 溶液煮沸后，若紫红色褪去，说明什么？应如何处理？
2. 测定水样的化学耗氧量有什么意义？

实验 20　硫代硫酸钠标准溶液的配制和标定

一、实验目的

1. 掌握 Na$_2$S$_2$O$_3$ 标准溶液的配制方法和保存条件。
2. 掌握标定 Na$_2$S$_2$O$_3$ 溶液浓度的原理和方法。
3. 熟悉淀粉指示剂的使用。

二、实验原理

硫代硫酸钠(Na$_2$S$_2$O$_3$·5H$_2$O)一般含少量的杂质，如 S、Na$_2$SO$_4$ 等，且在空气中易风化和潮解，所以 Na$_2$S$_2$O$_3$ 标准溶液不能直接配制，通常将 Na$_2$S$_2$O$_3$ 配成近似浓度的溶液，然后用 K$_2$Cr$_2$O$_7$、KBrO$_3$、KIO$_3$ 等基准物质进行标定。

本实验用 K$_2$Cr$_2$O$_7$ 作基准物质标定 Na$_2$S$_2$O$_3$ 标准溶液的浓度。K$_2$Cr$_2$O$_7$ 先与过量的 KI 反应，析出 I$_2$，其反应方程式如下：

$$Cr_2O_7^{2-} + 6I^- + 14H^+ \!=\!\!=\!\! 2Cr^{3+} + 3I_2 + 7H_2O$$

然后以淀粉溶液作指示剂，用 Na$_2$S$_2$O$_3$ 标准溶液滴定析出的 I$_2$：

$$2S_2O_3^{2-} + I_2 \!=\!\!=\!\! S_4O_6^{2-} + 2I^-$$

这个标定是间接碘量法的应用。

三、仪器和试剂

仪器：托盘天平、分析天平、细口棕色试剂瓶、碱式滴定管、锥形瓶(碘瓶)。

试剂：K$_2$Cr$_2$O$_7$(AR)、6 mol·L^{-1} HCl 溶液、固体 Na$_2$S$_2$O$_3$·5H$_2$O、0.5%淀

粉溶液、固体 Na_2CO_3、KI（AR）。

0.5%淀粉溶液：称取 0.5 g 可溶性淀粉，于小烧杯中加 5 mL 水调成糊状，在搅拌下注入 100 mL 沸水中，再微沸 1～2 min 至溶液透明。若需放置，可加入少量 HgI_2 或 H_3BO_3 作防腐剂。

四、实验步骤

1. 0.1 mol·L^{-1} $Na_2S_2O_3$ 溶液的配制

称取 12.5 g $Na_2S_2O_3 \cdot 5H_2O$，溶于 200 mL 新煮沸的冷蒸馏水中，加入约 0.1 g Na_2CO_3（固体），然后加新煮沸的冷蒸馏水稀释至 500 mL，保存于细口棕色瓶中，放置 3～7 d 后进行标定。

2. $Na_2S_2O_3$ 溶液的标定

精确称取 0.1～0.15 g $K_2Cr_2O_7$ 基准物质（在 150～180℃ 的烘箱中干燥过）3 份，分别放入 250 mL 锥形瓶（最好用带磨口塞的锥形瓶或碘瓶）中，加入 40 mL 纯水使之溶解。加 2 g KI、10 mL 硫酸溶液，盖好盖子，充分摇匀。摇匀后，用表面皿盖好，放在暗处 5 min[1]，待充分反应后，用洗瓶冲洗瓶塞及瓶内壁，加 100 mL 水稀释[2]。用待标定的 $Na_2S_2O_3$ 溶液滴定至溶液呈淡黄绿色时，加 2 mL 0.5% 淀粉指示剂[3]，继续滴定至溶液蓝色消失而呈亮绿色为止。

记下滴定消耗的 $Na_2S_2O_3$ 溶液的体积后，再多加 1 滴 $Na_2S_2O_3$ 溶液，如果这时颜色不再改变，表示滴定已完成。计算 $Na_2S_2O_3$ 溶液的浓度，公式如下：

$$c_{Na_2S_2O_3} = \frac{6m_{K_2Cr_2O_7}}{V_{Na_2S_2O_3} \cdot M_{K_2Cr_2O_7}}$$

式中，$m_{K_2Cr_2O_7}$、$M_{K_2Cr_2O_7}$ 分别表示 $K_2Cr_2O_7$ 的质量（g）和摩尔质量（g·mol^{-1}）；$V_{Na_2S_2O_3}$ 表示消耗的 $Na_2S_2O_3$ 溶液的体积（L）。

平行标定 3 次，相对偏差不超过 ±0.2%。将实验数据及计算结果填入表 7-3。

表 7-3　实验结果

平行实验		1	2	3
$K_2Cr_2O_7$ 的质量 m/g				
$Na_2S_2O_3$ 标准溶液的体积 $V_{Na_2S_2O_3}$/L	初读数			
	终读数			
	净用量			
$Na_2S_2O_3$ 标准溶液的浓度 $c_{Na_2S_2O_3}$/(mol·L^{-1})				
$Na_2S_2O_3$ 标准溶液的平均浓度/(mol·L^{-1})				
相对平均偏差/%				

---

[1] $K_2Cr_2O_7$ 与 KI 的反应需要一定的时间才能进行得比较完全，故需放置约 5 min。

[2] 滴定前稀释溶液，一是为了得到适于 $Na_2S_2O_3$ 滴定 I_2 的酸度，酸度太大 I^- 易受空气氧化，$Na_2S_2O_3$ 易因局部过浓而遇酸分解；二是使 Cr^{3+} 浓度降低，颜色变浅，使终点溶液由蓝色变到绿色容易观察。

[3] 淀粉溶液必须在接近终点时加入，否则容易引起淀粉溶液凝聚，而且吸附在淀粉中的 I_2 不易释放出来，影响滴定结果。

五、思考题

1. 用 $K_2Cr_2O_7$ 作基准物质标定 $Na_2S_2O_3$ 溶液时，为什么要加入过量的 KI 和 HCl 溶液？

2. 加入 KI 后为何要在暗处放置 5 min 后加水稀释？

3. 为什么淀粉指示剂不能在滴定一开始就加入，而是在溶液呈黄绿色时加入？黄绿色是什么物质的颜色？

实验 21　维生素 C 药片或果蔬中维生素 C 含量的测定

一、实验目的

1. 掌握碘标准溶液的配制和标定方法。
2. 了解直接碘量法测定维生素 C 含量的原理和操作。

二、实验原理

维生素 $C(V_C)$ 又称抗坏血酸，分子式为 $C_6H_8O_6$（$M_{C_6H_8O_6}=176$ g·mol^{-1}），是一种对生物体具有重要的营养、调节和医疗作用的生物活性物质。V_C 具有还原性，可被 I_2 定量氧化，因此可用 I_2 标准溶液直接滴定，滴定反应方程式为：

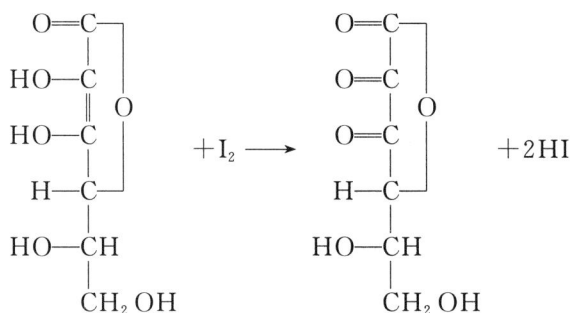

用直接碘量法可测定药片、注射液、饮料、蔬菜、水果等中的 V_C 的含量。

V_C 的还原性较强，易被溶液和空气中的氧氧化，在碱性介质中这种氧化作用更强，因此滴定宜在酸性介质中进行，以减少副反应的发生。考虑到 I^- 在强酸性溶液中也易被氧化，故一般选在 pH 3～4 的弱酸性溶液中进行滴定。

V_C 在医药和化学上的应用非常广泛。在分析化学中常用在光度法和络合滴定法中作为还原剂，如使 Fe^{3+} 还原为 Fe^{2+}、Cu^{2+} 还原为 Cu^+ 等。

三、仪器和试剂

仪器：托盘天平、分析天平、称量瓶、研钵、容量瓶、碘量瓶或具塞锥形瓶、25 mL 移液管、细口棕色试剂瓶、酸式滴定管、锥形瓶、试剂瓶。

试剂：0.05 mol·L^{-1} $Na_2S_2O_3$ 标准溶液、2 mol·L^{-1} HAc 溶液、I_2（固体，

AR)、0.5%淀粉溶液。

四、实验步骤

1. 0.05 mol·L⁻¹ I₂ 溶液的配制

称取 3.3 g I₂ 和 5 g KI[1]置于研钵中，加入 30 mL 水，在通风橱中研磨。待 I₂ 全部溶解后，将溶液转入棕色试剂瓶中，加水稀释至 250 mL，充分摇匀，放暗处保存[2]。

2. 0.05 mol·L⁻¹ I₂ 标准溶液的标定

用移液管准确移取 25.00 mL 0.05 mol·L⁻¹ Na₂S₂O₃ 标准溶液 3 份，分别置于 250 mL 锥形瓶中，加 50 mL 蒸馏水，2 mL 淀粉溶液，用 I₂ 标准溶液滴定至瓶内溶液呈稳定的蓝色，且 30 s 内不褪色即为终点。依据下式计算 I₂ 标准溶液的浓度 c_{I_2}(mol·L⁻¹)：

$$c_{I_2} = \frac{(cV)_{Na_2S_2O_3}}{2V_{I_2}}$$

式中，$(cV)_{Na_2S_2O_3}$ 为 Na₂S₂O₃ 溶液的浓度(mol·L⁻¹)和所移取的体积(L)的乘积；V_{I_2} 为 I₂ 标准溶液所消耗的体积(L)。

3. 维生素 C 含量的测定

(1)维生素 C 药片中维生素 C 含量的测定。准确称取约 0.2 g 研碎的维生素 C 药片，置于 250 mL 锥形瓶中，加入 100 mL 新煮沸并冷却的蒸馏水、10 mL 2 mol·L⁻¹HAc 溶液、2 mL 淀粉溶液，立即用 I₂ 标准溶液滴定至溶液呈稳定的浅蓝色，且 30 s 内不褪色即为终点。

$$w_{V_C} = \frac{c_{I_2} \cdot V_{I_2} \cdot M_{C_6H_8O_6}}{m_{试样}} \times 100\%$$

式中，c_{I_2}、V_{I_2} 为 I₂ 标准溶液的浓度(mol·L⁻¹)和所消耗的体积(L)；$M_{C_6H_8O_6}$ 为维生素 C 的摩尔质量(176 g·mol⁻¹)；$m_{试样}$ 为维生素 C 药片的质量(g)。

平行测定 3 次，计算维生素 C 药片中维生素 C 含量。

(2)水果中维生素 C 含量的测定。用 100 mL 干燥小烧杯准确称取 30～50 g 新捣碎的果浆(橙、橘或西红柿等)，立即加入 10 mL 2 mol·L⁻¹HAc 溶液，用三层纱布过滤于 250 mL 锥形瓶中，加 2 mL 淀粉溶液，立即用 I₂ 标准溶液滴定至溶液呈稳定的浅蓝色，且 30 s 内不褪色即为终点。

平行测定 3 次，计算果浆中维生素 C 的含量。

自行设计表格，将实验数据及结果填入表中。

---

[1] 碘在纯水中的溶解度很小，通常利用 I₂ 和 I⁻ 生成 I₃⁻ 离子，配成有过量 KI 存在的碘溶液。I₃⁻ 的形成增大了碘的溶解度，同时也减小了碘的挥发。

[2] 由于光照和受热都能促使溶液中的 I⁻ 氧化，所以配好的含有 KI 的碘标准溶液须放在棕色瓶中，置暗处保存。

五、思考题

1. 溶解 I_2 时，加入过量 KI 的作用是什么？
2. 维生素 C 固体溶解时，为什么要加入新煮沸并冷却的蒸馏水？
3. 果浆中加入 HAc 的作用是什么？

实验 22　碘量法测定葡萄糖

一、实验目的

1. 掌握碘量法的操作。
2. 熟悉碘量法测定葡萄糖的原理和方法。

二、实验原理

在碱性条件下，I_2 与 OH^- 作用生成的 IO^- 能定量地将葡萄糖($C_6H_{12}O_6$)氧化成葡萄糖酸($C_6H_{12}O_7$)，其反应方程式为：

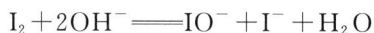

$$I_2 + 2OH^- \Longrightarrow IO^- + I^- + H_2O$$
$$C_6H_{12}O_6 + IO^- \Longrightarrow I^- + C_6H_{12}O_7$$

与葡萄糖作用完后，剩下的未作用的过量的 IO^- 在碱性介质中进一步歧化为 IO_3^- 和 I^-。溶液酸化后，IO_3^- 又与 I^- 反应析出 I_2。反应方程式为：

$$3IO^- \Longrightarrow 2I^- + IO_3^-$$
$$IO_3^- + 5I^- + 6H^+ \Longrightarrow 3I_2 + 3H_2O$$

此时，再用 $Na_2S_2O_3$ 标准溶液滴定析出的 I_2，滴定反应为：

$$2S_2O_3^{2-} + I_2 \Longrightarrow S_4O_6^{2-} + 2I^-$$

由以上的反应式可以看出，一分子葡萄糖与一分子 I_2 相当。根据所加入的 I_2 标准溶液的量和滴定所消耗的 $Na_2S_2O_3$ 标准溶液的体积，便可计算出葡萄糖的质量分数。计算公式如下：

$$w_{C_6H_{12}O_6} = \frac{\left[(cV)_{I_2} - \dfrac{1}{2}(cV)_{Na_2S_2O_3} \right] \cdot M_{C_6H_{12}O_6}}{m_{样品}} \times 100\%$$

式中，$(cV)_{I_2}$、$(cV)_{Na_2S_2O_3}$ 分别为 I_2 标准溶液和 $Na_2S_2O_3$ 标准溶液的浓度(mol·L^{-1})和体积(L)的乘积；$M_{C_6H_{12}O_6}$ 为葡萄糖的摩尔质量(180 g·mol^{-1})；$m_{样品}$ 为样品的质量(g)。

三、仪器和试剂

仪器：天平、250 mL 容量瓶、移液管、锥形瓶、碱式滴定管。

试剂：2 mol·L^{-1} HCl、0.2 mol·L^{-1} NaOH、0.05 mol·L^{-1} $Na_2S_2O_3$ 标准溶液、0.05 mol·L^{-1} I_2 标准溶液、0.5% 淀粉溶液、KI 固体(AR)、葡萄糖样品。

四、实验步骤

1. 准确称取约 0.5 g 葡萄糖样品置于烧杯中，加入少量蒸馏水溶解后定量转移至 100 mL 容量瓶中，定容，摇匀。

2. 用移液管准确移取 25.00 mL 试液于 250 mL 锥形瓶中，加入 25.00 mL I_2 标准溶液，在摇动下缓慢滴加 NaOH 溶液，直至溶液变为浅黄色（加碱不能太快，否则生成的 IO^- 来不及氧化，使结果偏低）。盖上表面皿，放置 15 min。然后再加入 6 mL 2 mol·L^{-1} HCl 溶液，立即用 0.05 mol·L^{-1} $Na_2S_2O_3$ 标准溶液滴定至浅黄色，再加入 2 mL 淀粉溶液，继续滴定至蓝色消失即为终点。

平行测定 3 次，计算样品中的葡萄糖含量。

五、思考题

1. 计算葡萄糖含量时，是否需要 I_2 溶液的浓度值？
2. I_2 溶液可否装在碱式滴定管中？为什么？

第8单元 仪器分析实验实训

实验 23 邻二氮菲分光光度法测定微量铁

一、实验目的

1. 掌握分光光度计的工作原理和使用方法。
2. 掌握分光光度法测定微量元素含量的原理、标准曲线的制作及应用。

二、实验原理

分光光度法是最常见的仪器分析方法，可以测定多种未知物的含量。其原理基于有色溶液对光的选择性吸收，如果保持入射光强度不变，则溶液对光的吸收程度（吸光度）与溶液的浓度和液层的厚度有一定的关系，即朗伯-比尔定律。具体做法通常是配制一系列标准有色溶液，在一定波长下分别测其吸光度，绘制标准曲线。然后在同一条件下，测量待测溶液的吸光度，从标准曲线上求得其对应的浓度或含量。

邻二氮菲（又称邻菲罗啉）是测定微量铁的良好试剂。邻二氮菲与 Fe^{2+} 在 pH $2\sim$ 9 的条件下生成稳定的橙红色配合物 $[Fe(C_{12}H_8N_2)_3]^{2+}$；$Fe^{3+}$ 与邻二氮菲作用生成蓝色配合物，但稳定性较差，因此在显色前，常加入还原剂盐酸羟胺将 Fe^{3+} 还原为 Fe^{2+}：

$$2Fe^{3+} + 2NH_2OH \Longrightarrow 2Fe^{2+} + N_2 \uparrow + 2H_2O + 2H^+$$

测定时，溶液的酸度控制 pH $3\sim8$ 较为适宜。酸度太高时，反应进行较慢；酸度太低时，Fe^{2+} 易水解，影响显色。

三、仪器和试剂

仪器：台秤、分析天平、称量瓶、722 型分光光度计、50 mL 容量瓶、100 mL 容量瓶、1 L 容量瓶、10 mL 吸量管、5 mL 吸量管、洗耳球。

试剂：铁盐 $[NH_4Fe(SO_4)_2 \cdot 12H_2O]$ 固体、盐酸羟胺 10%（现配制）、邻二氮菲溶液 0.15%（避光保存）、$1.0\ mol \cdot L^{-1}$ NaAc 溶液、$6\ mol \cdot L^{-1}$ HCl。

四、实验步骤

1. 标准溶液的配制

(1) 100 $\mu g \cdot mL^{-1}$ 铁标准储备溶液的配制。准确称取 0.8634 g 铁盐 $[NH_4Fe(SO_4)_2 \cdot 12H_2O]$ 置于烧杯中,加入少量水和 20 mL 6 mol·L^{-1} HCl 溶解,然后转移至 1 L 容量瓶中,用蒸馏水稀释至刻度,摇匀。

(2) 10 $\mu g \cdot mL^{-1}$ 铁标准工作液的配制。用移液管准确移取上述铁标准储备液 10.00 mL,置于 100 mL 容量瓶中,加入 2.0 mL 6 mol·L^{-1} HCl,用蒸馏水稀释至刻度,充分摇匀。

2. 吸收曲线的绘制

用吸量管准确吸取 10.00 mL 10 $\mu g \cdot mL^{-1}$ 铁标准溶液,置于 50 mL 容量瓶中,再依次加入 1 mL 盐酸羟胺溶液、2.0 mL 邻二氮菲溶液和 5 mL NaAc 溶液,每加入一种试剂要摇匀 2 min 后再加下一试剂,最后用蒸馏水稀释至刻度,摇匀。放置 10 min 后,将一部分溶液转移至 1 cm 比色皿中,以试剂空白为参比液,在波长 440 ～ 560 nm 的范围内,每隔 10 nm 测定一次吸光度(A)。然后以波长为横坐标,吸光度为纵坐标,绘制吸收曲线,并找出最大吸收波长(λ_{max}),此波长即为测定铁的适宜波长。将实验数据记录于表 8-1。

表 8-1　吸收曲线的绘制

λ	440	450	460	470	480	490	500	505	510	520	530	540	550	560
A														

3. 标准曲线的绘制

用吸量管分别准确移取 0.00 mL、2.00 mL、4.00 mL、6.00 mL、8.00 mL、10.00 mL 10 $\mu g \cdot mL^{-1}$ 铁标准溶液于 6 只 50 mL 容量瓶中,依次分别加入 1 mL 盐酸羟胺溶液、2 mL 0.1% 邻二氮菲溶液和 5 mL NaAc 溶液,用蒸馏水稀释至刻度,摇匀。在分光光度计上,以 λ_{max} 为测定波长,用 1 cm 比色皿,试剂空白为参比液,依次测吸光度。将实验数据填入表 8-2。

4. 水样分析

准确移取 5.00 mL(或 10.00 mL,铁含量以在标准曲线范围内为宜)未知试样溶液于 50 mL 容量瓶中,依次加入 1 mL 盐酸羟胺溶液、2.0 mL 邻二氮菲溶液和 5 mL NaAc 溶液,用蒸馏水稀释至刻度,摇匀。在 λ_{max} 处,用 1 cm 比色皿,以试剂空白为参比液,平行测定吸光度 3 次,并将实验数据及结果填入表 8-2。

表 8-2　标准曲线及样品测定数据记录表

溶液	标准溶液						未知溶液
吸取铁标准溶液体积/mL	0.00	0.20	0.40	0.60	0.80	1.00	
铁含量/($\mu g \cdot mL^{-1}$)							
吸光度 A							

五、思考题

1. 用邻二氮菲测定铁含量时，加入盐酸羟胺的作用是什么？

2. 测定吸光度时，为什么要选择参比溶液？本实验中为什么要选择试剂空白溶液而不选择蒸馏水为参比液？

实验 24　溶液 pH 值的测定

一、实验目的

1. 掌握酸度计测定 pH 值的基本原理。

2. 学会酸度计的使用方法。

二、实验原理

电位法测定溶液 pH 值所用的仪器称为酸度计。酸度计能够准确测定溶液的 pH 值，其测定原理是在待测溶液中插入两个电极：指示电极（常用玻璃电极）为负极和参比电极（常用饱和甘汞电极）为正极。这两个电极与待测溶液构成一个电池。因为在一定条件下，参比电极的电极电位是定值，所以该电池的电动势便决定于指示电极的电极电位的大小，即取决于待测溶液的 pH 值。在 25℃ 时，电池的电动势 ε 可用下式表示：

$$\varepsilon = E_{正} - E_{负} = E_{甘汞} - E_{玻} = K' + 0.0592\text{pH}$$

据此可进行溶液 pH 值的测量。

在实际测量过程中，为减小因为某些因素的改变而产生的测量误差，通常先用 pH 标准缓冲溶液校正仪器上的标度，使标度上的指示值恰好为标准缓冲溶液的 pH 值，再进行待测液的测量。

三、仪器和试剂

仪器：pHS-3C 型（或其他型号）酸度计、231 型玻璃电极 1 支、232 型甘汞电极 1 支、50 mL 烧杯、500 mL 容量瓶。

试剂：pH 值分别为 4.01、6.86 和 9.18 的标准缓冲溶液、$0.1\ \text{mol} \cdot \text{L}^{-1}\ NH_4Cl$、$0.1\ \text{mol} \cdot \text{L}^{-1}\ (NH_4)_2SO_4$、$0.1\ \text{mol} \cdot \text{L}^{-1}\ Na_2CO_3$。

pH=4.01 的标准缓冲溶液：称取在 110℃ 烘干的分析纯邻苯二甲酸氢钾 10.21 g，用蒸馏水溶解后定容至 1 L。

pH=6.86 的标准缓冲溶液：称取在 110℃ 烘干的分析纯磷酸二氢钾 3.39 g 和磷酸氢二钠 3.53 g，用蒸馏水溶解后定容至 1 L。

pH=9.18 的标准缓冲溶液：称取分析纯硼砂 3.81 g，用蒸馏水溶解后定容至 1 L。

四、实验步骤

1. 电极的准备

将 pH 玻璃电极、饱和甘汞电极插入相应的电极插座中，用蒸馏水清洗电极，再用滤纸轻轻吸干电极上的水分。将电源线插入电源插座中，接通电源，预热 30 min。

2. 溶液 pH 值的测量

(1)先用 pH 试纸粗略检查试样溶液的 pH 值，当溶液偏酸性，则将电极分别浸入 pH=6.86 和 pH=4.01 的标准缓冲溶液标定仪器；如果溶液偏碱性，则将电极分别浸入 pH=6.86 和 pH=9.18 的标准缓冲溶液标定仪器。

(2)将冲洗干净且用滤纸擦干的玻璃–甘汞电极对浸入待测水样中，在显示屏上读取溶液的 pH 值，并将记录填入表 8-3。

表 8-3　溶液的 pH 值

待测溶液	0.1 mol·L^{-1} NH$_4$Cl	0.1 mol·L^{-1} (NH$_4$)$_2$SO$_4$	0.1 mol·L^{-1} Na$_2$CO$_3$
pH 值			

(3)测量完毕，清洗电极，并将玻璃电极浸泡在蒸馏水中。

五、思考题

进行未知溶液的 pH 值测定前，为什么要先用 pH 试纸粗略地检测？

实验 25　电位滴定法测定混合酸中各组分的含量

一、实验目的

1. 了解酸碱电位滴定法的基本原理。
2. 熟练掌握电位滴定法的基本操作技术。
3. 学会电位滴定法确定滴定终点的方法。

二、实验原理

在酸碱电位滴定过程中，随着滴定剂的不断加入，被测物与滴定剂发生反应，溶液的 pH 值不断变化，在化学计量点附近发生 pH 值突跃。因此，测量溶液 pH 值的变化，就能确定滴定终点。滴定过程中，每加一次滴定剂，测一次 pH 值，在接近化学计量点时，每次滴定剂加入量要小到 0.10 mL，滴定到超过化学计量点为止，这样就得到一系列滴定剂用量 V 和相应的 pH 值数据。利用绘制 pH–V 或 ΔpH/ΔV–V 曲线确定滴定反应的终点，求出待测物的含量。

本实验测定的硫磷混酸中，硫酸是强酸，磷酸是三元酸，用 NaOH 标准溶液进行滴定时，硫酸仅出现一个滴定终点，其 pH 值与磷酸的第一个滴定终点相同。

三、仪器和试剂

仪器：pHS－3C 型（或其他型号）酸度计、231 型玻璃电极、232 型甘汞电极、25 mL 碱式滴定管、250 mL 烧杯、电磁搅拌器（配搅拌子）。

试剂：$0.1000 \ mol \cdot L^{-1}$ NaOH 标准溶液、pH＝4.01、6.86、9.18 的标准缓冲溶液、硫磷混酸待测液。

四、实验步骤

1. 用 pH＝4.01 和 pH＝6.86 的标准缓冲溶液校准 pHS－3C 型酸度计。

2. 在洁净的碱式滴定管内装入 $0.1000 \ mol \cdot L^{-1}$ NaOH 标准溶液，排气泡，调零，备用。

3. 准确移取硫磷混酸待测液 10.00 mL 于 250 mL 烧杯中，加水至约 80 mL，放入搅拌子，浸入玻璃电极和参比电极。

4. 开启电磁搅拌器，用 $0.1000 \ mol \cdot L^{-1}$ NaOH 标准溶液进行滴定，每间隔 1.00 mL 读数一次，记录相应的 pH 值。当被滴定液 pH 值达到 7 时，用 pH＝9.18 的标准缓冲溶液再校准一次酸度计。继续 NaOH 标准溶液滴定直至过了第二个化学计量点时为止。初步确定两个 pH 滴定突跃范围。

5. 重复步骤 4，在 pH 突跃范围内，改为每加入一滴（约 0.05 mL）NaOH 标准溶液，读数一次，记录相应的 pH 值，注意尽量使每次滴加的 NaOH 标准溶液体积相等。

将测得的 V 和 pH 值数据填入表 8-4。

表 8-4　实验数据

加入 NaOH 标液体积 V/mL	pH 值	ΔpH ($\Delta pH = pH_{n+1} - pH_n$)	$\Delta V/mL$ ($\Delta V = V_{n+1} - V_n$)	$\Delta pH / \Delta V$
1.00		—		—
2.00				
...				

根据实验数据，绘制 pH-V 或 $\Delta pH/\Delta V$-V 曲线确定滴定反应的两个终点，求硫酸和磷酸含量。

五、思考题

当被滴定液 pH 值达到 7 时，为什么要用 pH＝9.18 的标准缓冲溶液再校准一次酸度计？

习题参考答案

第1章 溶液和胶体

1. C 2. C 3. D 4. D 5. A

6. 人体血液中的钠离子浓度增高，使血浆和细胞间的渗透压升高，水分子从细胞里往外渗透，所以人感到口渴。

7. 2.71 mL

8. 21%，11.4 mol·L^{-1}

9. 7.40%，2 mol·L^{-1}，2 mol·kg^{-1}，0.03

10. 41

11. 110.4 g·mol^{-1}

12. $\{[Fe(OH)_3]_m \cdot n\,FeO^+ \cdot (n-x)Cl^-\}^{x+} \cdot x\,Cl^-$

第2章 化学反应速率和化学平衡

1. (1)D (2)C (3)D (4)B (5)B (6)C

2. (1)$v = kc_{NO}^2 c_{O_2}$；(2)3 级反应，$k = 30$ mol^{-2}·L^2·s^{-1}；
   (3)0.101 mol·L^{-1}·s^{-1}

3. $E_a = 7.78 \times 10^4$ J·mol^{-1}，$k_3 = 0.023$ s^{-1}

4. (1)$K_p = \dfrac{p_{NH_3}^2}{p_{N_2} p_{H_2}^2}$；(2)$K_p = \dfrac{p_{CO_2}^2}{p_{CH_4} p_{O_2}^2}$；(3)$K_p = p_{CO_2}^2$

5. (1)$c_{CO} = 0.04$ mol·L^{-1}，$c_{CO_2} = 0.02$ mol·L^{-1}；(2)20%；(3)无影响

6. 20.544

7. (1)0.0199；(2)1.87 mol；(3)逆向进行

8. (1)平衡左移；(2)平衡右移；(3)平衡不移动；(4)平衡右移；(5)平衡左移

第3章 定量分析概论

1. 略 2. 略 3. (1)B；(2)C；(3)A；(4)B

4. (1)系统误差、校正砝码；(2)偶然误差；(3)系统误差，换成基准试剂；
   (4)系统误差，做空白试验

5. 2 位，5 位，2 位，4 位，3 位或不确定，6 位，2 位，1 位

6. (1)14.73；(2)0.28；(3)0.217

7. 甲

8. 34.15％是可疑，舍弃

9. 偏低

10. 0.1095 mol·L^{-1}

11. 84.66％

第 4 章　酸碱平衡和酸碱滴定法

1. B，D　2. D

3. 酸：(4)，(5)；碱：(2)，(3)；既是酸又是碱：(1)

4. (1)共轭酸：NH_4^+；(2)共轭碱：Ac^-；(3) 共轭酸：HCl；
(4)共轭酸：H_3O^+，共轭碱：OH^-

5. (1)$K_b=5.64×10^{-10}$；(2)$K_b=1.61×10^{-5}$；
(3)$K_{b_1}=1.56×10^{-10}$，$K_{b_2}=1.69×10^{-13}$

6. (1)2.88；(2)11.12；(3)5.12；(4)11.15

7. 9.55

8. (1)甲基橙、甲基红、酚酞；(2)酚酞；(3)甲基红；(4)甲基红

9. 0.4853 mol/L

10. 0.2067 mol/L

11. 46.36％

12. 24.5％，9.26％

第 5 章　沉淀溶解平衡和沉淀滴定法

1. 略

2. (1) √；(2)×；(3)×；(4) ×；(5)√

3. (1) xy^2；(2) Pb^{2+}、Ag^+

4. 有

5. (1)Cl^-先沉淀；(2)$5.42×10^{-5}$ mol·L^{-1}

6. 0.152 mol·L^{-1}

7. 34.15％、65.81％

第 6 章　配位化合物和配位滴定法

1. (1)A；(2)C；(3)A；(4)D；(5)D

2.

序号	中心离子	配位体	配位原子	配位数	名称
(1)	Pt^{4+}	NH_3	N	6	四氯化六氨合铂(Ⅳ)
(2)	Cu^{2+}	NH_3	N	4	氢氧化四氨合铜(Ⅱ)
(3)	Co^{3+}	NH_3、H_2O	N、O	6	硫酸四氨·二水合钴(Ⅲ)
(4)	Co^{3+}	$-NO_2$	N	6	六硝基合钴(Ⅲ)酸钾
(5)	Cr^{3+}	Cl^-、NH_3	Cl、N	6	二氯化一氯·五氨合铬(Ⅲ)
(6)	Fe^{2+}	EDTA	N、O	4	乙二胺四乙酸根合铁(Ⅱ)

3. 7.25×10^{-16}

4. $0.009\ 352\ mol\cdot L^{-1}$、$65.92\ mol\cdot L^{-1}$

5. $16.05\ mol\cdot L^{-1}$

第7章　氧化还原反应和氧化还原滴定法

1. (2)$3Fe(NO_3)_2+6HNO_3 \Longrightarrow 3Fe(NO_3)_3+3NO\uparrow+6H_2O$；

氧化剂：HNO_3；还原剂：$Fe(NO_3)_2$

2. (1)0.789 V；(2)1.404 V

3. (1)向正反应方向进行；(2)向逆反应方向进行；(3)向正反应方向进行

4. (1)$3Cu+2NO_3^-+8H^+ \Longrightarrow 3Cu^{2+}+2NO+4H_2O$；

(2)$2Fe^{3+}+2I^- \Longrightarrow 2Fe^{2+}+I_2$

5. I^-

6. $0.5778\ mol\cdot L^{-1}$

7. (1)$0.020\ 24\ mol\cdot L^{-1}$；(2)99.8%

8. $0.1753\ mol\cdot L^{-1}$

第8章　仪器分析概论

1. (1)①E，②B，③D，④A；(2)B；(3)B；(4)D；(5)D；(6)C；(7)D；(8)C

2. 简答题

(1)原子吸收光谱法要求使用锐线光源是因为使用与待测元素同种元素制成的锐线光源，可以实现峰值吸收测量，减少测定误差。

(2)物质对光选择性吸收的原因：分子中的电子吸收一定波长的光后，从最低能级的基态跃迁到较高能级的激发态。不同物质的基态与激发态的能量差不同，选择吸收光子的能量也不同，即吸收的波长不同。因此，特定分子只能选择性吸收特定波长的光，称为物质对光的选择性吸收。

(3)以波长(λ)为横坐标，以吸光度(A)为纵坐标作图，称光吸收曲线。光吸收曲线清楚描述了物质对光的吸收情况。绘制光吸收曲线的目的是根据光吸收曲线的形状和最大吸收波长的位置，对物质进行初步的定性分析。

(4)电位法中，指示电极的电极电位可以反映电化学池中待测液浓度的变化情况，能指示待测离子的浓度。参比电极是提供相对标准的电极，在测定中电位恒定不变。

(5)色谱分析方法的分离原理是利用试样中不同组分在固定相和流动相中具有不同的分配系数。

3.(1)0.042；(2)0.02%；(3)①绘制标准曲线(略)，②2.08 μg·mL^{-1}

第9章　元素及其化合物

1. 卤素单质的氧化性逐渐减弱：$F_2 > Cl_2 > Br_2 > I_2$。卤素阴离子还原性大小的顺序为：$I^- > Br^- > Cl^- > F^-$，氢卤酸都是挥发性的酸。除氢氟酸是弱酸外，其余的氢卤酸都是强酸，酸性强弱：$HF < HCl < HBr < HI$。还原性大小顺序为：$HF < HCl < HBr < HI$。

2.(1)向左；(2)向右

3.(1)焰色反应；(2)稀 H_2SO_4；(3)加热

4. 各步鉴定反应如下：

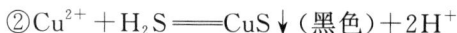

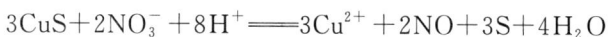

①$Ag^+ + Cl^- =\!=\!= AgCl\downarrow$（白色）

$AgCl + 2NH_3 =\!=\!= [Ag(NH_3)_2]^+ + Cl^-$

$[Ag(NH_3)_2]^+ + 2H^+ + Cl^- =\!=\!= AgCl\downarrow + 2NH_4^+$

②$Cu^{2+} + H_2S =\!=\!= CuS\downarrow$（黑色）$+ 2H^+$

$3CuS + 2NO_3^- + 8H^+ =\!=\!= 3Cu^{2+} + 2NO + 3S + 4H_2O$

$\underset{\text{浅蓝}}{Cu^{2+}} + 4NH_3 =\!=\!= \underset{\text{深蓝}}{[Cu(NH_3)_4]^{2+}}$

③焰色反应为绿色的是 Ba^{2+}

$Ba^{2+} + SO_4^{2-} =\!=\!= BaSO_4\downarrow$（白色）　$BaSO_4$ 不溶于 HNO_3

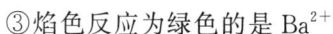

5. 提示：从 NaOH 吸湿方面考虑。

6.(1)要产生上述实验现象，做易拉罐的金属是 Al；

(2)罐壁变瘪的原因是：干冰汽化时排出了罐内空气，当加入 NaOH 溶液后，CO_2 被吸收，使罐内气压小于大气压，故易拉罐变瘪。反应方程式是：$CO_2 + 2NaOH =\!=\!= Na_2CO_3 + H_2O$；罐再度鼓起的原因是：过量的 NaOH 溶液与铝制罐反应产生 H_2，使罐内压强增大到大于大气压，故罐再度鼓起，反应方程式：$2Al + 2NaOH + 2H_2O =\!=\!= 2NaAlO_2 + 3H_2\uparrow$。

7. 过渡元素的水合离子具有颜色，这与它们离子的 d 轨道有无成对电子有关。

参考文献

北京师范大学，南京师范大学，华中师范大学，2002. 无机化学[M]. 4版. 北京：高等教育出版社.

蔡明招，2005. 分析化学实验[M]. 北京：化学工业出版社.

陈培梅，邓勃，1999. 现代仪器分析实验与技术[M]. 北京：清华大学出版社.

程建国，2006. 无机及分析化学实验[M]. 杭州：浙江科学技术出版社.

董平安，魏益海，邵学俊，2004. 无机化学习题与解答[M]. 武汉：武汉大学出版社.

韩忠宵，孙乃有，2005. 无机及分析化学[M]. 北京：化学工业出版社.

侯海鸽，朱志彪，范乃英，2005. 无机及分析化学实验[M]. 哈尔滨：哈尔滨工业大学出版社.

华中师范大学，东北师范大学，2002. 分析化学实验[M]. 3版. 北京：高等教育出版社.

黄方一，2007. 无机及分析化学[M]. 2版. 武汉：华中师范大学出版社.

黄一石，2000. 仪器分析技术[M]. 北京：化学工业出版社.

李艳红，2008. 分析化学[M]. 北京：石油工业出版社.

林新花，2002. 仪器分析[M]. 广州：华南理工大学出版社.

刘灿明，李辉勇，2009. 无机及分析化学[M]. 2版. 北京：科学出版社.

刘尧，2003. 无机及分析化学[M]. 北京：高等教育出版社.

南京大学《无机及分析化学》编写组，1998. 无机及分析化学[M]. 3版. 北京：高等教育出版社.

潘亚芬，张永士，2005. 基础化学[M]. 北京：清华大学出版社.

秦中立，黄方一，2006. 无机及分析化学实验[M]. 武汉：华中师范大学出版社.

史启祯，2002. 无机化学与化学分析[M]. 北京：高等教育出版社.

四川大学化工学院，浙江大学化学系，2004. 分析化学实验[M]. 3版. 北京：高等教育出版社.

孙毓庆，2004. 分析化学实验[M]. 2版. 北京：科学出版社.

童岩，李京杰，2008. 无机及分析化学[M]. 北京：中国农业大学出版社.

王惠霞，2006. 无机及分析化学[M]. 西安：西北工业大学出版社.

王秋长，2003. 基础化学实验[M]. 北京：科学出版社.

王升富，周立群. 2009. 无机及化学分析实验[M]. 北京：科学出版社.

王新宏，2009. 分析化学实验[M]. 北京：科学出版社.

吴华，2008. 基础化学[M]. 北京：化学工业出版社.

谢明芳，2004. 无机及分析化学[M]. 武汉：武汉大学出版社.

徐莉英，2004. 无机及分析化学实验[M]. 上海：上海交通大学出版社.

徐英岚，2006. 无机与分析化学[M]. 2版. 北京：中国农业出版社.

杨小第，2008. 分析化学技能训练[M]. 北京：化学工业出版社.

叶芬霞，2008. 无机及分析化学[M]. 北京：高等教育出版社.

易洪潮，2007. 无机及分析化学[M]. 北京：石油工业出版社.

余振宝，姜桂兰，2006. 分析化学实验[M]. 北京：化学工业出版社.

俞斌，2007. 无机与分析化学教程[M]. 北京：化学工业出版社.

袁先友，2007. 现代仪器分析与食品质量安全检测[M]. 成都：西南交通大学出版社.

张剑荣，戚苦，1999. 仪器分析实验[M]. 北京：科学出版社.

赵金安，徐霞，2007. 无机及分析化学[M]. 郑州：郑州大学出版社.

赵金安，张慧勤，2007. 无机及分析化学实验与指导[M]. 郑州：郑州大学出版社.

赵晓农，2006. 无机及分析化学[M]. 西安：西北工业大学出版社.

朱明华，2002. 仪器分析[M]. 北京：高等教育出版社.

附　录

附录 1　弱酸、弱碱的电离平衡常数（298.15 K）

名　称	化学式	$T/℃$	电离常数 K	pK
碳酸	H_2CO_3	25	$K_1=4.30\times10^{-7}$	6.37
		25	$K_2=5.61\times10^{-11}$	10.25
醋酸	CH_3COOH	25	$K_1=1.76\times10^{-5}$	4.75
	（HAc）	25		
亚硝酸	HNO_2	12.5	$K=4.6\times10^{-4}$	3.37
磷酸	H_3PO_4	25	$K_1=7.52\times10^{-3}$	2.12
		25	$K_2=6.23\times10^{-8}$	7.21
		25	$K_3=2.2\times10^{-13}$	12.67
氢氰酸	HCN	25	$K=4.93\times10^{-10}$	9.31
氢氟酸	HF	25	$K=3.53\times10^{-4}$	3.45
氢硫酸	H_2S	18	$K_1=9.1\times10^{-8}$	7.04
		18	$K_2=1.1\times10^{-12}$	11.96
过氧化氢	H_2O_2	25	$K_1=2.4\times10^{-12}$	11.75
铬酸	H_2CrO_4	25	$K_1=1.8\times10^{-1}$	0.74
		25	$K_2=3.20\times10^{-7}$	6.49
硫酸氢根	HSO_4^-	25	$K=1.2\times10^{-2}$	1.92
亚硫酸	H_2SO_3	18	$K_1=1.54\times10^{-2}$	1.81
		18	$K_2=1.02\times10^{-7}$	6.99
硅酸	H_2SiO_3	30	$K_1=2.2\times10^{-10}$	9.66
		30	$K_2=2\times10^{-12}$	11.7
砷酸	H_3AsO_4	18	$K_1=5.62\times10^{-3}$	
		18	$K_2=1.70\times10^{-7}$	9.18
		18	$K_3=3.95\times10^{-12}$	
亚砷酸	H_3AsO_3	25	$K=6.0\times10^{-10}$	9.22
硼酸	H_3BO_3	20	$K=7.3\times10^{-10}$	9.14
碘酸	HIO_3	25	$K=1.69\times10^{-1}$	0.77
甲酸	$HCOOH$	25	$K=1.77\times10^{-4}$	3.75

（续）

名　称	化学式	$T/℃$	电离常数 K	pK
草酸（$H_2C_2O_4$）		25	$K_1=5.90\times10^{-2}$	1.23
		25	$K_2=6.40\times10^{-5}$	4.19
次氯酸	HClO	18	$K=2.95\times10^{-5}$	4.53
次溴酸	HBrO	25	$K=2.06\times10^{-9}$	8.69
柠檬酸	$H_3C_6H_5O_7$	20	$K_1=7.1\times10^{-4}$	3.15
		20	$K_2=1.68\times10^{-5}$	4.77
		20	$K_3=4.1\times10^{-7}$	6.39
氨水	$NH_3\cdot H_2O$	25	$K=1.77\times10^{-5}$	4.75
氢氧化银	AgOH	25	$K=1.0\times10^{-2}$	2.00
氢氧化铝	$Al(OH)_3$	25	$K_1=5.0\times10^{-9}$	8.30
			$K_2=2.0\times10^{-10}$	9.70
氢氧化铍	$Be(OH)_2$	25	$K_1=1.78\times10^{-6}$	5.75
			$K_2=2.5\times10^{-9}$	8.60
氢氧化钙	$Ca(OH)_2$	25	$K=6\times10^{-2}$	1.22
氢氧化锌	$Zn(OH)_2$	25	$K=8\times10^{-7}$	6.10

附录 2　常见难溶电解质的溶度积

化合物	K_{sp}	化合物	K_{sp}	化合物	K_{sp}
AgBr	5.0×10^{-13}	$CaHPO_4$	1×10^{-7}	$MgCO_3$	3.5×10^{-8}
Ag_2CO_3	8.1×10^{-12}	$Ca_3(PO_4)_2$	2.0×10^{-29}	MgF	26.5×10^{-9}
$Ag_2C_2O_4$	3.4×10^{-11}	$CaSO_4$	9.1×10^{-6}	$Mg(OH)_2$	1.8×10^{-11}
AgCl	1.8×10^{-10}	$Cr(OH)_3$	6.3×10^{-31}	$MnCO_3$	1.8×10^{-11}
Ag_2CrO_4	1.1×10^{-12}	$CoCO_3$	1.4×10^{-13}	$Mn(OH)_2$	1.9×10^{-13}
$Ag_2Cr_2O_7$	2.0×10^{-7}	$Co(OH)_2$（新析出）	1.6×10^{-15}	MnS（无定形）	2.5×10^{-10}
$AgIO_3$	3.0×10^{-8}	$Co(OH)_3$	1.6×10^{-44}	（结晶）	2.5×10^{-13}
AgI	8.3×10^{-17}	$\alpha-CoS$	4.0×10^{-21}	$NiCO_3$	6.6×10^{-9}
Ag_3PO_4	1.4×10^{-16}	$\beta-CoS$	2.0×10^{-25}	$Ni(OH)_2$（新析出）	2.0×10^{-15}
Ag_2SO_4	1.4×10^{-5}	CuBr	5.3×10^{-9}	$\alpha-NiS$	3.2×10^{-19}
Ag_2S	6.3×10^{-50}	CuCl	1.2×10^{-6}	$\beta-NiS$	1.0×10^{-24}
$Al(OH)_3$（无定形）	1.3×10^{-33}	CuCN	3.2×10^{-20}	$\gamma-NiS$	20×10^{-26}
$BaCO_3$	5.1×10^{-9}	$CuCO_3$	1.4×10^{-10}	$PbBr_2$	4.0×10^{-5}
$BaCrO_4$	1.2×10^{-10}	$CuCrO_4$	3.6×10^{-6}	$PbCO_3$	7.4×10^{-14}
BaF_2	1.0×10^{-6}	CuI	1.1×10^{-12}	PbC_2O_4	4.8×10^{-10}
BaC_2O_4	1.6×10^{-7}	CuOH	1×10^{-14}	$PbCl_2$	1.6×10^{-5}
$Ba_3(PO_4)_2$	3.4×10^{-23}	$Cu(OH)_2$	2.2×10^{-20}	$PbCrO_4$	2.8×10^{-13}

（续）

化合物	K_{sp}	化合物	K_{sp}	化合物	K_{sp}
$BaSO_4$	1.1×10^{-10}	Cu_2S	2.5×10^{-48}	PbI	27.1×10^{-9}
$BaSO_3$	8×10^{-7}	CuS	6.3×10^{-36}	$Pb_3(PO_4)_2$	8.0×10^{-43}
BaS_2O_3	1.6×10^{-5}	$FeCO_3$	3.2×10^{-11}	$PbSO_4$	1.6×10^{-8}
$Bi(OH)_3$	4×10^{-31}	$Fe(OH)_2$	8.0×10^{-16}	PbS	8.0×10^{-28}
$BiOCl$	1.8×10^{-31}	$FeC_2O_4\cdot2H_2O$	3.2×10^{-7}	$Sn(OH)_2$	1.4×10^{-28}
Bi_2S_3	1×10^{-97}	$Fe(OH)_3$	4×10^{-38}	$Sn(OH)_4$	1×10^{-56}
$CdCO_3$	5.2×10^{-12}	$FePO_4$	1.3×10^{-22}	SnS	1.0×10^{-25}
$Cd(OH)_2$（新析出）	2.5×10^{-14}	FeS	6.3×10^{-18}	$ZnCO_3$	1.4×10^{-11}
CdS	8.0×10^{-27}	$K_2[PtCl_6]$	1.1×10^{-5}	ZnC_2O_4	2.7×10^{-8}
$CaCO_3$	2.8×10^{-9}	Hg_2I_2	4.5×10^{-29}	$Zn(OH)_2$	1.2×10^{-17}
$CaC_2O_4\cdot H_2O$	4×10^{-9}	Hg_2SO_4	7.4×10^{-7}	$\alpha-ZnS$	1.6×10^{-24}
$CaCrO_4$	7.1×10^{-4}	Hg_2S	1.0×10^{-47}	$\beta-ZnS$	2.5×10^{-22}
CaF_2	5.3×10^{-9}	HgS（红）	4×10^{-53}		
$Ca(OH)_2$	5.5×10^{-6}	HgS（黑）	1.6×10^{-52}		

附录3　标准电极电势（298 K）

一、在酸性溶液中

电极反应	$\varphi^{\ominus}/V$
$Li^+ + e^- \rightleftharpoons Li$	-3.0401
$Rb^+ + e^- \rightleftharpoons Rb$	-2.98
$K^+ + e^- \rightleftharpoons K$	-2.931
$Cs^+ + e^- \rightleftharpoons Cs$	-2.92
$Ba^{2+} + 2e^- \rightleftharpoons Ba$	-2.912
$Sr^{2+} + 2e^- \rightleftharpoons Sr$	-2.89
$Ca^{2+} + 2e^- \rightleftharpoons Ca$	-2.868
$Na^+ + e^- \rightleftharpoons Na$	-2.71
$La^{3+} + 3e^- \rightleftharpoons La$	-2.522
$Ce^{3+} + 3e^- \rightleftharpoons Ce$	-2.483
$Mg^{2+} + 2e^- \rightleftharpoons Mg$	-2.372
$Y^{3+} + 3e^- \rightleftharpoons Y$	-2.372
$SiF_6^{3-} + 3e^- \rightleftharpoons Al + 6F^-$	-2.069
$Be^{2+} + 2e^- \rightleftharpoons Be$	-1.847
$Al^{3+} + 3e^- \rightleftharpoons Al$	-1.662
$SiF_6^{2-} + 4e^- \rightleftharpoons Si + 6F^-$	-1.24
$Mn^{2+} + 2e^- \rightleftharpoons Mn$	-1.185

（续）

电极反应	$\varphi^{\ominus}/V$
$Cr^{2+}+2e^-\Longrightarrow Cr$	-0.913
$H_3BO_3+3H^++3e^-\Longrightarrow B+3H_2O$	-0.8698
$Zn^{2+}+2e^-\Longrightarrow Zn(Hg)$	-0.7628
$Zn^{2+}+2e^-\Longrightarrow Zn$	-0.7618
$Cr^{3+}+3e^-\Longrightarrow Cr$	-0.744
$Fe^{2+}+2e^-\Longrightarrow Fe$	-0.447
$Cd^{2+}+2e^-\Longrightarrow Cd$	-0.4030
$PbSO_4+2e^-\Longrightarrow Pb+SO_4^{2-}$	-0.3588
$Co^{2+}+2e^-\Longrightarrow Co$	-0.28
$Ni^{2+}+2e^-\Longrightarrow Ni$	-0.257
$Mo^{3+}+3e^-\Longrightarrow Mo$	-0.200
$AgI+e^-\Longrightarrow Ag+I^-$	$-0.152\ 24$
$Sn^{2+}+2e^-\Longrightarrow Sn$	-0.1375
$Pb^{2+}+2e^-\Longrightarrow Pb$	-0.1262
$Fe^{3+}+3e^-\Longrightarrow Fe$	-0.037
$2H^++2e^-\Longrightarrow H_2$	0.0000
$AgBr+e^-\Longrightarrow Ag+Br^-$	$0.071\ 33$
$S_4O_6^{2-}+2e^-\Longrightarrow 2S_2O_3^{2-}$	0.08
$S+2H^++2e^-\Longrightarrow H_2S(aq)$	0.142
$Sn^{4+}+2e^-\Longrightarrow Sn^{2+}$	0.151
$Cu^{2+}+e^-\Longrightarrow Cu^+$	0.153
$SO_4^{2-}+4H^++2e^-\Longrightarrow H_2SO_3+H_2O$	0.172
$AgCl+e^-\Longrightarrow Ag+Cl^-$	$0.222\ 33$
$Hg_2Cl_2+2e^-\Longrightarrow 2Hg+2Cl^-$	$0.268\ 08$
$Cu^{2+}+2e^-\Longrightarrow Cu$	0.3419
$Cu^{2+}+2e^-\Longrightarrow Cu(Hg)$	0.345
$[Fe(CN)_6]^{3-}+e\Longrightarrow[Fe(CN)_6]^{4-}$	0.358
$Ag_2CrO_4+2e^-\Longrightarrow 2Ag+CrO_4^{2-}$	0.4470
$H_2SO_3+4H^++4e^-\Longrightarrow S+3H_2O$	0.449
$Ag_2C_2O_4+2e\Longrightarrow 2Ag+C_2O_4^{2-}$	0.4647
$Cu^++e^-\Longrightarrow Cu$	0.521
$I_2+2e^-\Longrightarrow 2I^-$	0.5355
$I_3^-+2e^-\Longrightarrow 3I^-$	0.536
$H_3AsO_4+2H^++2e^-\Longrightarrow HAsO_2+2H_2O$	0.560
$AgAc+e^-\Longrightarrow Ag+Ac^-$	0.643

（续）

电极反应	$\varphi^{\ominus}/V$
$Ag_2SO_4 + 2e^- \Longrightarrow 2Ag + SO_4^{2-}$	0.654
$O_2 + 2H^+ + 2e^- \Longrightarrow H_2O_2$	0.695
$Fe^{3+} + e^- \Longrightarrow Fe^{2+}$	0.771
$Hg_2^{2+} + 2e^- \Longrightarrow 2Hg$	0.7973
$Ag^+ + e^- \Longrightarrow Ag$	0.7996
$Hg^{2+} + 2e^- \Longrightarrow Hg$	0.851
$2Hg^{2+} + 2e^- \Longrightarrow Hg_2^{2+}$	0.920
$NO_3^- + 3H^+ + 2e^- \Longrightarrow HNO_2 + H_2O$	0.934
$Pd^{2+} + 2e^- \Longrightarrow Pd$	0.951
$NO_3^- + 4H^+ + 3e^- \Longrightarrow NO + 2H_2O$	0.957
$HNO_2 + H^+ + e^- \Longrightarrow NO + H_2O$	0.983
$Br_2(l) + 2e^- \Longrightarrow 2Br^-$	1.066
$2IO_3^- + 6H^+ + 6e^- \Longrightarrow I^- + 3H_2O$	1.085
$Cu^{2+} + 2CN^- + e^- \Longrightarrow [Cu(CN)_2]^-$	1.103
$ClO_4^- + 2H^+ + 2e^- \Longrightarrow ClO_3^- + H_2O$	1.189
$2IO_3^- + 12H^+ + 10e^- \Longrightarrow I_2 + 6H_2O$	1.195
$ClO_3^- + 3H^+ + 2e^- \Longrightarrow HClO_2 + H_2O$	1.214
$MnO_2 + 4H^+ + 2e^- \Longrightarrow Mn^{2+} + 2H_2O$	1.224
$O_2 + 4H^+ + 4e^- \Longrightarrow 2H_2O$	1.229
$Cr_2O_7^{2-} + 14H^+ + 6e^- \Longrightarrow 2Cr^{3+} + 7H_2O$	1.33
$Cl_2(g) + 2e^- \Longrightarrow 2Cl^-$	1.358 27
$ClO_4^- + 8H^+ + 8e^- \Longrightarrow Cl^- + 4H_2O$	1.389
$ClO_4^- + 8H^+ + 7e^- \Longrightarrow 1/2Cl_2 + 4H_2O$	1.39
$BrO_3^- + 6H^+ + 6e^- \Longrightarrow Br^- + 3H_2O$	1.423
$2HIO + 2H^+ + 2e^- \Longrightarrow I_2 + 2H_2O$	1.439
$ClO_3^- + 6H^+ + 6e^- \Longrightarrow Cl^- + 3H_2O$	1.451
$PbO_2 + 4H^+ + 2e^- \Longrightarrow Pb^{2+} + 2H_2O$	1.455
$ClO_3^- + 6H^+ + 5e^- \Longrightarrow 1/2Cl_2 + 3H_2O$	1.47
$HClO + H^+ + 2e^- \Longrightarrow Cl^- + H_2O$	1.482
$BrO_3^- + 6H^+ + 5e^- \Longrightarrow 1/2Br_2 + 3H_2O$	1.482
$MnO_4^- + 8H^+ + 5e^- \Longrightarrow Mn^{2+} + 4H_2O$	1.507
$Mn^{3+} + e^- \Longrightarrow Mn^{2+}$	1.5415
$HClO_2 + 3H^+ + 4e^- \Longrightarrow Cl^- + 2H_2O$	1.570
$2HClO_2 + 6H^+ + 6e^- \Longrightarrow Cl_2 + 2H_2O$	1.570
$HClO_2 + 2H^+ + 2e^- \Longrightarrow HClO + H_2O$	1.645

（续）

电极反应	$\varphi^{\ominus}/V$
$MnO_4^- + 4H^+ + 3e^- \Longrightarrow MnO_2 + 2H_2O$	1.679
$PbO_2 + SO_4^{2-} + 4H^+ + 2e^- \Longrightarrow PbSO_4 + 2H_2O$	1.6913
$Au^+ + e^- \Longrightarrow Au$	1.692
$Ce^{4+} + e^- \Longrightarrow Ce^{3+}$	1.72
$H_2O_2 + 2H^+ + 2e^- \Longrightarrow 2H_2O$	1.776
$Co^{3+} + e^- \Longrightarrow Co^{2+} (2\ mol \cdot L^{-1}\ H_2SO_4)$	1.83
$S_2O_8^{2-} + 2e^- \Longrightarrow 2SO_4^{2-}$	2.010
$F_2 + 2e^- \Longrightarrow 2F^-$	2.866
$F_2 + 2H^+ + 2e^- \Longrightarrow 2HF$	3.053

二、在碱性溶液中

电极反应	$\varphi^{\ominus}/V$
$Ca(OH)_2 + 2e^- \Longrightarrow Ca + 2OH^-$	-3.02
$Ba(OH)_2 + 2e^- \Longrightarrow Ba + 2OH^-$	-2.99
$Mg(OH)_2 + 2e^- \Longrightarrow Mg + 2OH^-$	-2.690
$Mn(OH)_2 + 2e^- \Longrightarrow Mn + 2OH^-$	-1.56
$Cr(OH)_3 + 3e^- \Longrightarrow Cr + 3OH^-$	-1.48
$Zn(OH)_2 + 2e^- \Longrightarrow Zn + 2OH^-$	-1.249
$ZnO_2^{2-} + 2H_2O + 2e^- \Longrightarrow Zn + 4OH^-$	-1.215
$SO_4^{2-} + H_2O + 2e^- \Longrightarrow SO_3^{2-} + 2OH^-$	-0.93
$P + 3H_2O + 3e^- \Longrightarrow PH_3(g) + 3OH^-$	-0.87
$2H_2O + 2e^- \Longrightarrow H_2 + 2OH^-$	-0.8277
$AsO_4^{3-} + 2H_2O + 2e^- \Longrightarrow AsO_2^- + 4OH^-$	-0.71
$Ag_2S + 2e^- \Longrightarrow 2Ag + S^{2-}$	-0.691
$2SO_3^{2-} + 3H_2O + 4e^- \Longrightarrow S_2O_3^{2-} + 6OH^-$	-0.58
$Fe(OH)_3 + e^- \Longrightarrow Fe(OH)_2 + OH^-$	-0.56
$HPbO_2^- + H_2O + 2e^- \Longrightarrow Pb + 3OH^-$	-0.537
$S + 2e^- \Longrightarrow S^{2-}$	-0.47627
$Cu_2O + H_2O + 2e^- \Longrightarrow 2Cu + 2OH^-$	-0.360
$[Ag(CN)_2]^- + e^- \Longrightarrow Ag + 2CN^-$	-0.31
$Cu(OH)_2 + 2e^- \Longrightarrow Cu + 2OH^-$	-0.222
$O_2 + 2H_2O + 2e^- \Longrightarrow H_2O_2 + 2OH^-$	-0.146
$CrO_4^{2-} + 4H_2O + 3e^- \Longrightarrow Cr(OH)_3 + 5OH^-$	-0.13
$NO_3^- + H_2O + 2e^- \Longrightarrow NO_2^- + 2OH^-$	0.01
$S_4O_6^{2-} + 2e^- \Longrightarrow 2S_2O_3^{2-}$	0.08

（续）

电极反应	$\varphi^{\ominus}/V$
$Hg_2O+H_2O+2e^-\Longleftrightarrow 2Hg+2OH^-$	0.123
$HgO+H_2O+2e^-\Longleftrightarrow Hg+2OH^-$	0.0977
$Mn(OH)_3+e^-\Longleftrightarrow Mn(OH)_2+OH^-$	0.15
$Co(OH)_3+e^-\Longleftrightarrow Co(OH)_2+OH^-$	0.17
$PbO_2+H_2O+2e^-\Longleftrightarrow PbO+2OH^-$	0.247
$IO_3^-+3H_2O+6e^-\Longleftrightarrow I^-+6OH^-$	0.26
$Ag_2O+H_2O+2e^-\Longleftrightarrow 2Ag+2OH^-$	0.342
$[Ag(NH_3)_2]^++e^-\Longleftrightarrow Ag+2NH_3$	0.373
$O_2+2H_2O+4e^-\Longleftrightarrow 4OH^-$	0.401
$MnO_4^-+e^-\Longleftrightarrow MnO_4^{2-}$	0.558
$MnO_4^-+2H_2O+3e^-\Longleftrightarrow MnO_2+4OH^-$	0.595
$BrO_3^-+3H_2O+6e^-\Longleftrightarrow Br^-+6OH^-$	0.61
$ClO_3^-+H_2O+2e^-\Longleftrightarrow ClO_2^-+2OH^-$	0.33
$ClO^-+H_2O+2e^-\Longleftrightarrow Cl^-+2OH^-$	0.841
$O_3+H_2O+2e^-\Longleftrightarrow O_2+2OH^-$	1.24

附录 4　常用缓冲溶液

缓冲溶液组成	pK_a	缓冲溶液 pH	配制方法
一氯乙酸 - NaOH	2.86	2.8	将 200 g 一氯乙酸溶于 200 mL 水中，加 NaOH 40 g，溶解后稀释至 1 L
甲酸 - NaOH	3.76	3.7	将 95 g 甲酸和 40 g NaOH 溶于 500 mL 水中，稀释至 1 L
NH_4Ac - HAc	4.74	4.5	将 77 g NH_4Ac 溶于 200 mL 水中，加冰醋酸 59 mL，稀释至 1 L
NaAc - HAc	4.74	5.0	将 120 g 无水 NaAc 溶于水，加冰醋酸 60 mL 稀释至 1 L
$(CH_2)_6N_4$ - HCl	5.15	5.4	将 40 g $(CH_2)_6N_4$ 溶于 200 mL 水中，加浓 HCl 10 mL，稀释至 1 L
NH_4Ac - HAc	4.74	6.0	将 600 g NH_4Ac 溶于水中，加冰醋酸 20 mL，稀释至 1 L
NH_4Cl - NH_3	9.26	8.0	将 100 g NH_4Cl 溶于水中，加浓氨水 7.0 mL，稀释至 1 L
NH_4Cl - NH_3	9.26	9.0	将 70 g NH_4Cl 溶于水中，加浓氨水 48 mL，稀释至 1 L
NH_4Cl - NH_3	9.26	10	将 20 g NH_4Cl 溶于水，加浓氨水 100 mL，稀释至 1 L

附录 5　某些常用试剂溶液的配制

名称	化学式	浓度（近似）	配制方法
盐酸	HCl	$12\ mol\cdot L^{-1}$	（相对密度为 1.19 g·mL^{-1} 的盐酸）
		$8\ mol\cdot L^{-1}$	取 12 mol·L^{-1} 盐酸 666.7 mL，稀释成 1 L
		$6\ mol\cdot L^{-1}$	取 12 mol·L^{-1} 盐酸与等体积水混合
		$2\ mol\cdot L^{-1}$	取 12 mol·L^{-1} 盐酸 167 mL，稀释成 1 L

（续）

名称	化学式	浓度（近似）	配制方法
硝酸	HNO_3	$16\ mol \cdot L^{-1}$	（相对密度为 1.42 $\cdot mL^{-1}$ 的硝酸）
		$6\ mol \cdot L^{-1}$	取 $16\ mol \cdot L^{-1}$ 硝酸 375 mL，稀释成 1 L
		$3\ mol \cdot L^{-1}$	取 $16\ mol \cdot L^{-1}$ 硝酸 188 mL，稀释成 1 L
硫酸	H_2SO_4	$18\ mol \cdot L^{-1}$	（相对密度为 1.84 $\cdot mL^{-1}$ 的硫酸）
		$3\ mol \cdot L^{-1}$	取 $18\ mol \cdot L^{-1}$ 硫酸 167 mL 缓缓倾入 835 mL 水中
		$1\ mol \cdot L^{-1}$	取 $18\ mol \cdot L^{-1}$ 硫酸 56 mL 缓缓倾入 944 mL 水中
醋酸	HAc	$17\ mol \cdot L^{-1}$	（相对密度为 1.05 $g \cdot mL^{-1}$ 的醋酸）
		$6\ mol \cdot L^{-1}$	取 $17\ mol \cdot L^{-1}$ HAc 350 mL，稀释成 1 L
		$2\ mol \cdot L^{-1}$	取 $17\ mol \cdot L^{-1}$ HAc 118 mL，稀释成 1 L
氨水	$NH_3 \cdot H_2O$	$15\ mol \cdot L^{-1}$	（相对密度为 0.9 $g \cdot mL^{-1}$ 的氨水）
		$6\ mol \cdot L^{-1}$	取 $15\ mol \cdot L^{-1}$ 氨水 400 mL，稀释成 1 L
		$2\ mol \cdot L^{-1}$	取 $15\ mol \cdot L^{-1}$ 氨水 134 mL，稀释成 1 L
氢氧化钠	NaOH	$6\ mol \cdot L^{-1}$	将 NaOH 240 g 溶于水，稀释至 1 L
		$2\ mol \cdot L^{-1}$	将 NaOH 80 g 溶于水，稀释至 1 L
碘溶液	I_2	$0.005\ mol \cdot L^{-1}$	将 1.3 g 碘和 5 g KI 溶在尽可能少的水中，充分摇动，待碘完全溶解后，再加水稀释到 1 L
碘化钾	KI	$1\ mol \cdot L^{-1}$	将 83 g KI 溶于 1 L 水中
淀粉溶液	$(C_6H_{10}O_6)_n$	$5\ g \cdot L^{-1}$	将 1 g 易溶淀粉和 5 g HgI_2（作防腐剂）于小烧杯中，加少许水调成糊状，然后倾入 200 mL 沸水中，再煮沸数十分钟，此澄清溶液可以久藏不变
邻二氮菲	$C_{12}H_8N_2$	$20\ g \cdot L^{-1}$	将 2 g 邻二氮菲溶于 100 mL 水中

注：盛装各种试剂的试剂瓶，应贴上标签。标签上用炭黑墨汁（不能用钢笔或铅笔）写明试剂名称、浓度及配制日期。标签上面涂一薄层石蜡保护。

附录 6　常用指示剂

一、酸碱指示剂

（1）单一指示剂

名　称	变色 pH 值范围	颜色变化	配制方法
甲基橙，1 g/L	3.1～4.4	红～橙黄	将 0.1 g 甲基橙溶于 100 mL 热水中
甲基红，1 g/L	4.8～6.0	红～黄	将 0.1 g 甲基红溶于 60 mL 乙醇中，加水至 100 mL
甲基黄，1 g/L	2.9～4.0	红～黄	将 0.1 g 甲基黄溶于 90 mL 乙醇中，加水至 100 mL
甲基紫，1 g/L	0.13～0.5	黄～绿	将 0.1 g 甲基紫溶于 100 mL 水中
（第二次变色）	1.0～1.5	绿～蓝	
（第三次变色）	2.0～3.0	蓝～紫	
中性红，1 g/L	6.8～8.0	红～黄橙	将 0.1 g 中性红溶于 60 mL 乙醇中，加水至 100 mL
溴酚蓝，1 g/L	3.0～4.6	黄～紫蓝	将 0.1 g 溴酚蓝溶于 80 mL 乙醇中，加水至 100 mL
溴甲酚绿，1 g/L	3.8～5.4	黄～蓝	将 0.1 g 溴甲酚绿溶于 80 mL 乙醇中，加水至 100 mL

（续）

名　称	变色 pH 值范围	颜色变化	配制方法
溴百里酚蓝，1 g/L	6.0~7.8	黄~蓝	将 0.1 g 溴百里酚蓝溶于 20 mL 乙醇中，加水至 100 mL
酚酞，1 g/L	8.0~9.6	无色~淡红	将 0.1 g 酚酞溶于 90 mL 乙醇中，加水至 100 mL
酚红，1 g/L	6.7~8.4	黄~红	将 0.1 g 酚红溶于 60 mL 乙醇中，加水至 100 mL
百里酚酞，1 g/L	9.4~10.6	无色~蓝色	将 0.1 g 百里酚酞溶于 90 mL 乙醇中，加水至 100 mL
百里酚蓝，1 g/L	2~2.8	红~黄	0.1 g 百里酚蓝溶于 20 mL 乙醇中，加水至 100 mL
（第二次变色范围）	8.0~9.61	黄~蓝	

（2）混合指示剂

指示剂溶液的组成	变色点 pH	颜色		备　注
		酸色	碱色	
一份 0.2%甲基红乙醇溶液 一份 0.1%次甲基蓝乙醇溶液	5.4	红紫	绿	pH 5.2 红紫 pH 5.4 暗蓝 pH 5.6 绿
一份 0.1%溴甲酚绿钠盐水溶液 一份 0.1%氯酚红钠盐溶液	6.1	黄绿	蓝紫	pH 5.4 蓝绿 pH 5.8 蓝 pH 6.2 蓝紫
一份 0.1%溴甲酚紫钠盐水溶液 一份 0.1%溴百里酚蓝钠盐水溶液	6.7	黄	蓝紫	pH 6.2 黄紫 pH 6.6 紫 pH 6.8 蓝紫
一份 0.1%中性红乙醇溶液 一份 0.1%次甲基蓝乙醇溶液	7.0	蓝紫	绿	pH 7.0 蓝紫
一份 0.1%溴百里酚蓝钠盐水溶液 一份 0.1%酚红钠盐水溶液	7.5	黄	绿	pH 7.2 暗绿 pH 7.4 淡紫 pH 7.6 深紫
一份 0.1%甲酚红钠盐水溶液 一份 0.1%百里酚蓝钠盐水溶液	8.3	黄	紫	pH 8.2 玫瑰色 pH 8.4 紫色
一份 0.1%甲基黄乙醇溶液 一份 0.1%次甲基蓝乙醇溶液	3.25	蓝紫	绿	pH 3.2 蓝紫色 pH 3.4 绿色
一份 0.1%甲基橙溶液 一份 0.25%靛蓝（二磺酸）水溶液	4.1	紫	黄绿	
一份 0.1%溴甲酚绿乙醇溶液 一份 0.2%甲基橙水溶液	4.3	黄	蓝绿	pH 3.5 黄色 pH 4.0 黄绿色 pH 4.3 绿色
一份 0.1%溴甲酚绿乙醇溶液 一份 0.2%甲基红乙醇溶液	5.1	酒红	绿	

二、氧化还原指示剂

名　称	变色电位 φ/V	颜色		配制方法
		氧化态	还原态	
二苯胺，1%	0.76	紫	无色	将 1 g 二苯胺在搅拌下溶于 100 mL 浓硫酸，贮于棕色瓶中
二苯胺磺酸钠，0.5%	0.85	紫	无色	将 0.5 g 二苯胺磺酸钠溶于 100 mL 水中，必要时过滤
邻菲罗啉硫酸亚铁，0.5%	1.06	淡蓝	红	将 0.5 g $FeSO_4 \cdot 7H_2O$ 溶于 100 mL 水中，加 2 滴浓硫酸，加 0.5 g 邻菲罗啉并溶解
邻苯氨基苯甲酸，0.2%	1.08	紫红	无色	在 100 mL 0.2% Na_2CO_3 溶液中加 0.2 g 邻苯氨基苯甲酸，加热溶解，必要时过滤
淀粉，1%				将 1 g 可溶性淀粉，加少许水调成浆状，在搅拌下注入 100 mL 沸水中，微沸 2 min，放置，取上层溶液使用（若要保持稳定，可在研磨淀粉时加入 1 mg HgI_2）

三、沉淀及金属指示剂

名　称	颜色		配制方法
	游离态	化合物	
铬酸钾	黄	砖红	5%水溶液
硫酸铁铵，40%	无色	血红	加数滴浓 H_2SO_4 于 $NH_4Fe(SO_4)_2 \cdot 12H_2O$ 饱和水溶液中
荧光黄，0.5%	绿色荧光	玫瑰红	0.5 g 荧光黄溶于乙醇，并用乙醇稀释至 100 mL
铬黑 T(EBT)	蓝	酒红	1. 称取 0.5 g 铬黑 T，分别溶于 100 mL 水、乙醇或三乙醇胺中均可，贮于棕色瓶中。其中若以三乙醇胺作溶剂，可加 10 mL 乙醇，可减少水剂的黏性 2. 称取 0.2 g 铬黑 T 和 2 g 盐酸羟胺，用无水乙醇溶解至 100 mL，贮于棕色瓶内 3. 0.5 g 铬黑 T 和 100 g NaCl 混合、研磨均匀，存贮于棕色瓶中
钙指示剂	蓝	红	将 0.5 g 钙指示剂溶于 100 mL 乙醇，贮于棕色瓶中
二甲酚橙，0.1%(XO)	黄	红	将 0.1 g 二甲酚橙溶于 100 mL 去离子水中
K-B 指示剂	蓝	红	将 0.2 g 酸性铬蓝 K 与 0.4 g 萘酚绿 B 溶于 100 mL 离子交换水中
磺基水杨酸	无	红	1%水溶液
PAN 指示剂 0.2%	黄	红	将 0.2 g PAN 溶于 100 mL 乙醇中
邻苯二酚紫，0.1%	紫	蓝	将 0.1 g 邻苯二酚紫溶于 100 mL 去离子水中
钙镁试剂，0.5%(Calmagite)	红	蓝	将 0.5 g 钙镁试剂溶于 100 mL 去离子水中

附录 7　常用洗涤剂

名　称	配制方法	备　注
合成洗涤剂 （也可用肥皂水）	将合成洗涤剂粉用热水搅拌配成浓溶液	用于一般的洗涤
皂角水	将皂夹捣碎，用水熬成溶液	用于一般的洗涤
铬酸洗液	取 $K_2Cr_2O_7$(LR)20 g 于 500 mL 烧杯中，加水 40 mL，加热溶解，冷后，缓缓加入 320 mL 浓 H_2SO_4 即成暗红色溶液（注意边加边搅），贮于磨口细口瓶中	用于洗涤油污及有机物，使用时防止被水稀释。用后倒回原瓶，可反复使用，直至溶液变为绿色（已还原为绿色的铬酸洗液，可加入固体 $KMnO_4$ 使其再生，这样，实际消耗的是 $KMnO_4$，可减少铬对环境的污染）
$KMnO_4$ 碱性洗液	取 $KMnO_4$(LR) 4 g，溶于少量水中，缓缓加入 100 mL 10% NaOH 溶液中	用于洗涤油污及有机物，洗后玻璃壁上附着的 MnO_2 沉淀，可用粗亚铁盐或 Na_2SO_3 溶液洗去
碱性乙醇溶液	30%～40%NaOH 的乙醇溶液	用于洗涤油污
乙醇-浓硝酸洗液		用于洗涤沾有有机物或油污的结构较复杂的仪器。洗涤时先加少量乙醇于脏仪器中，再加入少量浓硝酸，即产生大量棕色 NO_2，将有机物氧化而破坏

附录 8　常用基准物质及其干燥条件

基准物	干燥后的组成	干燥温度及时间
$NaHCO_3$	Na_2CO_3	260～270℃干燥至恒重
$Na_2B_4O_7 \cdot 10H_2O$	$Na_2B_4O_7 \cdot 10H_2O$	NaCl 蔗糖饱和溶液干燥器中室温下保存
$KHC_6H_4(COO)_2$	$KHC_6H_4(COO)_2$	105～110℃干燥 1 h
$Na_2C_2O_4$	$Na_2C_2O_4$	105～110℃干燥 2 h
$K_2Cr_2O_7$	$K_2Cr_2O_7$	130～140℃加热 0.5～1 h
$KBrO_3$	$KBrO_3$	120℃干燥 1～2 h
KIO_3	KIO_3	105～120℃干燥
As_2O_3	As_2O_3	硫酸干燥器中干燥至恒重
$(NH_4)_2Fe(SO_4)_2 \cdot 6H_2O$	$(NH_4)_2Fe(SO_4)_2 \cdot 6H_2O$	室温下空气干燥
NaCl	NaCl	250～350℃加热 1～2 h
$AgNO_3$	$AgNO_3$	120℃干燥 2 h
$CuSO_4 \cdot 5H_2O$	$CuSO_4 \cdot 5H_2O$	室温下空气干燥
$KHSO_4$	K_2SO_4	750℃以上灼烧
ZnO	ZnO	约 300℃灼烧至恒重
无水 Na_2CO_3	Na_2CO_3	260～270℃加热 30 min
$CaCO_3$	$CaCO_3$	105～110℃干燥

附录9 常用化合物的相对分子质量

分子式	式 量	分子式	式 量
AgBr	187.78	FeO	71.85
AgCl	143.32	Fe_2O_3	159.69
AgI	234.77	Fe_3O_4	231.54
AgCN	133.84	$FeSO_4 \cdot 7H_2O$	278.02
$AgNO_3$	169.87	$Fe_2(SO_4)_3$	399.87
Al_2O_3	101.96	$FeSO_4 \cdot (NH_4)_2SO_4 \cdot 6H_2O$	392.14
$Al_2(SO_4)_3$	342.15	$NH_4Fe(SO_4)_2 \cdot 12H_2O$	482.19
AS_2O_3	197.84	HCHO	30.03
$BaCl_2$	208.25	HCOOH	46.03
$BaCl_2 \cdot 2H_2O$	244.28	$H_2C_2O_4$	90.04
$BaCO_3$	197.35	HCl	36.46
BaO	153.34	$HClO_4$	100.46
$Ba(OH)_2$	171.36	HNO_2	47.01
$BaSO_4$	233.40	HNO_3	63.01
$CaCO_3$	100.09	H_2O	18.02
CaC_2O_4	128.10	H_2O_2	34.02
CaO	56.08	H_3PO_4	98.00
$Ca(OH)_2$	74.09	H_2S	34.08
$CaSO_4$	136.14	HF	20.01
$Ce(SO_4)_2$	333.25	HCN	27.03
$Ce(SO_4)_2 2(NH_4)_2SO_4 \cdot 2H_2O$	632.56	H_2SO_4	98.08
CO_2	44.01	$HgCl_2$	271.50
CH_3COOH	60.05	KBr	119.01
$C_6H_8O_7 \cdot H_2O$(柠檬酸)	210.14	$KBrO_3$	167.01
$C_4H_8O_6$(酒石酸)	150.09	KCl	74.56
CH_3COCH_3	58.08	K_2CO_3	138.21
C_6H_5OH	94.11	KCN	65.12
$C_2H_2(COOH)_2$（丁烯二酸）	116.07	K_2CrO_4	194.20
CuO	79.54	$K_2Cr_2O_7$	294.19
$CuSO_4$	159.60	$KHC_8H_4O_4$	204.23
$CuSO_4 \cdot 5H_2O$	249.68	KI	166.01
$KMnO_4$	158.04	Na_2O	61.98
K_2O	94.20	NaOH	40.01
KOH	56.11	Na_2SO_4	142.04
KSCN	97.18	$Na_2S_2O_3 \cdot 5H_2O$	248.18

（续）

分子式	式　量	分子式	式　量
K_2SO_4	174.26	Na_2SiF_6	188.06
$KAl(SO_4)_2 \cdot 12H_2O$	474.39	Na_2S	78.04
KNO_2	85.10	Na_2SO_3	126.04
$K_4Fe(CN)_6$	368.36	NH_4Cl	53.49
$K_3Fe(CN)_6$	329.26	NH_3	17.03
$MgCl_2 \cdot 6H_2O$	203.23	$NH_3 \cdot H_2O$	35.05
$MgCO_3$	84.32	$(NH_4)_2SO_4$	132.14
MgO	40.31	P_2O_5	141.95
$MgNH_4PO_4$	137.33	PbO_2	239.19
$Mg_2P_2O_7$	222.56	$PbCrO_4$	323.18
MnO_2	86.94	SiF_4	104.08
$Na_2B_4O_7 \cdot 10H_2O$	381.37	SiO_2	60.08
$NaBr$	102.90	SO_2	64.06
Na_2CO_3	105.99	SO_3	80.06
$Na_2C_2O_4$	134.00	$SnCl_2$	189.60
$NaCl$	58.44	TiO_2	79.90
$NaCN$	49.01	ZnO	81.37
$Na_2C_{10}O_8N_2 \cdot 2H_2O$	372.09	$ZnSO_4 \cdot 7H_2O$	287.54